網絡軒轅

21世纪高等院校
云计算和大数据人才培养规划教材

云计算基础架构与实践

徐文义 曾志◎主编
周永福 彭树宏 殷美桂◎副主编

U0276597

The Infrastructure and Practice of Cloud Computing

人民邮电出版社
北京

图书在版编目（CIP）数据

云计算基础架构与实践 / 徐文义，曾志主编. -- 北京 : 人民邮电出版社，2017.4（2023.8重印）
21世纪高等院校云计算和大数据人才培养规划教材
ISBN 978-7-115-44765-4

Ⅰ. ①云… Ⅱ. ①徐… ②曾… Ⅲ. ①云计算－高等学校－教材 Ⅳ. ①TP393.027

中国版本图书馆CIP数据核字(2017)第022387号

内容提要

本书系统地介绍了云计算基础架构与实践相关知识，全书共分为5个项目，项目1主要介绍了云计算的概念与发展趋势、云计算的架构内涵与关键技术、云计算基础架构等内容；项目2主要介绍了共享存储模型、磁盘存储阵列、存储网络、共享文件系统等内容；项目3主要介绍了网络总体架构、接入层网络、主机网络虚拟化、OpenFlow网络流量平面等内容；项目4主要介绍了云接入技术、桌面云和VMware View桌面云等内容；项目5主要介绍了私有云和CloudStack私有云平台。同时，针对每个项目内容设计了多个实训任务，通过练习和操作实践，帮助读者巩固所学的内容。

本书可以作为高校计算机相关专业的教材，也可以作为计算机从业人员和爱好者的参考用书。

◆ 主　　编　徐文义　曾　志
　副 主 编　周永福　彭树宏　殷美桂
　责任编辑　桑　珊
　执行编辑　左仲海
　责任印制　焦志炜

◆ 人民邮电出版社出版发行　北京市丰台区成寿寺路11号
　邮编　100164　电子邮件　315@ptpress.com.cn
　网址　http://www.ptpress.com.cn
　北京捷迅佳彩印刷有限公司印刷

◆ 开本：787×1092　1/16
　印张：16.25　　2017年4月第1版
　字数：413千字　　2023年8月北京第13次印刷

定价：45.00元

读者服务热线：(010)81055256　印装质量热线：(010)81055316
反盗版热线：(010)81055315
广告经营许可证：京东市监广登字20170147号

云计算技术与应用专业教材编写委员会名单

（按姓氏笔画排名）

王培麟　广州番禺职业技术学院
王路群　武汉软件工程职业学院
王新忠　广州商学院
文林彬　湖南大众传媒职业技术学院
石龙兴　广东轩辕网络科技股份有限公司
叶和平　广东科学技术职业学院
刘志成　湖南铁道职业技术学院
池瑞楠　深圳职业技术学院
李　洛　广东轻工职业技术学院
李　颖　广东科学技术职业学院
肖　伟　南华工商学院
吴振峰　湖南大众传媒职业技术学院
余明辉　广州番禺职业技术学院
佘爱民　广东科学技术职业学院
张小波　广东轩辕网络科技股份有限公司
陈　剑　广东科学技术职业学院
陈　统　广东轩辕网络科技股份有限公司
林东升　湖南铁道职业技术学院
罗保山　武汉软件工程职业学院
周永福　河源职业技术学院
郑海清　南华工商学院
钟伟成　广州番禺职业技术学院
姚幼敏　广东农工商职业技术学院
徐文义　河源职业技术学院
殷美桂　河源职业技术学院
郭锡泉　清远职业技术学院
黄　华　清远职业技术学院
梁同乐　广东邮电职业技术学院
彭　勇　湖南铁道职业技术学院
彭树宏　惠州学院
曾　志　惠州学院
曾　牧　暨南大学
廖大强　南华工商学院
熊伟建　广西职业技术学院

序

信息技术正在步入一个新纪元——云计算时代。云计算正在快速发展，相关技术热点也呈现百花齐放的局面。2015 年 1 月，国务院印发的《关于促进云计算创新发展培育信息产业新业态的意见》提出，到 2017 年，我国云计算服务能力大幅提升，创新能力明显增强，在降低创业门槛、服务民生、培育新业态、探索电子政务建设新模式等方面取得积极成效，云计算数据中心区域布局初步优化，发展环境更加安全可靠。到 2020 年，云计算技术将成为我国信息化重要形态和建设网络强国的重要支撑。

为进一步推动信息产业的发展，服务于信息产业的转型升级，教育部颁布的《普通高等学校高等职业教育（专科）专业目录（2015 年）》中设置了“云计算技术与应用（610213）”专业，国家相关职能部门正在组织相关高职院校和企业编制专业教学标准，这将更好地指导高职院校的云计算技术与应用专业人才的培养。作为高层次 IT 人才，学习云计算知识、掌握云计算相关技术迫在眉睫。

本套教材由广东轩辕网络科技股份有限公司策划，联合全国多所高校一线教师及国内多家知名 IT 企业的高级工程师编写而成。全套教材紧跟行业技术发展，遵循“理实一体化”“任务导向”和“案例驱动”的教学方法；围绕企业实际项目案例，注重理论与实践结合，强调以能力培养为核心的创新教学模式，加强学生对内容的掌握和理解。知识内容贴近企业实际需求，着眼于未来岗位的要求，注重培养学生的综合能力及良好的职业道德和创新精神。通过学习这套教材，读者可以掌握服务器、虚拟化、数据存储和云安全等基本技术，能够成为在生产、管理及服务第一线，从事云计算项目实施、开发、运行维护、基本配置、迁移服务等工作的高技能应用型专门人才。

本套教材由《云计算技术与应用基础》《云计算基础架构与实践》《云计算平台管理与应用》《云计算虚拟化技术与应用》《云计算安全防护技术》《云计算数据中心运维与管理》六本组成。六本教材之间相辅相成，承上启下，紧密结合。教材以高技能应用型专门人才培养为目标，将能力与创新融合为一体，为云计算产业培养和挖掘更多的人才，服务于各行各业，从而促进和推动云计算产业建设的蓬勃发展。

相信这套教材的问世，一定会受到广大教师的青睐与学生的喜欢！

云计算技术与应用专业教材编写委员会

前 言

当前，云计算的应用已经带来了深远的影响，将来必将彻底改变IT产业的架构和运行方式。在云计算变革中，传统互联网数据中心（IDC）已逐渐被成本更低、效率更高的云计算数据中心所取代，绝大多数软件将以服务方式呈现，甚至连大多数游戏都在“云”里运行，呼叫中心、网络会议中心、智能监控中心、数据交换中心、视频监控中心和销售管理中心等架构在“云”中可获得更高的性价比。通过云计算这种创新的计算模式，用户可随时获得近乎无限的计算能力和丰富多样的信息服务，其创新的商业模式使用户对计算和服务可以取用自由、按量付费。毋庸置疑，信息技术正在步入一个新纪元——云计算时代。

云计算正在快速地发展，相关技术热点也呈现出百花齐放的局面，业界各大厂商纷纷制定相应的战略，新的概念、观点和产品不断涌现。云计算作为新一代IT技术变革的核心，必将成为广大学生、科技工作者构建自身IT核心竞争能力的战略机遇。因而，作为高层次IT人才，学习云计算知识、掌握云计算相关技术迫在眉睫。可是当前，国内外关于云计算的资料还相当少，缺乏系统、完整的论述。目前，我国急需全面、系统地讲解云计算的教材，以普及云计算知识，推广云计算应用，解决云计算的实际问题，进而培养高层次的云计算人才。

在这样的背景下，作者从云计算的理论探索和应用实践两个方面来撰写本书，适合对云计算具有初步认识，希望全面、深入了解云计算知识，并进行云计算实践的计算机相关专业的学生使用。本书根据高等职业教育的特点，基于“项目引导、任务驱动”的项目化教学方式编写而成，体现了“基于工作过程”“教、学、做”一体化的教学理念，本书具有以下特点。

（1）体现“项目引导、任务驱动”的教学特点。从实际应用出发，采用“项目引导、任务驱动”的方式，通过“提出问题”→“分析问题”→“解决问题”→“拓展提高”四步展开。

（2）体现“教、学、做”一体化的教学理念。以学到实用技能、提高职业能力为出发点，以“做”为中心，“教”和“学”都围绕着“做”，在学中做，在做中学，从而完成知识学习、技能训练和提高职业素养的教学目标。

（3）本书体例采用项目、任务形式。全书设有五个项目，每一个项目再明确若干任务。

（4）体现实用性和可操作性。实用性使学生能学以致用；可操作性保证每个项目/任务能顺利完成。本书的讲解力求通俗易懂，让学生感到易学、乐学，在宽松环境中理解知识、掌握技能。

（5）紧跟行业技术发展。本书着力于当前主流技术和新技术的讲解，与行业联系密切，使所有内容紧跟行业技术的发展。

（6）书中相关任务操作对实验环境的要求比较低，采用常见的设备和软件即可完成，便于实施。为了方便操作和保护系统安全，本书中的大部分任务操作均可在虚拟机中完成，所用的工具软件均可在互联网上下载。

本书的参考学时为56学时，其中实践环节为36学时，建议采用理论实践一体化教学模式，各项目的参考学时参见下面的学时分配表。

项目	课程内容	学时分配	
		讲授	实训
项目 1	云计算的认知与体验	4	4
项目 2	云计算存储架构部署	4	6
项目 3	云计算网络架构部署	4	6
项目 4	桌面云设计与部署	4	10
项目 5	私有云设计与部署	4	10
课时总计		20	36

本书由徐文义、曾志任主编，周永福、彭树宏、殷美桂任副主编。曾志编写了项目1、项目2，彭树宏编写了项目3，徐文义编写了项目4、项目5，周永福、殷美桂编写了项目4的知识准备部分。在本书的编写过程中，得到了广东轩辕网络科技股份有限公司的支持，在此表示深深的感谢。

由于编者水平有限，书中不妥或错误之处在所难免，殷切希望广大读者批评指正。同时，恳请读者一旦发现错误，于百忙之中及时与编者联系，以便尽快更正，编者将不胜感激，E-mail：xwy_wise@sina.com。

编　者

2016 年 11 月

目 录 CONTENTS

项目 1 云计算的认知与体验 1

项目 2 云计算存储架构部署 38

项目 3 云计算网络架构部署 93

项目 4　桌面云设计与部署　144

项目 5　私有云设计及部署　199

目录

PART 1

项目 1 云计算的认知与体验

1.1 项目背景

近年来，云计算作为一个新的技术趋势已经得到了快速的发展。云计算提供的服务，从根本上已经彻底改变了当前的工作方式，也改变了传统软件工程企业的思路。云计算是一个动态的技术，各种崭新的云计算应用概念也被提出来，比如智慧城市、虚拟化、公共云、私有云、云存储等。只有对云计算有了认知，才能更好地展望云计算的发展趋势，掌握与体验新近出现的云计算应用，最终理解云计算应用所带来的优势。

云计算以其部署迅速、资源利用率高、易管理等特性深受市场关注，对于渴望降低成本和提高业务敏捷性的公司来说，云计算的出现为企业带来了新的活力。从使用者的角度分析，不同用户对云的需求迥异，需求的多样化对云计算基础架构提出了更高的要求。

虽然云计算目前并没有统一的概念，但是总体上都具备商业服务的理念，在 XaaS 的倡导下，可以进一步探讨云计算面向服务的架构（SOA）的实现。

1.2 项目分析

云计算是新一代 IT 模式，它能在后端庞大的云计算中心的支撑下为用户提供更方便的体验和更低廉的成本。虽然云计算涉及了很多产品与技术，表面上看起来的确有点纷繁复杂，但是云计算本身还是有迹可循和有理可依的，从系统架构层面来讲，云计算是由服务和管理两大部分组成的。只有真正地理解云计算的基础架构，才能充分考虑整个平台的延展性和可扩充性，从而帮助用户以最小的成本来搭建具有高度伸缩性的平台。

1.3 学习目标

1．知识目标

（1）掌握云计算的基本概念、系统架构、分类，了解云计算的发展趋势；

（2）了解云计算的关键技术、资源架构、服务支付等；

（3）了解云计算给 IT 服务管理带来的影响和变更。

2．能力目标

（1）能解释导致成功接受云计算的典型步骤，并说明它对组织的意义；

（2）能从节源、开流的角度衡量分析云计算框架的优劣；

（3）能熟练使用百度、Google 等搜索系统；

（4）能熟练使用 Visio 绘图软件绘制云计算架构图；

（5）能熟练安装与使用 VM 虚拟机软件。

1.4 知识准备

1.4.1 云计算的基础概述

1．云计算的基本概念

目前，云计算没有统一的定义。云计算的定义主要包括如下几种：

（1）维基百科将云计算定义为：云计算将 IT 相关的能力以服务的方式提供给用户，允许用户在不了解提供服务的技术、没有相关知识以及设备操作能力的情况下，通过 Internet 获取需要的服务。

（2）中国云计算网将云计算定义为：云计算是分布式计算（Distributed Computing）、并行计算（Parallel Computing）和网格计算（Grid Computing）的发展，或者说是这些科学概念的商业实现（云计算发展历程如图 1-1 所示）。

（3）在综合多个云计算的定义之后，我们给“云”下了如下定义：云是一个包含大量可用虚拟资源（例如硬件、开发平台以及 I/O 服务）的资源池。这些虚拟资源可以根据不同的负载动态地重新配置，以达到更优化的资源利用率。这种资源池通常由基础设施提供商按照服务等级协议（Service Level Agreement，SLA）采用用时付费（Pay2Per2Use，PPU）的模式开发管理。

综上所述，“云计算”是分布式计算、并行计算和网格计算的发展，或者说是这些计算机科学概念的商业实现。正如云计算概念指出的，云计算一方面是虚拟化技术（Virtualization）、效用计算（Utility Computing）、XaaS（包括 IaaS、PaaS、SaaS 等）等技术混合演进并跃升的结果；另一方面是并行计算（Parallel Computing）、分布式计算（Distributed Computing）和网格计算（Grid Computing）的发展，或者说是这些计算机科学概念的商业实现。

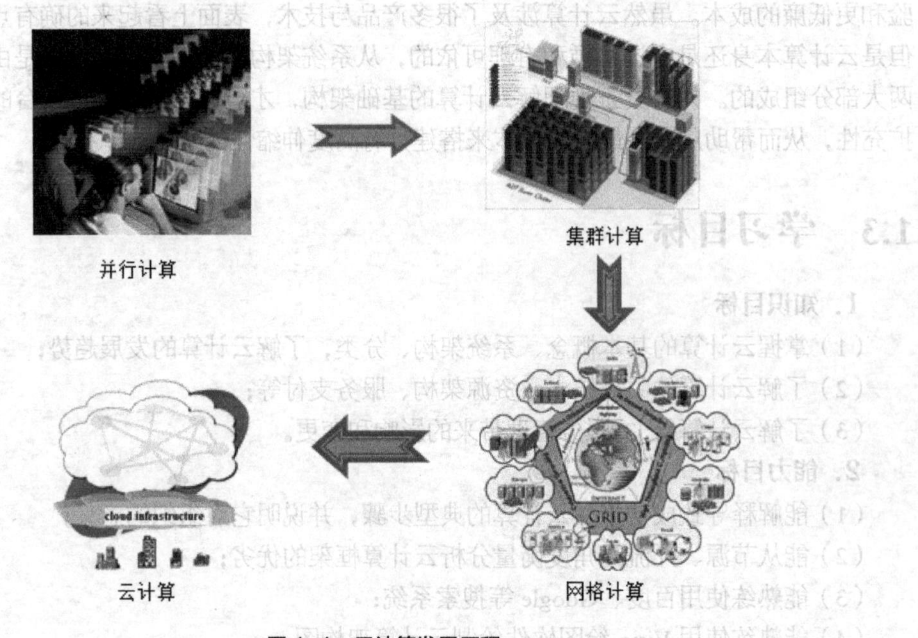

图 1-1　云计算发展历程

2. 云计算的特点

通过了解云计算的各个特点，能更加深刻地理解云计算的概念。

（1）超大规模。“云”具有相当的规模，Google 云计算已经拥有了 100 多万台服务器，Amazon、IBM、微软、Yahoo 等的“云”均拥有几十万台服务器。企业私有云一般拥有数百上千台服务器。“云”能赋予用户前所未有的计算能力。

（2）虚拟化。云计算支持用户在任意位置、使用各种终端来获取应用服务。所请求的资源来自“云”，而不是固定的有形的实体。应用在“云”中某处运行，但实际上用户无需了解、也不用担心应用运行的具体位置。只需要一台笔记本或者一部手机，就可以通过网络服务来实现我们需要的一切，甚至包括超级计算这样的任务。

（3）高可靠性。“云”使用了数据多副本容错、计算节点同构可互换等措施来保障服务的高可靠性，使用云计算比使用本地计算机可靠。

（4）通用性。云计算不针对特定的应用，在“云”的支撑下可以构造出千变万化的应用，同一个“云”可以同时支撑不同的应用运行。

（5）高可扩展性。“云”的规模可以动态伸缩，满足应用和用户规模增长的需要。

（6）按需服务。“云”是一个庞大的资源池，用户按需购买；“云”可以像自来水、电、煤气那样计费。比如一个视频网站，刚成立或空闲期只需买几千点的计算量；成功推广或用户高峰期，买几亿点。

（7）极其廉价。由于“云”的特殊容错措施可以采用极其廉价的节点来构成“云”，“云”的自动化集中式管理使大量企业无需负担日益高昂的数据中心管理成本，“云”的通用性使资源的利用率较之传统系统大幅提升，因此用户可以充分享受“云”的低成本优势，经常只要花费几百美元、几天时间就能完成以前需要数万美元、数月时间才能完成的任务。

（8）安全。云计算提供了最可靠、最安全的数据存储中心，用户不用再担心数据丢失、病毒入侵等麻烦。

（9）方便。云计算对用户端的设备要求很低，使用起来很方便，而且支持各种各样的设备，可以轻松实现不同设备间的数据与应用共享。

1.4.2　云计算的分类

从服务方式角度来划分的话，云计算大体上可分为三种：为公众提供开放的计算、存储等服务的“公有云”，如百度的搜索和各种邮箱服务等；部署在防火墙内，为某个特定组织提供相应服务的“私有云”；以及将以上两种服务方式进行结合的“混合云”，如图 1-2 所示。

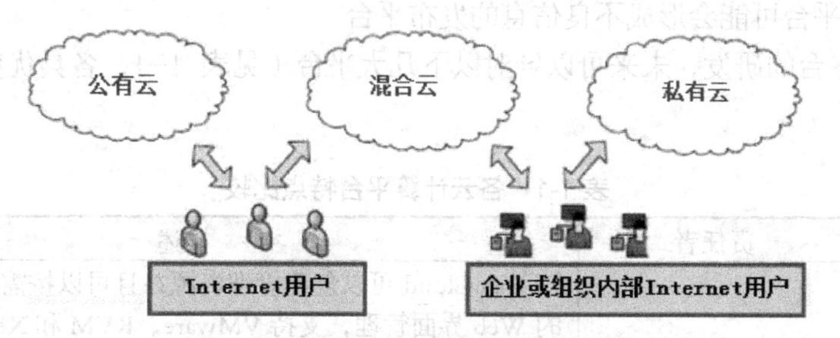

图 1-2　云计算从服务方式角度的分类

从技术的角度来讲，云计算可分为四层：HaaS（硬件即服务）、IaaS（基础设施即服务）、PaaS（平台即服务）和 SaaS（软件即服务），并有逐步向 XaaS 发展的态势，如图 1-3 所示。

软件即服务 SaaS（Software as a Service）	如：Salesforce online CRM 服务
平台即服务 PaaS（Platform as a Service）	如：Google App Engine
基础设施即服务/硬件即服务 IaaS（Infrastructure as a Service）/ HaaS（Hardware as a Service）	如：Amazon EC2/S3/SQS服务

图 1-3 云计算 XaaS 服务层划分

1.4.3 云计算的发展趋势

Google 公司公布其三大关键技术 GFS、MapReduce 和 BigTable 以后，各大 IT 厂商（包括 Microsoft、IBM、Amazon 等）和研究机构都争相对云计算展开了各自的研究，并实现或提供云计算服务、云计算产品与云计算解决方案，云计算技术已经成为了 IT 界最受关注和发展最快的技术。总体来说，云计算的资源相对集中，主要以数据中心的形式对资源虚拟化后提供底层资源的使用，并不强调虚拟组织（Virtual Organization，VO）的概念。

云计算未来主要有两个发展方向：一个是构建与应用程序紧密结合的大规模底层基础设施，使得应用能够扩展到很大的规模；另一个是通过构建新型的云计算应用程序，在网络上提供更加丰富的用户体验。第一个发展趋势能够从现有的云计算研究状况中体现出来，在云计算应用的构造上，很多新型的社会服务型网络，如 Facebook 等，已经体现了这个发展趋势，而在研究上则更加注重如何通过云计算基础平台将多个业务融合起来。

概括地说，云计算未来的发展将会体现在：

（1）目前为止，走在前端的用户会放弃将 IT 基础设施作为资本性开支的做法，取而代之的是其中的 40%会被作为服务来购买。此外，云计算将应用程序从那些特定的架构中解放出来，构建服务。

（2）云计算已成为不可阻挡的发展趋势，我们国家的信息安全也将面临严重的威胁，必须研发具有自主核心技术的云计算平台。

① 有关国计民生的大量信息将掌控在国外服务提供商手中，众多敏感和热点信息对于国外政府和厂商来说毫无机密可言。

② 大量社会和经济活动依赖于这些云计算服务，可能被中断从而蒙受巨大的损失。

③ 云计算平台可能会形成不良信息的发布平台。

就云计算平台的研发，未来可以针对以下几大平台（见表 1-1，各具优势与特点）有选择地开展。

表 1-1 各云计算平台特点比较

项目名称	责任者	描述
AbiCloud	Abiquo 公司平台	（1）abiCloud 可以创建管理资源并且可以按需扩展，具有强大的 Web 界面管理，支持 VMware、KVM 和 Xen （2）abiNtense，类似于 Grid 的架构，可用来减少大量高性能计算的执行时间 （3）abiData 由 Hadoop、HBase、Pig 开发而来，可以用来搭建分析大量数据的应用，是低成本的云存储解决方案

续表

项目名称	责任者	描述
Eucalyptus	加利福尼亚大学	Amazon EC2 的一个开源实现，与商业服务接口兼容，依赖于 Linux 和 Xen 进行操作系统虚拟化
Hadoop	Apache 基金会	模仿 Google 体系开发的一个开源项目，主要包括 Map/Reduce 和 HDFS 文件系统
MongoDB	10gen	可用于创建自己的私有云，类似于 App Engine 的一个软件栈，提供与 App Engine 类似的功能，可使用 Python 以及 JavaScript 和 Ruby 语言开发应用程序。还可使用沙盒概念隔离应用程序，并且使用它们自己的应用服务器的许多计算机（在 Linux 上构建）提供一个可靠的环境
Enomalism 弹性计算平台		可编程的虚拟云架构，EC2 风格的 IaaS，功能类似于 EC2 的云计算框架。基于 Linux，同时支持 Xen 和 KVM。与其他纯 IaaS 解决方案不同的是，提供了一个基于 TurboGears Web 应用程序框架和 Python 的软件栈
Nimbus	网格中间件 Globus	Nimbus 由网格中间件 Globus 提供，Virtual Workspace 演化而来，与 Eucalyptus 一样，提供 EC2 的类似功能和接口

（3）云计算的发展必将对产业链产生重要的影响。

① 对于服务器厂商而言。

云计算及数据中心都将对服务器系统的需求急剧膨胀，市场前景巨大。

② 对于终端设备厂商而言。

- 网络化的云计算为终端设备，特别是小型移动设备的多元化、个性化发展提供了重要机遇。
- 云计算将推动普适计算发展。

③ 对于软件产业而言。

- 随着计算、数据及服务网络化，Google、Amazon 等网络服务提供商会根本改变软件的使用模式。
- 微软还能够独霸桌面系统吗？需要 Windows 这样重量级的桌面环境吗？
- 大量中小软件企业面临着工作平台、工作对象及工作方式的重组和革新。
- 服务化的软件产业面临着全新机遇。

综上所述，云计算对中小企业发展的影响巨大，我国必须发展自己的云计算技术与系统。

（1）中小企业创造了国内生产总值的 55.6%，开发了 80%以上的新产品，申请了 65%的国家专利，提供了 75%以上的就业岗位。

（2）信息化的创新平台及管理平台代价高昂、维护困难，对于中小企业负担沉重。

（3）云计算可以为中小企业的信息化带来切实好处，如图 1-4 所示。

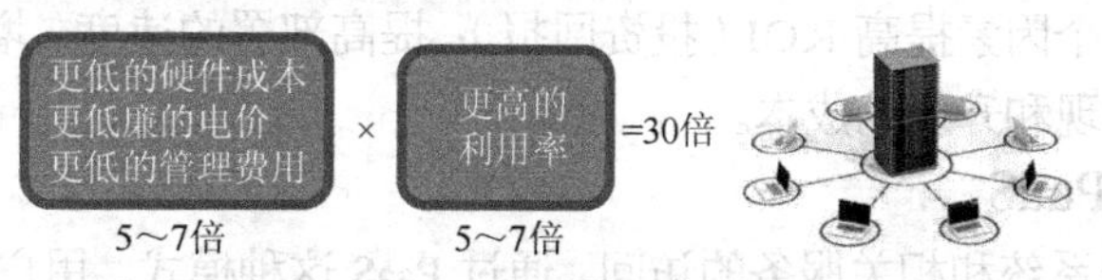

图 1-4 云计算所获得的回报

- 信息化业务及管理平台部署到云计算平台上。
- 极大地降低了投资成本、管理成本及维护成本。

1.4.4 云计算的总体架构

从云计算的相关定义可知，对用户而言，云计算更多地体现的是它所能提供的服务。图1-5为云计算的总体架构，共分为服务和管理两大部分。

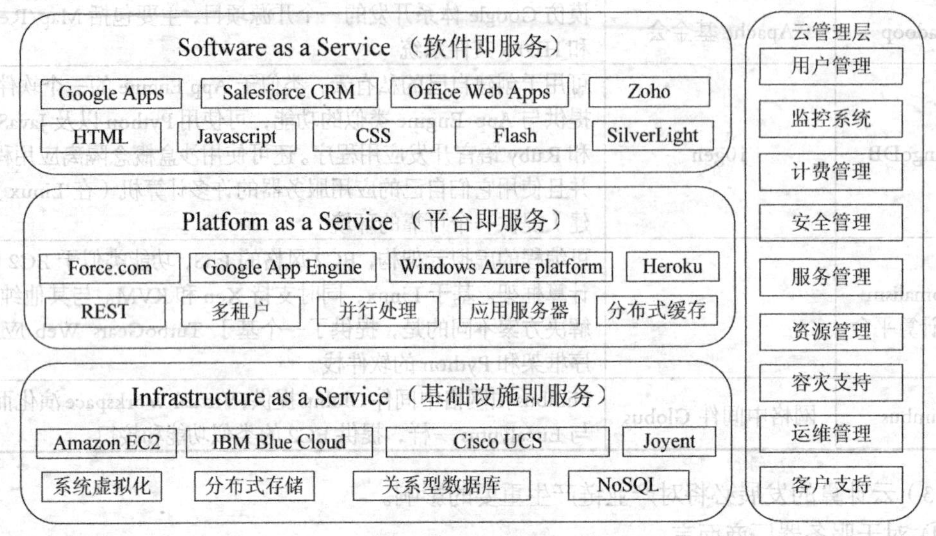

图 1-5 云计算架构

在服务方面，主要以提供用户基于云的各种服务为主，共包含三个层次：其一是**软件即服务（Software as a Service，SaaS）**，这层的作用是将应用主要以基于 Web 的方式提供给客户；其二是**平台即服务（Platform as a Service，PaaS）**，这层的作用是将一个应用的开发和部署平台作为服务提供给用户；其三是**基础架构即服务（Infrastructure as a Service，IaaS）**，这层的作用是将各种底层的计算（如虚拟机）和存储等资源作为服务提供给用户。从用户角度而言，这三层服务，它们之间的关系是独立的，因为它们提供的服务是完全不同的，而且面对的用户也不尽相同。但从技术角度而言，云服务这三层之间的关系并不是独立的，而是有一定依赖关系的，比如一个 SaaS 层的产品和服务不仅需要使用到 SaaS 层本身的技术，而且还依赖 PaaS 层所提供的开发和部署平台或者直接部署于 IaaS 层所提供的计算资源上。此外，PaaS 层的产品和服务也很有可能构建于 IaaS 层服务之上。

在管理方面，主要以云管理层为主，它的主要功能是确保整个云计算中心能够安全和稳定的运行，并且能够被有效地管理。

1．软件即服务 SaaS

SaaS 为商用软件提供基于网络的访问。SaaS 为企业提供一种降低软件使用成本的方法——**按需使用软件而不是为每台计算机购买许可证**。SaaS 给软件厂商提供了新的机会。尤其是 SaaS 软件厂商可以通过四个因素提高 ROI（投资回报）：提高部署的速度、增加用户接受率、减少支持的需要、降低实现和升级的成本。

2．平台即服务 PaaS

PaaS 提供对操作系统和相关服务的访问。通过 PaaS 这种模式，用户可以在一个提供 SDK（Software Development Kit，软件开发工具包）、文档、测试环境和部署环境等在内的开发平台上非常方便地编写和部署应用，而且不论是在部署，还是在运行的时候，用户都无需为服务器、操作系统、网络和存储等资源的运维而操心，这些繁琐的工作都由 PaaS 云供应商负责。

而且 PaaS 在整合率上面非常惊人，比如一台运行 Google App Engine 的服务器能够支撑成千上万的应用，也就是说，PaaS 是非常经济的。PaaS 主要面对的用户是开发人员。

3．基础架构即服务 IaaS

基础架构，或称基础设施（Infrastructure），是云的基础。它由服务器、网络设备、存储磁盘等物理资产组成。在使用 IaaS 时，用户并不实际控制底层基础架构，而是控制操作系统、存储和部署应用程序，还在有限的程度上控制网络组件的选择。

通过 IaaS 这种模式，用户可以从供应商那里获得他所需要的计算或者存储等资源来装载相关的应用，并只需为其所租用的那部分资源进行付费，而同时这些基础设施繁琐的管理工作则交给 IaaS 供应商来负责。

然而，从技术角度看，云计算提供的服务都是以接口的方式暴露给开发人员，目前网络服务通常都是基于 SOA 架构，基于 SOA 的云计算模型如图 1-6 所示。

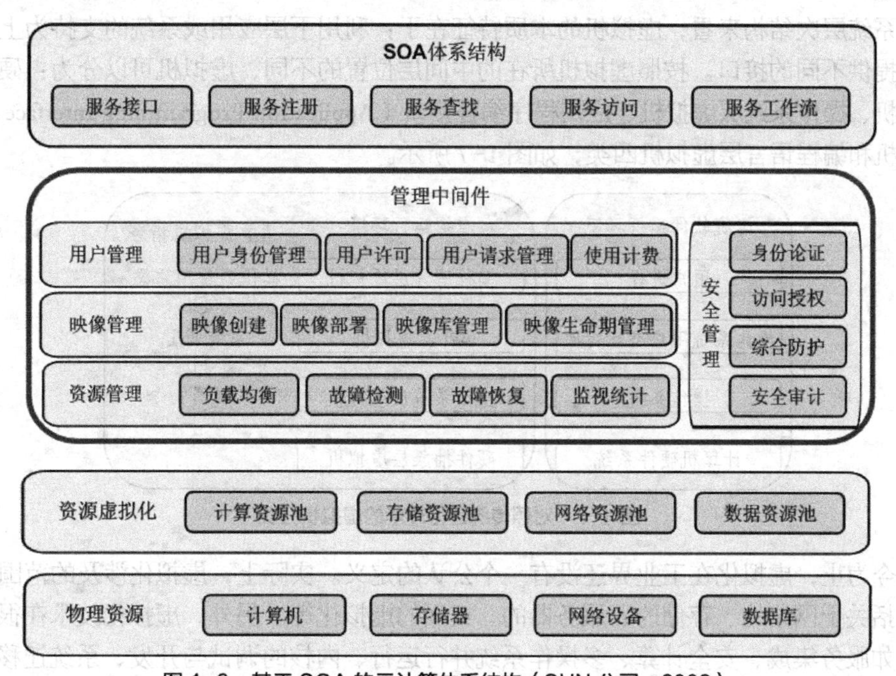

图 1-6　基于 SOA 的云计算体系结构（SUN 公司，2009）

从图 1-6 中不难看出，云计算至少包含四个层次：物理资源层、虚拟化资源层、管理中间件层和 SOA 体系结构层。物理资源层包括计算机、存储器、网络设施、数据库和软件等。虚拟化资源层是将大量相同类型的资源构成同构或接近同构的资源池。构建资源池更多的是采用虚拟化技术进行物理资源的集成和管理工作。管理中间件层负责对云计算的资源进行管理，并对众多应用任务进行调度，使资源能够高效、安全地为应用提供服务。SOA 体系结构层将云计算能力封装成标准的 Web Services 服务，并纳入 SOA 体系进行管理和使用，包括服务接口、服务注册、服务查找、服务访问和服务工作流等。管理中间件层和虚拟化资源层是云计算技术的最关键部分，SOA 体系结构层的功能更多依靠外部设施提供。

1.4.5　云计算架构的关键技术

1．虚拟化技术，包括 VMware 等虚拟技术

虚拟化指的是计算、存储、网络等资源的一种逻辑表示，并不拘泥于这些资源的实现方式、物理包装和物理位置等限制。

为使人们能够更加充分合理地利用计算资源，依据应用需求灵活地构建计算环境，通常可以采用虚拟化（Virtualization）技术对计算资源进行动态组织，从而提高计算资源的使用效率，真正实现透明、高效、可定制地按需使用计算资源。

这里提及的计算资源，主要包括 CPU、内存、数据资源、存储资源以及网络资源等，它们是资源聚合的基础。因此在资源发现的基础上，动态高效地对这些资源进行合理组织形成计算环境也是需要考虑的一个重要议题。

虚拟化技术是云计算实现的关键技术，通过虚拟化可以为应用提供灵活可变、可扩展的服务。自从 1998 年 VMware 将只有在大型机中采用的虚拟化技术引入 X86 平台至今，虚拟化已经产生了巨大变革。据 Gartner 的分析，2012 年虚拟化就成为了改变 IT 架构和运营的最重要的力量。

从系统层次结构来看，虚拟机的本质特征在于：利用下层应用或系统的支持为上层应用或系统提供不同的接口。按照虚拟机所在的中间层位置的不同，虚拟机可以分为：硬件抽象层虚拟机、操作系统层虚拟机、应用程序编程接口（Application Programming Interface，API）层虚拟机和编程语言层虚拟机四类，如图 1-7 所示。

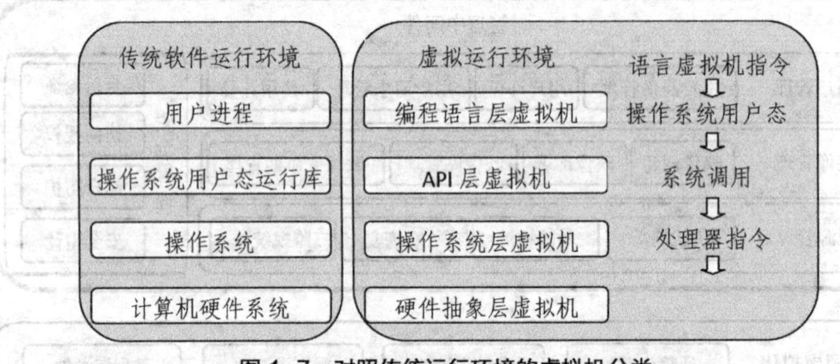

图 1-7　对照传统运行环境的虚拟机分类

迄今为止，虚拟化在工业界还没有一个公认的定义。实际上，虚拟化涉及的范围广泛，主要包括关于网络的、存储的、服务器的、桌面的虚拟化等。另外，虚拟化技术在很多重要领域（如服务集成、安全计算、多操作系统并行运行、内核的调试与开发、系统迁移等）都具有潜在的应用价值。计算系统虚拟化作为一种新型计算模式，可推动新一轮的科技进步，成为各国研究的热点。

虚拟化技术动态组织网络上各种可计算资源，隔离具体的硬件体系结构和软件系统，能够为满足不同应用需求构建高效的可计算环境，提高计算资源的使用效率，发挥计算资源的聚合效能，使人们能够透明、高效、可定制地访问不同的计算资源，从而真正实现计算环境的灵活构建与按需计算。

2．分布式海量数据存储，包括 Google 的 GFS 和 Hadoop

分布式系统应该是这样的系统：它运行在不具有共享内存的多台机器上，但在用户的眼里却像是一台计算机。分布式文件系统按网络的连接方式划分，可分为：DAS（Direct Attached Storage，直连存储）、NAS（Network Attached Storage，网络附属存储）和 SAN（Storage Area Network，存储区域网）。传统的存储方式大都采用 DAS 方式，各种存储设备通过诸如 IDE 或 SCSI 等 I/O 总线与服务器相连，效率较低。NAS 是一种存储设备，采用的协议包括 NFS（Sun UNIX）和 CIFS（Microsoft NT/Windows）。SAN 是一种利用 Fibre Channel 等互联协议连接起来的可以在服务器和存储系统之间直接传送数据的存储网络系统。SAN 是以网络为中心的存储结构，它是采用独特的技术（如 FC）构建的、与原有 LAN 网络不同的一个专用的存储网络，存储设备和 SAN 中的应用服务器之间采用的是 block I/O 的方式进行数据交换，SAN 的价格较为昂贵，并且配置复杂。

云计算采用的分布式文件系统大都属于集群分布式文件系统，在云计算这种超大规模，并且极其强调容错的环境里，上述传统的这些文件划分方式显然受到了更大的挑战。为应对 Web 环境下成千上万台服务器的文件读取更新，Google 和 Amazon 等公司提出各自的解决方案。同 Google 一样，Amazon 也未完全公开其技术，只是提供了各类基础设施服务，如 Amazon Simple Storage Service（S3）、SimpleDB、简单队列服务（Simple Queue Service，SQS）及 Elastic Compute Cloud（EC2）。Amazon S3 与 Google BigTable 是两种完全不同闭源的 NoSQL（与 SQL 相对应）技术，但它们却激发了许多开源的实现，包括 Hbase、Cassandra、Redis、MongoDB、Voldemort、CouchDB、Dynomite、Hypertable 等。其特点包括：

（1）容错能力，包括高可用性及数据一致性。高可用性主要由快速恢复（主节点和从节点均能在几秒钟内重新启动）、自动复制（默认每份数据包括 3 个备份）、备份主节点等技术支撑。

（2）可扩展性，系统可以很方便地横向扩展，增加数据服务器。

（3）安全性，如访问方式、用户权限等。与传统的关系型数据库事务处理方式不同，BigTable、HBase 等 NoSQL 数据库采用的是 CAP（Consistency，Availability，Partition Tolerance）模式，甚至只是 CA 或 AP 模式。

部分云存储实现产品见表 1-2。依据云计算所存储对象不同，云存储可分为两种层次技术：一是底层的分布式文件存储，如 Google 的 GFS、Hadoop 的 HDFS 及 Microsoft 的 TidyFS；二是基于此之上构建的结构化数据（Key-Value 模式）存储，如 BigTable、HBase 等。

表 1-2 云计算环境下的分布式存储实现

	Google	Hadoop	Microsoft
大文件存储	GFS	HDFS	TidyFS
结构化数据、小文件存储	BigTable	HBase	SQL Server

3．海量数据管理技术，例如 BigTable

云计算需要对分布的、海量的数据进行处理、分析，因此数据管理技术必须能够高效地管理大量的数据。云计算系统中的数据管理技术主要是 Google 的 BT（BigTable）数据管理技术和 Hadoop 团队开发的开源数据管理模块 HBase。

BigTable 是非关系型数据库，是一个稀疏的、分布式的、持久化存储的多维度排序 Map。BigTable 的设计目的是快速且可靠地处理 PB 级别的数据，并且能够部署到上千台机器上。

BT 是建立在 GFS、Scheduler、LockService 和 MapReduce 之上的一个大型的分布式数据库。与传统的关系数据库不同，它把所有数据都作为对象来处理，形成一个巨大的表格，用来分布存储大规模结构化数据。Google 的很多项目都使用 BT 来存储数据，包括网页查询、GoogleEarth 和 Google 金融。这些应用程序对 BT 的要求各不相同：数据大小（从 URL 到网页到卫星图像）不同，反应速度不同（从后端的大批处理到实时数据服务）。对于不同的要求，BT 都成功地提供了灵活高效的服务。

云计算系统对大数据集进行处理、分析，向用户提供高效的服务。因此，数据管理技术必须能够高效地管理大数据集。其次，如何在规模巨大的数据中找到特定的数据，也是云计算数据管理技术必须解决的问题。云计算的特点是对海量的数据存储、读取后进行大量的分析，数据的读操作频率远大于数据的更新频率，云中的数据管理是一种读优化的数据管理。因此，云系统的数据管理往往采用数据库领域中列存储的数据管理模式，将表按列划分后存储。

云计算的数据管理技术中，最著名的是 Google 提出的 BigTable 数据管理技术。由于采用列存储的方式管理数据，所以如何提高数据的更新速率以及进一步提高随机读速率是未来的数据管理技术必须解决的问题。这里以 BigTable 为例。BigTable 数据管理方式设计者——Google 给出了如下定义："BigTable 是一种为了管理结构化数据而设计的分布式存储系统，这些数据可以扩展到非常大的规模，例如在数千台商用服务器上的达到 PB（Petabytes）规模的数据。"

通常，采用 BigTabLe 管理数据的是一条键值对记录，其存储结构为：(row，column，record_board，timestamp）→string。BigTable 中的数据项按照行关键字的字典序排列，每行动态地划分到记录板中。每个节点管理大约 100 个记录板。时间戳是一个 64 位的整数，表示数据的不同版本。列族是若干列的集合，BigTable 中的存取权限控制在列族的粒度进行。

BigTable 在执行时需要 3 个主要的组件：链接到每个客户端的库、一个主服务器、多个记录板服务器。主服务器用于分配记录板到记录板服务器以及负载平衡、垃圾回收等。记录板服务器用于直接管理一组记录板，处理读写请求等。

BigTable 数据表的数据组织开式如图 1-8 所示。

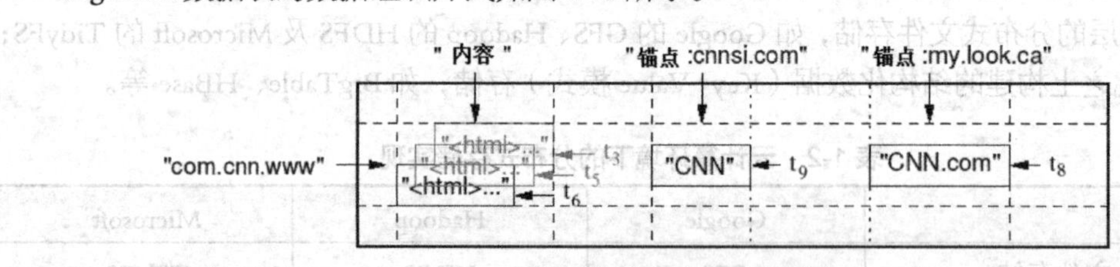

图 1-8　BigTable 数据模型的内容结构

（1）行。

BigTable 的行关键字可以是任意的字符串，但是大小不能够超过 64 KB。BigTable 和传统的关系型数据库有很大不同，它不支持一般意义上的事务，但能保证对于行的读写操作具有原子性（Atomic）。表中数据都是根据行关键字进行排序的，排序使用的是字典序。在图 1-8 中，"com.cnn.www" 就是一个行关键字，该关键字不直接存储网页地址而将其倒排（BigTable 的一个巧妙设计），这样做至少会带来以下两个好处：①同一地址域的网页会被存储在表中的连续位置，有利于用户查找和分析；②倒排便于数据压缩，可以大幅提高压缩率。单个的大表由于规模问题不利于数据的处理，因此 BigTable 将一个表分成了很多子表（Tablet），每个子表包含多个行。子表是 BigTable 中数据划分和负载均衡的基本单位。

（2）列。

BigTable 的列并不是简单地存储所有的列关键字，而是将其组织成所谓的列族（Column Family），每个族中的数据都属于同一个类型，并且同族的数据会被压缩在一起保存。引入了列族的概念之后，列关键字就采用下述的语法规则来定义："族名：限定词（family：qualifier）"。族名必须有意义，限定词则可以任意选定。在图 1-8 中，内容（Contents）、锚点（Anchor，就是HTML中的链接）都是不同的族；而"cnnsi.com"和"my.look.ca"则是锚点族中不同的限定词。通过这种方式组织的数据结构清晰明了，含义也很清楚。族同时也是BigTable中访问控制（Access Control）的基本单元，也就是说，访问权限的设置是在族这一级别上进行的。

（3）时间戳。

Google的很多服务比如网页检索和用户的个性化设置等都需要保存不同时间的数据，这些不同的数据版本必须通过时间戳来区分。在图1-8中，内容列的t_3、t_5和t_6表明其中保存了在t_3、t_5和t_6这三个时间获取的网页（t_8、t_9亦如此）。BigTable中的时间戳是64位的整数，具体的赋值方式可以采取系统默认的方式，也可以用户自行定义。为了简化不同版本的数据管理，BigTable目前提供了两种设置：一种是保留最近的N个不同版本，图1-8中数据模型采取的就是这种方法，它保存了最新的3个版本数据；另一种就是保留限定时间内的所有不同版本，比如可以保存最近10天的所有不同版本数据。失效的版本将会由BigTable的垃圾回收机制自动处理。

BigTable使用一个类似B+树的数据结构存储片的位置信息，如图1-9所示。

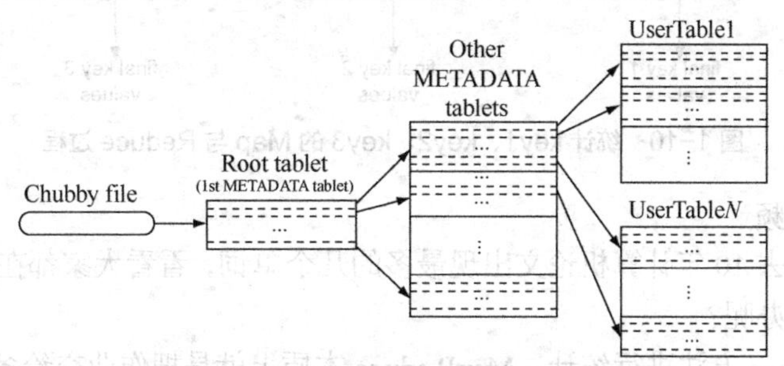

图1-9 BigTable数据结构存储片的位置信息

首先是第一层，Chubby file。这一层是一个Chubby文件，它保存着Root tablet的位置。这个Chubby文件属于Chubby服务的一部分，一旦Chubby不可用，就意味着丢失了Root tablet的位置，整个BigTable也就不可用了。

第二层是Root tablet。Root tablet其实是元数据表（METADATA table）的第一个分片，它保存着元数据表其他片的位置。Root tablet很特别，为了保证树的深度不变，Root tablet从不分裂。

第三层是其他的元数据片，它们和Root tablet一起组成完整的元数据表。每个元数据片都包含了许多用户片的位置信息。

可以看出，整个定位系统其实只是两个部分，一个Chubby文件，另一个元数据表。注意元数据表虽然特殊，但也仍然服从前文的数据模型，每个分片也都是由专门的片服务器负责，这就是不需要主服务器提供位置信息的原因。客户端会缓存片的位置信息，如果在缓存里找不到一个片的位置信息，就需要查找这个三层结构了，包括访问一次Chubby服务，访问两次片服务器。

4．编程方式，MapReduce是一种编程模型，用于大规模数据集（大于1 TB）的并行运算

概念"Map（映射）"和"Reduce（归约）"，其主要思想，使得编程人员在不会分布式并行编程的情况下，将自己的程序运行在分布式系统上。软件实现的是指定一个Map（映射）函数，用来把一组键值对映射成一组新的键值对，指定并发的Reduce（归约）函数，用来保证所有映射的键值对中的每一个共享相同的键组。图1-10为统计key1、key2、key3的Map与Reduce详细过程。

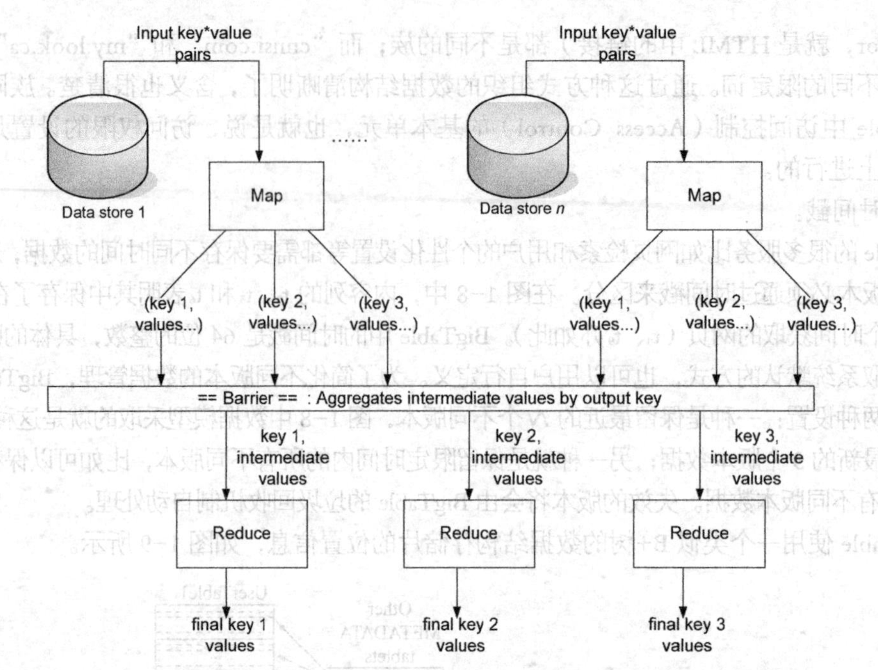

图 1-10　统计 key1、key2、key3 的 Map 与 Reduce 过程

案例：统计词频

如果想统计过去 10 年计算机论文出现最多的几个单词，看看大家都在研究些什么，那收集好论文后该怎么办呢？

采用 MapReduce 方法进行统计。MapReduce 本质上就是把作业交给多个计算机去完成，但是如何拆分文件集、如何 Copy 程序、如何整合结果，这些都是框架定义好的。我们只要定义好这个任务（用户程序），其他都交给 MapReduce。这里 Map 函数和 Reduce 函数是交给用户实现的，这两个函数定义了任务本身。伪代码如下：

Map 函数

接受一个键值对（key-value pair），产生一组中间键值对。MapReduce 框架会将 Map 函数产生的中间键值对里键相同的值传递给一个 Reduce 函数。

```
ClassMapper
Methodmap(String input_key,  String input_value):
// input_key: text document name
// input_value: document contents
for eachword w ininput_value:
EmitIntermediate(w, "1");
```

Reduce 函数

接受一个键，以及相关的一组值，将这组值进行合并产生一组规模更小的值（通常只有一个或零个值）。

```
ClassReducer
method reduce(String output_key, Iteratorintermediate_values):
// output_key: a word
// output_values: a list of counts
```

```
intresult = 0;
for each v in intermediate_values:
result += ParseInt(v);
Emit(AsString(result));
```

在统计词频的例子里，Map 函数接受的键是文件名，值是文件的内容，Map 逐个遍历单词，每遇到一个单词 w，就产生一个中间键值对<w,"1">，这表示单词 w 咱又找到了一个；MapReduce 将键相同（都是单词 w）的键值对传给 Reduce 函数，这样 Reduce 函数接受的键就是单词 w，值是一串"1"（最基本的实现是这样，但可以优化），个数等于键为 w 的键值对的个数，然后将这些“1”累加就得到单词 w 的出现次数。最后这些单词的出现次数会被写到用户定义的位置，存储在底层的分布式存储系统（GFS 或 HDFS）。

5．云计算平台管理技术

云管理平台最重要的两个特质在于管理云资源和提供云服务，即通过构建基础架构资源池（IaaS）、搭建企业级应用/开发/数据平台（PaaS），以及通过 SOA 架构整合服务（SaaS）来实现全服务周期的一站式服务，构建多层级、全方位的云资源管理体系。

选择云计算管理平台的四种考量：

（1）是否可以保障系统的稳定性、可靠性和安全性。这是 IT 决策者在选择云管理平台时最重要的衡量标准之一。

（2）是否可以和现有的虚拟化平台兼容。采用现有的虚拟化供应商升级云计算，不失为一种选择，但是考虑到成本以及供应商锁定的问题，也可以选择一种可以兼容现有虚拟化基础的云计算管理平台。

（3）是否有完整的生命周期管理。现在虚拟机泛滥的问题很普通，导致 IT 管理者不清楚哪些应用在哪些虚拟机上、无法及时回收资源等等问题，多数应用不能按照不同需求定义虚拟机的服务等级。

（4）是否便于管理。云计算的一个重要的优势是减少 IT 管理成本。

因此，云计算平台管理技术就是实现大量服务器的协同工作，方便地进行业务部署和开通，快速发现和恢复系统故障，通过自动化、智能化的手段实现大规模系统的可靠运营，如图 1-11 所示。

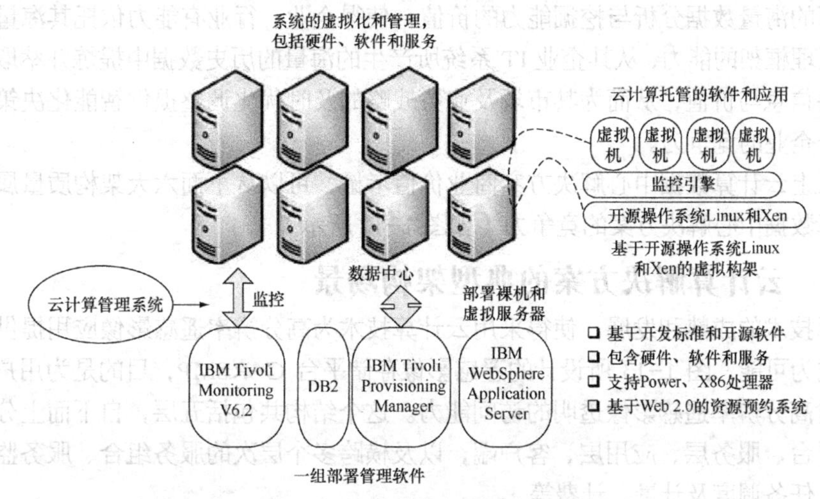

图 1-11　云计算平台协同运行示例

1.4.6 云计算核心架构的竞争力衡量维度

从云计算技术引入传统数据中心所带来的商业服务的角度看，重点可以从开源与节流两个方面来衡量云计算的核心竞争力。

1. 节流（Cost Saving）方面

在业务系统搭建过程中，云计算及其虚拟化技术使得企业及运营商可以突破应用边界的束缚，充分共享企业范围内、行业范围内、甚至全球范围内公用的“IT 资源池”，无需采购和安装实际物理形态的服务器、交换机及存储硬件，而是依赖于向集中的“IT 资源池”动态申请所需的虚拟 IT 资源（或资源集合），从而完成相关应用的自动化安装部署，最终达到快速搭建支撑自身核心业务的 IT 系统与基础平台的目的。这种模式可以减少系统搭建的人力和资源投入，降低系统初始构筑成本。

在业务应用执行过程中，依托节能减排及资源利用率最大化原则，实现必要的智能资源动态调度，以完成既定的业务处理或计算任务，并在特性业务处理或计算任务完成后即时地释放相关 IT 资源供其他企业/行业应用进一步动态共享，从而实现 IT 建设与运维成本的大幅度优化与降低。

另外，针对涉及海量数据处理及科学计算的特殊行业，以往依托于造价昂贵的小型机、大型机甚至巨型机、高端存储阵列，或者采用通用处理设备需要数月甚至数年才能完成的复杂计算与分析任务，有可能在云计算数据中心基于通用服务器集群，以更为低廉的成本并花费更短的时间就可以轻松应对。

2. 开源（Revenue Generation）方面

针对公有云数据中心运营商的价值：将 SaaS 等早在云计算概念出现之就已普及的资源服务的概念进一步扩展到 IaaS 与 PaaS 层，云计算数据中心运营商可以在 IaaS/PaaS 上建设自营增值业务服务于云用户，也可引入众多第三方应用运行在 IaaS/PaaS 云平台之上，实现相比传统数据中心托管服务具备更高附加值的虚拟机、虚拟桌面及虚拟数据中心租赁业务，或者在第三方应用开发/提供商、云运营商（IaaS/PaaS 云平台提供者）以及云租户/云用户之间分享丰富的 SaaS 应用带来的增值利润。

针对企业私有云数据中心建设的价值：云计算使得 IT 基础架构可以对与企业、行业业务紧密绑定的业务软件形成更为高效和敏捷的集成融合，从而大大提升了企业 IT 资源灵活适应并支撑企业核心业务流程与业务模式快速变化的能力，有效地优化了企业业务的运作效率。

云计算的海量数据分析与挖掘能力的价值：使得企业、行业有能力依托其海量存储及并行分析与处理框架的能力，从其企业 IT 系统所产生的海量的历史数据中提炼并萃取出对其有价值的独特信息与价值，从而为其市场及业务战略的及时优化调整提供智能化决策引擎，从而有效提升企业的竞争力。

基于以上云计算数据中心解决方案商业价值考量，可以从下面六大架构质量属性指标来衡量云计算数据中心解决方案的竞争力（如图 1-12 所示）。

1.4.7 云计算解决方案的典型架构场景

云计算技术的成熟和发展，使得采用云计算技术为高分辨率遥感影像应用提供一致的存储与管理成为可能，图 1-13 所设计的遥感影像存储平台 C-RSMP，目的是为用户提供云计算环境下对高分辨率遥感影像透明的访问能力。这个结构共包括五层，自下而上分别为：物理层、云平台、服务层、应用层、客户端，以及横跨多个层次的服务组合、服务监控、虚拟资源管理、任务调度及计量、计费等。

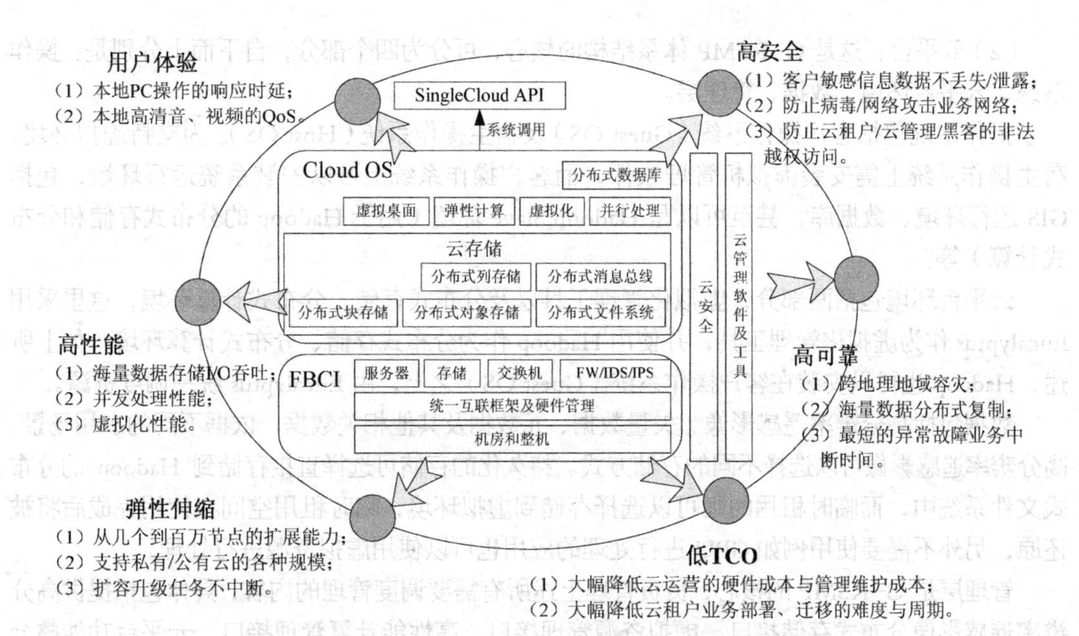

图1-12 六大架构质量属性指标来衡量云计算数据中心解决方案

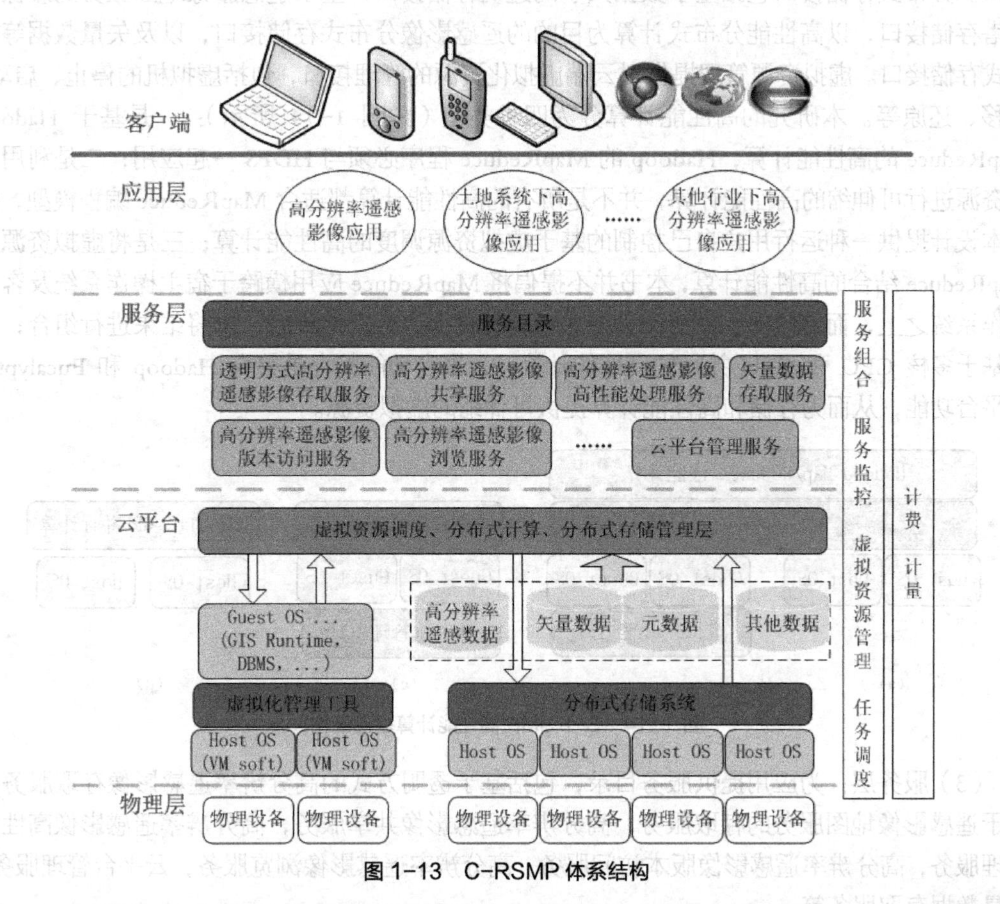

图1-13 C-RSMP体系结构

（1）物理层：该层是C-RSMP体系结构的最底层，可以由普通PC或者高性能服务器搭建。

（2）云平台：这是 C-RSMP 体系结构的核心，可分为四个部分，自下而上分别是：操作系统、云平台环境、数据、管理层。

操作系统包括客户操作系统（Guest OS）及宿主操作系统（Host OS）。为支持虚拟环境，宿主操作系统上需安装虚拟机管理软件，而客户操作系统上可以安装系统运行环境，包括 GIS 运行环境、数据库，甚至可以是 Hadoop Slave 环境（用于 Hadoop 的分布式存储和分布式计算）等。

云平台环境包括两部分，虚拟化管理工具以及分布式存储、分布式计算环境，这里采用 Eucalyptus 作为虚拟化管理工具，并使用 Hadoop 作为分布式存储、分布式计算环境。如上所述，Hadoop 也可以安装在客户操作系统（Guest OS）之上，由 Eucalyptus 统一调度资源。

数据包括高分辨率遥感影像、矢量数据、元数据及其他相关数据。依据不同的应用场景，高分辨率遥感影像可以选择不同的存储方式。持久化的存储可选择直接存储到 Hadoop 的分布式文件系统中，而临时租用的则可以选择存储到虚拟环境，临时租用空间在使用完成后将被还原，另外不需要使用例如 GPU 进行处理的应用也可以使用虚拟资源进行处理。

管理层是 C-RSMP 的核心，负责管理上述所有需要调度管理的内容，具体包括提供高分辨率遥感影像分布式存储接口，虚拟资源管理接口，高性能计算管理接口，云平台功能整合接口。分布式存储接口包括基于数据共享的透明存储接口，基于遥感影像地图服务的影像金字塔存储接口，以高性能分布式计算为目的的遥感影像分布式存储接口，以及矢量数据等分布式存储接口。虚拟资源管理提供对云端虚拟化资源的管理接口，包括虚拟机的停止、启动、迁移、还原等。本研究的高性能计算分为四种类型（如图 1-14 所示）：一是基于 Hadoop MapReduce 的高性能计算，Hadoop 的 MapReduce 程序必须与 HDFS 一起应用；二是利用虚拟资源进行可伸缩的高性能计算，并不是所有的高性能计算都适合 MapReduce 编程模型，因此本设计提供一种运行用户自己控制的基于虚拟资源调度的高性能计算；三是将虚拟资源与 MapReduce 结合的高性能计算，本书并不提倡将 MapReduce 应用横跨于宿主操作系统及客户操作系统之上，而更倾向于在前两种方式各自计算得到分别结果后，再将结果进行组合；四是基于多核 CPU 和 GPU 并行的高性能计算。云平台功能整合是整合 Hadoop 和 Eucalyptus 云平台功能，从而为存储和高性能计算提供可伸缩的虚拟资源。

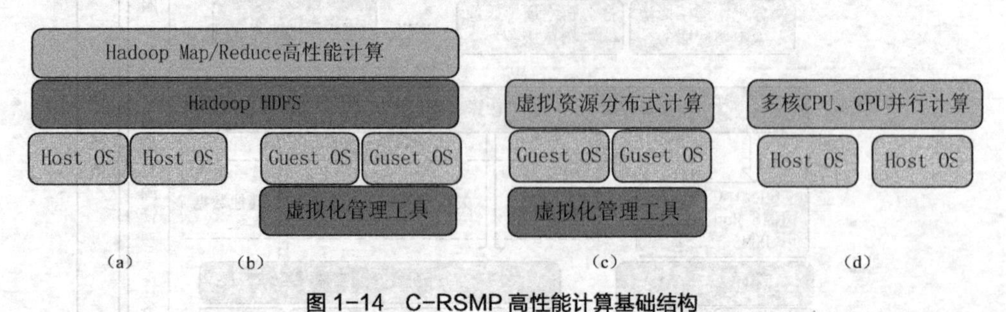

图 1-14　C-RSMP 高性能计算基础结构

（3）服务层：为应用提供服务目录，包括基于透明方式的高分辨率遥感影像存取服务，基于遥感影像地图服务的存取服务，高分辨率遥感影像共享服务，高分辨率遥感影像高性能处理服务，高分辨率遥感影像版本访问服务，高分辨率遥感影像浏览服务，云平台管理服务，矢量数据存取服务等。

（4）应用层：将服务层的不同服务进行组合，形成不同用途的应用，如高分辨率遥感影像应用，土地系统下的高分辨率遥感影像应用，以及其他行业系统下的高分辨率遥感影像应用。

（5）客户端：云计算可以提供不同的服务用于支持不同的客户端系统，这包括C/S架构桌面系统、B/S架构下的Web系统、移动系统等。

1.4.8 云计算资源基础架构

云计算不仅从技术上，而且在服务模式上也提出了很多创新之处，表现在其对整个IT领域所涉及的技术和应用，涉及硬件系统、软件系统、应用系统、运维管理、服务模式等各个方面。

云基础架构如图1-15所示，在传统基础架构计算、存储、网络硬件层的基础上，增加了虚拟化层、云层。

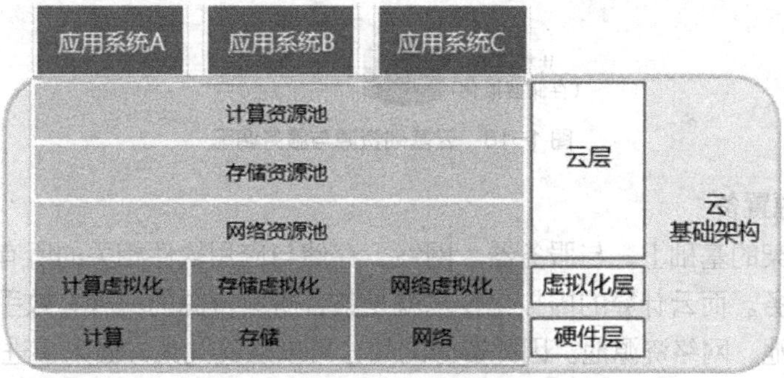

图1-15 云基础架构

虚拟化层：大多数云基础架构都广泛采用虚拟化技术，包括计算虚拟化、存储虚拟化、网络虚拟化等。通过虚拟化层，屏蔽了硬件层自身的差异和复杂度，向上呈现为标准化、可灵活扩展和收缩、弹性的虚拟化资源池。

云层：对资源池进行调配、组合，根据应用系统的需要自动生成、扩展所需的硬件资源，将更多的应用系统通过流程化、自动化部署和管理，提升IT效率。

相对于传统基础架构，云基础架构通过虚拟化整合与自动化，应用系统共享基础架构资源池，实现高利用率、高可用性、低成本、低能耗，并且通过云平台层的自动化管理，实现快速部署、易于扩展、智能管理，帮助用户构建IaaS（基础架构即服务）云业务模式。

1．资源需求

事实上，云基础架构的关键在于网络。目前计算虚拟化、存储虚拟化的技术已经相对成熟并自成体系，但就整个IT基础架构来说，网络可以将计算资源池、存储资源池、用户连接在一起形成的纽带，只有网络能够充分感知到计算资源池、存储资源池和用户访问的动态变化，从而进行动态响应，维护网络连通性的同时，保障网络策略的一致性。否则，通过人工干预和手工配置，会大大降低云基础架构的灵活性、可扩展性和可管理性。

因此，在新应用系统上线的时候，需要分析该应用系统的资源需求，确定基础架构所需的计算、存储、网络等设备规格和数量。云基础架构资源的整合，对计算、存储、网络虚拟化提出了新的挑战，并带动了一系列网络、虚拟化技术的变革。在云基础架构模式下，服务器、网络、存储、安全采用了虚拟化技术，资源池使得设备及对应的策略是动态变化的，通过资源与服务的调配技术，实现任务与数据的迁移，云基础资源与服务调配如图1-16所示。

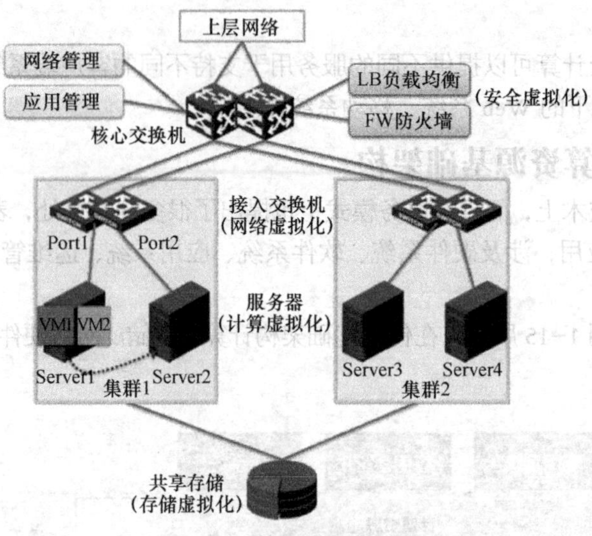

图 1-16　云基础资源与服务调配

2．物理资源置备

在云计算框架的基础上，与服务器、网络、存储与应用软件相关的所有设备都可以尽可能地提供按需服务。而云计算的虚拟化技术就是整合所有资源的一种有效手段，形成计算资源池、存储资源池、网络资源池。因此资源的划分可以从这几大方面入手进行考虑。

3．资源池规划

针对云计算平台资源池的划分，可以划分为计算资源池、存储资源池、网络资源池几大类别。为了更好地规划云计算拥有的平台，下面从硬件、业务、管理 3 个层面加以考虑。

（1）硬件层的融合。

例如 VEPA 技术和方案，则是将计算虚拟化与网络设备和网络虚拟化进行融合，实现虚拟机与虚拟网络之间的关联。此外，还有 FCoE 技术和方案，将存储与网络进行融合；以及横向虚拟化、纵向虚拟化实现网络设备自身的融合。

（2）业务层的融合。

典型的方案是云安全解决方案。通过虚拟防火墙与虚拟机之间的融合，可以实现虚拟防火墙对虚拟机的感知、关联，确保虚拟机迁移、新增或减少时，防火墙策略也能够自动关联。此外，还有虚拟机与 LB 负载均衡之间的联动。当业务突发资源不足时，传统方案需要人工发现虚拟机资源不足，再手工创建虚拟机，并配置访问策略，响应速度很慢，而且非常的费时费力。通过自动探测某个业务虚拟机的用户访问和资源利用率情况，在业务突发增加时，自动按需增加相应数量的虚拟机，与 LB 联动进行业务负载分担；同时，当业务突发减小时，可以自动减少相应数量的虚拟机，节省资源。不仅有效解决了虚拟化环境中面临的业务突发问题，而且大大提升了业务响应的效率和智能化。

（3）管理层的融合。

云基础架构通过虚拟化技术与管理层的融合，提升了 IT 系统的可靠性。例如，虚拟化平台可与网络管理、计算管理、存储管理联动，当设备出现故障影响虚拟机业务时，可自动迁移虚拟机，保障业务正常访问。此外，对于设备正常、操作系统正常、但某个业务系统无法访问的情况，虚拟化平台还可以与应用管理联动，探测应用系统的状态，例如 Web、App、DB 等响应速度，当某个应用无法正常提供访问时，自动重启虚拟机，恢复业务正常访问。

1.4.9 云计算服务交付

云计算是基于互联网的相关服务的增加、使用和交付模式，通常涉及通过互联网来提供动态易扩展且经常是虚拟化的资源。狭义云计算指IT基础设施的交付和使用模式，指通过网络以按需、易扩展的方式获得所需资源；广义云计算指服务的交付和使用模式，指通过网络以按需、易扩展的方式获得所需服务。

云计算颠覆性地改变了传统IT服务的商业模式，大大降低了获取IT服务的门槛，使云计算成为社会信息化的基础设施，人们使用IT服务将像使用水电一样方便、快捷、廉价。但必须清醒地认识到，云计算要建立一个清晰的商业模型还有待时日。首先，作为多种技术集大成者的云计算，要将各种技术融会贯通，需要一定时间的积累；其次，人们对云计算的商业模式有一个认识和接受的过程；最后，云计算产业链的形成也是一个多方博弈的过程。

1. 服务目录制定

服务目录详细定义了为业务用户提供的所有服务（内部和外部）。服务目录旨在为客户提供一组明确定义的服务以供使用。理想状态下，服务目录通过“一站式商店”提供，客户可以在几乎不受干扰的情况下选择所需的服务，且无需进行大量手工操作。目录必须保持最新状态，以便反映可用服务的类型和规模。另一方面，默认情况下，目录并不反映底层技术的详细情况。正因为此类信息不面向用户公开，IT在接到请求时才能灵活地交付由私有云和公有云组合而成的最佳混合资源。业务用户可以轻松地选择资源，这些资源配备明确定义的SLA，用户可根据业务需求进行选择，而无需鉴别和了解各种服务器硬件、操作系统以及其他基础架构组件。

2. 性能与容量管理

决定云服务器性能的三大配置分别是云服务器的 vCPU、内存和磁盘响应速度、网络吞吐量。

云服务器通常是指运行在相同的物理硬件上的“虚拟”服务器，作为物理服务器来使用。在虚拟服务器平台上，管理员可以用具体的CPU、内存和磁盘特性提供服务器，这些系统都通过在线方式提供。

（1）CPU与内存。本质上，云服务器提供商提供的系统由于功能和价格的不同也有不同的“规格”。这种产品通常有两个关键维度：CPU和内存。基本上来说，小型规格为1vCPU和2GB RAM；中型规格为2vCPU和4GB RAM；大型规格为4vCPU和8GB RAM。

（2）磁盘容量。除了vCPU和RAM之外，云服务器提供商也指定了每台服务器的可用磁盘容量，但容量变化多端，很难通用化。分配额外的磁盘是不同的应用和用户满足不同磁盘需求的标准选择。

（3）网络连接。虽然每一台服务器都有网络连接性，区别在于云服务器提供商如何为其不同规格的云服务器网络带宽打广告。通常你最有可能看到的就是GB以太网连接。

用户在选择云服务器时，务必确定有多少虚拟服务器可以运行在物理服务器上，以及这个物理服务器该有多少实际的CPU和内存，其实际的网络吞吐量如何，这些决定直接影响你的应用性能。另外，选择云服务器时，还要参考自身成本预算，考查网站服务器租用价格，选择最符合自身需求与发展的云服务器。

随着成本和复杂性的提高，当有必要时企业可能只是简单地需要更多的云计算处理资源。在很多情况下，云计算供应商把他们的服务定位为一把解决传统挑战的万能钥匙，也就是当IT部门试图提供足够系统资源时所需面临的挑战。因此出现了容量规划与管理的一系列问题，如在数据中心中有多少可用容量、有多少可用容量目前正在使用、容量将在何时释放等。与此同时，技术的发展进步，容量规划变得更加复杂。例如，虚拟化技术的问世意味着IT人员不再需要去研究一个大系统；相反，他们需要跟踪运行数十个甚至数百个应用程序的虚拟化服务器的工作状态。

虽然在如今的虚拟化数据中心中分配资源是一件更为容易的任务，但是企业会发现，确定云计算服务的适量规模仍然是一个挑战。为了能够快速地提供计算资源，IT部门和云计算供应商必须能够冗余地管理和提供资源。当然，必须有人为这个冗余的基础设施支付费用。

而在一个私有云计算环境中，企业也必须冗余地建设它的IT基础设施。与此同时，在公共云计算供应商的定价模式中，供应商应为服务的固定用户提供某种优惠。而当要求使用大量、未在计划内的资源时，客户就需支付额外费用。虽然他们提供的资源是无限的，但是厂商面临的限制取决于他们为客户所提供的服务器处理资源、存储设备资源或网络带宽资源。

BMC软件公司的Proactive Net Performance Management Suite可以实现对云计算IT资源容量的分析、预测以及优化。

3. 可用性管理

可用性是系统运行时间和系统运行时间加系统宕机时间的比，可用性是衡量系统的主要因素之一。传统的技术，在系统宕机之后，需要将服务器或者其他设备维修好了之后才能重新提供服务，而云技术的出现，这一缺陷得到了有效的改善。云服务可以保证较高的可用性，因为云平台有很大的资源池，当一台服务器宕机之后，可以分配别的服务器快速启动，从而保证系统的可用性。

云可用性是保障关键业务的云服务在用户需要使用时确实可用的关键。云服务供应商需要随时了解服务的正常运行时间和性能的可视化信息，以及针对业务分析的趋势预测由应用性能引起的问题而防止故障发生的概率。因此，可用性P的计算方法为：

$$P=MTTF/(MTTF+MTTR)\times 100\% \quad (1-1)$$

式中，MTTR（Mean Time To Repair）为平均维修时间，是指从出现故障到恢复的这段时间，MTTR越短表示易恢复性越好；MTTF（Mean Time To Failure）为平均无故障时间，是指系统平均能够正常运行多久才发生一次故障的时间。系统的可靠性越高，平均无故障时间越长。

在云环境下保持可用性的方法很多，包括使用云服务安全策略等措施，其中各资源的可用性也是提升云平台服务可用性的基础之一。

4. 持续性管理

云计算及其虚拟化技术，使得IT服务持续性不再需要额外的资源提供可靠的服务，也是实现服务可持续性管理的直接受益者。一旦服务发生故障，目标是让服务系统能在最快时间内恢复到你已知的某个节点。因此服务备份与恢复的策略就显得很重要。

任何IT服务备份与恢复的策略都是设法将一切恢复到距离现实最近的时间节点。从IT服务技术角度来说，这意味着恢复点目标（RPO）和恢复时间目标（RTO）越接近接好。通过IT服务快照和虚拟机，停机时间往往在几小时甚至几分钟。

IT服务拥有高可用性需求而且财力雄厚的公司研究了过去的业务持续性方案，要么是通过IT服务集群与虚拟化实现IT组件的N+1冗余，或者在另外一个IT服务远程数据中心完全镜像整个线上环境。

现有的IT服务平台可能混合了承载单业务的服务器或者物理集群的虚拟化环境，甚至还可能有一两个 IT 服务平台运行在私有云。你已经拥有 IT 服务虚拟化基础设施上的虚拟机，这就有可能会在未来部署 IT 服务器。IT 服务持续性规划始于建立企业应用程序涉及的所有资产数据库。IT 服务对于大多数组织来说，连续性并不意味着和主要设施一样，将所有的 IT 服务业务都以相同的用户体验进行镜像。相反，企业需要确保 IT 服务核心业务流程能够保持，直到 IT 服务主数据中心重新上线。

结合云计算和虚拟化策略，可以将原平台迁移到可持续性管理平台，即能够提供将工作负载从一个环境迁移到另一个环境的高可用性和业务连续能力。或者一些产品包还能提供将 IT 服务应用程序或容器从一个环境迁移到另一个，这些 IT 服务工具不需要热目标环境，它们支持动态迁移裸机、虚拟机或云环境。以 OGC 的业务持续性管理为基础，针对 IT 服务可持续性管理流程模型如图 1-17 所示。

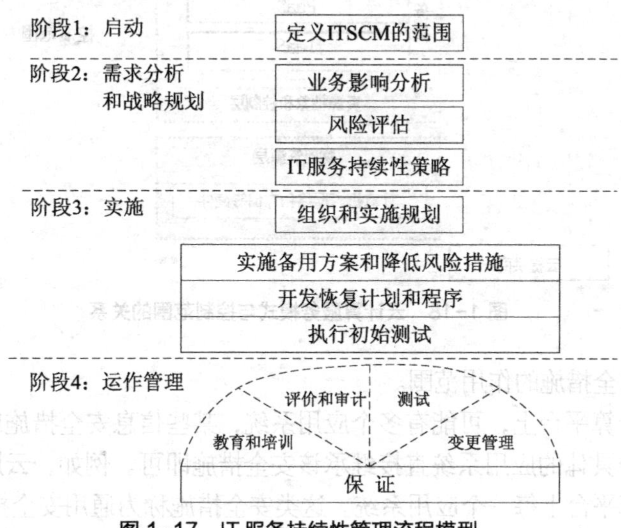

图 1-17 IT 服务持续性管理流程模型

5．服务水平管理

随着云计算在企业环境中的落地，与云计算相关的管理问题也接踵而至。新兴应用的每一次崛起，总是会带来新一轮 IT 管理技术的演进。企业在把应用向“云”迁移的进程中，将面临一系列的管理挑战。

服务水平，实际上就是指服务的质量。云计算服务质量是用户使用云计算服务的总体效果，这些效果决定了一个用户对该云计算服务的满意程度。云计算技术将其自身展现给用户的具体实现形式称为云服务。通常，对云计算服务质量的理解，需要包括用户方面需求的服务质量和感知的服务质量以及服务供应商所能提供和实现服务质量的能力。

总之，除了服务可用性之外，衡量云计算服务质量的其他依据还包括安全性、虚拟硬盘大小、速度、响应时间、延迟、计算频次、CPU 性能、灵活性、可扩展性、应用程序的周转时间、符合能力、准确性及带宽等。但目前云计算服务提供商所提供的 SLA 中，尚未详细、具体到这些方面。但也需要对云计算服务质量进行相应的管理，以保证其适应技术进步和用户需求的变化，提升质量与服务层次，吸引更多的用户使用云服务。

6．安全管理

云计算服务的安全性由云服务商和客户共同保障。在某些情况下，云服务商还要依靠其他组织提供计算资源和服务，其他组织也应承担信息安全责任。因此，云计算安全措施的实施主体有多个，各类主体的安全责任因不同的云计算服务模式而异。

云计算服务模式与控制范围的关系如图 1-18 所示，在不同的服务模式中，云服务商和客户对计算资源拥有不同的控制范围，控制范围则决定了安全责任的边界。云计算的物理资源层、资源抽象和控制层都处于云服务商的完全控制下，所有安全责任由云服务商承担。服务层的安全责任则由双方共同承担，越靠近底层（即 IaaS）的云计算服务，客户的管理和安全责任越大；反之，云服务商的管理和安全责任越大。

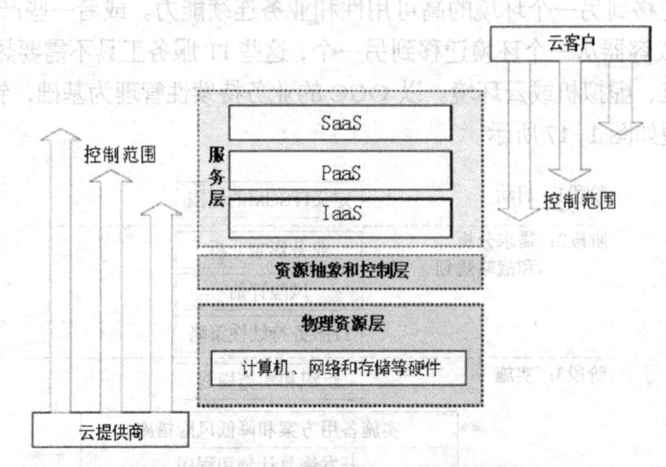

图 1-18 云计算服务模式与控制范围的关系

（1）云计算安全措施的作用范围。

在同一个云计算平台上，可能有多个应用系统，某些信息安全措施应作用于整个云计算平台，平台上每个具体的应用系统直接继承该安全措施即可。例如，云服务商的人员安全措施即适用于云计算平台上每一个应用系统。这类安全措施称为通用安全措施。

某些安全措施则仅是针对特定的应用。例如，云计算平台上电子邮件系统的访问控制措施与字处理系统的访问控制措施可能不同。这类安全措施称为专用安全措施。

在特殊情况下，某些安全措施的一部分属于通用安全措施，另一部分则属于专用安全措施。例如，云计算平台上电子邮件系统的应急响应计划既要利用云服务商的整体应急响应资源（如应急支援队伍），也要针对电子邮件系统的备份与恢复作出专门考虑。这类安全措施称为混合安全措施。

云服务商申请为客户提供云计算服务时，所申请的每一类云计算应用均应实现其所规定的安全要求，并以通用安全措施、专用安全措施或混合安全措施的形式，标明所采取的每项安全措施的作用范围。

（2）安全要求的分类。

云计算安全标准对云服务商提出了基本安全能力要求，反映了云服务商在保障云计算平台上客户信息和业务信息安全时应具有的基本能力。这些安全要求分为 10 类，每一类安全要求包含若干项具体要求。10 类安全要求分别是：

① 系统开发与供应链安全。

云服务商应在开发云计算平台时对其提供充分保护，为其配置足够的资源，并充分考虑信息安全需求。云服务商应确保其下级供应商采取了必要的安全措施。云服务商还应为客户提供与安全措施有关的文档和信息，配合客户完成对信息系统和业务的管理。

② 系统与通信保护。

云服务商应在云计算平台的外部边界和内部关键边界上监视、控制和保护网络通信，并采用结构化设计、软件开发技术和软件工程方法有效保护云计算平台的安全性。

③ 访问控制。

云服务商应严格保护云计算平台的客户数据和用户隐私，在授权信息系统用户及其进程、设备（包括其他信息系统的设备）访问云计算平台之前，应对其进行身份标识及鉴别，并限制授权用户可执行的操作和使用的功能。

④ 配置管理。

云服务商应对云计算平台进行配置管理，在系统生命周期内建立和维护云计算平台（包括硬件、软件、文档等）的基线配置和详细清单，并设置和实现云计算平台中各类产品的安全配置参数。

⑤ 维护。

云服务商应定期维护云计算平台设施和软件系统，并对维护所使用的工具、技术、机制以及维护人员进行有效的控制，且做好相关记录。

⑥ 应急响应与灾备。

云服务商应为云计算平台制定应急响应计划，并定期演练，确保在紧急情况下重要信息资源的可用性。云服务商应建立事件处理计划，包括对事件的预防、检测、分析、控制、恢复及用户响应活动等，对事件进行跟踪、记录并向相关人员报告。云服务商应具备容灾恢复能力，建立必要的备份设施，确保客户业务可持续。

⑦ 审计。

云服务商应根据安全需求和客户要求，制定可审计事件清单，明确审计记录内容，实施审计并妥善保存审计记录，对审计记录进行定期分析和审查，还应防范对审计记录的非授权访问、篡改和删除行为。

⑧ 风险评估与持续监控。

云服务商应定期或在威胁环境发生变化时，对云计算平台进行风险评估，确保云计算平台的安全风险处于可接受水平。云服务商应制定监控目标清单，对目标进行持续安全监控，并在异常和非授权情况发生时发出警报。

⑨ 安全组织与人员。

云服务商应确保能够接触客户信息或业务的各类人员（包括供应商人员）上岗时具备履行其信息安全责任的素质和能力，还应在授予相关人员访问权限之前对其进行审查并定期复查，在人员调动或离职时履行安全程序，对于违反信息安全规定的人员进行处罚。

⑩ 物理与环境保护。

云服务商应确保机房位于中国境内，机房选址、设计、供电、消防、温湿度控制等符合相关标准的要求。云服务商应对机房进行监控，严格限制各类人员与运行中的云计算平台设备进行物理接触，确需接触的，需通过云服务商的明确授权。

1.4.10 云计算运维流程建设

云计算的运维从事故管理、问题管理、变更管理、发布管理、配置管理 5 个方面，简要介绍了 ITIL 服务管理流程，并详细论述了事故管理、问题管理、配置管理、变更管理 4 个流程。

1．实施指导

云计算商业模式就是要实现 IT 服务，包括对内与对外服务，因此面向服务的理念越来越明显。一般来说，云运维管理与当前传统 IT 运维管理的不同表现为：集中化和资源池化。

云运维管理需要尽量实现自动化和流程化，避免在管理和运维中因为人工操作带来的不确定性问题。同时，云运维管理需要针对不同的用户提供个性化的视图，帮助管理和维护人员查看、定位和解决问题。

云运维管理和运维人员面向的是所有的云资源，要完成对不同资源的分配、调度和监控。同时，应能够向用户展示虚拟资源和物理资源的关系及拓扑结构。云运维管理的目标是适应上述的变化，改进运维的方式和流程来实现云资源的运行维护管理。

云计算运维管理应提供如下功能：

（1）自服务门户。自服务门户将支撑基础设施资源、平台资源和应用资源以服务的方式交互给用户使用，提供基础设施资源、平台资源和应用资源服务的检索、资源使用情况统计等自服务功能，需要根据不同的用户提供不同的展示功能，并有效隔离多用户的数据。

（2）身份与访问管理。身份与访问管理提供身份的访问管理，只有授权的用户才能访问相应的功能和数据，对资源服务提出使用申请。

（3）服务目录管理。建立基础设施资源、平台资源和应用资源的逻辑视图，形成云计算及服务目录，供服务消费者与管理者查询。服务目录应定义服务的类型、基本信息、能力数据、配额和权限，提供服务信息的注册、配置、发布、注销、变更、查询等管理功能。

（4）服务规则管理。服务规则管理定义了资源的调度、运行顺序逻辑。

（5）资源调度管理。资源调度管理通过查询服务目录，判断当前资源状态，并且执行自动的工作流来分配及部署资源，按照既定的适用规则，实现实时响应服务请求，根据用户需求实现资源的自动化生成、分配、回收和迁移，用以支持用户对资源的弹性需求。

（6）资源监控管理。资源监控管理实时监控、捕获资源的部署状态、使用和运行指标、各类告警信息。

（7）服务合规审计。服务合规审计对资源服务的合规性进行规范和控制，结合权限、配额对服务的资源使用情况进行运行审计。

（8）服务运营监控。服务运营监控将各类监控数据汇总至服务监控及运营引擎进行处理，通过在服务策略及工作请求间进行权衡进而生成变更请求，部分标准变更需求可转送到相关资源管理进行进一步的处理。

（9）服务计量管理。服务计量管理按照资源的实际使用情况进行服务质量审核，并规定服务计量信息，以便于在服务使用者和服务提供者之间进行核算。

（10）服务质量管理。服务质量管理遵循 SLA 要求，按照资源的实际使用情况进行服务质量的审核与管理，如果服务质量没有达到预先约定的 SLA 要求，自动化地进行动态资源调配，或者给出资源调配建议由管理者进行资料的调派，以满足 SLA 的要求。

（11）服务交付管理。服务交付管理包括交付请求管理、服务模板管理、交付实施管理，实现服务交付请求的全流程管理，以及自动化实施的整体交付过程。

（12）报表管理。报表管理对云计算运维管理的各类运行时间和周期性统计报表提供支持。

（13）系统管理。系统管理是指云计算运维管理自身的各项管理，包括账户管理、参数管理、权限管理、策略管理等。

（14）4A 管理。4A 管理由云计算运维管理自身的 4A 管理需求支持。

（15）管理集成。管理集成负责与 IaaS 层、PaaS 层、SaaS 层的接口实现，为服务的交付、监控提供支持。

（16）管理门户。管理门户面向管理维护人员，将服务、资源的各项管理功能构成一个统一的工作台，来实现管理维护人员的配置、监控、统计等功能需要。

云管理的最终目标是实现 IT 能力的服务化供应，并实现云计算的各种特性：资源共享、自动化、按使用付费、自服务、可扩展等。

因此，企业的云战略终端从基础设施转向应用平台，对于提高云应用和云系统的管理性工具的需求也随着逐步提高。

2．实施路径

（1）理清云计算数据中心的运维对象。

云计算数据中心的运维对象一般可分成 5 大类：①机房环境基础设施；②数据中心所应用的各种设备；③系统与数据；④管理工具（基础设施监控软件、IT 监控软件、工作流管理平台、报表平台和短信平台等）；⑤人员管理。

（2）定义各运维对象的运维内容。

（3）建立信息化的运维管理平台系统和 IT 服务管理系统。

（4）定制化管理。

（5）自动化管理。

（6）用户关系管理。

（7）安全性管理。

（8）流程管理。

（9）应急预案管理。

3．配置流程管理

流程是数据中心运维管理质量的保证。作为客户服务的物理载体，数据中心存在的目的就是要保证可以按质、按量地提供符合用户要求的服务。为确保最终提供给用户的服务符合服务合同的要求，数据中心需要把现在的管理工作抽象成不同的管理流程，并对流程之间的关系、流程的角色、流程的触发点和流程的输入与输出等进行详细定义。通过这种流程的建立，一方面可以使数据中心的人员能够对工作有一个统一的认识，更重要的是通过这些服务工作的流程化，使得整个服务提供过程可被监控和管理，以形成真正意义上的“IT”。服务数据中心建立的管理流程，除应满足数据中心自身特点外，还应能兼顾用户、管理者和服务商与审计机构的需求。由于每个数据中心的实际运维情况与管理目标存在差异，数据中心需要建立的流程也会有所不同，常见的服务流程概览情况如图 1-19 所示。

在一些管理中，当提到一个 RFC 进入变更程序时，管理员和 CAB 需要一个方法来评估变更可能造成的影响。而评估需要的相关信息需要一个机制来提供，这个机制就是配置管理。

配置管理的目标包括以下内容：

- 对公司内部的所有 IT 资产和配置及其服务作出说明；
- 提供有关配置及其记录的准确信息以支持所有其他的“服务管理”流程；
- 为事故管理、故障管理、变更管理和发布管理提供坚实的基础；
- 对照基础设施验证配置记录并纠正任何异常情况。

不同角色配置管理流程分工如图 1-20 所示。

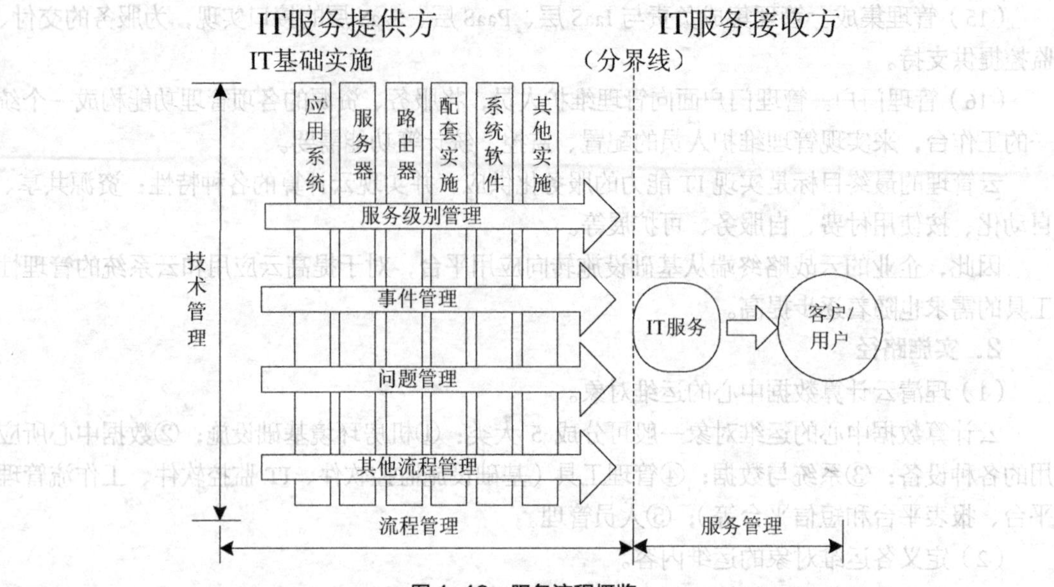

图 1-19 服务流程概览

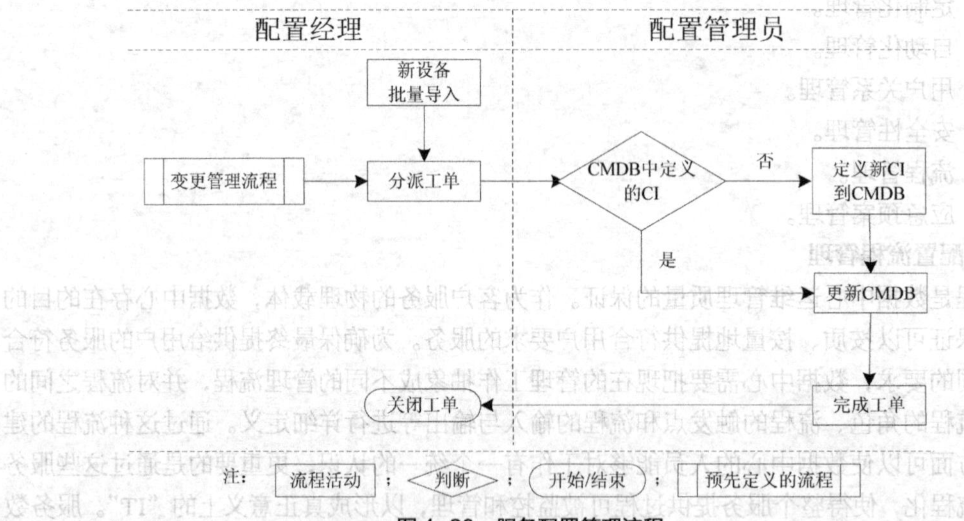

图 1-20 服务配置管理流程

4．服务台与事件流程管理

服务台是连接最终用户与 IT 部门的一个信息交换平台，职责包括以下内容：

- 将最终用户通过电话提交的故障信息录入到运维系统中，并生成突发事件，对突发事件进行分类，按照流程处理；
- 跟踪突发事件的解决状态；
- 将解决方案提交知识库；
- 关闭状态已解决的突发事件；
- 将监控系统自动生成的事件按照流程处理；
- 将未解决的事件关闭，并提交事件经理；
- 将一线不能解决的事件分配到二线。

事故管理流程、问题管理流程、变更管理流程分别如图 1-21、图 1-22 和图 1-23 所示。

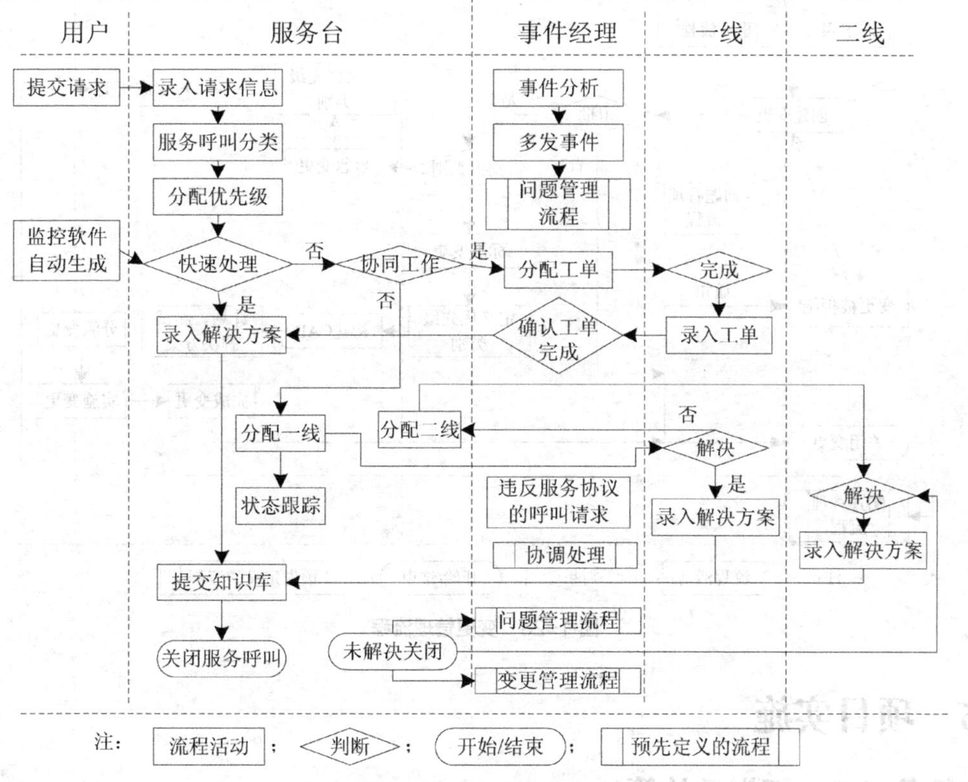

图 1-21　事故管理流程

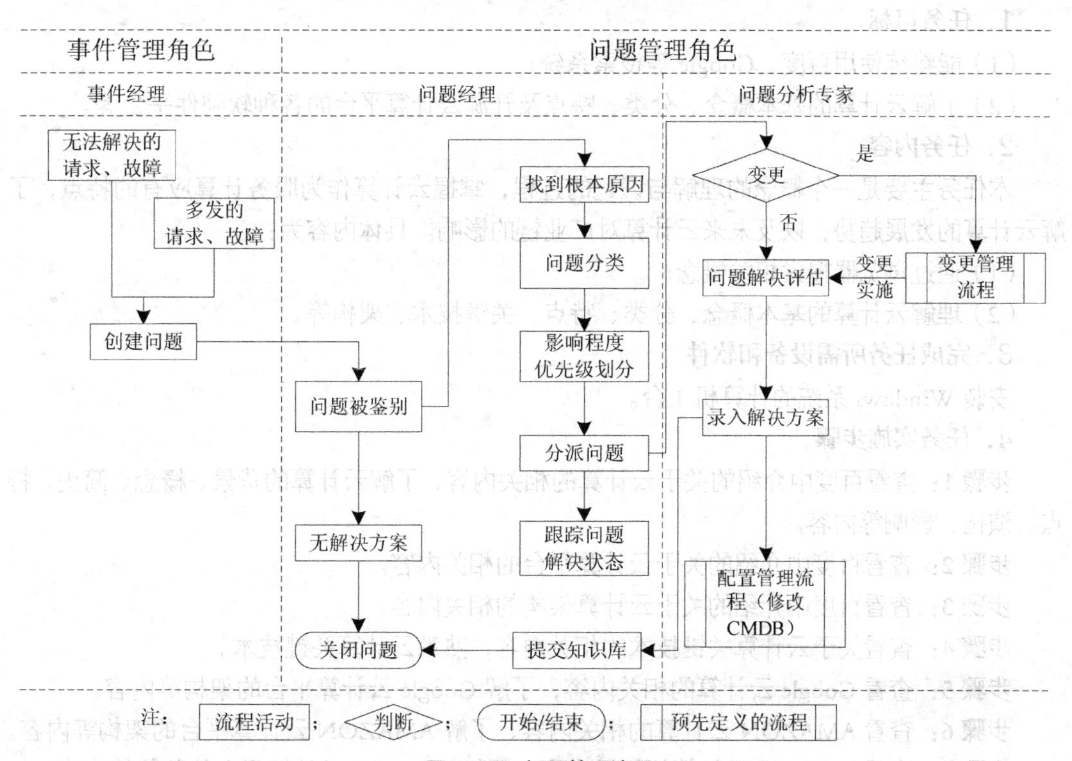

图 1-22　问题管理流程

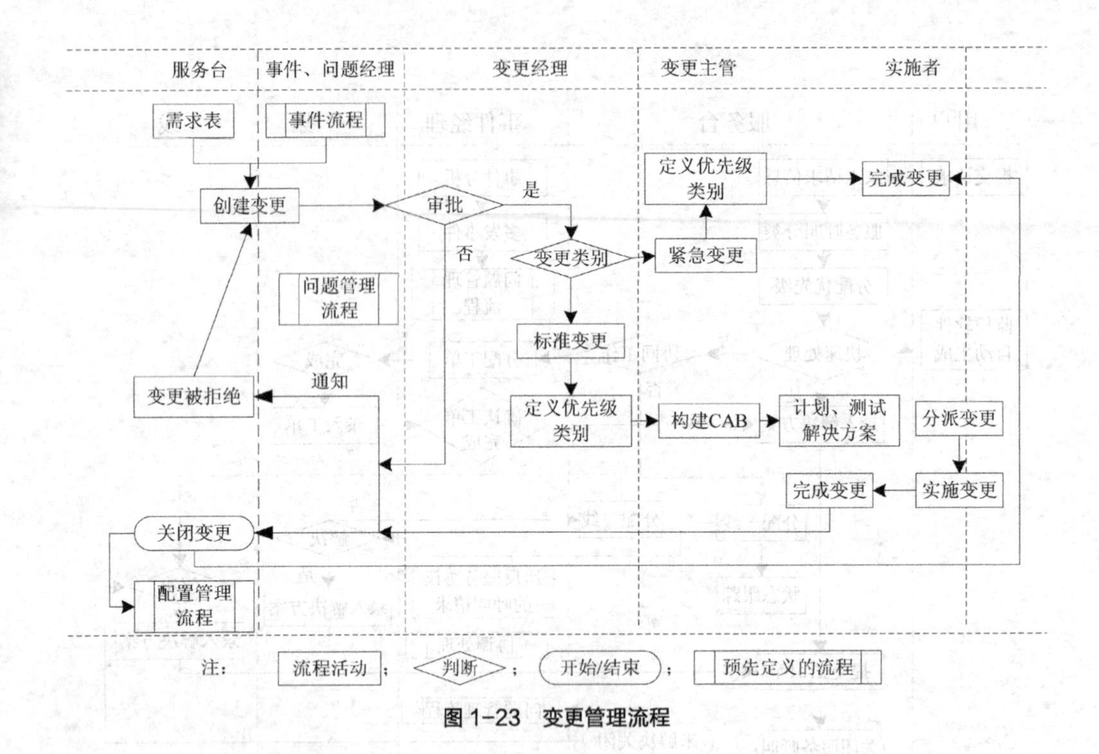

图 1-23　变更管理流程

1.5　项目实施

任务 1-1：初识云计算

1．任务目标

（1）能熟练使用百度、Google 等搜索系统；

（2）了解云计算的基本概念、分类、特点及开源云计算平台的各种软硬件平台等。

2．任务内容

本任务主要是一个概念的理解与识记的过程，掌握云计算作为服务计算应有的特点，了解云计算的发展趋势，以及未来云计算对产业链的影响。具体内容为：

（1）通过浏览器搜索相关概念；

（2）理解云计算的基本概念、分类、特点、关键技术、架构等。

3．完成任务所需设备和软件

安装 Windows 系统的计算机 1 台。

4．任务实施步骤

步骤 1：查看百度中介绍的关于云计算的相关内容，了解云计算的背景、概念、简史、特点、演化、影响等内容。

步骤 2：查看百度中介绍的关于云计算平台的相关内容。

步骤 3：查看百度中介绍的关于云计算架构的相关内容。

步骤 4：查看关于云计算关键技术的相关内容，熟悉云计算关键技术。

步骤 5：查看 Google 云计算的相关内容，了解 Google 云计算平台的架构等内容。

步骤 6：查看 AMAZON 云计算的相关内容，了解 AMAZON 云计算平台的架构等内容。

步骤 7：查看 Microsoft 云计算的相关内容，了解 Microsoft 云计算平台的架构等内容。

任务 1-2：绘制云计算架构图

1．任务目标

（1）了解云计算基础架构；

（2）了解云计算各层次组件功能；

（3）能利用云计算核心架构竞争力的衡量维度，从节源、开流的角度衡量分析框架的优劣；

（4）能熟练使用 Visio 绘图软件绘制云计算架构图。

2．任务内容

本任务要求管理员使用 Visio 绘图软件绘制云计算架构图，具体内容为：

（1）熟悉 Visio 绘图软件；

（2）了解云计算平台的基础框架体系；

（3）从服务的角度了解基于 SOA 的框架结构；

（4）使用 Visio 绘图软件绘制云计算架构图。

3．完成任务所需设备和软件

（1）已安装 Windows 系统的计算机 1 台；

（2）Microsoft Visio 2010 绘图软件安装包。

4．任务实施步骤

步骤 1：在计算机中安装 Microsoft Visio 2010 软件。

步骤 2：启动 Microsoft Visio 2010 软件。

步骤 3：熟悉 Microsoft Visio 2010 软件操作界面。

步骤 4：熟悉 Microsoft Visio 2010 软件的基本操作。

步骤 5：利用 Microsoft Visio 2010 软件绘制云计算架构图。

利用 Microsoft Visio 2010 软件绘制微软云计算参考架构图，如图 1-24 所示。

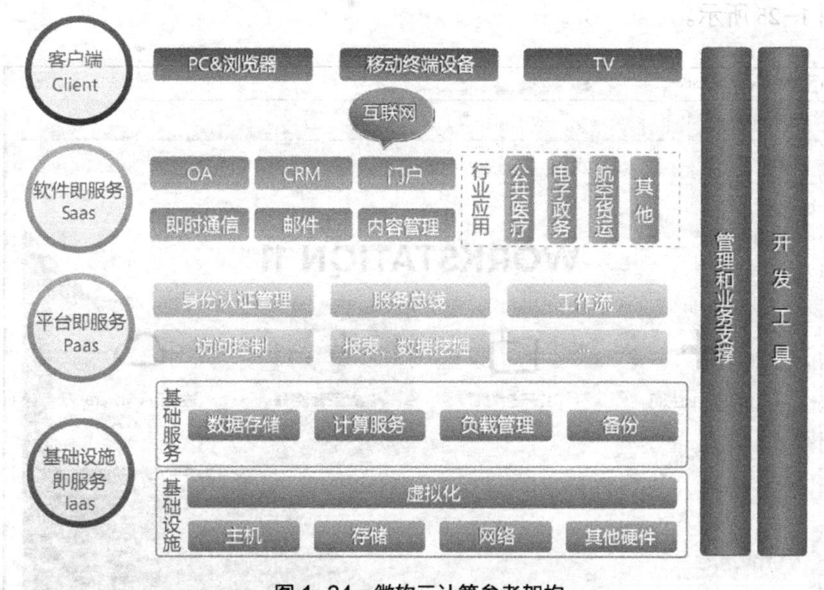

图 1-24 微软云计算参考架构

步骤 6：文件存盘。

存盘不应该放在最后，更安全的做法应该是每一个主要步骤完成后都要进行存盘，以防止出现断电数据丢失等情况（根据需要选择保存格式）。

任务 1-3：VMware 虚拟机的安装与使用

1．任务目标

（1）了解虚拟机技术在云计算实训项目中的应用；

（2）能熟练安装与使用 VM 虚拟机软件。

2．任务内容

本任务要求管理员在 Windows 系统中安装和使用 VMware Workstation 软件，具体内容为：

（1）安装 VMware Workstation 软件；

（2）在 VMware Workstation 软件中安装 Windows Server 2003 操作系统；

（3）VMware 虚拟机功能设置。

3．完成任务所需设备和软件

（1）已安装 Windows 系统的计算机 1 台；

（2）VMware Workstation 11 软件安装包；

（3）Windows Server 2003 安装光盘或 ISO 镜像文件。

4．任务实施步骤

步骤 1：安装 VMware Workstation 软件。

双击下载的安装程序包，进入程序的安装过程，接着按照提示进行相应的操作即可。（注意：在安装过程中，需要输入正确的 License Key，安装完成后需要重新启动计算机）

由于 VMware Workstation 程序主界面是英文的，不方便用户使用，用户可安装相应的汉化包软件。

步骤 2：启动 VMware Workstation 软件。

单击“开始”→“程序”→“VMware”→“VMware Workstation”启动 VMware Workstation 软件，如图 1-25 所示。

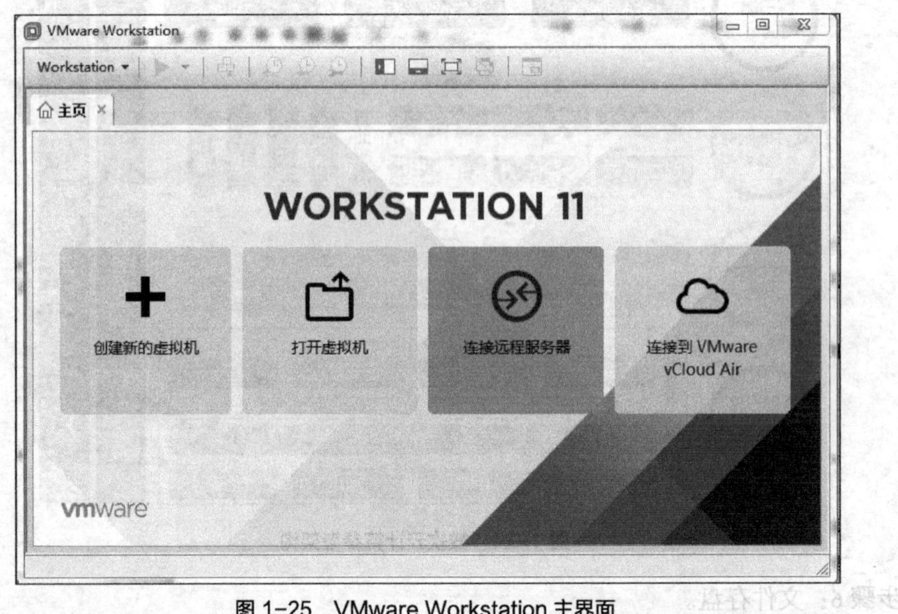

图 1-25　VMware Workstation 主界面

步骤3：安装 Windows Server 2003 操作系统。

安装完虚拟机后，就如同组装了一台新的计算机，因而需要安装操作系统。

（1）在图 1-25 中，单击“创建新的虚拟机”按钮，或选择“文件”→“新建虚拟机”选项，出现新建虚拟机向导对话框，如图 1-26 所示。

（2）在图 1-26 中，选中“典型（推荐)”选项，单击“下一步”按钮，出现操作系统安装来源选择对话框，选中“安装盘镜像文件（iso)”选项，单击“浏览”按钮，选择系统安装镜像文件（如 H:\My Virtual Machines\Windows Server 2003 SP2 企业版 ISO.ISO)，如图 1-27 所示，单击“下一步”按钮。

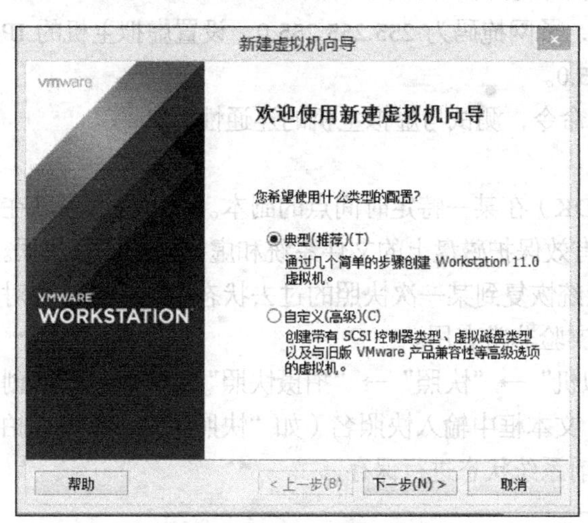

图 1-26 虚拟机类型配置界面

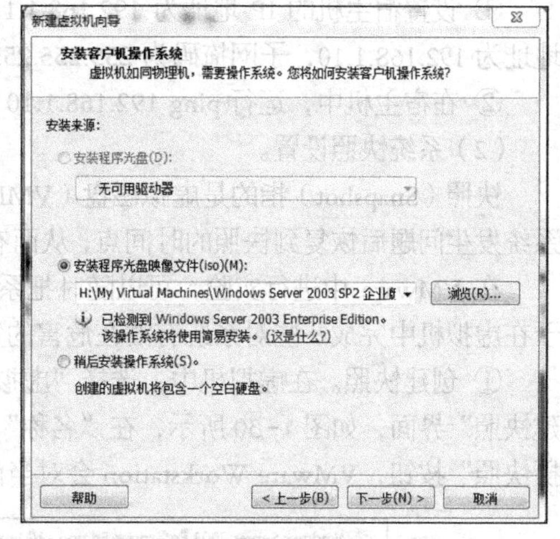

图 1-27 虚拟机安装来源设置界面

（3）在图 1-28 所示的系统安装信息对话框中，输入安装系统的 Windows 产品密钥以及安装序列号，同时可设置系统的账户名称及密码，单击“下一步”按钮。

（4）在图 1-29 所示的界面中，设置虚拟机名称和存放的位置，输入虚拟机名称（如 Windows Server 2003 Enterprise Edition)和选择操作系统存放路径（如 D:\Windows Server 2003 Enterprise Edition)，单击“下一步”按钮。

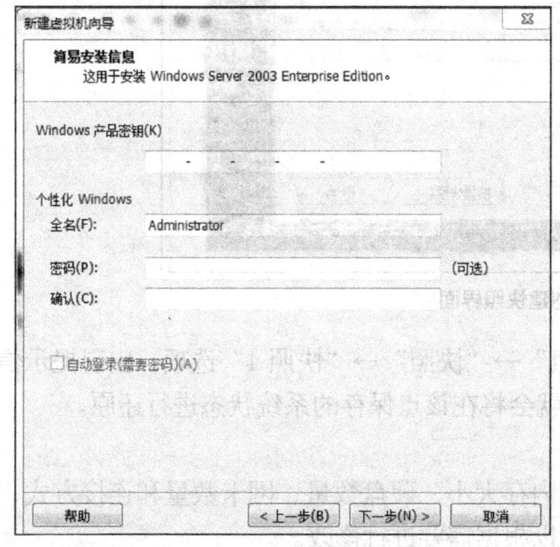

图 1-28 系统安装信息设置界面

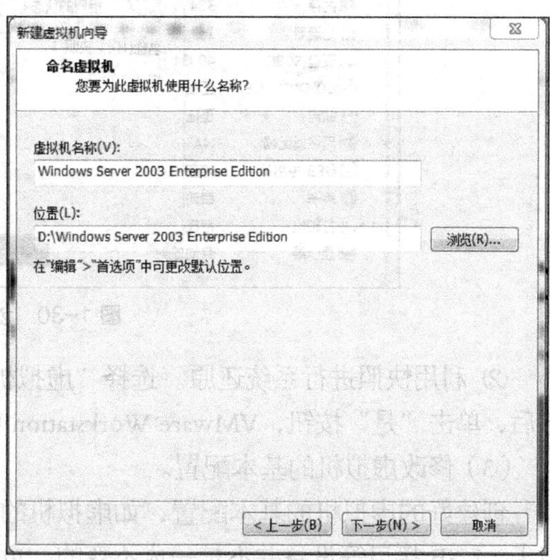

图 1-29 虚拟机名称与位置设置界面

（5）在出现的指定磁盘容量界面中，设置最大磁盘空间为 40 GB，单击“下一步”按钮。

（6）在出现的准备创建虚拟机对话框中，单击“完成”按钮。

此后，VMware 虚拟机会根据安装镜像文件开始安装 Windows Server 2003 操作系统，按照安装向导提示完成 Windows Server 2003 操作系统的安装。

步骤 4：VMware 虚拟机功能设置。

（1）网络设置。

由于本项目联网采用的是桥接（Bridged）方式，此时虚拟主机和宿主机的真实网卡可以设置在同一个网段，两者之间的关系就像是相邻的两台计算机一样。

① 设置宿主机的 IP 地址为 192.168.1.1，子网掩码为 255.255.255.0。设置虚拟主机的 IP 地址为 192.168.1.10，子网掩码为 255.255.255.0。

② 在宿主机中，运行 ping 192.168.1.10 命令，测试与虚拟主机的连通性。

（2）系统快照设置。

快照（Snapshot）指的是虚拟磁盘（VMDK）在某一特定时间点的副本。通过快照可以在系统发生问题后恢复到快照的时间点，从而有效保护磁盘上的文件系统和虚拟机的内存数据。

在 VMware 中进行实验，可以随时把系统恢复到某一次快照的过去状态中，这个过程对于在虚拟机中完成一些对系统有潜在危害的实验非常有用。

① 创建快照。在虚拟机中，选择“虚拟机”→“快照”→“拍摄快照”选项，打开“创建快照”界面，如图 1-30 所示，在“名称”文本框中输入快照名（如“快照 1”），单击“拍摄快照”按钮，VMware Workstation 会对当前系统状态进行保存。

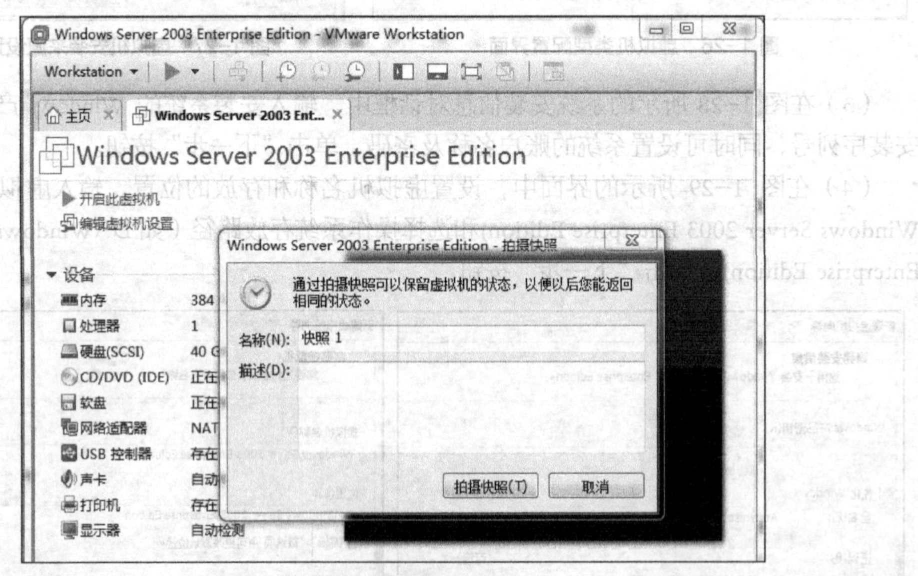

图 1-30　创建快照界面

② 利用快照进行系统还原。选择“虚拟机”→“快照”→“快照 1”选项，出现提示信息后，单击“是”按钮，VMware Workstation 就会将在该点保存的系统状态进行还原。

（3）修改虚拟机的基本配置。

创建好的虚拟机的基本配置，如虚拟机的内存大小、硬盘数量、网卡数量和连接方式、声卡、USB 接口等设备并不是一成不变的，可以根据需要进行修改。

① 在“VMware Workstation”主界面中，选中想要修改配置的虚拟机名称（如“Windows

Server 2003 Enterprise Edition”，再选择“虚拟机”→“设置”选项，打开“虚拟机设置”界面，如图 1-31 所示。

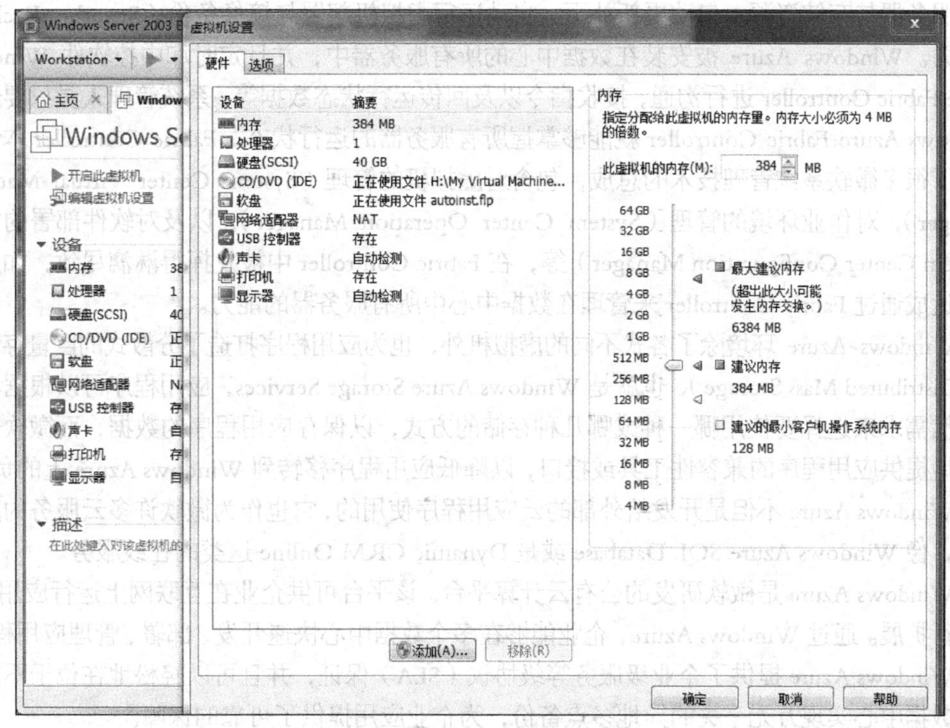

图 1-31 虚拟机设置界面

② 在图 1-31 所示的“虚拟机设置”界面中，根据需要可调整虚拟机的内存大小、添加或者删除硬件设备、修改网络连接方式、修改虚拟机中 CPU 的数量、设置虚拟机的名称、修改虚拟机的操作系统及版本等选项。

（4）设置共享文件夹。

有时可能需要虚拟机操作系统和宿主机操作系统共享一些文件，可是虚拟硬盘对宿主机来说只是一个无法识别的文件，不能直接交换数据，此时可使用“共享文件夹”功能来解决，设置方法如下：

① 选择“虚拟机”→“设置”选项，打开“虚拟机设置”界面，选择“选项”选项卡。

② 选择左侧窗格中“共享文件夹”选项，在“文件夹共享”区域中，选中“总是启用”单选按钮和“在客户机映射为一个网络驱动器”复选框后，单击“添加”按钮，启动向导，单击“下一步”按钮，出现“共享文件夹名称”对话框，在“主机路径”文本框中，指定宿主机上的一个文件夹作为交换数据的地方（如“D:\VMware Shared”），在“名称”文本框中输入共享名称（如“VMware Shared”），单击“下一步”按钮，选中“启用该共享”复选框后，单击“完成”按钮。此时，共享文件夹在虚拟机中映射为一个网络驱动器（Z:盘）。

1.6 拓展提高：微软、谷歌、亚马逊、VMware 云计算介绍

1.6.1 微软云计算介绍

Windows Azure 是专为在微软建设的数据中心管理所有服务器、网络以及存储资源所开发

的一种特殊版本 Windows Server 操作系统，它具有针对数据中心架构的自我管理（autonomous）机能，可以自动监控划分在数据中心数个不同的分区（微软将这些分区称为 Fault Domain）的所有服务器与存储资源，自动更新补丁，自动运行虚拟机部署与镜像备份（Snapshot Backup）等能力。Windows Azure 被安装在数据中心的所有服务器中，并且定时和中控软件 Windows Azure Fabric Controller 进行沟通，接收指令以及回传运行状态数据等，系统管理人员只要通过 Windows Azure Fabric Controller 就能够掌握所有服务器的运行状态。Fabric Controller 本身是融合了很多微软系统管理技术的总成，包含对虚拟机的管理（System Center Virtual Machine Manager），对作业环境的管理（System Center Operation Manager），以及对软件部署的管理（System Center Configuration Manager）等，在 Fabric Controller 中被发挥得淋漓尽致，如此才能够达成通过 Fabric Controller 来管理在数据中心中所有服务器的能力。

Windows Azure 环境除了各式不同的虚拟机外，也为应用程序打造了分散式的巨量存储环境（Distributed Mass Storage），也就是 Windows Azure Storage Services，应用程序可以根据不同的存储需求来选择要使用哪一种或哪几种存储的方式，以保存应用程序的数据，而微软也尽可能地提供应用程序的兼容性工具或接口，以降低应用程序移转到 Windows Azure 上的负担。

Windows Azure 不但是开发给外部的云应用程序使用的，它也作为微软许多云服务的基础平台，像 Windows Azure SQL Database 或是 Dynamic CRM Online 这类的在线服务。

Windows Azure 是微软研发的公有云计算平台。该平台可供企业在互联网上运行应用，并可进行扩展。通过 Windows Azure，企业能够在多个数据中心快速开发、部署、管理应用程序。

Windows Azure 提供了企业级服务等级协议（SLA）保证，并且可以轻松地在位于不同城市的数据中心实现万无一失的异地多点备份，为企业应用提供了可靠的保障。

1.6.2 谷歌云计算介绍

Google 公司有一套专属的云计算平台，这个平台先是为 Google 最重要的搜索应用提供服务，现在已经扩展到其他应用程序。Google 的云计算基础架构模式包括 4 个相互独立又紧密结合在一起的系统：Google File System 分布式文件系统、针对 Google 应用程序的特点提出的 MapReduce 编程模式、分布式的锁机制 Chubby 以及 Google 开发的模型简化的大规模分布式数据库 BigTable。

Google File System 文件系统（GFS）：除了性能、可伸缩性、可靠性以及可用性以外，GFS 设计还受到 Google 应用负载和技术环境的影响，体现在 4 个方面：（1）充分考虑到大量节点的失效问题，需要通过软件将容错以及自动恢复功能集成在系统中；（2）构造特殊的文件系统参数，文件通常大小以 G 字节计，并包含大量小文件；（3）充分考虑应用的特性，增加文件追加操作，优化顺序读写速度；（4）文件系统的某些具体操作不再透明，需要应用程序的协助完成。

MapReduce 分布式编程环境：Google 构造 MapReduce 编程规范来简化分布式系统的编程。应用程序编写人员只需将精力放在应用程序本身，而关于集群的处理问题，包括可靠性和可扩展性，则交由平台来处理。MapReduce 通过 “Map（映射）” 和 “Reduce（化简）” 这样两个简单的概念来构成运算基本单元，用户只需提供自己的 Map 函数以及 Reduce 函数即可并行处理海量数据。

分布式的大规模数据库管理系统 BigTable：由于一部分 Google 应用程序需要处理大量的格式化以及半格式化数据，Google 构建了弱一致性要求的大规模数据库系统 BigTablet。BigTable 的应用包括 Search History、Maps、Orkut、RSS 阅读器等。BigTable 是客户端和服务器端的联合设计，使得性能能够最大程度地符合应用的需求。BigTable 系统依赖于集群系统的底层结构：一个是分布式的集群任务调度器，一个是前述的 Google 文件系统，还有一个是分布式的锁服务 Chubby。

Chubby 是一个非常强壮的粗粒度锁，BigTable 使用 Chubby 来保存根数据表格的指针，即用户可以首先从 Chubby 锁服务器中获得根表的位置，进而对数据进行访问。BigTable 使用一台服务器作为主服务器，用来保存和操作元数据。主服务器除了管理元数据之外，还负责对 tablet 服务器（即一般意义上的数据服务器）进行远程管理与负载调配。客户端通过编程接口与主服务器进行元数据通信，与 tablet 服务器进行数据通信。

1.6.3　亚马逊云计算介绍

亚马逊的 Amazon Web Services（AWS）于 2006 年推出，以 Web 服务的形式向企业提供 IT 基础设施服务，现在通常称为云计算。其主要优势之一是能够以根据业务发展来扩展的较低可变成本来替代前期资本基础设施费用。

亚马逊网络服务所提供服务包括：亚马逊弹性计算网云（Amazon EC2）、亚马逊简单储存服务（Amazon S3）、亚马逊简单数据库（Amazon SimpleDB）、亚马逊简单队列服务（Amazon Simple Queue Service）以及 Amazon CloudFront 等。

根据其页面介绍，AWS 已经为全球 190 个国家/地区的成百上千家企业提供了支持。其数据中心位于美国、欧洲、巴西、新加坡和日本。作为云计算领域真正的大佬，一旦亚马逊携 AWS 正式进入中国，那么对国内相关的云计算企业可能会带来深刻影响，目前国内像阿里巴巴、盛大以及华为都在提供类似云计算服务。

AWS 的优势体现在：（1）用低廉的月成本替代前期基础设施投资；（2）持续成本低：缩减 IT 总成本；（3）灵活性：消除您对基础设施容量需求的猜想；（4）速度和灵敏性：更快地开发和部署应用程序；（5）全球性覆盖。

1.6.4　VMware 云计算介绍

云计算是一种架构方法，首先通过整合资源建立起统一的基础架构，进而利用应用虚拟层或服务层建立起高效、可伸缩和具有弹性的的交付模型，面向客户实现服务式的 IT 交付。通过汇聚整个组织机构的资源需求并采用共享的基础架构，您可以大幅度提升资源利用率，显著削减基础架构或资源层的成本。在应用或服务层，云计算提供了一种新的服务消费模式，采用标准化和自动化的方法加速服务的配置。现在，企业的各业务部门都可以按需及时获得所需的 IT 服务，而不是像过去那样，必须耐心等待手工完成 IT 配置过程之后才能获得所需的服务。与此同时，IT 还能保持基于策略的控制力，并且可以按照服务的使用量收取费用。

全面而深入的虚拟化是实现云计算的前提条件之一，这是业界专家已达成的共识。虚拟化环节主要着眼于 IT 资源的生产，在这个阶段，多种计算资源包括服务器、网络、存储都被整合为若干可动态分配的资源池，用户在获得某种应用功能的同时，也获得了实现这种功能所必需的而且被优化的资源，“功能”加“资源”聚合为服务的形式来提供；而云计算在实现了 IT 资源的生产之后，更注重资源的消费，也就是如何确定服务对象（适用的组织）、质量标准（SLA）、收费价格和方式，并且以确保安全的方式提供给最终用户。同时，服务的消费阶段对于资源的提供者或运营商而言，需要解决的关键环节是跨越地域的交付能力，换言之，就是无论使用企业数据中心内部的“私有云”，还是使用开放给公众的“共有云”，抑或是二者结合而成为的“混合云”，计算资源的提供者只需要单一的管理工具和管理方法，开发人员只需要一致的开发平台和运行架构就能够实现服务的交付。最后一点是对于最终用户而言的，即通过何种手段享用云计算资源。传统的以设备为中心的应用交付模式将使用者局限在特定的场所和特定的终端设备上，而跨平台（硬件设备和操作系统）终端客户计算模式的出现，目前主要通过虚拟桌面和 SaaS 架构来实现，将极大地提升用户体验，真正实现云计算所倡导的"统一部署，灵活访问"的技术目标。

VMware 云计算技术路线遵循了以上原则，从保护现有投资和降低技术风险的角度协助客户制定云计算发展战略，该战略具有以下特点。

特点一，分层的技术架构：VMware 清晰地定义了客户在实现云计算的过程中应该重点考虑的三个技术领域，并且依托久经验证的虚拟化平台，通过自主研发和技术收购等手段，完成了终端用户计算、云计算应用平台及云计算基础架构和管理三个核心领域的技术和产品实现。

特点二，渐进的技术实现：VMware 提供了一种务实的途径帮助客户通过渐进的方式来实现云计算愿景，通过封装遗留应用并将它们迁移至现代云计算环境中，确保安全性、可管理性、服务质量和法规遵从。采用 VMware 解决方案，您将能逐步实现云计算模型所定义的包括可按需提供服务、高可用性和高安全性在内的多种优势；借助自动化的服务级别管理和标准化的访问，VMware 确保在迈向云计算的旅途中实现成本效益和业务敏捷性双方面的成功。

特点三，开放的技术平台：VMware 平台是业界领先的平台，已经有众多企业和服务提供商选用了这一平台。采用它，您就可以按照业务需求将应用部署在最佳场所（私有云或公共云），并且可以利用混合私有云环境，使应用在跨私有云和公共云的基础架构上迁移。

1.7 习题

一、选择题

1. 云计算是对（　　）技术的发展与运用。

A. 并行计算　　B. 网格计算　　C. 分布式计算　　D. 三个选项都是

2.【多选】云计算的特性包括（　　）。

A. 简便的访问　　B. 高可信度　　C. 经济型　　D. 按需计算与服务

3.（　　）围绕因特网搜索创建了一种超动力商业模式。如今，他们又以应用托管、企业搜索以及其他更多形式向企业开放了他们的"云"。

A. Google　　B. Salesforce　　C. Microsoft　　D. Amazon

4. 云计算里面面临的一个很大的问题，那就是（　　）。

A. 服务器　　B. 存储　　C. 计算　　D. 节能

5.【多选】"云"服务影响包括（　　）。

A. 理财服务　　B. 健康服务　　C. 交通导航服务　　D. 个人服务

6. Amazon.com 公司通过（　　）计算云，可以让客户通过 WEB Service 方式租用计算机来运行自已的应用程序。

A. S3　　B. HDFS　　C. EC2　　D. GFS

7.【多选】云是一个平台，是一个业务模式，给客户群体提供一些比较特殊的 IT 服务，分为（　　）三个部分。

A. 管理平台　　B. 服务提供　　C. 构建服务　　D. 硬件更新

8. 从研究现状上看，下列不属于云计算特点的是（　　）。
A. 超大规模　B. 虚拟化　C. 私有化　D. 高可靠性

9. 与网络计算相比，下列不属于云计算特征的是（　　）。
A. 资源高度共享　B. 适合紧耦合科学计算
C. 支持虚拟机　D. 适用于商业领域

10. 将平台作为服务的云计算服务类型是（　　）。
A. IaaS　B. PaaS　C. SaaS　D. 三个选项都不是

11. 将基础设施作为服务的云计算服务类型是（　　）。
A. IaaS　B. PaaS　C. SaaS　D. 三个选项都不是

12. IaaS 计算实现机制中，系统管理模块的核心功能是（　　）。
A. 负载均衡　B. 监视节点的运行状态
C. 应用 API　D. 节点环境配置

13. 云计算体系结构的（　　）负责资源管理、任务管理、用户管理和安全管理等工作。
A. 物理资源层　B. 资源池层　C. 管理中间件层　D. SOA 构建层

二、简答题

1. 目前云计算应用领域有哪些？请举例说明。
2. 云计算的关键技术有哪些？
3. 云计算具有什么特点？

PART 2

项目2 云计算存储架构部署

2.1 项目背景

随着云计算技术的发展，如何实现云环境中数据的高效存储是云计算提供服务的基本要求。云计算和云存储已经成为提供信息和在线功能的首选方法。一些云服务集中于为消费者提供大量服务和功能，包括网上零售购物、调查、社交媒体网络、娱乐消费和保护重要数字文档；其他云服务集中于小型企业、大型企业、政府和其他机构。

云计算和云存储已经成为解决普通IT问题和挑战的热门话题，同样带来新的机遇。以数据中心网络为基础的分布式存储是构建云计算的物理实体。通常我们所熟知的存储设备为与计算机主板I/O接口（如IDE、SCSI）相连接的硬盘，由本机操作系统负责读写及管理，这就是传统的数据存储技术，称为DAS（Direct Attached Storage，直接附加存储）。其与NAS（Network-Attached Storage，网络附属存储）所采用的基于IP局域网的文件共享设备，能消除对多个文件服务器的需求，通过文件级的数据访问和共享的存储有一定的区别。然而，存储作为云计算提供IaaS服务的一部分，如何在云计算平台上搭建存储架构部署提供SAN（Storage Area Network）区域存储服务就显得尤为重要。

2.2 项目分析

对于存储，每个人都会有直观的认识，从纸带、软盘、光盘到硬盘。根据冯诺依曼的计算机结构理论，存储的概念就如同字面意思一样简单，就是任何可用于存储数据的设备，也如同这一抽象的独立的概念，存储设备在计算机结构中甚至是可以相对独立的。随着网络的发展，存储不再局限于计算机外壳的内部，网络存储在服务器领域日益成为主流。

在存储设备中最重要的应该是硬盘，对硬盘的读写速度、容量和质量的追求，硬盘技术几经变迁。单从与主板的接口标准上分就有ATA（IDE）、SATA、SCSI、SAS、FC和Infiniband之多，它们在接口、传输媒介和协议上都存在一定区别。其中，ATA接口常连接大家熟悉的IDE设备；SATA（Serial ATA）是串行ATA；SAS（Serial Attached SCSI）是串行SCSI；SATA与SAS是孪生兄弟，SATA硬盘可以连接SAS接口，反之却不兼容；FC（Fiber Channel）是光纤通道，光纤通道其实不一定使用光纤，也可以使用铜质电缆。

然而，随着网络存储的发展，区分出了DAS（Direct Attached Storage）、NAS（Network Attached Storage）、SAN（Storage Area Network）等存储模式。三种不同存储技术的比较如图2-1所示，DAS中File System连接Storage的方式不仅仅限于机器内部各种接口和线缆（如计算机连接内置SAS硬盘），也可以是外部的接口和线缆（如通过外部SAS线缆连接存储），这样情况就会变得复杂了。NAS或SAN作为整体可以容易成为DAS的一部分，但DAS与其他二者的最大不同在于 DAS 不需要网络的支持。NAS 和 SAN 最初的最大区别在于 NAS 是基于文件的存储，而 SAN 是基于数据块的存储。NAS 存储更多表现为独立的文件服务器，但 SAN 更多表现的像是一块磁盘，因而 SAN 可以成为 NAS 网络中更加底层的那一部分。

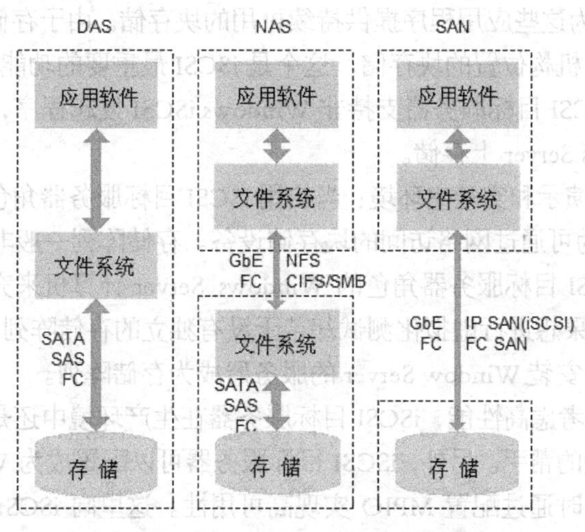

图 2-1　三种不同存储技术比较

接下来，我们来看看 Windows Server 对支持存储虚拟化的几项重要改进。在 Windows Server 中新增和改进了许多存储特性实现对存储虚拟化的支持，其中最为引人关注的是 iSCSI 目标服务器、SMB3.0 和存储空间。Windows Server 及其集群可以容易实现目前主流的存储方案用于测试或生产环境，并且微软还有一套自己特有的基于文件服务器及文件服务器集群（SMB3.0 和存储空间技术）的存储解决方案。下面主要介绍 iSCSI 目标服务器的搭建与应用。

iSCSI（internet Small Computer System Interface）即 Internet 小型计算机系统接口，是由 IEETF 开发的网络存储标准，目的是用 IP 协议将存储设备连接在一起。iSCSI 在服务器与存储系统之间使用以太网连接，基于 TCP/IP 协议封装传输 SCSI 指令和数据，创建 IP SAN。通过在 IP 网上传送 SCSI 命令和数据，iSCSI 推动了数据在网际之间的传递，同时也促进了数据的远距离管理。iSCSI 和 IP SAN 应该是目前最具性价比的存储解决方案了。

iSCSI 技术的核心是在 TCP/IP 网络上传输 SCSI 协议，是指用 TCP/IP 报文、和 iSCSI 报文封装 SCSI 报文，使得 SCSI 命令和数据可以在普通以太网络上进行传输。iSCSI 协议定义了在 TCP/IP 网络发送、接收 block（数据块）级的存储数据的规则和方法。发送端将 SCSI 命令和数据封装到 TCP/IP 包中再通过网络转发，接收端收到 TCP/IP 包之后，将其还原为 SCSI 命令和数据并执行，完成之后将返回的 SCSI 命令和数据再封装到 TCP/IP 包中并传送回发送端。而整个过程在用户看来，使用远端的存储设备就像访问本地的 SCSI 设备一样简单。iSCSI 的工作方式包括服务（设备）端 target、客户（应用）端 initiator。

在 Windows Server 中，iSCSI 目标服务器（iSCSI Software Target Server）成为一个内建于文件与存储服务下的服务器角色，集成在服务器管理器中，不再需要额外下载安装（之前的 Server 版本都需要下载独立安装包进行安装），因此部署与更新变得更加简单。查找文档后我们发现 iSCSI 目标服务器可提供下列服务：

（1）网络和无磁盘启动：通过使用支持启动的网络适配器或软件加载程序，可以快速部署成百上千个无磁盘服务器。使用差异虚拟磁盘，可以节省多达 90%的操作系统映像存储空间。这对于相同操作系统映像的大型部署很有用，如部署大型机房或者在大规模集群中部署服务器。

（2）服务器应用程序存储：某些应用程序需要块存储（例如 Hyper-V 和 Exchange Server），iSCSI 目标服务器可以为这些应用程序提供持续可用的块存储。由于存储可以远程访问，因此还可以合并中心或分支机构位置的块存储。这个是 iSCSI 最重要的功能。

（3）异类存储：iSCSI 目标服务器支持非 Windows iSCSI 发起程序，以便能够在混合软件环境中共享的 Windows Server 上存储。

（4）开发、测试、演示和实验室环境：当启用 iSCSI 目标服务器角色服务时，它会将任何 Windows Server 转变为可通过网络访问的块存储设备。存储阵列一般非常昂贵，测试环境中我们可以使用部署 iSCSI 目标服务器角色的 Windows Server 计算机来充当这样的存储设备。这个功能非常实用，如果想进行虚拟化测试却苦于没有独立的存储阵列，使用 iSCSI 目标服务器服务可以让任何一台安装 Window Server 的服务器成为存储阵列。

由上可见，如果不考虑高性能，iSCSI 目标服务器在生产环境中还是有用武之地的，在测试环境中更是不可或缺的帮手。另外，iSCSI 目标服务器可以配置成为 Windows Server 故障转移集群的集群角色，同时通过配置 MPIO 实现高可用性。这里向 iSCSI 目标服务器发起连接与向其他 iSCSI 设备发起连接并没有什么不同。

2.3 学习目标

1. 知识目标

（1）了解云计算存储架构部署过程；

（2）熟悉传统数据 DAS 存储技术；

（3）熟悉网络附加 NAS 存储技术；

（4）熟悉云计算存储架构的 SAN 存储技术。

2. 能力目标

（1）能在 Windows Server 中搭建 SAN 存储服务（iSCSI）；

（2）能在 Linux Server 中搭建 NAS 存储服务（NFS）；

（3）能熟练安装部署 FreeNAS 开源存储系统。

2.4 知识准备

2.4.1 共享存储模型

主机本地存储被称为直连式存储（Direct Attached Storage，DAS），顾名思义，这时存储设备通过电缆（通常是 SCSI 接口电缆）直接连到服务器。在这种连接方式下，主机单独占有各自的存储设备，不与其他主机共享。直连式存储如图 2-2 所示。

如何使存储能够在服务器间共享？一般来说，共享存储体系结构主要可以分为 SAN（Storage Area Network，存储区域网络）和 NAS（Network Attached Storage，网络附属存储）两大类。SAN 和 NAS 的共同特征都是将主机与存储解耦，使存储可以在多个主机间共享，其本身也是一种虚拟化技术。

SAN 的结构如图 2-3 所示。主机和存储设备在一个对等的存储网络中互连，完全打破了主机和存储的绑定关系，对主机而言，SAN 网络中的存储目标盘看起来仍然是一个基于块的磁盘设备，与 DAS 没有本质区别。存储网络多采用 FC（光纤通道）网络，也可以采用基于 IP 的网络 iSCSI 技术。

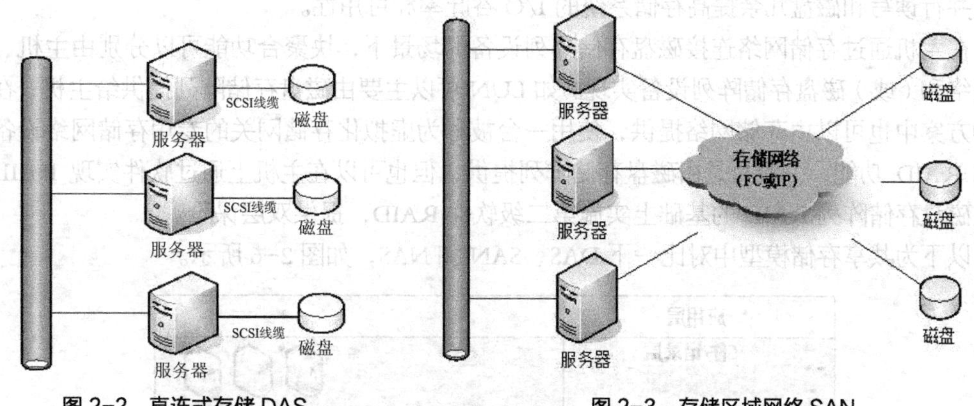

图 2-2　直连式存储 DAS　　　　图 2-3　存储区域网络 SAN

NAS 的结构如图 2-4 所示。如果存储网络采用 IP 网络，数据存储的共享通常是基于文件的。NAS 本质上是一台 NFS 或 CIFS 文件共享服务器。对于主机而言，NAS 提供的不是一个磁盘块设备，而是一个远端网络文件系统。

网络存储工业协会（Storage Networking Industry Association，SNIA）作为全球存储行业的权威机构，其拟定的共享存储模型在业界广受认同，被称为 SNIA 共享存储模型。此模型有助于更深入、更系统化地理解共享存储概念。SNIA 共享存储模型如图 2-5 所示。

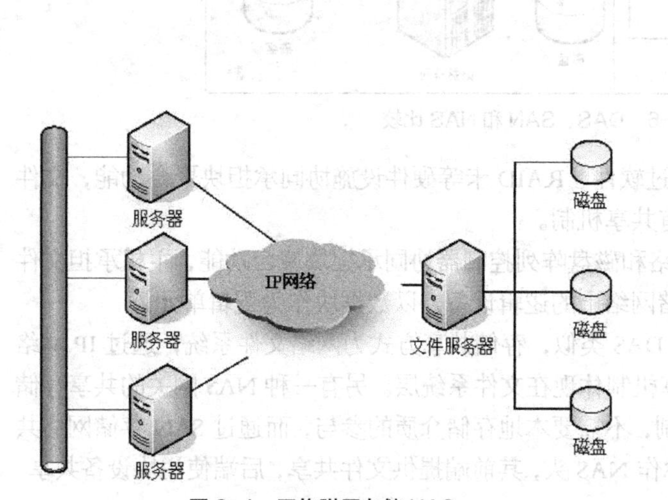

图 2-4　网络附属存储 NAS

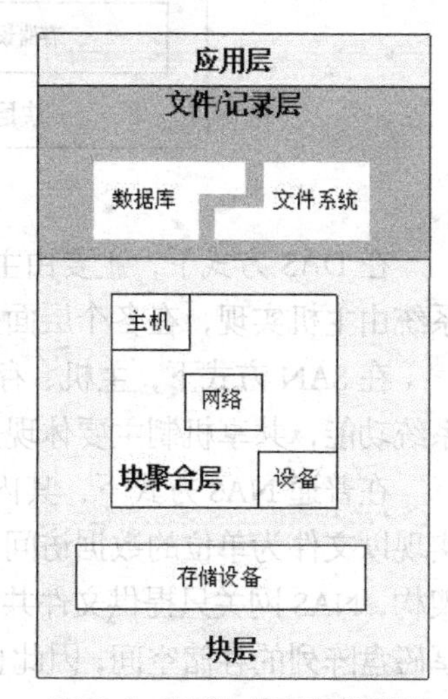

图 2-5　SNIA 共享存储模型

处于顶端的应用层代表的是使用共享存储的应用系统，不属于存储系统的构件，在模型中没有具体的定义。

文件／记录层是存储系统对应用层的服务接口，包括文件系统和数据库。在此处我们略去数据库，只讨论文件系统。文件系统的逻辑单元是文件，文件系统将文件映射到下层的数据块。在文件系统看来，磁盘存储设备就是由数据块组成的，数据块是存储设备的存储单位。

块层的基础是物理存储设备，数据以最小存储元素——块为单位保存在存储介质上。

在块层还存在一个块聚合层子集，其含义是将物理块聚合为逻辑块，再将逻辑块组成连续的逻辑存储空间，这个逻辑空间就是文件系统看到的存储块设备。对于SCSI存储总线，以逻辑单元号LUN标记。块聚合层还有其他一些功能，如RAID条块化，把多个磁盘的块聚合，通过并行读写和磁盘冗余提高存储系统的I/O吞吐率和可用性。

在主机通过存储网络连接磁盘存储阵列设备的场景下，块聚合功能可以分别由主机、存储网络和（或）磁盘存储阵列设备实现。如LUN可以主要由磁盘存储阵列提供给主机，在另一种方案中也可以由存储网络提供，使用一台被称为虚拟化存储网关的专用存储网络设备。再如RAID功能，一般也是由磁盘存储阵列提供，但也可以在主机上通过软件实现RAID，或在磁盘存储阵列RAID的基础上实施第二级软件RAID，提供双层保险。

以下为共享存储模型中对比一下DAS、SAN和NAS，如图2-6所示。

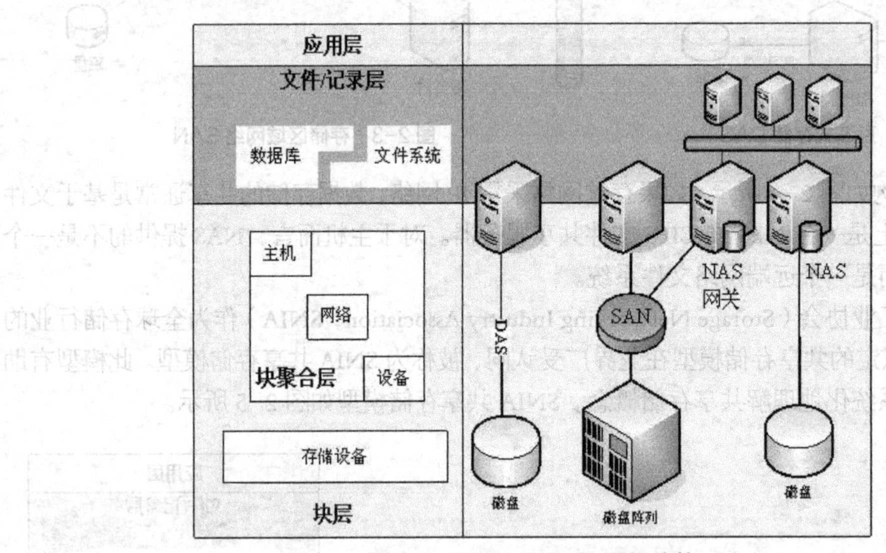

图2-6　DAS、SAN和NAS比较

在DAS方式下，主要由主机通过软件、RAID卡等硬件设施协同承担块聚合功能，文件系统由主机实现，在各个层面上没有共享机制。

在SAN方式下，主机、存储网络和磁盘阵列控制器协同承担块聚合功能，主机承担文件系统功能，共享机制主要体现为存储网络上的逻辑设备，以数据块作为逻辑单元。

在普通NAS方式下，其内部与DAS类似，存储共享方式为网络文件系统，通过IP网络实现以文件为单位的数据访问，共享机制体现在文件系统层。另有一种NAS网关的共享存储架构，NAS网关只提供文件共享机制，不需要本地存储介质的参与，而通过SAN存储网络共享磁盘阵列的存储空间，因此也被称作NAS头，其前端提供文件共享，后端使用块设备共享。

2.4.2　磁盘存储阵列

1．磁盘存储介质

存储介质是指存储数据的载体。通常，U盘、存储卡、硬盘里都有存储介质。比如软盘、光盘、DVD、硬盘、闪存、U盘、CF卡、SD卡、MMC卡、SM卡、记忆棒（Memory Stick）、XD卡等。目前最流行的存储介质是基于闪存（Nand Flash）的，比如U盘、CF卡、SD卡、SDHC卡、MMC卡、SM卡、记忆棒、XD卡等。

就磁盘而言，就是给盘片涂上具有记忆功能的磁性材料。常用的磁性材料为钴铂铬硼

（CoPtCrB）合金。磁盘上表示信息的小磁极是由数百个磁性颗粒组成，磁记录密度越高，要求磁性材料的粒度越细。硬盘的磁记录密度为 20 Gbpsi（每个盘片约为 30 GB）时，磁性颗粒的直径为 13 nm，磁性涂层的厚度为 17 nm 左右。要实现 100 Gbpsi 的磁记录密度，就必须把粒径和涂层厚度分别缩小到 9.5 nm 和 10 nm。

2．RAID 磁盘组

磁盘阵列（Redundant Arrays of Independent Disks，RAID），有“独立磁盘构成的具有冗余能力的阵列”之意。

磁盘阵列是由很多价格较便宜的磁盘组合成一个容量巨大的磁盘组，利用个别磁盘提供数据所产生加成效果提升整个磁盘系统效能。利用这项技术，将数据切割成许多区段，分别存放在各个硬盘上。

磁盘阵列还能利用同位检查（Parity Check）的观念，在数组中任意一个硬盘故障时，仍可读出数据，在数据重构时，将数据经计算后重新置入新硬盘中。

磁盘阵列的样式有三种：一是外接式磁盘阵列柜；二是内接式磁盘阵列卡；三是利用软件来仿真。

外接式磁盘阵列柜最常被使用于大型服务器上，具有可热交换（Hot Swap）的特性，不过这类产品的价格都很贵。

内接式磁盘阵列卡，因为价格便宜，但需要较高的安装技术，适合技术人员使用操作。硬件阵列能够提供在线扩容、动态修改阵列级别、自动数据恢复、驱动器漫游、超高速缓冲等功能。它能提供性能、数据保护、可靠性、可用性和可管理性的解决方案。阵列卡使用专用的处理单元来进行操作。

利用软件仿真的方式，是指通过网络操作系统自身提供的磁盘管理功能将连接的普通 SCSI 卡上的多块硬盘配置成逻辑盘，组成阵列。软件阵列可以提供数据冗余功能，但是磁盘子系统的性能会有所降低，有的降低幅度还比较大，达 30%左右。因此会拖累机器的速度，不适合大数据流量的服务器。

无论是 DAS、SAN 还是 NAS 存储构架，其存储系统的低层都是存储介质，我们以一个磁盘存储阵列为标本，观察一下其内部存储介质的构成。

图 2-7 是一个磁盘阵列设备的物理视图。其中，控制框安装有磁盘阵列的控制器，用以执行存储块聚合层的各种功能及设备的其他控制功能；磁盘框只用来容接扩展的磁盘介质。磁盘阵列设备在存储介质方面有如下特点：

- 磁盘阵列一般都可以使用磁盘扩展框按需置备或扩展磁盘数量，对于中高端的磁盘阵列，可以容纳的磁盘数量超过 1 000 块，存储容量可以达到几百 TB，甚至达到 PB 级别。
- 磁盘阵列可以同时容纳多种磁盘介质，从设备的物理视图上我们可以看到，磁盘阵列至少已经包含了 2 种类型的磁盘，即 FC 磁盘和 SATA 磁盘。

FC 磁盘即光纤通道磁盘，以光纤通道仲裁环（FC-AL）技术作为硬盘连接接口，能够显著提高 I/O 吞吐量，是一种高性能磁盘，在高端存储设备上被普遍使用。FC-AL 接口的峰值速率可以达到 1 Gb/s、2 Gb/s、4 Gb/s。由于 FC-loop 可以连接 127 个设备，基于 FC 硬盘的存储设备可以容易地连接 1 000 块以上的磁盘，提供大容量的存储空间。

SATA 磁盘即串行总线接口（Serial ATA）磁盘。它采用串行传送的数据序列，虽然每个时钟频率仅传输 1 bit，但串行总线极高的传输速度仍可以使传输速率保持在 1.5 Gb/s，SATA-2 可以达到 3 Gb/s。在性能上，SATA 磁盘略逊于 FC 磁盘，但 SATA 磁盘能够具有更大的存储容量，其单盘容量可以是 FC 磁盘容量的 2 倍以上，属于高性价比磁盘。

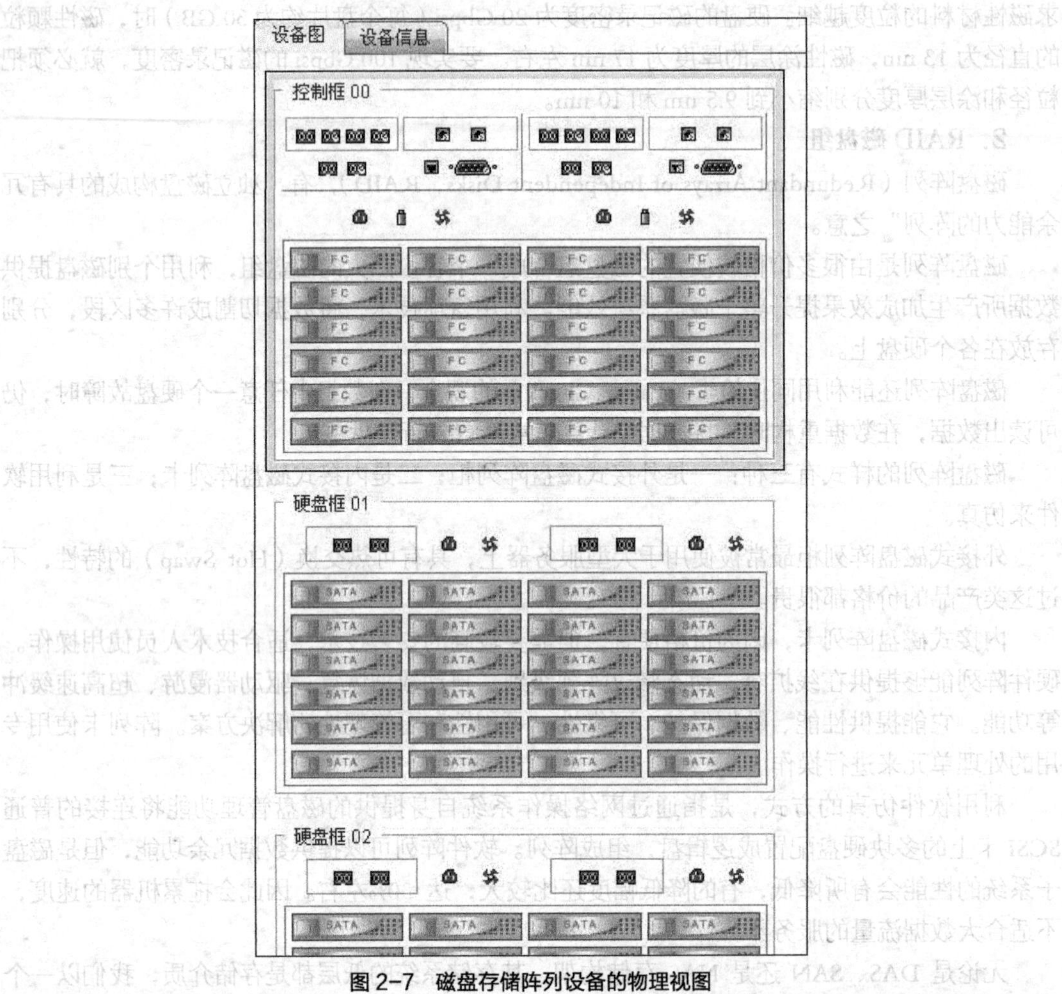

图 2-7　磁盘存储阵列设备的物理视图

除了上面看到的磁盘类型，磁盘存储介质又有了新的发展趋势：一是 SAS 磁盘正逐步代替 FC 磁盘，成为高性能磁盘的主流；二是新型高性能 SSD 硬盘的出现带来存储性能的飞跃。

SAS（Serial Attached SCSI，串行连接 SCSI）磁盘被称为新一代 SCSI 磁盘。目前，SAS 磁盘在单盘性能和容量上与 FC 磁盘基本相同，而 SAS 架构上的优势，使其在配制大量磁盘时具有整体性能优势。由于采用了串行传输接口技术，能够更好地兼容 SATA 接口。特别是磁盘接口端 SAS 技术结合主机接口端 iSCSI 技术，大有超过 FC 光纤存储的趋势。

SSD 固态硬盘（Solid State Disk）是用固态电子存储芯片阵列制成的硬盘，内部没有普通磁盘的机械装置。SSD 硬盘的接口规范、功能及使用方法与普通硬盘相同，其性能远高于普通磁盘。一般情况下，连续读写性能是普通磁盘的 4 倍，随机读写性能更是普通磁盘的 140 倍以上。目前，SSD 硬盘在单盘容量和使用寿命上还落后于普通磁盘，价格还比较昂贵。

磁盘阵列可以认为就是为共享存储而生，可以大规模地聚合磁盘存储介质，集中提供大容量的存储。存储介质的类型也可以根据性能要求和对性价比的追求分级架构并动态扩充。如果以存储介质性能为指标，从高到低依次为 SSD、SAS 或 FC、SATA，而性价比指标正好与此相反。

我们仍以磁盘阵列做示例，前面已经看到它的物理视图，现在我们用图 2-8 展示其逻辑视图。

RAID组名称 ▲	RAID ID	RAID组级别	磁盘类型	总容量(GB)	剩余容量(GB)	健康状态	运行状态	磁盘个数
FC_GRP_1	10	RAID 5	FC	2,030.93	30.93	✔正常	在线	6
FC_GRP_2	11	RAID 5	FC	3,353.48	5.48	✔正常	在线	9
FC_GRP_3	12	RAID 5	FC	2,934.30	6.30	✔正常	在线	8
RAID001	0	RAID 5	SATA	7,452.10	5.10	✔正常	在线	9
RAID002	1	RAID 5	SATA	7,452.10	8.10	✔正常	在线	9
RAID003	2	RAID 5	SATA	7,452.10	8.10	✔正常	在线	9
RAID004	3	RAID 5	SATA	7,452.10	8.10	✔正常	在线	9
RAID005	4	RAID 5	SATA	7,452.10	8.10	✔正常	在线	9
RAID006	6	RAID 5	SATA	7,452.10	8.10	✔正常	在线	9
RAID007	5	RAID 5	SATA	7,452.10	8.10	✔正常	在线	9
RAID008	7	RAID 5	SATA	7,452.10	8.10	✔正常	在线	9
RAID009	8	RAID 5	SATA	7,452.10	8.10	✔正常	在线	9
RAID010	9	RAID 5	SATA	7,452.10	8.10	✔正常	在线	9

图 2-8 磁盘阵列设备的逻辑视图

由图 2-8 可以知道，一个磁盘阵列逻辑上是由 RAID 组构成的，多个物理磁盘的存储资源被组成一个大的逻辑存储资源。

RAID（Redundant Arrays of Inexpensive Disks）的字面含义是“价格便宜磁盘的冗余阵列”。其原理是将磁盘组成阵列数组，将数据以某种方式排列后分散存储在这一组磁盘阵列中。通过数据的分散排列可以使数据读写在多个磁盘上并行，提供总体性能；在有磁盘故障时，通过磁盘间同位检查（Parity Check）的方法重构数据，维持数据的可用性。RAID 存在一组标准规范。

（1）RAID0。

将数据分割成小的单元，在磁盘组中并行读写，提供更高的数据传输率，但不提供数据冗余，一个磁盘失效将导致整个磁盘组失效，磁盘组越大，可用性、可靠性越低。

（2）RAID1。

磁盘成对进行数据镜像，具有数据冗余互备的功能，提供了高数据安全性和可用性。数据读取可以从成对的两个磁盘并行，提高了数据读写性能。RAID1 冗余算法简单，而数据冗余成本最高。

（3）RAID10。

在实际环境中，直接使用 RAID1 的已经越来越少，RAID0 也只是在极为特殊的场景中使用。而将 RAID0 和 RAID1 标准结合的 RAID10 常用于“双高”的应用场景，高可用性和高性能并举。在两个对等的 RAID0 子磁盘组之间 RAID1 镜像。这是也是最耗资源的一种方式，其原理如图 2-9 所示。

（4）RAID2。

将数据条块化地分布于不同的硬盘上，并使用被称为“海明码”的编码技术提供数据恢复。RAID2 技术上实现起来比较复杂，很少在商用产品中使用。

（5）RAID3。

与 RAID2 类似，只是数据恢复采用奇偶校验，算法简单，奇偶校验信息存储在单一的磁盘上。显然，奇偶校验信息盘将成为写操作的瓶颈。由于过于简单，也很少在商用产品中使用。

（6）RAID4。

同 RAID3 原理一样，只是数据块的单位不同。同样原因，RAID4 也很少在商用产品中使用。

（7）RAID5。

采用奇偶效验的数据恢复算法，但奇偶校验信息分布存储在磁盘组上，而不是单独的奇偶校验信息盘上。RAID5 允许磁盘组中一个磁盘失效，出现此种情况，磁盘组的可用性被降级，不允许再有第二个磁盘失效，直到失效的磁盘被更换并完成重构。RAID5 最适合随机读写的小数据块，最大的问题是“写损失”，每一次写操作要产生两次读旧的数据及奇偶信息、两次写新的数据及奇偶信息。RAID5 是最常用、最通用的一种 RAID 算法，它的使用最为广泛，如图 2-10 所示。

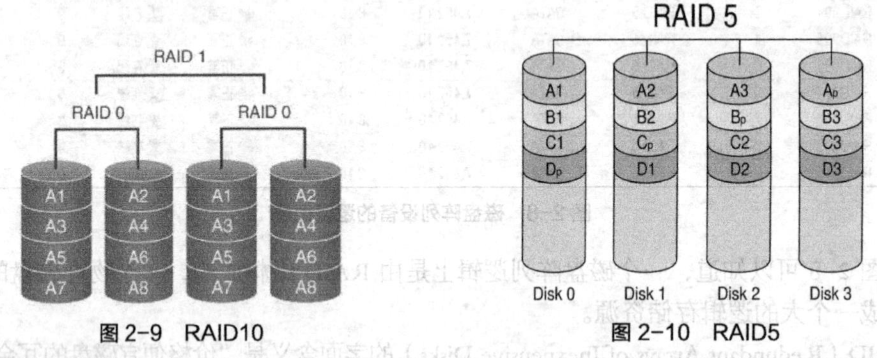

图 2-9　RAID10　　图 2-10　RAID5

（8）RAID6。

在 RAID5 的基础上，RAID6 增加了第二个独立的奇偶校验信息块。两个独立的奇偶系统使用不同的算法，数据的可靠性非常高，允许两块磁盘同时失效。可以想见，RAID6 的“写损失”比 RAID5 更大，写操作的性能非常差，只用在比较特殊的场景下。

可以根据磁盘阵列的磁盘规格实际配置和应用需求，创建 RAID 磁盘组。显然，同一个 RAID 磁盘组中磁盘的规格应该是一样的，一个磁盘只能属于一个 RAID 磁盘组。RAID 组一经建立，就不能修改，增减成员、改变 RAID 级别都只能将 RAID 组撤销重建。图 2-11 和图 2-12 给出了其中两个 RAID 组的配置样例。其中一个是具有较高性能的 FC 磁盘 RAID5，另一个是性能相对较低的 SATA 盘 RAID5。

设备图　设备信息

状态

健康状态：正常　　运行状态：在线

属性

名称：FC_GRP_1　　RAID组级别：RAID 5

总容量(GB)：2,030.93　　剩余容量(GB)：30.93

磁盘个数：6　　磁盘类型：FC

磁盘

位置	物理类型	型号	容量(GB)	健康状态	运行状态	转速(转/分钟)	序列号	Firmware
(00,00)	FC	HUS...	406	正常	在线	15,000	JMWJ...	F570
(00,01)	FC	HUS...	406	正常	在线	15,000	JMWG...	F570
(00,02)	FC	HUS...	406	正常	在线	15,000	JMWH...	F570
(00,03)	FC	HUS...	406	正常	在线	15,000	JMWH...	F570
(00,04)	FC	HUS...	419	正常	在线	15,000	JMWG...	F570
(00,05)	FC	HUS...	419	正常	在线	15,000	JMWE...	F570

图 2-11　RAID 组中的磁盘（FC）

设备图 设备信息

状态

健康状态: 正常　　运行状态: 在线

属性

名称:	RAID001	RAID组级别:	RAID 5
总容量(GB):	7,452.10	剩余容量(GB):	5.10
磁盘个数:	9	磁盘类型:	SATA

磁盘

位置	物理类型	型号	容量(GB)	健康状态	运行状态	转速(转/分钟)	序列号	Firmware
(01,...	SATA	WD1...	931	正常	在线	--	WD-W...	03.00C06
(01,...	SATA	WD1...	931	正常	在线	--	WD-W...	03.00C06
(01,...	SATA	WD1...	931	正常	在线	--	WD-W...	03.00C06
(01,...	SATA	WD1...	931	正常	在线	--	WD-W...	03.00C06
(01,...	SATA	WD1...	931	正常	在线	--	WD-W...	03.00C06
(01,...	SATA	WD1...	931	正常	在线	--	WD-W...	03.00C06
(01,...	SATA	WD1...	931	正常	在线	--	WD-W...	03.00C06
(01,...	SATA	WD1...	931	正常	在线	--	WD-W...	03.00C06
(01,...	SATA	WD1...	931	正常	在线	--	WD-W...	03.00C06

图 2-12　RAID 组中的磁盘（SATA）

磁盘阵列上的存储资源会根据磁盘介质的规格，创建不同 RAID 级别的 RAID 组，将存储资源分级。运用磁盘介质规格和 RAID 级别的组合，可以按存储性能分级。对于不同应用的存储性能需求，可以有针对性地建立与之相对应的存储级别，图 2-13 给出了一个存储分级的示例。

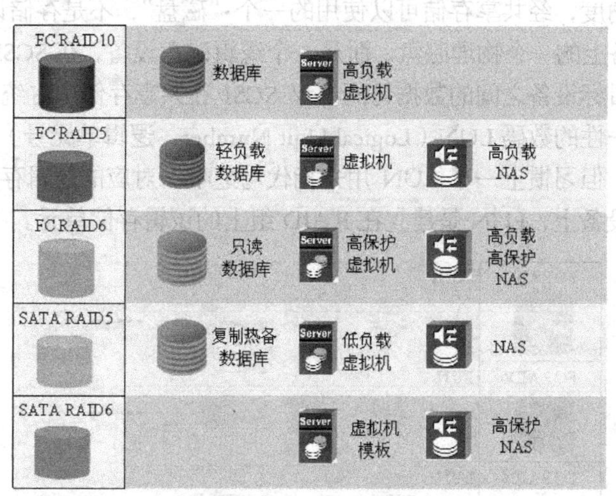

图 2-13　存储分级

最后，还必须了解一个与性能有关的重要组件——缓存。缓存在磁盘阵列设备内部的位置如图 2-14 所示，处于前端连接主机的接口与后端连接磁盘的接口中间，经前端接口的数据访问都发生在缓存中，缓存按照一定的策略算法与后端磁盘交换数据，或按需从磁盘读入缓存，或按策略将脏数据持久化地写入磁盘。相对于磁盘，缓存有非常高的读写性能，主机读写操作的数据在缓存中的命中率越高，性能提升的效果就越好。显然，缓存容量越大越有利于提高缓存命中率。存储设备中的缓存还需要具备断电保护功能，这一点与计算机中的缓存不同，在设备突然断电时，必须保证缓存中的数据被写入可持久存储的介质上，防止缓存数据丢失。

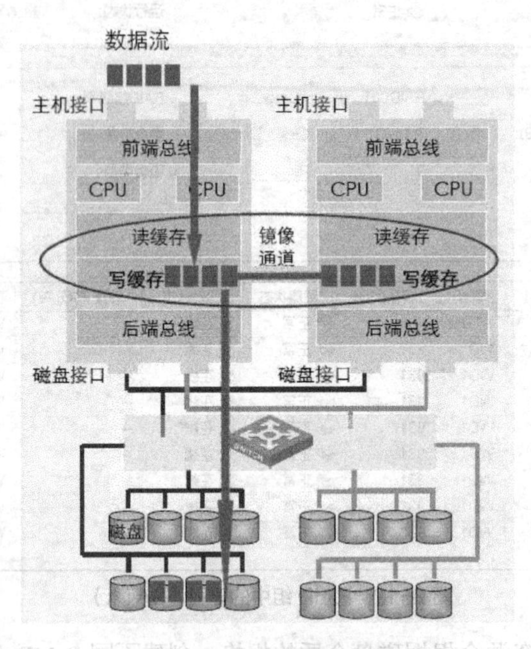

图 2-14　存储阵列缓存

3．存储逻辑单元

磁盘存储设备是如何向主机提供连续的块存储空间的，可以从分配给主机的最小存储单元着手。从主机的角度，经共享存储可以使用的一个“磁盘”，不是存储设备上的磁盘 RAID 组，更不是存储设备上的一个物理磁盘，而是一个逻辑磁盘设备，在 SCSI 存储访问协议环境下（存储源设备和目标设备之间的数据访问协议 SCSI 在共享存储中占统治地位），这个逻辑设备用一个具有唯一性的数码 LUN（Logical Unit Number，逻辑单元号）标记，LUN 的原始意义只是一个整数，但习惯上一个 LUN 用来指代与之唯一对应的逻辑存储设备。如图 2-15 所示，在磁盘阵列设备上，LUN 是建立在 RAID 组上的逻辑存储单元。

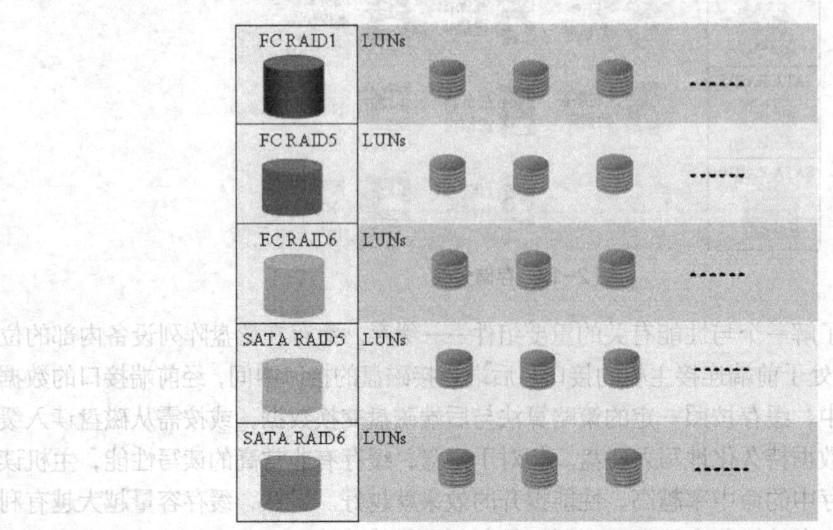

图 2-15　LUN 置备

存储设备以 LUN 为单位向主机等网络存储发起方提供存储目标“磁盘”。LUN 的存储性能和冗余保护级别由其所在的 RAID 组而定。

图 2-16 显示了一个 RAID 组上已经建立的 LUN。

状态

健康状态: 正常　　运行状态: 在线

属性

RAID组级别: RAID 5　　磁盘个数: 9

总容量(GB): 3,353.48　　剩余容量(GB): 5.48

LUN

LUN名称	归属控制器	容量(GB)	分条深度(KB)
DB2	B	500.00	64
iSCSI_storage	A	200.00	64
iscsiRDM	A	20.00	64
iscsi_backup	A	80.00	64
oiddb	A	500.00	64
ses	B	2,048.00	64

图 2-16　一个 RAID 组上的 LUN

磁盘阵列一般还具有许多增强的 LUN 功能，主要包括虚拟化置备、LUN 迁移、LUN 镜像和 LUN 快照。

常规的 LUN 在 RAID 组上一旦创建，就实际占用了存储空间。一些型号的存储阵列设备支持 LUN 的虚拟置备功能。如图 2-17 所示，可以将 LUN 制备建立在一个共享存储池上，建立的 LUN 称为 thinLUN（常规的 LUN 也称为 thickLUN），为其分配的存储空间是名义空间，它是从 LUN 使用者视图看到的磁盘容量上限，而 LUN 有多少数据就实际占用多少存储空间，这些存储空间从共享存储池中动态分配，以此减少物理存储资源的闲置，提高磁盘容量利用率。

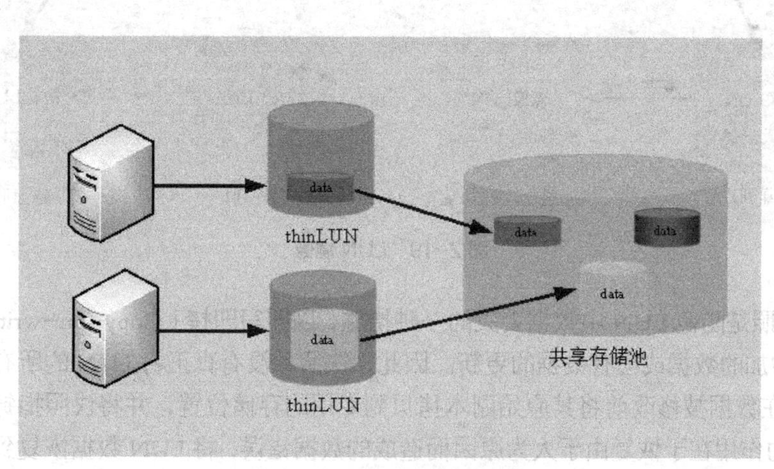

图 2-17　LUN 的虚拟化置备

LUN 迁移指 LUN 初始化建立后，可以在 RAID 组间迁移的功能。将 LUN 迁移到不同存储级别的 RAID，主要是出于存储性能的优化、数据生命周期管理、设备维护等目的。LUN 迁移对应用系统是完全透明的，迁移过程不会中断应用系统的运行，如图 2-18 所示。

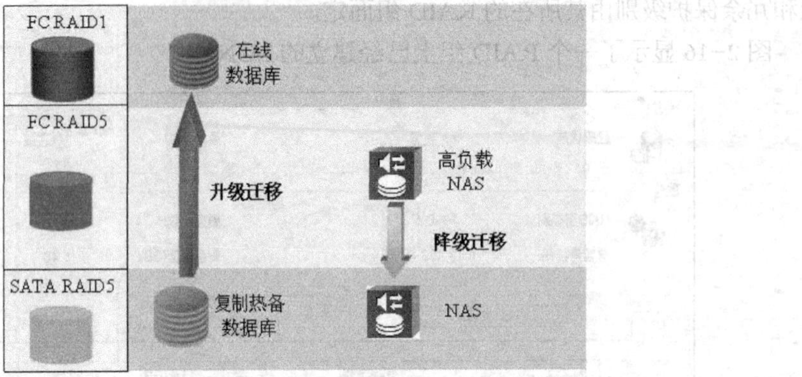

图 2-18　LUN 迁移

磁盘阵列 LUN 镜像功能在逻辑设备层提供高可用性。同一磁盘阵列上不同 RAID 组上的两个 LUN 结成镜像对，或两个不同磁盘阵列上的 LUN 结成镜像对（一般情况下只能在同一厂商兼容型号的设备之间），两个 LUN 对所有 I/O 写操作进行实时的数据块复制，复制可以是同步的，也可以是异步的。如图 2-19 所示，当其中一个 LUN 因故障失效时，还有另外一个相同的 LUN 副本可用。

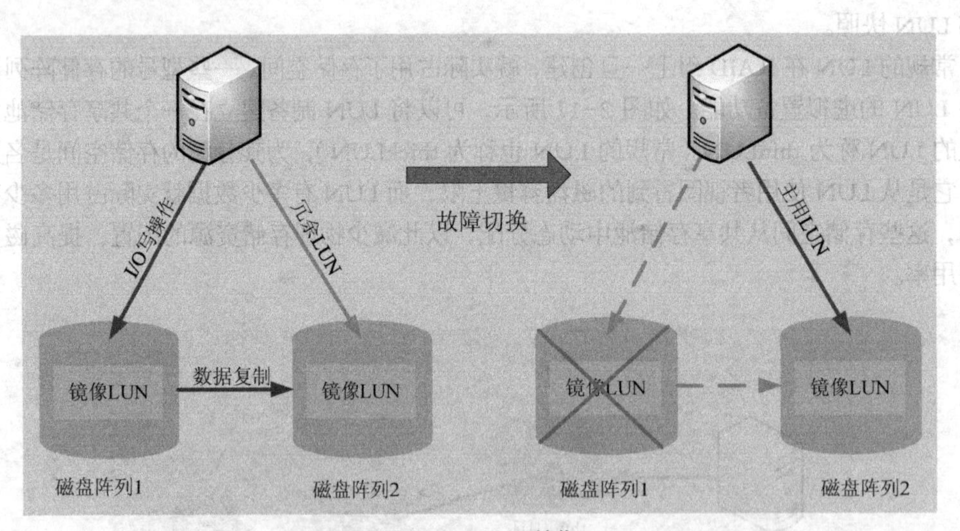

图 2-19　LUN 镜像

LUN 快照是防范 LUN 中数据丢失的一种措施，以即写即拷（Copy-on-write）的方式记录 LUN 新增加的数据或已有数据的更新。因此，快照并没有真正将 LUN 的所有数据拷贝成副本，只是在数据被修改前将其原始副本拷贝到专用的存储位置，并将快照指针指向对应的位置。快照的作用在于恢复由于人为原因而造成的数据错误，将 LUN 数据恢复到快照生成时间点的状态。

2.4.3　存储网络

早年存储局域网络的建置多以光纤作为传输媒介，因此许多人在谈论到 SAN 时会直接联想到光纤信道（Fibre Channel），然而在 SNIA 的定义当中，并未强调 SAN 建构时应采用何种网络技术。目前，除了以光纤信道技术所建构的 FC SAN 外，另外还有以 TCP/IP 作为基础的 IP SAN。SNIA 建议，以光纤信道技术建构的存储网络称为 Fibre Channel SAN（FC SAN），以以太网络技术（如 iSCSI）建构的存储网络则称为 IP SAN。除了 IP SAN 和 FC SAN 外，也有利用一些新的接口提供不同成本和效率的产品，像是利用 SAS 或是 InfiniBand 所架构出来的 SAN，考虑到局限于连接距离只能在机房内，故本节不予介绍。

1. FC 存储网络（Fibre Channel SAN）

Fibre Channel 的主要用途是用于建构具有高传输速度的存储网络技术。此技术的相关技术标准是由国际信息技术标准委员（INCITS）的 T11 技术委员会制定的。FC SAN 在架构上通常以光纤作为传输媒介，因此具有高传输速度、高可靠度、长传输距离等特点。目前 Fibre channel 的传输速度已经达到 4 Gb/s，早在 2008 年 8G FC 相关产品就已经问世。

FC SAN 支持三种基本的拓扑架构：点对点、仲裁环路及交换式光纤网络，其架构如图 2-20 所示。

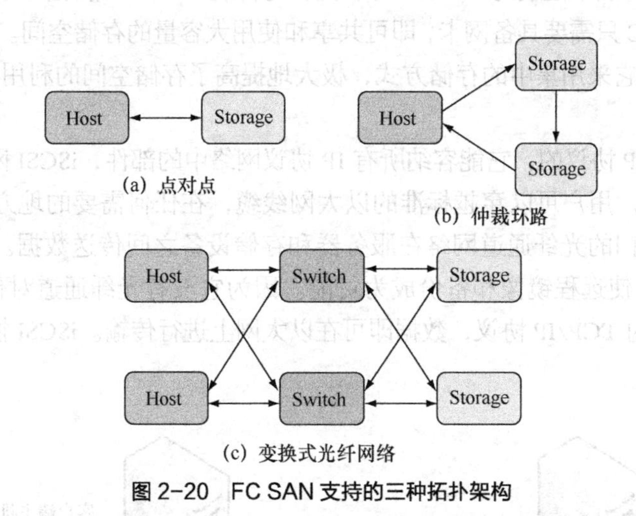

图 2-20　FC SAN 支持的三种拓扑架构

点对点（Point-to-point）：最简单的拓扑架构，允许两节点之间直接通信。一般而言，这种架构常用于一部存储设备直接连接到一部服务器的配置。点对点的连接方式，虽然架构简单且能提供高速传输能力，但其仍有扩充困难的限制。如果要在点对点的环境下增加任何存储设备，只能在服务器上安装多张连接适配卡与每一部机器个别建立连接。

仲裁环路（Arbitrated Loop）：是一种单向的环状架构，环路中的每一个节点均将所要传输的数据传送至下一个节点。在仲裁回路环境中，每一个节点的发送器将数据传送到下一个节点的接收器，而回路中的所有设备都必须根据仲裁存取回路。当回路中的某一节点欲向另一目标节点发送数据时，必须先取得使用的许可，在获得许可后，发送节点与目标节点将建立起点对点的传输管道。在仲裁回路的架构下可连接 127 部存储装置，但其仍有使用上的技术限制，诸如：所有装置共享带宽，同一时间仅能存在单一连接，致使传输效能受到影响等。

交换式光纤网络（Switched Fabric）：所谓交换式光纤网络即服务器与存储设备之间透过交换器构成连接。此种透过交换器所建构的光纤网络具有以下特点：

（1）高传输效能，各装置之间的传输连接可同时存在；

（2）原生支持备援路径（Redundant Path），可提高可利用性（Availability）；

（3）支持区域划分（Zoning），在安全性上具有较佳的保护；

（4）具有良好的扩充性。

2. IP存储网络

IP SAN存储技术，顾名思义是在传统IP以太网上架构一个SAN存储网络把服务器与存储设备连接起来的存储技术。IP SAN其实在FC SAN的基础上再进一步，它把SCSI协议完全封装在IP协议之中，是将SCSI的指令透过TCP的通信协议传送到远方，以达到控制远程存储设备的方式。由于传送的封包内含有传输目标的IP位置，因此是一种效率较高的点对点传输。简单来说，IP SAN就是把FC SAN中光纤通道解决的问题通过更为成熟的以太网实现了，从逻辑上讲，它是彻底的SAN架构，即为服务器提供块级服务。

IP SAN技术有其独特的优点：节约大量成本、加快实施速度、优化可靠性以及增强扩展能力等。采用iSCSI技术组成的IP SAN可以提供与传统FC SAN相媲美的存储解决方案，而且普通服务器或PC只需要具备网卡，即可共享和使用大容量的存储空间。与传统的分散式直连存储方式不同，它采用集中的存储方式，极大地提高了存储空间的利用率，方便了用户的维护管理。

iSCSI是基于IP协议的，它能容纳所有IP协议网络中的部件，iSCSI网络架构如图2-21所示。通过iSCSI，用户可以穿越标准的以太网线缆，在任何需要的地方创建实际的SAN网络，而不需要专门的光纤通道网络在服务器和存储设备之间传送数据。iSCSI可以实现异地间的数据交换，使远程镜像和备份成为可能。因为它没有光纤通道对传输距离的限制，IP SAN使用标准的TCP/IP协议，数据即可在以太网上进行传输。iSCSI协议模型如图2-22所示。

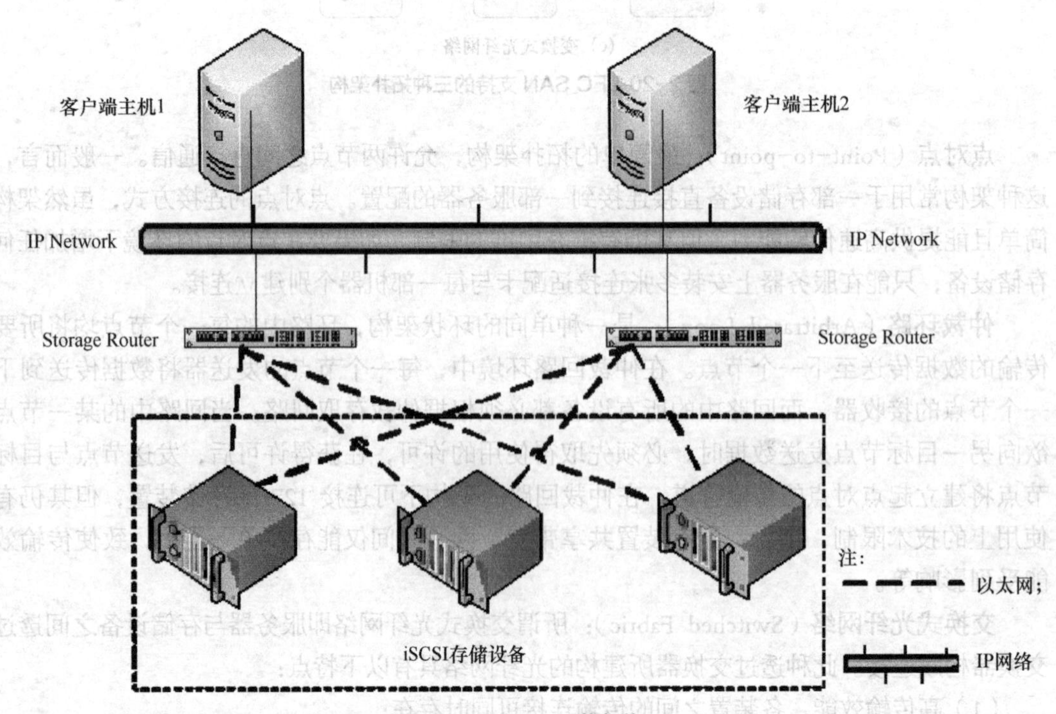

图2-21 iSCSI网络架构

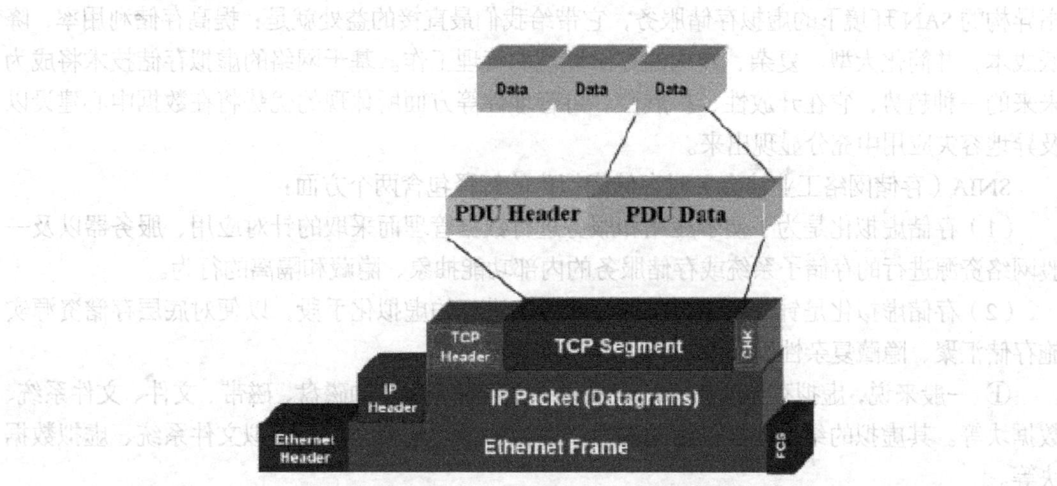

注：PDU（Protocol Data Unit）：Initiator 和 Target 之间通信时把信息分割为消息，这些消息称为 iSCSI PDU；TCP（Transmission Control Protocol）：位于 IP 层之上、应用层之下的中间层，负责把数据流分区成适当长度的报文段 Segment，之后把结果包传给 IP 层；IP（Internet Protocol）：对数据包再一次封装，根据数据包包头中包括的目的地址将数据报传送到目的地址；Ethernet（FCB）：光纤以太网，以帧的形式传递数据

（a）iSCSI 协议模型

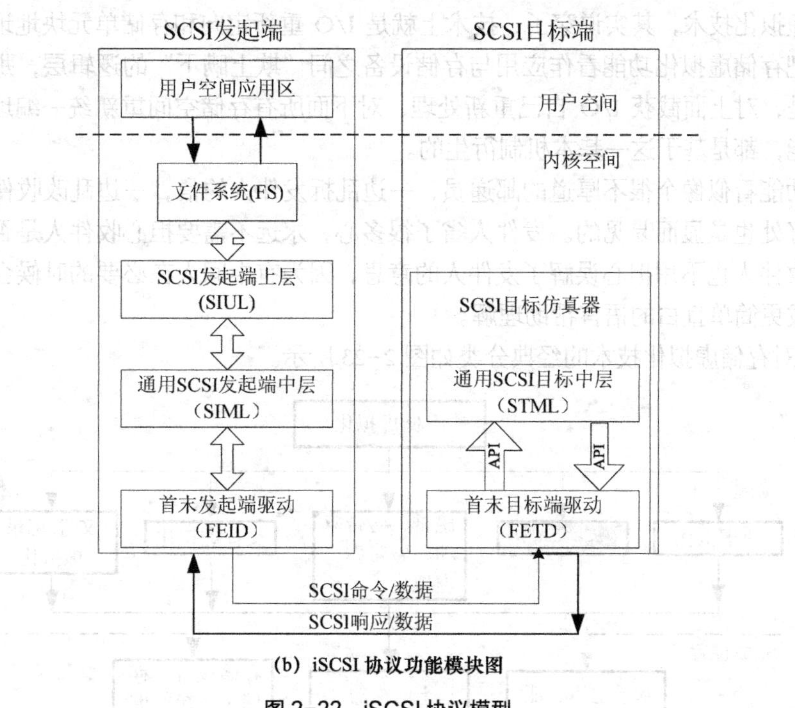

（b）iSCSI 协议功能模块图

图 2-22 iSCSI 协议模型

iSCSI 技术所建构的存储网络，其优势在于透过既有的以太网络环境及技术，简化建置所需的时程、设备及技术。

3．存储虚拟化网关

就虚拟化网管而言，其必须可以满足集群和多节点的扩展能力，来确保前端的生产主机和后台的存储设备之间通信，使得设备本身不会成为生产系统里的单节点故障或性能瓶颈。

应用于存储区域网络（SAN）环境中的存储虚拟化（Storage Virtualization）技术，通常是指异构的 SAN 环境下的虚拟存储服务，它带给我们最直接的益处就是：提高存储利用率，降低成本，并简化大型、复杂、异构的存储环境的管理工作。基于网络的虚拟存储技术将成为未来的一种趋势，它在开放性、扩展性、可管理性等方面所体现的优势将在数据中心建设以及异地容灾应用中充分显现出来。

SNIA（存储网络工业协会）对存储虚拟化的解释包含两个方面：

（1）存储虚拟化是为了便于应用和服务进行数据管理而采取的针对应用、服务器以及一般网络资源进行的存储子系统或存储服务的内部功能抽象、隐藏和隔离的行为。

（2）存储虚拟化是针对存储设备或存储服务进行的虚拟化手段，以便对底层存储资源实施存储汇聚、隐藏复杂性以及添加新功能等。

① 一般来说，虚拟存储所虚拟的对象是一些存储资源，如磁盘、磁带、文件、文件系统、数据块等。其虚拟的结果往往是虚拟磁盘、虚拟磁带、虚拟文件、虚拟文件系统、虚拟数据块等。

② 存储虚拟化的核心工作是实现物理存储设备到单一逻辑资源池的映射。通过虚拟化技术，为用户和应用程序提供了虚拟磁盘或虚拟卷，并且可以根据用户需求对它进行任意分割、合并、重新组合等操作，并分配给特定的主机或应用程序，为用户隐藏或屏蔽了具体的物理设备的各种物理特性。

存储虚拟化技术，其实说穿了，技术上就是 I/O 重新定向和存储单元块地址重新编排而已。如果把存储虚拟化功能看作应用与存储设备之间“欺上瞒下”的逻辑层，那么这层的主要任务就是，对上面截获 I/O 自己重新处理，对下面所有存储空间重新统一编址。其他所有的高级功能，都是基于这一基本机制衍生的。

这个功能看似像个很不厚道的邮递员，一边乱拆发件人的信，一边乱改收件人的地址。但是它的好处也是显而易见的。发件人省了很多心，永远不需要担心收件人是否已经搬家或者分家。收件人也不用担心误解了发件人的意思，因为有中间人在必要的时候会附加解释，甚至翻译成更简单直白的语言帮助理解。

SNIA 对存储虚拟化技术的经典分类如图 2-23 所示。

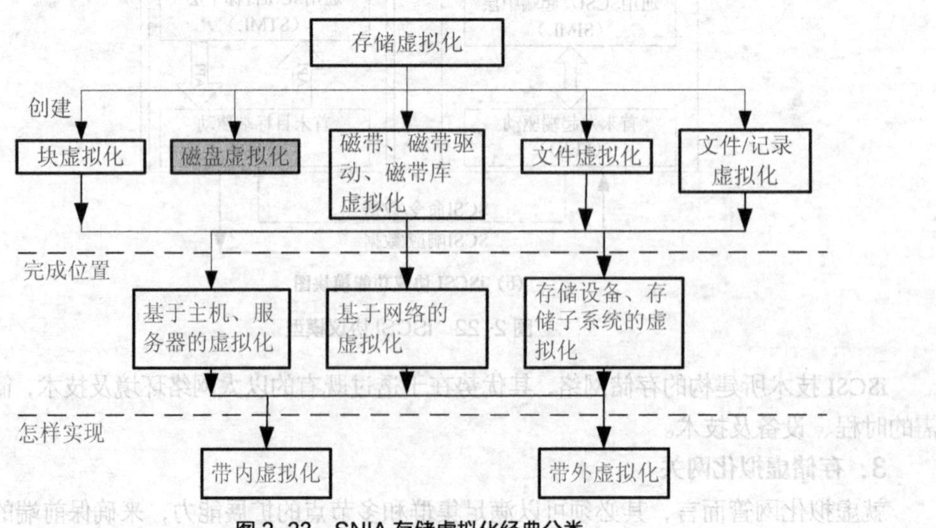

图 2-23　SNIA 存储虚拟化经典分类

按照实现的位置分类，存储虚拟化技术大致可以分为三类：

一是，安装在主机内的纯软件。

纯软件的虚拟化功能，比如 Linux 上的 LVM、Symantec 的 Storage Foundation 中的 VxVM 都属于这类。需要注意区别的是，这类软件都在文件系统下层，管理的是块设备，提供出来的还是块设备。

这类软件在服务器中数量不多，而且环境比较简单的场合还可以适用。毕竟只是服务器上安装个软件嘛，相对来说比较容易部署和维护。但是因为 MetaData 在服务器里，当遇到服务器集群环境，或者 SAN 中服务器数量很多，又或者各种操作系统混合的环境，MetaData 在服务器之间的交换和同步就是一个非常麻烦的问题。

二是，阵列控制器的扩展附加功能。

由于这样一些限制和隐患，实际上现在纯软件的虚拟化产品已经慢慢萎缩简化了。相比较而言，倒是带虚拟化功能的磁盘阵列越来越多。最早拿虚拟化功能做卖点的盘阵是 XIOTech 和 HP 的 EVA 系列。现在 XIOTech 这家公司已经被希捷收购了，其创始人又搞了第二个非常虚拟化的盘阵，就是前两年被 Dell 收购的 Compellent。另外，HP 收购的 3PAR、Dell 收购的 EqualLogic、华为的 VIS6000、HDS 的 USP/VSP、IBM 的 V7000、EMC 的 VNX、NetApp 的 V3000/V6000……可以说现在谁家的盘阵要是不带虚拟化功能，都不好意思往中高端里靠。

不过这些盘阵的虚拟化功能最大的问题就是很难真正实现跨设备间的整合。虽然几乎所有厂商都声称可以支持第三方设备挂在后面，但是现实中还是会出现很多尴尬。曾经有用户想用 HDS 的 USP 管理 EMC 的 CX 系列磁盘阵列，结果 EMC 的工程师跟用户讲磁盘阵列的兼容列表上没有 HDS USP，拒绝提供服务。还有一次用户实测用 NetApp 的 V3000 管理 IBM DS 系统磁盘阵列，发现性能低得离谱，结果 NetApp 和 IBM 的工程师都说不是自己的问题，让对方改设置来兼容自己。

三是，独立的存储网关。

众所都知，磁盘阵列里带的虚拟化功能，基本就是虚拟自己用的。至于跨设备间的系统级整合，还是要依靠独立的存储网关，而且最好是不卖盘阵专门做虚拟化网关的厂商。所以在独立存储网关这个市场上，IBM SVC 和 EMC VPLEX 所占的比例就明显低于他们在磁盘阵列市场上的比例，反倒是像飞康、信核这样不卖盘阵的厂商更有优势。

现在的主流存储网关，除了 EMC VPLEX 几乎都带有自动分层功能，通过系统层面的优化，来抵消虚拟化本身带来的性能影响。

存储虚拟化主要用以实现以下基本目标：屏蔽已有系统环境及其复杂度；满足原有的不同的存储访问需求；整合原独立存储的存储资源；增加提升可靠性和可用性的各项功能。

存储虚拟化首先要解决的就是连接并统一管理不同的存储设备。目前一般的做法都需要实现在在线的环境下，将数据从一台存储设备上整个迁移到另一台存储设备上，也可以支持从一台存储设备上部分数据迁移到另一台存储设备上，也支持一台存储设备内部数据迁移。存储设备之间迁移可以支持异构存储和通过不同存储通信协议之间切换，并且可以实现在数据迁移完成后，将迁移后的存储设备作为主存储设备，整个数据切换过程对于上层是透明的。

由于存储虚拟化解决方案将整合原有的大量磁盘阵列，性能便是一个不得不考虑的问题。而在虚拟化以后的环境中，由于每次备份的数据量，采用传统的备份模式可能非常困难，而且在恢复时，恢复时间和是否可有效恢复都会成为关键的问题。

多服务端口和协议支持是必需的，好在目前主流的虚拟存储解决方案都可以支持目前市场上存储主流接口类型和存储通信协议，如 2 Gb/4 Gb/8 Gb 的协议、1 Gb/10 Gb 的 iSCSI 协议、InfinBand 的协议、NFS 和 CIFS 协议、InfinBand 端口类型，且端口数量可以根据用户的实际动态调整。

存储虚拟化针对存储硬件资源，是对整个 IT 基础架构进行虚拟化必不可少的一部分。

通过存储虚拟化的统一管理，一个单一的图形管理界面即可完成所有规划，降低使用的复杂程度。

一般而言，每台阵列都配有相应的基础管理软件，实现监控、预警等一些基本功能，但麻烦的是，每家厂商的管理界面都不相同，要熟悉不同的设备管理界面着实花费不少工夫。

在设计存储虚拟化时，不仅要考虑当前生产应用，同时也需要考虑过去和未来存储设备报废、数据迁移所带来的巨大风险问题。

实现主机层面的路径冗余和负载均衡是最基本的要求，既要起到链路冗余的作用，同时也要达到多链路的负载均衡的功效。

企业信息系统通常是分阶段分步进行建设的，不同阶段建设的业务系统采用的存储平台不尽相同。当信息系统发展到一定阶段时，会呈现出不同业务系统之间，一个个独立的 SAN，形成一个个 SAN 孤岛。在这种状态下，业务的整合势在必行，应用系统逐渐统一到一起了，但存储无法整合，因为各个 SAN 系统之间无法互通，存储的品牌也有可能不一致。因此，存储的虚拟化技术应运而生。

虚拟网关是一种在 IP 网络上建立通信信道的技术方法。整个过程包括：接收关于要在至少两个端点之间建立的所需通信信道的端点信息，其中的端点信息包括至少两个端点中的一个公共 IP 地址；且在两个公共 IP 地址之间创建交叉连接；以及向其中至少两个端点提供交叉连接 ID。

面向虚拟存储应用的网关能够满足存储集中管理、数据安全保护及云计算建设等需求，提供异构存储整合，从而形成多类型、多存储格式的中央统一管理的存储库；允许主服务器应用更灵活地获得存储容量，帮助提高存储空间的使用率；使主服务器应用与物理存储基础设施的变化相隔离，提供故障自动切换等高可用功能；能够自动精简配置流程，实现灵活全面的虚拟存储配置等存储虚拟化管理功能。同时，存储虚拟化网关能够将相关服务器、存储硬件和应用软件组合为高可用性和高性能的解决方案，形成存储高可用集群。

2.4.4 共享文件系统

1. 集群文件系统 GlusterFS

集群文件系统架构如图 2-24 所示，后端存储采用 DAS，每个存储服务器直连各自的存储系统，通常为一组 SATA 磁盘，然后由集群文件系统统一管理物理分布的存储空间而形成一个单一命名空间的文件系统。实际上，集群文件系统是将 RAID、Volume、File System 的功能三者合一了。目前的主流集群文件系统一般都需要专用元数据服务或者分布式的元数据服务集群，提供元数据控制和统一名字空间，当然也有例外，如无元数据服务架构的 GlusterFS。NAS 集群上安装集群文件系统客户端，实现对全局存储空间的访问，并运行 NFS/CIFS 服务对外提供 NAS 服务。NAS 集群通常与元数据服务集群或者存储节

图 2-24 集群文件系统集群 NAS 架构

点集群运行在相同的物理节点上，从而减少物理节点部署的规模，当然会对性能产生一定的影响。与 SAN 架构不同，集群文件系统可能会与 NAS 服务共享 TCP/IP 网络，相互之间产生性能影响，导致 I/O 性能的抖动。诸如 ISILON 等集群文件系统存储节点之间采用 InfiniBand 网络互联，可以消除这种影响，保持性能的稳定性。

在这种架构下，集群 NAS 的扩展通过增加存储节点来实现，往往同时扩展存储空间和性能，很多系统可以达到接近线性地扩展。客户端访问集群 NAS 的方式可以直接连接具体的 NAS 集群节点，并采用集群管理软件来实现高可用性；也可以采用 DNS 或 LVS 实现负载均衡和高可用性，客户使用虚拟 IP 进行连接。由于服务器和存储介质都可以采用通用标准的廉价设备，在成本上有很大优势，规模可以很大。然而，这类设备是非常容易发生故障的，服务器或者磁盘的损坏都会导致部分数据不可用，需要采用 HA 机制保证服务器的可用性，采用复制保证数据的可用性，这往往会降低系统性能和存储利用率。另外，由于服务器节点比较多，这种架构不太适合产品化，可能更加适合于存储解决方案。采用这种架构的集群 NAS 典型案例包括 EMC ISILON、龙存 LoongStore、九州初志 CZSS、美地森 YFS 和 GlusterFS（图 2-25）等。

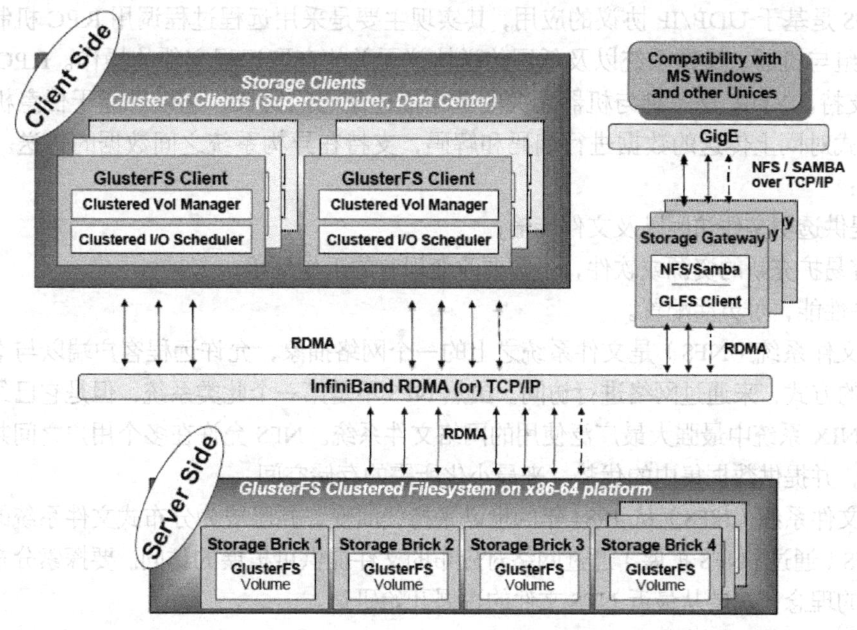

注：GluterFS：集群文件系统；Client Side：客户端；Server Side：服务端；GlutérFS Client：集群文件系统客户端；Vol Manager：卷管理器；I/O Scheduler：I/O 调度器；GigE：千兆以太网；NFS：网络文件系统；Storage Gateway：存储网关；RDMA：远程直接内存访问；InfiniBand：无限带宽；X86-64 Platform：64 位 86 结构平台；Brick：所有可信共享池中共享的目录

图 2-25 GluterFS 架构

简单地说，集群（Cluster）就是一组计算机，它们作为一个整体向用户提供一组网络资源。这些单个的计算机系统就是集群的节点（Node）。一个理想的集群是，用户从来不会意识到集群系统底层的节点，在他/她们看来，集群是一个系统，而非多个计算机系统；并且集群系统的管理员可以随意增加和删改集群系统的节点。

将多台同构或异构的计算机连接起来协同完成特定的任务就构成了集群系统。集群并不是一个全新的概念，其实早在 20 世纪 70 年代计算机厂商 Digital Equipment 公司、Tandem 计算机公司和研究机构就开始了对集群系统的研究和开发。由于主要用于科学工程计算，所以这些系统并不为大家所熟知。直到 Linux 集群的出现，集群的概念才得以广为传播。集群系统主要分为高可用（High Availability）集群（简称 HA 集群）和高性能计算（High Perfermance Computing）集群（简称 HPC 集群）。

高可用集群的主要功能就是提供不间断的服务。有许多应用程序都必须一天 24 小时不停运转，如所有的 Web 服务器、工业控制器、ATM、远程通信转接器、医学与军事监测仪以及股票处理机等。对这些应用程序而言，暂时的停机都会导致数据的丢失和灾难性的后果。

高性能计算集群通过将多台机器连接起来同时处理复杂的计算问题。模拟星球附近的磁场、预测龙卷风的出现、定位石油资源的储藏地等情况都需要对大量的数据进行处理。传统的处理方法是使用超级计算机来完成计算工作，但是超级计算机的价格比较昂贵，而且可用性和可扩展性不够强，因此集群成为了高性能计算领域瞩目的焦点。

集群系统采用的操作系统主要有 VMS、UNIX、Windows NT 和 Linux。

2．网络文件系统 NFS

网络文件系统（Network File System，NFS）是由 SUN 公司研制的 UNIX 表示层协议（Pressentation Layer Protocol），能使使用者访问网络上别处的文件就像在使用自己的计算机一样。NFS 是基于 UDP/IP 协议的应用，其实现主要是采用远程过程调用 RPC 机制，RPC 提供了一组与机器、操作系统以及低层传送协议无关的存取远程文件的操作。RPC 采用了 XDR 的支持。XDR 是一种与机器无关的数据描述编码的协议，它以独立于任意机器体系结构的格式对网上传送的数据进行编码和解码，支持在异构系统之间数据的传送。其具有的特点为：

- 提供透明文件访问以及文件传输；
- 容易扩充新的资源或软件，不需要改变现有的工作环境；
- 高性能，可灵活配置。

网络文件系统（NFS）是文件系统之上的一个网络抽象，允许远程客户端以与本地文件系统类似的方式，来通过网络进行访问。虽然 NFS 不是第一个此类系统，但是它已经发展并演变成 UNIX 系统中最强大最广泛使用的网络文件系统。NFS 允许在多个用户之间共享公共文件系统，并提供数据集中的优势，来最小化所需的存储空间。

网络文件系统（NFS）从 1984 年问世以来持续演变，并已成为分布式文件系统的基础。当前，NFS（通过 pNFS 扩展）通过网络对分布的文件提供可扩展的访问。要探索分布式文件系统背后的理念，需要从最近 NFS 文件的进展开始研讨。

（1）NFS 的简短历史。

第一个网络文件系统，称为 File Access Listener，由 Digital Equipment Corporation（DEC）在 1976 年开发。Data Access Protocol（DAP）的实施，这是 DECnet 协议集的一部分。比如 TCP/IP，DEC 为其网络协议发布了协议规范，包括 DAP。

NFS 是第一个现代网络文件系统（构建于 IP 协议之上）。在 20 世纪 80 年代，它首先作为实验文件系统，由 Sun Microsystems 在内部完成开发。NFS 协议已归档为 Request for Comments（RFC）标准，并演化为大家熟知的 NFSv2。作为一个标准，由于 NFS 与其他客户端和服务器的互操作能力而发展迅速。

标准持续地演化为 NFSv3，在 RFC 1813 中有定义。这一新的协议比以前的版本具有更好的可扩展性，支持大文件（超过 2 GB），异步写入，以及将 TCP 作为传输协议，为文件系统在更广泛的网络中使用铺平了道路。在 2000 年，RFC 3010（由 RFC 3530 修订）将 NFS

带入企业设置。SUN 引入了具有较高安全性、带有状态协议的 NFSv4（NFS 之前的版本都是无状态的）。今天，NFS 是版本 4.1（由 RFC 5661 定义），它增加了对跨越分布式服务器的并行访问的支持（称为 pNFS extension）。

令人惊讶的是，NFS 已经历了几乎 40 年的开发。它代表了一个非常稳定的（及可移植）网络文件系统，它可扩展、高性能，并达到企业级质量。由于网络速度的增加和延迟的降低，使得 NFS 一直是通过网络提供文件系统服务具有吸引力的选择。甚至在本地网络设置中，虚拟化驱动存储进入网络，来支持更多的移动虚拟机。NFS 甚至支持最新的计算模型，来优化虚拟的基础设施。NFS 与集群架构的结合，从并行与架构的角度提升了系统性能及其扩展性。图 2-26 所示为 pNFS/NFSv4.1 集群架构实际是并行 NAS，RFC 5661 标准已于 2010 年获得批准通过。它的后端存储采用面向对象存储设备 OSD，支持 FC/NFS/OSD 多种数据访问协议，客户端读写数据时直接与 OSD 设备相互，而不像上述 NFSv2、NFSv3 两种架构需要通过 NAS 集群来进行数据中转。这里的 NAS 集群仅仅作为元数据服务，I/O 数据则由 OSD 处理，实现了元数据与数据的分离。这种架构更像原生的并行文件系统，不仅系统架构上更加简单，而且性能上得到了极大提升，扩展性非常好。

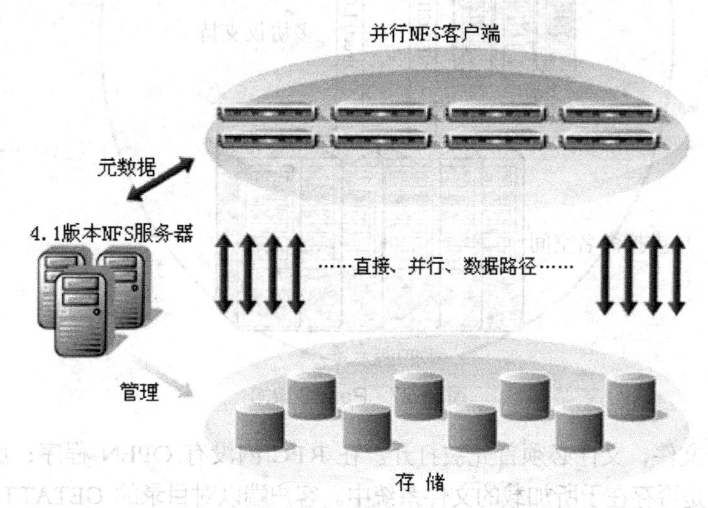

图 2-26　pNFS/NFSv4.1 集群 NAS 架构

显而易见，这种架构与上述两种有着本质的区别，pNFS 采用元数据集群解决了传统 NAS 的单点故障和性能瓶颈问题，元数据与数据的分离则解决了性能和扩展性问题。这才是真正的并行 NAS，pNFS 才是集群 NAS 的真正未来。然而，毕竟 pNFS 标准获得批准才一年，目前还没有成熟的产品实现，OSD 存储设备发展多年也没有得到市场广泛认可和普及。Panasas 公司的 PanFS（见图 2-27）应该是最接近于这种集群 NAS 架构，当然 Panasas 也是 pNFS 标准的主要制定者之一。目前很多存储公司都在研发 pNFS 产品，比如 BlueArc。

（2）NFS 协议。

从客户端的角度来说，NFS 中的第一个操作称为 Mount。Moun 代表将远程文件系统加载到本地文件系统空间中。该流程以对 Mount（Linux 系统调用）的调用开始，它通过 VFS 路由到 NFS 组件。确认了加载端口号之后（通过 get_port 请求对远程服务器 RPC 调用），客户端执行 RPC mount 请求。这一请求发生在客户端和负责 Mount 协议（RPC.mountd）的特定守护进程之间。这一守护进程基于服务器当前导出文件系统来检查客户端请求；如果所请求的文件系统存在，并且客户端已经访问了，一个 RPC mount 响应为文件系统建立了文件句柄。客户端这边存储具有本地加载点的远程加载信息，并建立执行 I/O 请求的能力。这一协议表示一个潜在的安全问题。因此，NFSv4 用内部 RPC 调用替换这一辅助 Mount 协议，来管理加载点。

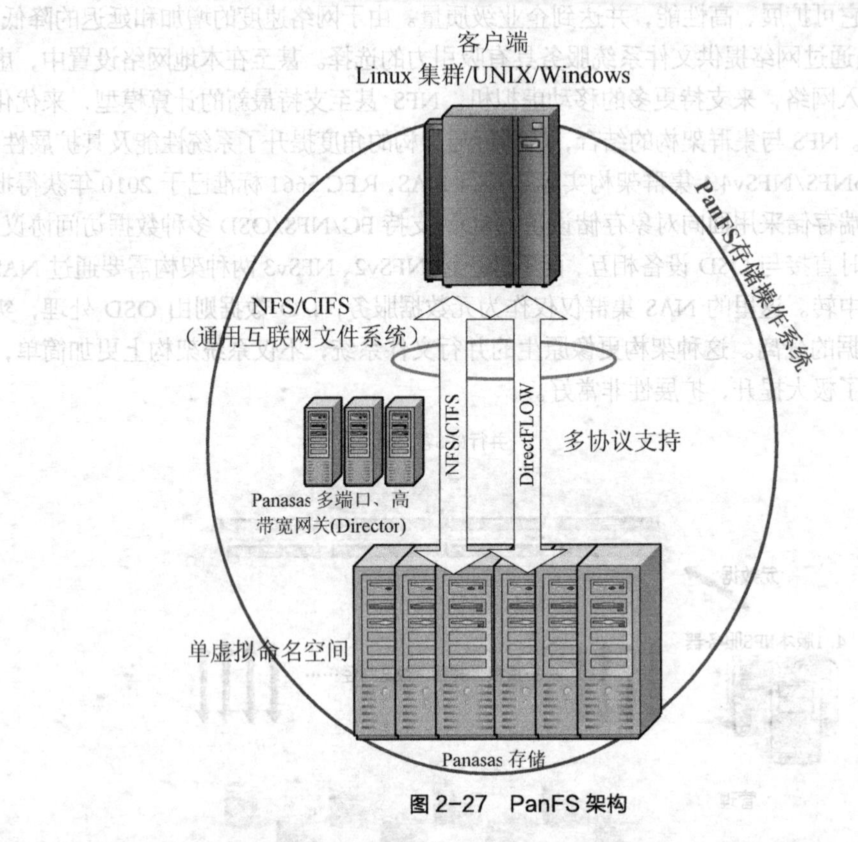

图 2-27 PanFS 架构

要读取一个文件，文件必须首先被打开。在 RPC 内没有 OPEN 程序；反之，客户端仅检查目录和文件是否存在于所加载的文件系统中。客户端以对目录的 GETATTR RPC 请求开始，其结果是一个具有目录属性或者目录不存在指示的响应。接下来，客户端发出 LOOKUP RPC 请求来查看所请求的文件是否存在。如果是，会为所请求的文件发出 GETATTR RPC 请求，为文件返回属性。基于以上成功的 GETATTRs 和 LOOKUPs，客户端创建文件句柄，为用户的未来需求而提供。

利用在远程文件系统中指定的文件，客户端能够触发 READ RPC 请求。READ 包含文件句柄、状态、偏移和读取计数。客户端采用状态来确定操作是否可执行（即文件是否被锁定）。偏移指出是否开始读取，而计数指出所读取字节的数量。服务器可能返回或不返回所请求字节的数量，但是会指出在 READ RPC 回复中所返回（随着数据）字节的数量。

（3）NFS 中的创新。

NFS 的两个最新版本（4 和 4.1）对于 NFS 来说是最有趣和最重要的。让我们来看一下 NFS 创新最重要的一些方面。

在 NFSv4 之前，存在一定数量的辅助协议用于加载、锁定和文件管理中的其他元素。NFSv4 将这一流程简化为一个协议，并将对 UDP 协议的支持作为传输协议移除。NFSv4 还集成支持 UNIX 和基于 Windows 的文件访问语义，将本地集成 NFS 扩展到其他操作系统中。

NFSv4.1 介绍针对更高扩展性和更高性能的并行 NFS（pNFS）的概念。要支持更高的可扩展性，NFSv4.1 具有脚本，与集群化文件系统风格类似的拆分数据/元数据架构。pNFS 将生态系统拆分为三个部分：客户端、服务器和存储。您可以看到存在两个路径：一个用于数据，另一个用于控制。pNFS 将数据布局与数据本身拆分，允许双路径架构。当客户想要访问文件时，服务器以布局响应。布局描述了文件到存储设备的映射。当客户端具有布局时，它能够直接访问存储，而不必通过服务器（这实现了更大的灵活性和更优的性能）。当客户端完成文件操作时，它会提交数据（变更）和布局。如果需要，服务器能够请求从客户端返回布局。

pNFS 实施多个新协议操作来支持这一行为。LayoutGet 和 LayoutReturn 分别从服务器获取发布和布局，而 LayoutCommit 将来自客户端的数据提交到存储库，以便于其他用户使用。服务器采用 LayoutRecall 从客户端回调布局。布局跨多个存储设备展开，来支持并行访问和更高的性能。

数据和元数据都存储在存储区域中。客户端可能执行直接 I/O，给出布局的回执，而 NFSv4.1 服务器处理元数据管理和存储。虽然这一行为不一定是新的，pNFS 增加功能来支持对存储的多访问方法。当前，pNFS 支持采用基于块的协议（光纤通道），基于对象的协议和 NFS 本身（甚至以非 pNFS 形式）。

通过 2010 年 9 月发布的对 NFSv2 的请求，继续开展 NFS 工作。其中以新的提升定位了虚拟环境中存储的变化。例如，数据复制与在虚拟机环境中非常类似（很多操作系统读取/写入和缓存相同的数据）。由于这一原因，存储系统从整体上理解复制发生在哪里是很可取的。这将在客户端保留缓存空间，并在存储端保存容量。NFSv4.2 建议用共享块来处理这一问题。因为存储系统已经开始在后端集成处理功能，所以服务器端复制被引入，当服务器可以高效地在存储后端自己解决数据复制时，就能减轻内部存储网络的负荷。也出现了其他创新，包括针对 flash 存储的子文件缓存，以及针对 I/O 的客户端提示（潜在地采用 mapadvise 作为路径）。

（4）NFS 的替代物。

虽然 NFS 是在 UNIX/Linux 系统中最流行的网络文件系统，但它当然不是唯一的选择。在 Windows 系统中，ServerMessage Block（SMB）（也称为 CIFS）是最广泛使用的选项（如同 Linux 支持 SMB 一样，Windows 也支持 NFS）。

最新的分布式文件系统之一，在 Linux 中也支持，是 Ceph。Ceph 设计为容错的分布式文件系统，它具有 UNIX 兼容的 Portable Operating System Interface（POSI）。

其他例子包括：OpenAFS，是 Andrew 分布式文件系统的开源版（来自 Carnegie Mellon 和 IBM）；GlusterFS，关注于可扩展存储的通用分布式文件系统；以及 Lustre，关注于集群计算的大规模并行分布式文件系统。所有都是用于分布式存储的开源软件解决方案。

NFS 持续演变，并与 Linux 的演变类似（支持低端、嵌入式和高端性能），NFS 为客户和企业实施可扩展存储解决方案。关注 NFS 的未来可能会很有趣，但是根据历史和近期的情况来看，它将会改变人们查看和使用文件存储的方法。

2.4.5 共享存储架构

从整体架构来看，集群 NAS 由存储子系统、NAS 集群（机头）、客户端和网络组成。存储子系统可以采用存储区域网络 SAN、直接连接存储 DAS 或者面向对象存储设备 OSD 的存储架构，SAN 和 DAS 架构方式需要通过存储集群来管理后端存储介质，并以 SAN 文件系统或集群文件系统的方式为NAS集群提供标准文件访问接口。在基于OSD架构中，NAS集群管理元数据，客户端与OSD设备直接交互进行数据访问，这就是并行NAS，即pNFS/NFSv4.1。NAS集群是NFS/CIS网关，为客户端提供标准文件级的NAS服务。对于SAN和DAS架构，NAS集群同时承担元数据和I/O数据访问功能，而OSD架构方式仅需要承担元数据访问功能。根据所采用的后端存储子系统的不同，可以把集群NAS分为三种技术架构，即SAN共享存储架构、集群文件系统架构和pNFS/NFSv4.1架构。

SAN共享存储集群NAS架构如图2-28所示，后端存储采用SAN，所有NAS集群节点通过光纤连接到SAN，共享所有的存储设备，通常采用SAN并行文件系统管理并输出POSIX接口到NAS集群。SAN并行文件系统通常需要元数据控制服务器，可以是专用的MDC，也可以采用完全分布的方式分布到SAN客户端上。NAS集群上安装SAN文件系统客户端即可实现对SAN共享存储的并发访问，然后运行NFS/CIFS服务为客户端提供服务。这里前端网络采用以太网，后面存储连接则采用SAN网络。

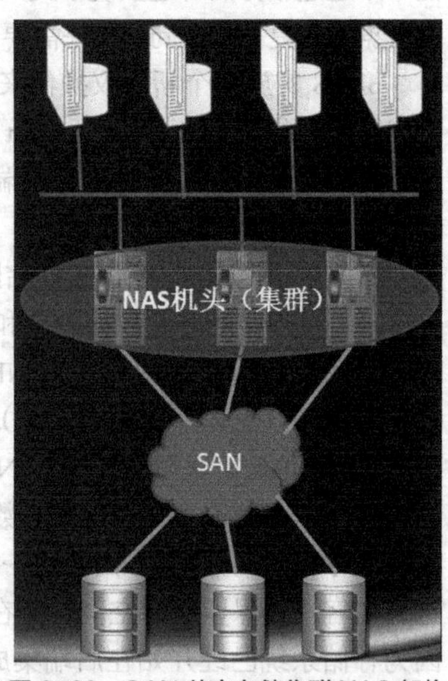

图2-28　SAN共享存储集群NAS架构

由于采用了高性能的SAN存储网络，这种集群NAS架构可以提供稳定的高带宽和IOPS性能，而且可以通过增加存储盘阵或NAS集群节点实现存储容量和性能单独扩展。客户端可以直接连接具体的NAS集群节点，并采用集群管理软件来实现高可用性；也可以采用DNS或LVS实现负载均衡和高可用性，客户端使用虚拟IP进行连接。SAN存储网络和并行文件系统成本都比较高，因此这种集群NAS架构的缺点就是成本较高，同时也继承了SAN存储架构的缺点，比如部署管理复杂、扩展规模有限等。采用这种架构的集群NAS典型案例是IBM SONAS（图2-29）和Symantec FileStore。

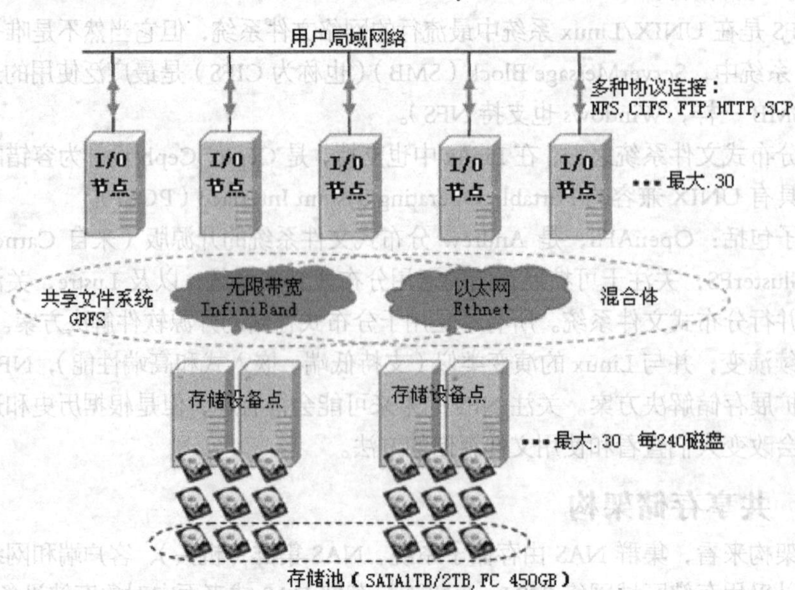

图2-29　采用集群NAS的IBM SONAS架构

注：图中数字为负载均衡的约束条件，根据连接节点与对应的存储设备点决定。

2.4.6 NAS 存储系统扩展应用

FreeNAS 是网络附属存储（NAS）服务专用操作系统（FreeBSD 的简化版）。基于 m0n0wall 防火墙，该系统通过提供磁盘管理及 RAID 软件，可让用户将 PC 转换为 NAS 服务器，支持 FTP、NFS、RSYNC、CIFS、AFP、UNISON、SSH 协议，旨在让人们重新使用旧硬件。

FreeNAS 是开源的 NAS 服务器，它可以将一台普通 PC 变成网络存储服务器。该软件基于 FreeBSD、Samba 及 PHP，通过浏览器方便地配置与管理，支持 CIFS、NFS、HTTP/DAV 和 FTP 功能，含有多种软 RAID 模式供用户选择。

用户可通过 Windows、Macs、FTP、SSH 及网络文件系统（NFS）来访问存储服务器。FreeNAS 可被安装于硬盘或移动介质上，占用较小的磁盘空间。FreeNAS 系统参数配置界面如图 2-30 所示。

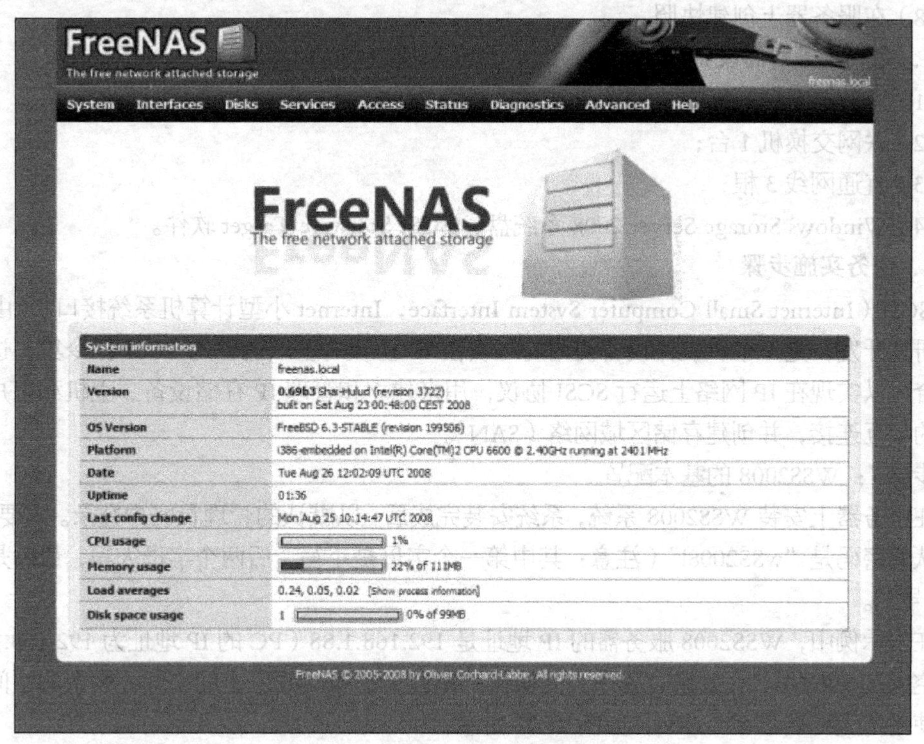

图 2-30 FreeNAS 系统参数配置界面

2.5 项目实施

任务 2-1：在 Windows Server 中搭建 SAN 存储服务（iSCSI）

SAN 主要包含 FC SAN 和 IP SAN 两种。FC SAN 的网络介质为光纤通道（Fibre Channel），而 IP SAN 使用标准的以太网。采用 IP SAN 可以将 SAN 为服务器提供的共享特性以及 IP 网络的易用性很好地结合在一起，并且为用户提供了类似服务器本地存储的较高性能体验。SAN 是一种进行块级服务的存储架构，一直以来，光纤通道 SAN 发展相对迅速，因此许多用户认为只能通过光纤通道来实现 SAN，实际上，通过传统的以太网仍然可以构建 SAN，那就是 IP SAN。

1. 任务目标

（1）实现 Windows Storage Server 安装；

（2）在 Windows Server 中搭建 SAN 存储服务（iSCSI）。

2．任务内容

本任务要求管理员在服务器上搭建 SAN 存储服务，具体内容为：

（1）Windows Storage Server 安装；

（2）系统服务配置；

（3）在 iSCSI 存储服务器上创建目标；

（4）创建虚拟磁盘并连接 iSCSI 目标；

（5）在工作站上连接 iSCSI 磁盘；

（6）在 iSCSI 服务器上为磁盘扩容；

（7）在工作站上刷新磁盘扩展卷；

（8）在服务器上创建快照。

3．完成任务所需设备和软件

（1）服务器 1 台，已安装 Windows 7 系统的 PC 1 台；

（2）联网交换机 1 台；

（3）直通网线 3 根；

（4）Windows Storage Server 2008 系统盘、iSCSI Software Target 软件。

4．任务实施步骤

iSCSI（Internet Small Computer System Interface，Internet 小型计算机系统接口），由 IBM 公司研究开发，是一个供硬件设备使用的可以在 IP 协议的上层运行的 SCSI 指令集，这种指令集合可以实现在 IP 网络上运行 SCSI 协议，用来建立和管理 IP 存储设备、主机和客户机等之间的相互连接，并创建存储区域网络（SAN）。

步骤 1：WSS2008 的基本配置。

在服务器上安装 WSS2008 系统，系统安装完成后，以默认的管理员账户登录。需要注意，其默认的密码是“wSS2008!”（注意：其中第一个字母是小写，后两个字母大写，最后是一个“惊叹号”）。

在本示例中，WSS2008 服务器的 IP 地址是 192.168.1.88（PC 的 IP 地址为 192.168.1.11），存储空间是 300 GB。在安装过程中，为操作系统划分了 45 GB 左右的空间，剩余的空间用作存储使用（大约剩下 255 GB），如图 2-31 所示。

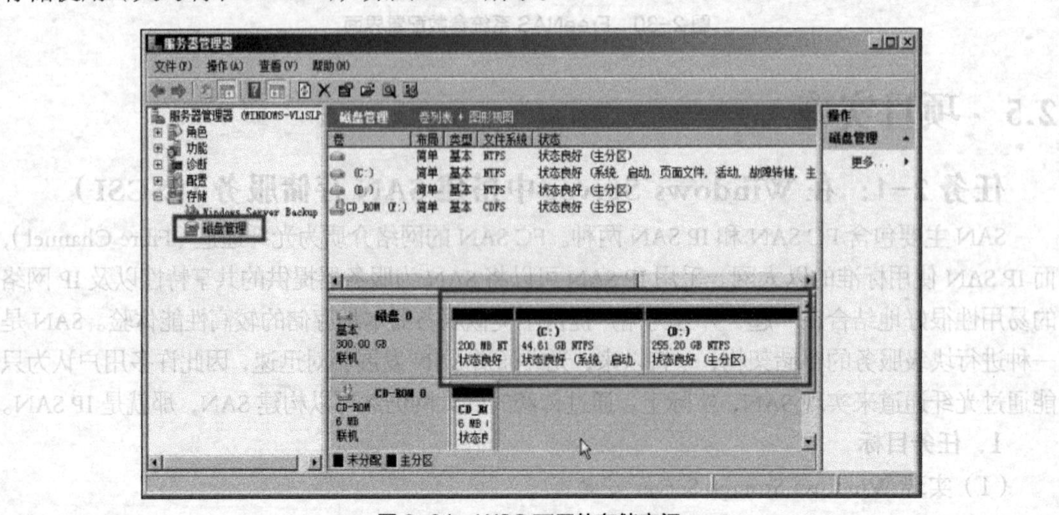

图 2-31　WSS 可用的存储空间

步骤2：安装iSCSI Software Target软件。

如果要将WSS2008作为iSCSI的存储服务器，还需要Microsoft提供的“iSCSI Software Target”软件，名为iSCSItarget.msi，目前只有64位版本。软件的安装比较简单，完全按照默认值，即可以完成安装。

步骤3：创建iSCSI目标。

在本例中，将为IP地址为192.168.1.11的Windows 7计算机，在WSS2008存储服务器上分配一个12 GB左右的磁盘，在工作站连接并使用该磁盘后，将该磁盘扩容到20 GB左右，在服务器上创建快照并恢复。

在iSCSI服务器上，创建iSCSI目标的步骤如下：

（1）在“Microsoft iSCSI Software Target”控制台中，用鼠标右键单击“iSCSI目标”，在弹出的快捷菜单中选择“创建iSCSI目标”。

（2）在“iSCSI 目标标识”界面中，在“iSCSI 目标名称”文本框中键入要创建的 iSCSI目标名称，在本例中为ws001，并在“描述”文本框中键入相关的说明信息。

（3）在“iSCSI发起程序标识符”界面中，单击“高级”按钮，在弹出的“高级标识符”对话框中，单击“添加”按钮，在弹出的“添加/编辑标识符”对话框中，在“标识符类型”下拉列表中选择“IP地址”，并键入工作站的IP地址，本例为192.168.1.11，然后单击“确定”按钮，如图2-32所示。

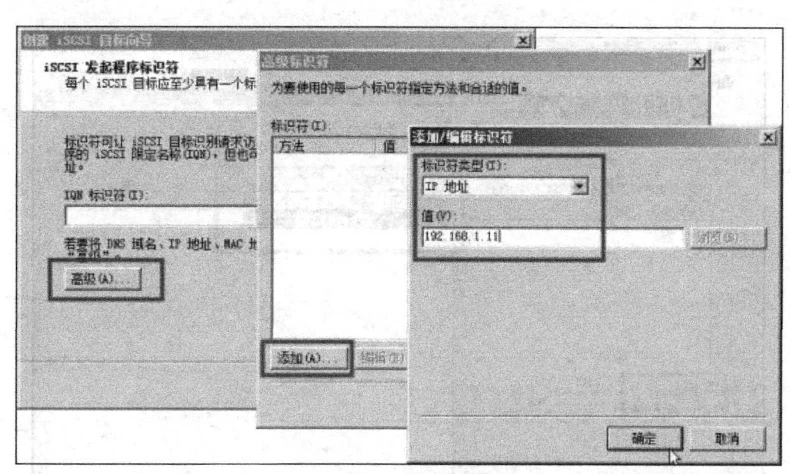

图2-32　添加标识符

（4）返回到“iSCSI发起程序标识符”界面后，单击“下一步”按钮。

（5）在“正在完成创建iSCSI目标向导”界面中，单击“完成”按钮。

步骤4：创建虚拟磁盘并连接到iSCSI目标。

返回到“Microsoft iSCSI Software Target”控制台后，创建虚拟磁盘，主要步骤如下：

（1）用鼠标右键单击“设备”，在弹出的快捷菜单中选择“创建虚拟磁盘”，如图2-33所示，进入“创建虚拟磁盘向导”界面。

（2）在“文件”界面中，选择保存虚拟磁盘所在的分区，并设置以vhd为扩展名的虚拟磁盘文件，指定保存位置，在本例中为“d:\ws01.vhd”。

（3）在“大小”界面中，为虚拟磁盘设置大小，在本例中设置为12 345 MB（大约12 GB），在本界面中，显示出了当前驱动器容量、可用空间的最大值。

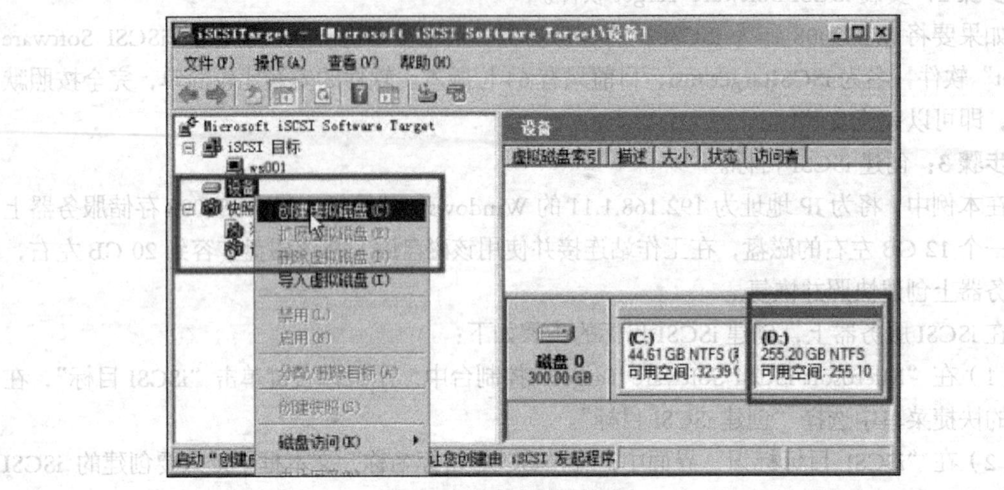

图 2-33　创建虚拟磁盘

（4）在“描述”界面中，为虚拟磁盘添加描述信息。

（5）在“访问”界面中，单击“添加”按钮，在弹出的“添加目标”对话框中，选择将新创建的磁盘与一个 iSCSI 目标连接起来，在此选择上一节创建的名为 ws001 的目标，如图 2-34 所示。

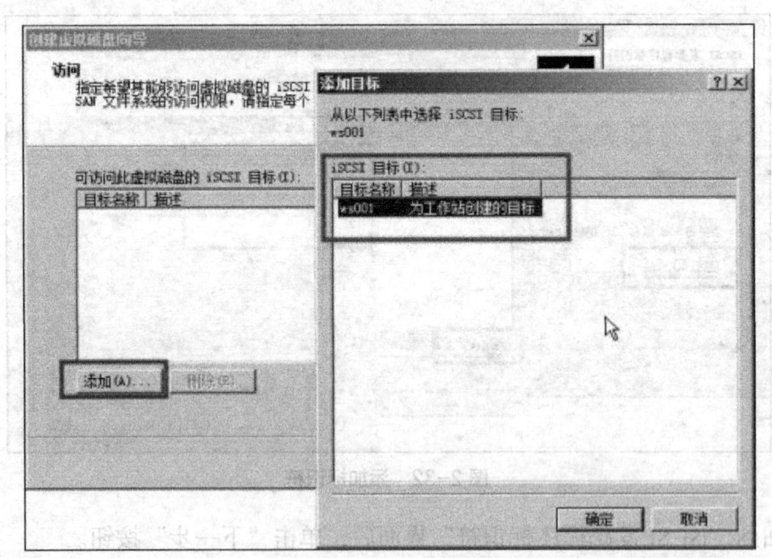

图 2-34　添加 iSCSI 目标

（6）在“正在完成‘创建虚拟磁盘向导”界面，单击“完成”按钮。

如果 WSS2008 启用了防火墙服务，则需要添加（开放）TCP 的 3260 端口，这样才能为客户端提供服务，如图 2-35 所示。

步骤 5：在工作站上连接 iSCSI 磁盘。

在 IP 地址为 192.168.1.11 的 Windows 7 工作站上，执行如下的步骤，添加 WSS2008 提供的 iSCSI 磁盘。

（1）在 Windows 7 操作系统中，从管理工具中运行 iSCSI 发起程序，如果以前没有运行过，则会弹出对话框，提示需要运行“Microsoft iSCSI 服务”。

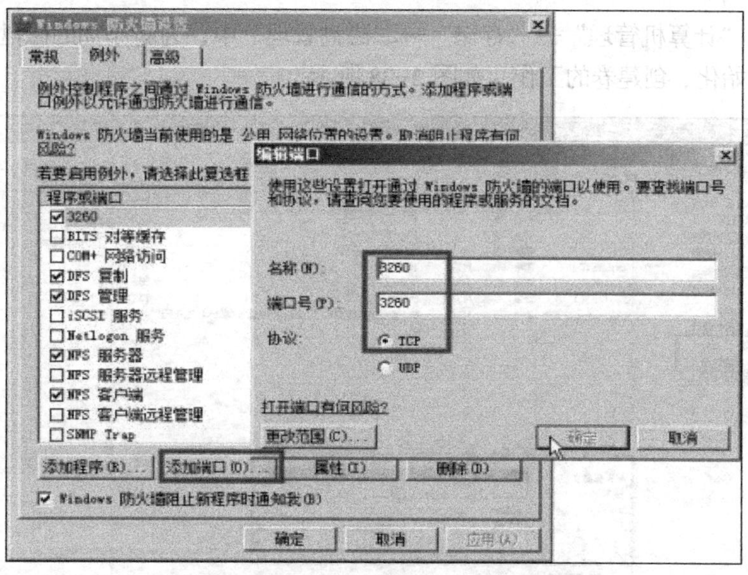

图 2-35 在防火墙中开放 TCP 的 3260 端口

（2）在 iSCSI 发起程序属性对话框中，进入“发现”选项卡，单击“发现门户”按钮，在弹出的“发现目标门户”对话框中，键入 iSCSI 服务器的 IP 地址，本例为 192.168.1.88，然后单击“确定”按钮，如图 2-36 所示。

（3）单击“目标”选项卡，可以看到已经连接到 iSCSI 服务器，单击“连接”按钮，在弹出的“连接到目标”对话框中，单击“确定”按钮，如图 2-37 所示。

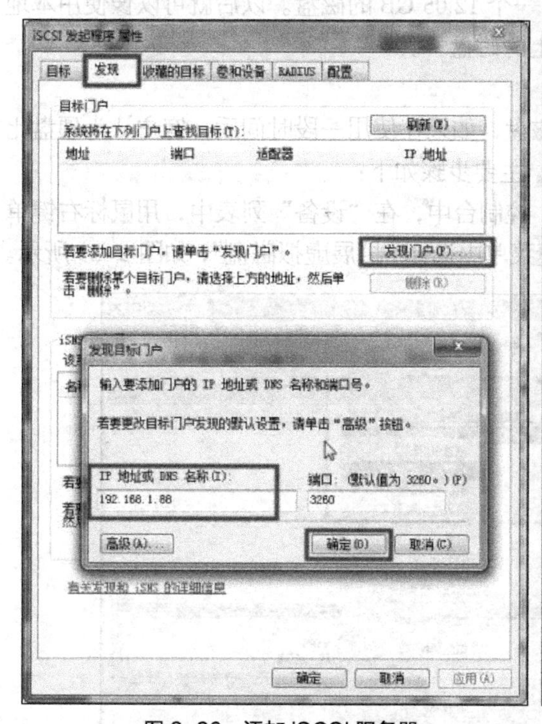

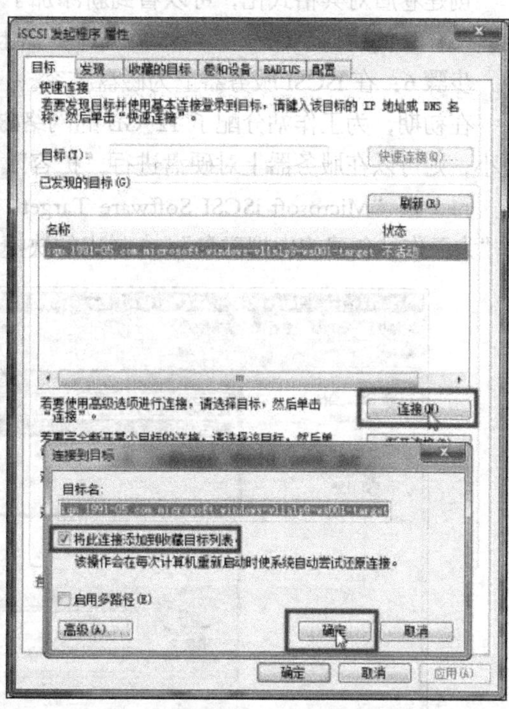

图 2-36 添加 iSCSI 服务器

图 2-37 添加目标

（4）单击“收藏的目标”选项卡，可以看到收藏的目标，单击“确定”按钮，完成 iSCSI 磁盘的添加。

然后进入“计算机管理”→“存储”→“磁盘管理”中，为新添加的磁盘（基于 iSCSI 协议）进行初始化、创建卷的工作，如图 2-38 所示。

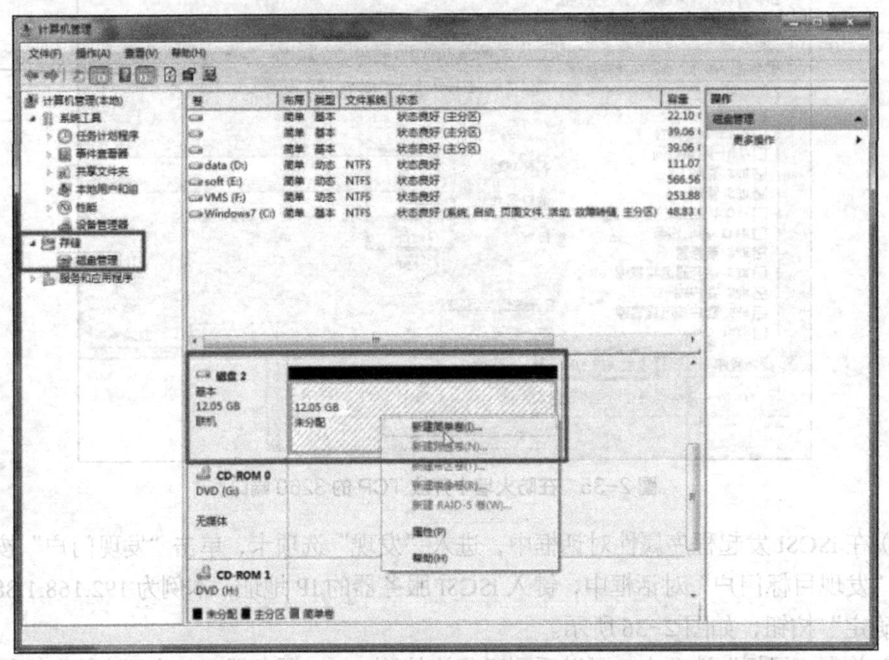

图 2-38　新建简单卷

创建卷后对其格式化，可以看到新添加了一个 12.05 GB 的磁盘。以后就可以像使用本地硬盘一样，使用这个保存在 WSS2008 服务器上的磁盘了。

步骤 6：在 iSCSI 服务器上为磁盘扩容。

在初期，为工作站分配了 12 GB 的网络磁盘，如果在使用一段时间后，客户认为硬盘比较小，则可以在服务器上对硬盘进行“扩容”，主要步骤如下：

（1）在“Microsoft iSCSI Software Target”控制台中，在“设备”列表中，用鼠标右键单击“为工作站创建的虚拟磁盘”，在弹出的快捷菜单中选择“扩展虚拟磁盘”，如图 2-39 所示。

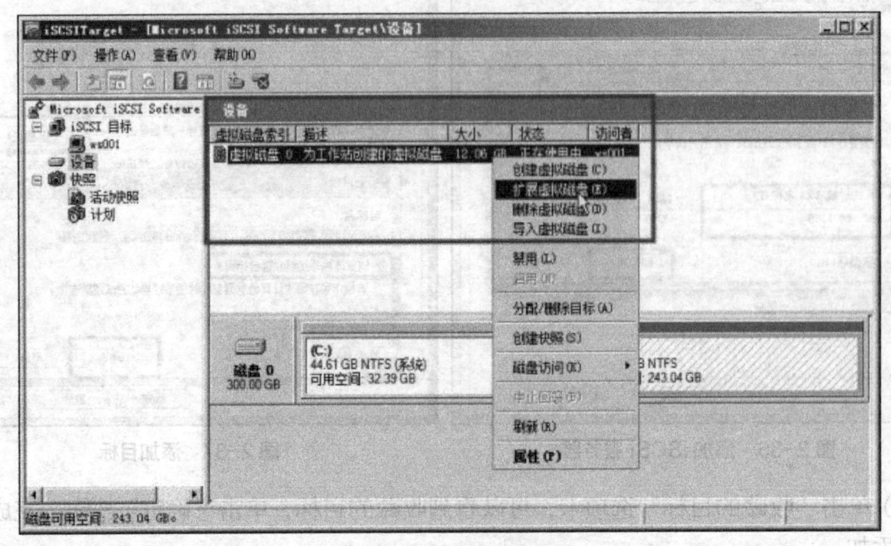

图 2-39　扩展虚拟磁盘

（2）在“大小”界面中，在“附加的虚拟磁盘容量（MB）”文本框中键入扩展的容量大小，在此扩展为 8 000 MB。

（3）其他选择默认值，完成扩展向导。

步骤 7：在工作站上刷新磁盘扩展卷。

返回到 Windows 7 工作站上，在“计算机管理”→“存储”→“磁盘管理”中，用鼠标右键单击，在弹出的快捷菜单中选择“刷新”，重新扫描磁盘。扫描后，可以看到，在现有卷后面增加了 8 000 MB，如图 2-40 所示。

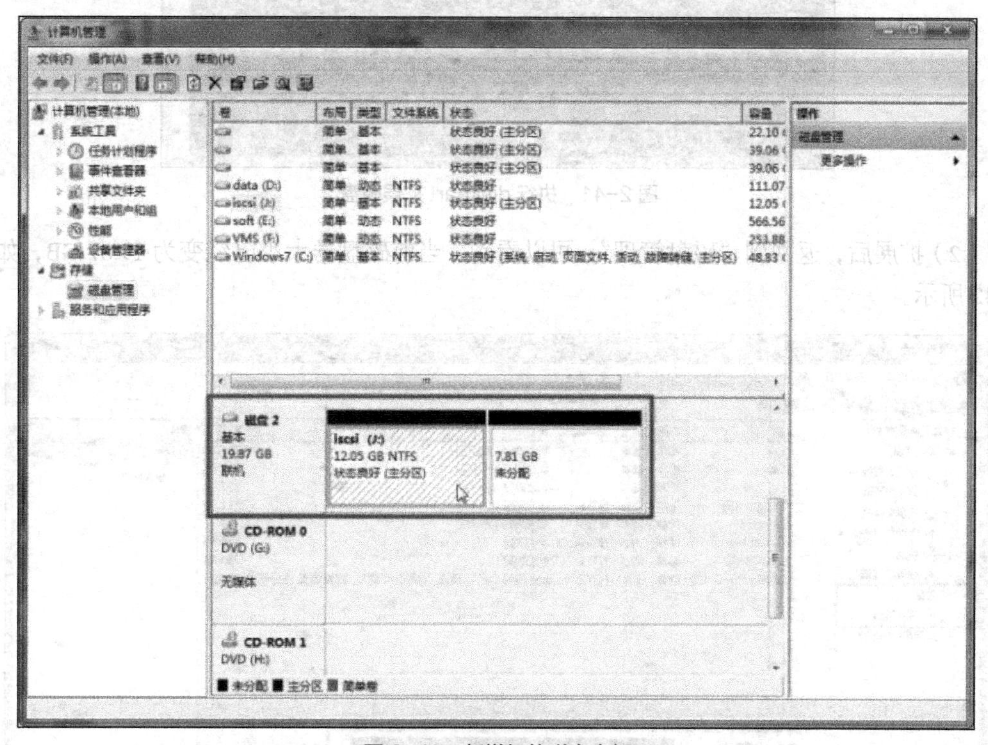

图 2-40 新增加的磁盘空间

对于工作站新增加的磁盘空间，可以选中已经创建的分区，用鼠标右键单击，在弹出的快捷菜单中选择“扩展卷”的方式，扩展现有卷的大小，也可以进入命令提示符扩展卷的大小。使用这两种方式的区别是：如果使用图形界面，则在扩展之后会显示两个都为 J 盘的分区；而使用 diskpart 命令扩展，扩展后显示一个分区盘符。当然对于操作系统来说，无论是显示一个分区还是两个分区，扩展后卷的容量大小、使用方法都是一样的。

（1）进入命令提示符，执行 diskpart 命令，接着执行 select disk 2，选择 iSCSI 磁盘，在“磁盘管理”中，新添加的硬盘序号为 2。

然后执行 list partition，显示当前分区的名称、数量，可以看到下面的提示：

```
分区 ###    类型        大小     偏移量
-------------  ------------  -----------  -------------
 分区  1     主要       12GB    1024KB
```

然后执行 select partition 1，选择第一个分区。

执行 extend 命令扩展现有卷，扩展完成，执行 exit 退出。

执行过程如图 2-41 所示。

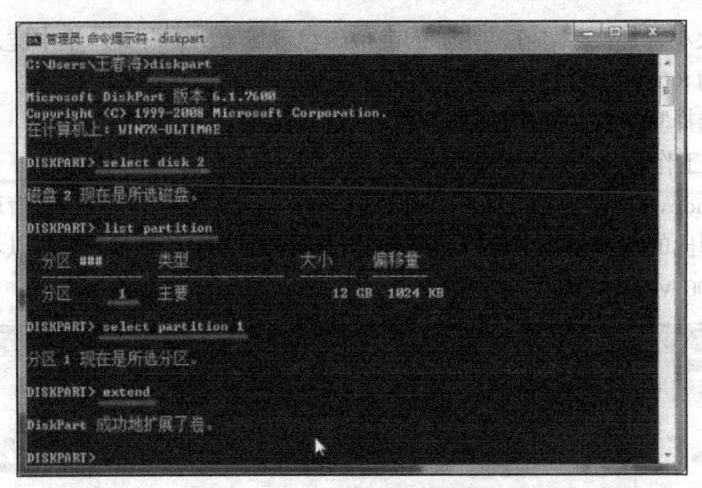

图 2-41　执行 diskpart 扩展硬盘

（2）扩展后，返回到“磁盘管理”，可以看到，当前磁盘卷大小已经变为 19.87 GB，如图 2-42 所示。

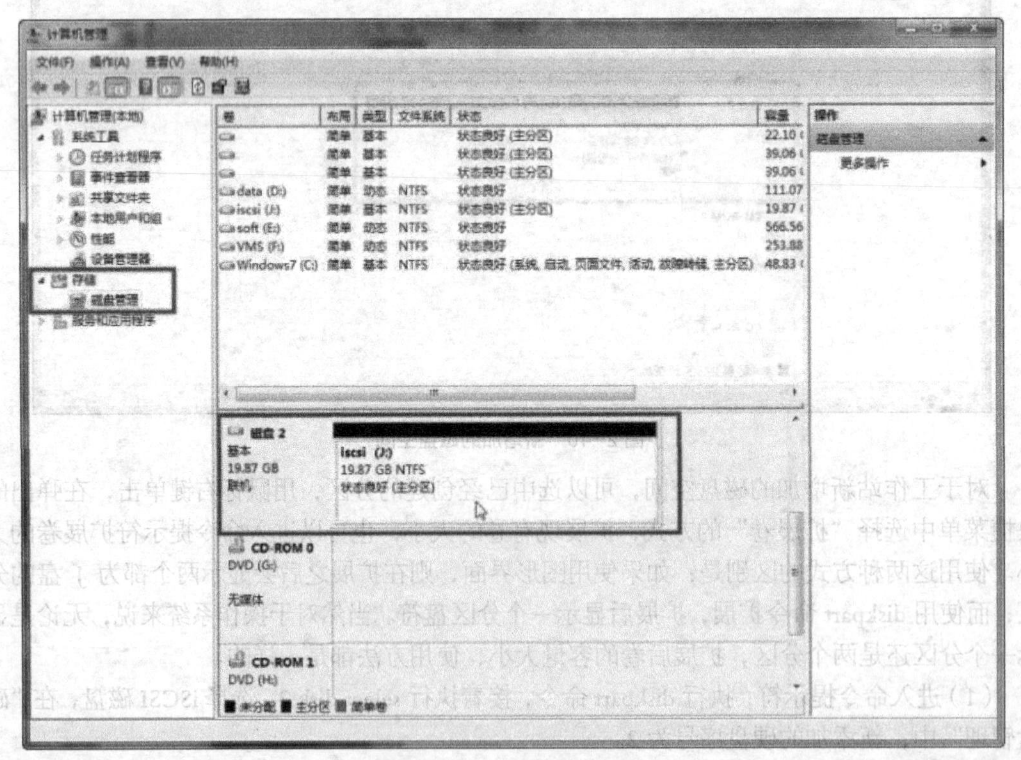

图 2-42　扩展后的卷大小

步骤 8：在服务器上创建快照。

在 WSS2008 存储服务器上，可以为分配给用户的虚拟磁盘创建多个“快照”，并且在用户需要的时候“回滚”快照，将虚拟磁盘数据恢复到快照时的状态。

创建快照的方式比较简单，只需在“设备”列表中，用鼠标右键选中虚拟磁盘，在弹出的快捷菜单中，选择“创建快照”（如图 2-43 所示），就可以完成快照的创建，并且可以随时创建多个快照。

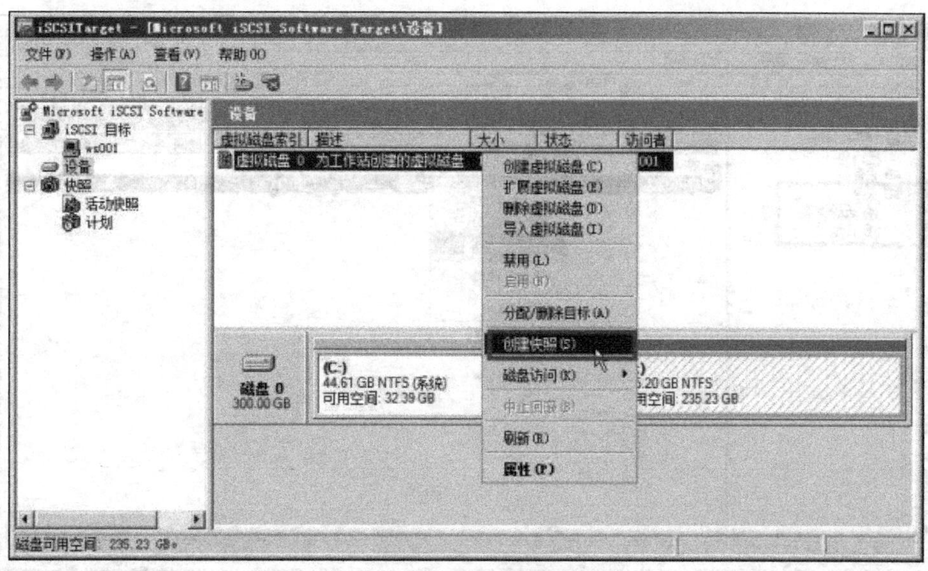

图 2-43 创建快照

但要想恢复快照，则比较麻烦，主要步骤如下：

（1）删除磁盘：在“iSCSI 目标”中，选中使用快照的“目标”，在右侧的虚拟磁盘列表中用鼠标右键单击，在弹出的快捷菜单中选择“从 iSCSI 目标删除虚拟磁盘”，如图 2-44 所示。

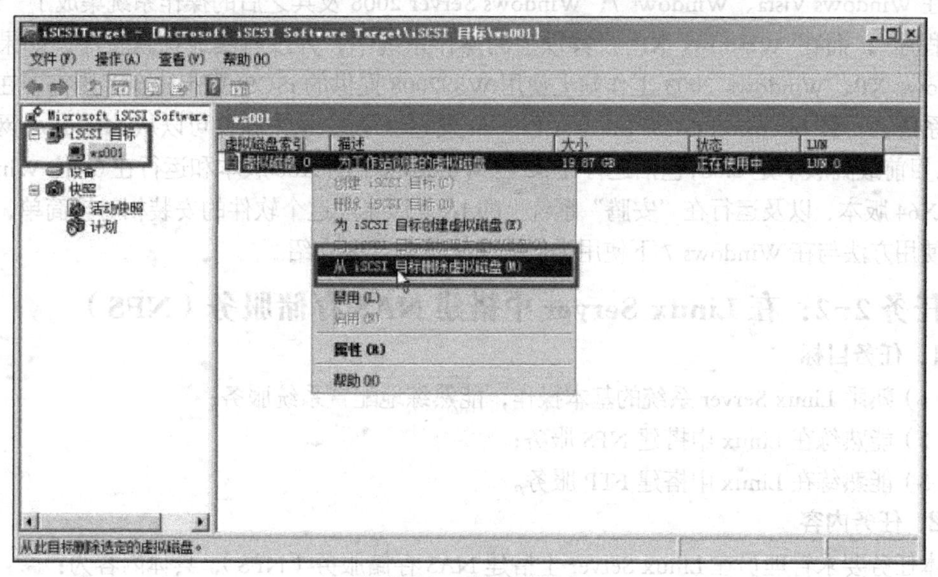

图 2-44 删除虚拟磁盘

（2）删除之后，虚拟磁盘的状态变为“空闲”。

（3）在“快照”→“活动快照”中，在右侧“活动快照”列表中，选择一个快照用鼠标右键单击，在弹出的快捷菜单中选择“回滚到快照”，如图 2-45 所示。

（4）在弹出的对话框中单击“是”按钮。

（5）回滚完成后，在“iSCSI 目标”中，为 iSCSI 目标重新添加现有虚拟磁盘示。

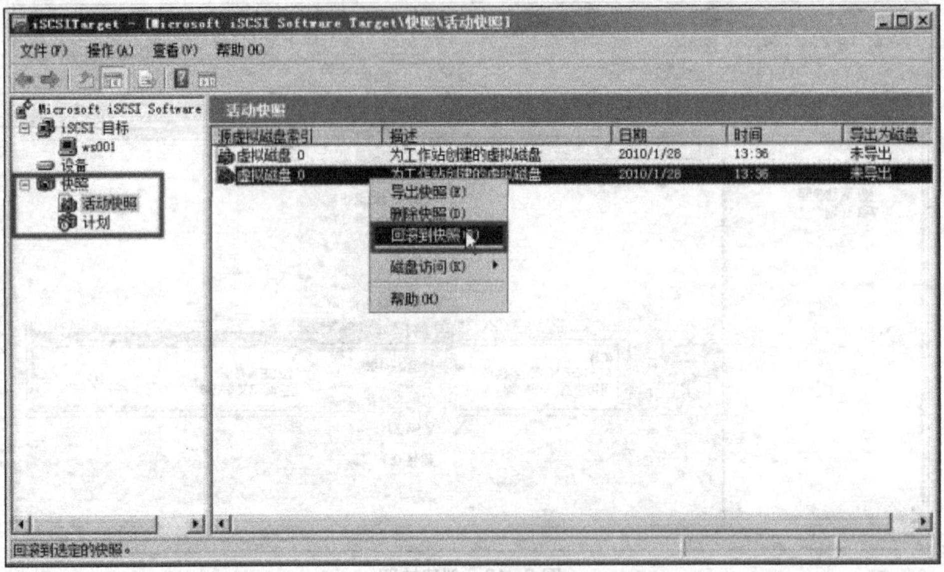

图 2-45 回滚到快照

（6）在弹出的“添加虚拟磁盘”对话框中，选择第（1）步删除的虚拟磁盘。

（7）在工作站上，刷新或重新连接 iSCSI 虚拟磁盘，即可以看到“回滚”后的数据。

步骤 9：在 Windows XP/2003 上使用外部磁盘。

在 Windows Vista、Windows 7、Windows Server 2008 及其之后的操作系统集成了“iSCSI 发起程序”，而在 Windows XP 及其以前的操作系统中，并没有集成这款软件，如果要在 Windows XP、Windows 2003 工作站上使用 WSS2008 提供的 iSCSI 虚拟磁盘，则需要在这些操作系统上安装 Microsoft iSCSI Initiator（iSCSI 发起程序），这个软件可以从 Microsoft 网站上下载，目前最高版本是 2.08，包括运行在 32 位 Windows 下的 X86 版本和运行在 64 位 Windows 下的 X64 版本，以及运行在“安腾”系统上的 IA64 版本。这个软件的安装相对较简单，安装后的使用方法与在 Windows 7 下使用类似，在此不再过多介绍。

任务 2-2：在 Linux Server 中搭建 NAS 存储服务（NFS）

1．任务目标

（1）熟悉 Linux Server 系统的基本操作，能熟练地配置系统服务；

（2）能熟练在 Linux 中搭建 NFS 服务；

（3）能熟练在 Linux 中搭建 FTP 服务。

2．任务内容

本任务要求管理员在 Linux Server 上搭建 NAS 存储服务（NFS），具体内容为：

（1）理解 RAID 的概念，并且会做软 RAID；

（2）创建 LVM 并进行挂载；

（3）创建用户，并为用户做磁盘配额；

（4）配置 FTP 服务，并通过 FTP 访问 NFS。

3．完成任务所需设备和软件

（1）已安装 Linux Server 系统的服务器 1 台，测试 PC 1 台；

（2）联网交换机 1 台；

（3）直通网线 3 根；

（4）Linux Server 系统光盘。

4．任务实施步骤

NAS（Network Attached Storage，网络附属存储）是一种将分布、独立的数据整合为大型、集中化管理的数据中心，以便于对不同主机和应用服务器进行访问的技术。按字面简单说就是连接在网络上，具备资料存储功能的装置，因此也称为“网络存储器”。它是一种专用数据存储服务器。它以数据为中心，将存储设备与服务器彻底分离，集中管理数据，从而释放带宽、提高性能、降低总拥有成本、保护投资。其成本远远低于使用服务器存储，而效率却远远高于后者。

步骤 1：创建 RAID。

（1）新建分区用来做 RAID5。

① 在服务器中登录系统，在终端执行以下命令查看硬盘分区情况：

```
# fdisk -l
```

命令执行后显示以下信息：

```
Disk /dev/sda: 42.9 GB, 42949672960 bytes
255 heads, 63 sectors/track, 5221 cylinders
Units = cylinders of 16065 * 512 = 8225280 bytes
Sector size (logical/physical): 512 bytes / 512 bytes
I/O size (minimum/optimal): 512 bytes / 512 bytes
Disk identifier: 0x000a11ca
Device    Boot  Start   End   Blocks    Id  System
/dev/sda1   *   1        26   204800    83  Linux
Partition 1 does not end on cylinder boundary.
/dev/sda2       26      2576  20480000  83  Linux
/dev/sda3       2576    4488  15360000  83  Linux
/dev/sda4       4488    5222  5897216   5   Extended
/dev/sda5       4488    5007  4166656   82  Linux swap / Solaris
Disk /dev/sdb: 21.5 GB, 21474836480 bytes
255 heads, 63 sectors/track, 2610 cylinders
Units = cylinders of 16065 * 512 = 8225280 bytes
Sector size (logical/physical): 512 bytes / 512 bytes
I/O size (minimum/optimal): 512 bytes / 512 bytes
```

② 从以上显示的信息来看，系统总共分了 3 个区，2 个主分区和 1 个交换分区，这时需要增加一个扩展分区。因为要在扩展分区的基础上，继续分出 6 个逻辑分区用于做 RAID。执行以下命令完成分区的创建：

```
# fdisk /dev/sdb
Device contains neither a valid DOS partition table, nor Sun, SGI or OSF disklabel
Building a new DOS disklabel with disk identifier 0x3d50c1b6.
```

```
Changes will remain in memory only, until you decide to write them.
After that, of course, the previous content won't be recoverable.
Warning: invalid flag 0x0000 of partition table 4 will be corrected by w(rite)
WARNING: DOS-compatible mode is deprecated. It's strongly recommended to switch
off the mode (command 'c') and change display units to sectors (command 'u').
Command (m for help): n          //在此处手动输入字母“n”
Command action
   e   extended
   p   primary partition (1-4)
e                                //在此处手动输入字母“e”开始创建扩展分区
Partition number (1-4): 1        //在此处手动输入 “1”
First cylinder (1-2610, default 1):
Using default value 1
Last cylinder, +cylinders or +size{K,M,G} (1-2610, default 2610):
Using default value 2610
Command (m for help): n          //在此处手动输入字母“n”
Command action
   l   logical (5 or over)
   p   primary partition (1-4)
l          //在此处手动输入字母“l”创建逻辑分区
First cylinder (1-2610, default 1):
Using default value 1
Last cylinder, +cylinders or +size{K,M,G} (1-2610, default 2610): +1000M
Command (m for help): n          //在此处手动输入字母“n”
Command action
   l   logical (5 or over)
   p   primary partition (1-4)
l        //在此处手动输入字母“l”创建逻辑分区
First cylinder (129-2610, default 129):
Using default value 129
Last cylinder, +cylinders or +size{K,M,G} (129-2610, default 2610): +1000M
Command (m for help): n          //在此处手动输入字母“n”
Command action
   l   logical (5 or over)
   p   primary partition (1-4)
l                                //在此处手动输入字母“l”创建逻辑分区
First cylinder (257-2610, default 257):
Using default value 257
Last cylinder, +cylinders or +size{K,M,G} (257-2610, default 2610): +1000M
```

```
Command (m for help): n         //在此处手动输入字母“n”
Command action
   l   logical (5 or over)
   p   primary partition (1-4)
l                               //在此处手动输入字母“l”创建逻辑分区
First cylinder (385-2610, default 385):
Using default value 385
Last cylinder, +cylinders or +size{K,M,G} (385-2610, default 2610): +1000M
     Command (m for help): n    //在此处手动输入字母“n”
Command action
   l   logical (5 or over)
   p   primary partition (1-4)
l                               //在此处手动输入字母“l”创建逻辑分区
First cylinder (513-2610, default 513):
Using default value 513
Last cylinder, +cylinders or +size{K,M,G} (513-2610, default 2610): +1000M
     Command (m for help): n    //在此处手动输入字母“n”
Command action
   l   logical (5 or over)
   p   primary partition (1-4)
l          //在此处手动输入字母“l”创建逻辑分区
//至此逻辑分区创建完成
First cylinder (641-2610, default 641):
Using default value 641
Last cylinder, +cylinders or +size{K,M,G} (641-2610, default 2610): +1000M
Command (m for help): p         //在此处手动输入字母“p”查看分区信息

Disk /dev/sdb: 21.5 GB, 21474836480 bytes
255 heads, 63 sectors/track, 2610 cylinders
Units = cylinders of 16065 * 512 = 8225280 bytes
Sector size (logical/physical): 512 bytes / 512 bytes
I/O size (minimum/optimal): 512 bytes / 512 bytes
Disk identifier: 0x3d50c1b6
   Device Boot    Start     End      Blocks      Id     System
   /dev/sdb1      1         2610     20964793+   5      Extended
   /dev/sdb5      1         128      1028097     83     Linux
   /dev/sdb6      129       256      1028128+    83     Linux
   /dev/sdb7      257       384      1028128+    83     Linux
```

```
/dev/sdb8          385      512     1028128+   83  Linux
/dev/sdb9          513      640     1028128+   83  Linux
/dev/sdb10         641      768     1028128+   83  Linux
Command (m for help): w    //在此处手动输入字母“w”
The partition table has been altered!
Calling ioctl() to re-read partition table.
Syncing disks.
```

③ 分区创建完成后，执行以下命令刷新分区表：

```
# partprobe /dev/sdb
```

（2）创建 RAID5。

通过 mdadm 这条命令做 RAID5 设备，将 6 个分区中的 3 个用来做 md0，另外 3 个用来做 md1。这里有一点要注意的是，划分分区的时候，大小最好相等，否则只会根据最小的分区计算，浪费空间。至于这条命令的参数意义，如果不清楚，请使用“man”命查看下帮助。

① 执行以下命令创建 md0：

```
# mknod /dev/md0 b 9 0   //创建一个块设备文件,其中主号为 9、次号为 1
# mdadm -C /dev/md0 -l 5 -n 3 /dev/sdb{5,6,7}
//在此创建一个 md0 的 RAID，级别为 5、磁盘数量为 3
mdadm: array /dev/md0 started.     //显示该信息表示创建成功的标记
```

接着通过以下命令查看做好的 RAID 设备 md0：

```
# mdadm -D /dev/md0    //查看磁盘阵列的信息
```

命令执行后显示如下信息：

```
/dev/md0:
           Version : 1.2
     Creation Time : Fri Oct 28 21:20:52 2016
        RAID Level : RAID5
        Array Size : 2055168 (2007.34 MiB 2104.49 MB)
     Used Dev Size : 1027584 (1003.67 MiB 1052.25 MB)
      RAID Devices : 3
     Total Devices : 3
       Persistence : Superblock is persistent
       Update Time : Fri Oct 28 21:21:17 2016
             State : clean
    Active Devices : 3
   Working Devices : 3
    Failed Devices : 0
     Spare Devices : 0
            Layout : left-symmetric
        Chunk Size : 512K
              Name : www:0  (local to host www)
```

```
        UUID : c6314f34:b32af62e:135793c5:9e879d0c
        Events : 18
   Number   Major   Minor   RAID    Device State
      0       8      21       0      active sync   /dev/sdb5
      1       8      22       1      active sync   /dev/sdb6
      3       8      23       2      active sync   /dev/sdb7
```

② 创建md1。

做个RAID5的md1设备，不过在做md1之前，首先要创建1个块设备。因为默认情况下，/dev/目录下只有md0。这里有一点要注意，在没有用mdadm创建RAID之前，md0、md1只是普通的设备，只是在做RAID的时候需要这样的块设备。

通过以下命令创建块设备，注意设备号不要搞错：

```
# mknod /dev/md1 b 9 1
```

通过以下命令查看是否创建成功：

```
# ll /dev/md*
brw-rw----. 1 root disk 9, 0 10月 28 21:20 /dev/md0
brw-r--r--. 1 root root 9, 1 10月 28 21:24 /dev/md1
```

通过以下命令创建另一个RAID5：

```
# mdadm -C /dev/md1 -l 5 -n 3 /dev/sdb{8,9,10}
```

步骤2：创建LVM，并挂载到/NAS下面。

（1）通过以下命令用md0和md1创建两个物理卷：

```
# pvcreate /dev/md0
# pvcreate /dev/md1
```

（2）利用vgcreate命令创建逻辑卷组：

```
# vgcreate nas /dev/md{0,1}
```

命令执行后显示如下信息：

```
Volume group "nas" successfully created  //创建成功的标志
```

（3）通过执行以下命令查看逻辑卷组信息：

```
# vgdisplay nas
```

命令执行后显示如下信息：

```
  --- Volume group ---
  VG Name               nas
  System ID
  Format                lvm2
  Metadata Areas        2
  Metadata Sequence No  1
  VG Access             read/write
  VG Status             resizable
  MAX LV                0
  Cur LV                0
```

```
  Open LV                     0
  Max PV                      0
  Cur PV                      2
  Act PV                      2
  VG Size                     3.91 GiB
  PE Size                     4.00 MiB
  Total PE                    1002
  Alloc PE / Size             0 / 0
  Free  PE / Size             1002 / 3.91 GiB
  VG UUID                     Jr1sqk-0D6H-6m4x-9c0n-Fcjv-EVvx-lDQMcl
```

（4）通过以下命令创建逻辑卷：

```
# lvcreate -L 300M -n nas1 nas  //在卷组为 nas 上创建一个大小为 300MB、名字为 nas1 的逻辑卷
```

命令执行后显示如下信息：

```
Logical volume "nas1" created    //创建成功的标志
```

（5）通过以下命令查看逻辑卷信息：

```
# lvdisplay
```

命令执行后显示如下信息：

```
  --- Logical volume ---
  LV Name                     /dev/nas/nas1
  VG Name                     nas
  LV UUID                     Dmynco-MnwJ-Kh0l-ogAJ-8m4T-8t2b-8KnBbm
  LV Write Access             read/write
  LV Status                   available
  # open                      0
  LV Size                     300.00 MiB
  Current LE                  75
  Segments                    1
  Allocation                  inherit
  Read ahead sectors          auto
  - currently set to          4096
  Block device                253:0
```

（6）通过以下命令格式化文件系统：

```
# mkfs -t ext3 /dev/nas/nas1
```

（7）修改 mdadm.conf 文件。

① 在/etc/目录下新建 mdadm.conf 配置文件，可以将模板文件拷贝一份到这个目录下，执行以下命令：

```
# cp /usr/share/doc/mdadm-3.1.3/mdadm.conf /etc/mdadm.conf
```

② 通过执行以下命令生成 md0、md1 的 UUID：

```
# mdadm -D /dev/md0 | grep UUID
```

```
    UUID : c6314f34:b32af62e:135793c5:9e879d0c
# mdadm -D /dev/md1 | grep UUID
    UUID : d9ac5b79:27a1a2e2:d65c18aa:9a21ac0a
```

③ 通过执行以下命令编辑 mdadm.conf 配置文件：

```
# vim /etc/mdadm.conf
```

将以下内容添加到 mdadm.conf 配置文件中：

```
DEVICE /dev/sdb5 /dev/sdb6 /dev/sdb7 /dev/sdb8 /dev/sdb9 /dev/sdb10
ARRAY /dev/md0 UUID=c6314f34:b32af62e:135793c5:9e879d0c
ARRAY /dev/md1 UUID=d9ac5b79:27a1a2e2:d65c18aa:9a21ac0a
ARRAY /dev/md0 devices=/dev/sdb5,/dev/sdb6,/dev/sdb7
ARRAY /dev/md0 devices=/dev/sdb8,/dev/sdb9,/dev/sdb10
```

（8）新建挂载文件夹。

通过以下命令在根目录下创建 NAS 目录：

```
# mkdir /NAS
```

（9）修改/etc/fstab 文件。

为了开机的时候能自动将逻辑卷挂载到 NAS 目录中，需要编辑 fstab 文件。

① 通过以下命令编辑 fstab 文件：

```
# vim /etc/fstab
```

将以下内容添加到 fstab 配置文件中：

```
/dev/nas/nas1   /NAS   ext3   defaults,usrquota,grpquota   0 0
```

② 通过以下命令挂载文件：

```
# mount /dev/nas/nas1 /NAS
```

基本的 NAS 文件系统已经做好了。但是还不能供其他人使用，因为还没有将这个文件系统通过某种方式共享出去。共享出去后，我们应该考虑安全性的问题，以及每个用户可以使用的空间。这就涉及各种共享服务、文件权限、配额等问题。

步骤 3：创建用户，设置公共目录。

创建 3 个用户，将他的 Home 目录限制在共享目录 NAS 下，同时使用匿名登录。在此将使用脚本文件完成以上操作内容。

（1）执行以下命令创建 1 个“1.sh”的脚本文件：

```
# vim 1.sh
```

将以下内容添加到脚本文件中：

```
# !/bin/bash
for i in 'seq 1 3'
do
useradd -d /NAS/u$i -s /sbin/nologin user$i;
echo '123456' | passwd --stdin user$i > /dev/null
done
```

（2）通过以下命令执行脚本文件：

```
# chmod a+x 1.sh      //给脚本加入可执行权限
# ./1.sh      //执行脚本
```

步骤4：为用户做磁盘配额。

（1）执行以下命令配置user1用户的磁盘配额，对应的修改其软限制和硬限制：

```
# setenforce 0
# quotacheck -cvug /dev/nas/nas1  //可能会报错文件不存在，但只要进入/NAS中用ls命令可以看到aquota.user这个文件就行
# edquota -u user1
Disk quotas for user user1 (uid 501):
Filesystem    blocks   soft    hard   inodes   soft   hard
/dev/nas/nas1   0       50000   8000   0        0      0
```

（2）通过以下命令将user1用户的配额复制给其他用户：

```
# edquota -p user1 user2 user3
```

（3）通过以下命令查看用户的配额信息：

```
# repquota -auvs   //-a：列出在/etc/fstab文件里，有加入quota设置的分区的使用状况，包括用户和群组；-g：列出所有群组的磁盘空间限制；-u：列出所有用户的磁盘空间限制；-v：显示该用户或群组的所有空间限制
```

步骤5：通过FTP访问NFS。

（1）安装ftp软件包。

在Linux Server中通过命令安装ftp软件包，进入ftp软件安装包所在目录（一般在光驱所在目录中的Packages目录下），执行命令安装就行。

（2）修改/etc/vsftpd/vsftpd.conf配置文件。

① 限制用户在自己的Home目录当中。

如果用户可以自由地在系统中瞎跑，那将是一件很可怕的事请。这里要注意的是，要创建/etc/vsftpd/chroot_list文件，默认不存在，然后将刚才创建的用户添加到这个文件当中，记得一个用户名占一行，且用户名前面不要留有空格。

a. 通过执行以下命令创建/etc/vsftpd/chroot_list文件：

```
# vim /etc/vsftpd/chroot_list
```

在chroot_list文件中添加如下内容：

```
user1
user2
user3
```

b. 将以下内容添加到/etc/vsftpd/vsftpd.conf文件中：

```
chroot_list_enable=YES
 #(default follows)     //这个要注释掉，不然服务起不来
chroot_list_file=/etc/vsftpd/chroot_list
```

② 通过执行以下命令关闭防火墙：

```
# service iptables stop
```

③ 通过执行以下命令重新启动FTP服务：

```
# service vsftpd restart.
```

（3）远程访问FTP。

在Windows客户端中访问FTP，如图2-46所示。

```
C:\windows\system32\cmd.exe - ftp 192.168.110.137
Microsoft Windows [版本 6.3.9600]
(c) 2013 Microsoft Corporation。保留所有权利。

C:\Users\zhouyu>ftp 192.168.110.137
连接到 192.168.110.137。
220 (vsFTPd 2.2.2)
用户(192.168.110.137:(none)): user1
331 Please specify the password.
密码:
230 Login successful.
ftp>
```

图 2-46　Windows 客户端中访问 FTP

2.6　拓展任务：FreeNAS 开源存储系统部署及应用

FreeNAS 是免费的，基于 BSD 许可发布的开源 NAS 服务器，它能将一部普通 PC 变成网络存储服务器。FreeNAS 是组建简单网络存储服务器的绝佳选择，免去安装整套 Linux 或 FreeBSD 的烦恼。

FreeNAS 的特点是程序短小（根据版本不同，ISO 文件 40～70MB）、提供的功能很多（CIFS/SMB、FTP、SSHD、NFS、AFP、RSYNC、Unison、iSCSI Target、UpnP、Dynamic DNS、SNMP 等）、软件更新速度较快。

鉴于上述特点，下面将重点探讨一下如何部署 FreeNAS 开源存储系统。在 VMware Workstation 中安装 FreeNAS，创建一个 RAID5 阵列，考虑到 FreeNAS 版本众多，目前发布了 10.2-ALPHA 的版本。

1．任务目标

（1）了解 FreeNAS 的功能特点和目的；

（2）熟悉 FreeNAS 提供网络存储服务的基本原理与步骤；

（3）能熟练安装部署 FreeNAS 开源存储系统。

2．任务内容

本任务要求管理员采用 FreeNAS 开源项目构建一个存储服务，具体内容如下。

（1）VMware 服务配置；

（2）FreeNAS 安装与配置；

（3）使用 FreeNAS 发布共享。

3．完成任务所需设备和软件

（1）服务器 2 台（1 台服务器安装 Windows Server 2008 系统，另 1 台服务器带有 4 块硬盘）；

（2）联网交换机 1 台；

（3）直通网线 2 根；

（4）FreeNAS 系统光盘。

4．任务实施步骤

步骤 1：硬件连接。

用 2 根直通双绞线把服务器连接到交换机上，如图 2-47 所示。

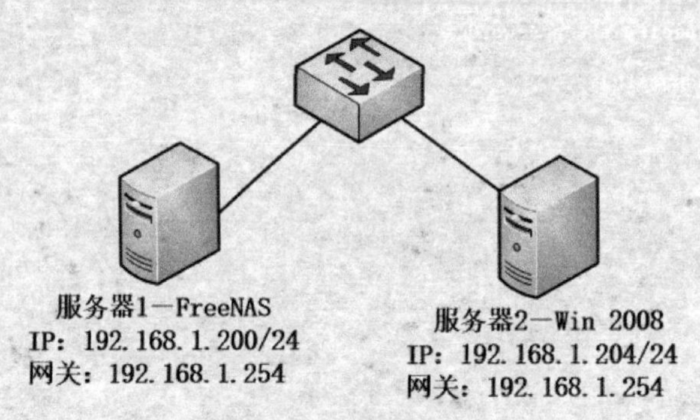

图 2-47　实训拓扑图

步骤 2：安装 FreeNAS 系统。

（1）启动计算机，进入 BIOS 设置从光驱启动并将 FreeNAS 安装光盘放入光驱，启动后显示欢迎界面，按【Enter】键或等待倒计时结束后，进入系统安装选择界面，如图 2-48 所示，选择“1 Install/Upgrade”选项，移动光标到“OK”选项处，按【Enter】键继续。

图 2-48　安装类型选择界面

（2）在图 2-49 所示界面中，确定目标媒介，选择“da0”，移动光标到“OK”选项处，按【Enter】键继续。

（3）在图 2-50 所示界面中，移动光标到“Yes”选项处，按【Enter】键继续。

（4）等待一段时间后，出现图 2-51 所示的安装成功界面，直接按【Enter】键，接着重启系统。

（5）系统重启后，进入图 2-52 所示界面，在此通过输入数字“1～11”完成系统相应的设置，比如“1”选项可以进行 IP 地址设置、“6”选项可以进行 DNS 设置等。

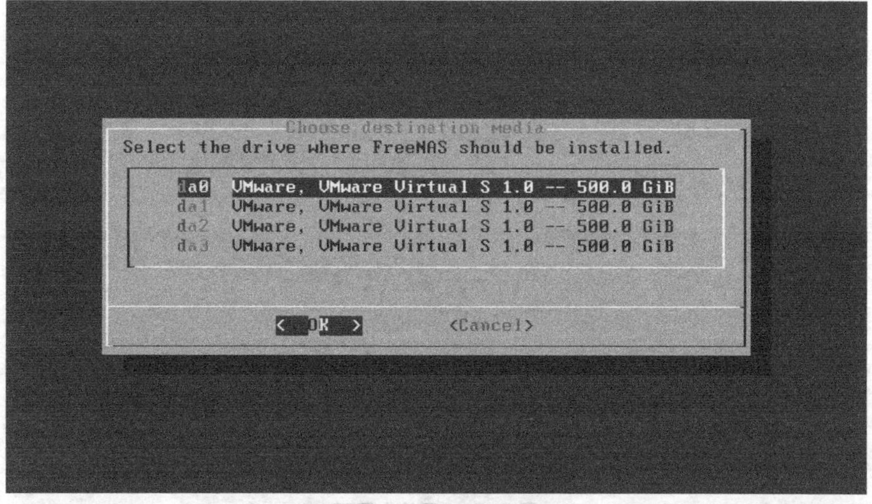

图 2-49 安装目标媒介选择

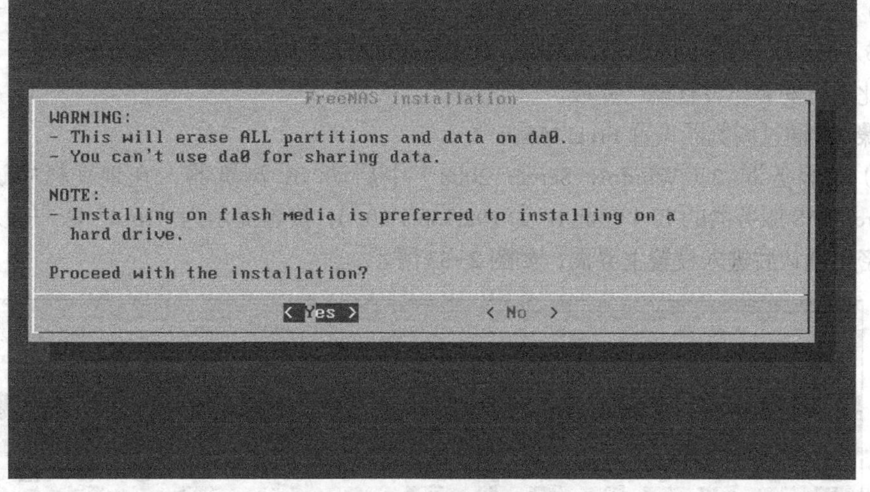

图 2-50 系统安装警告界面

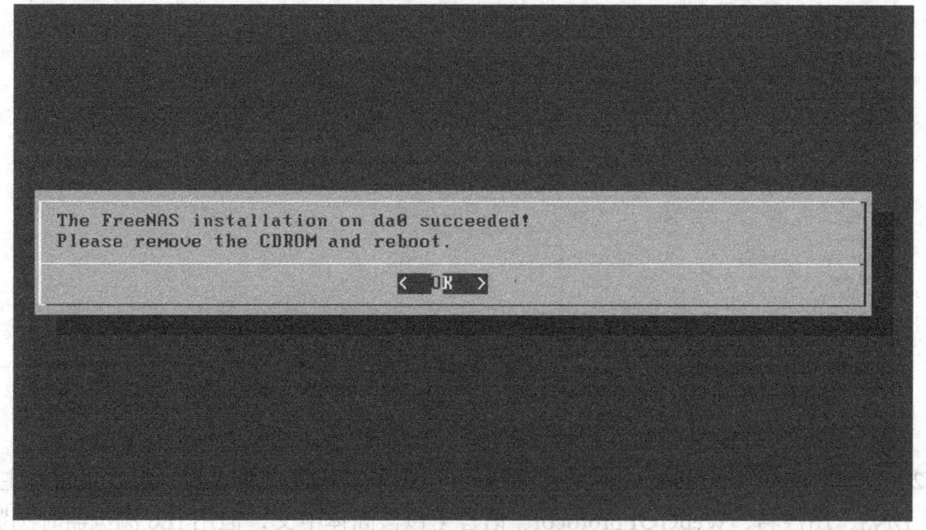

图 2-51 系统安装成功提示界面

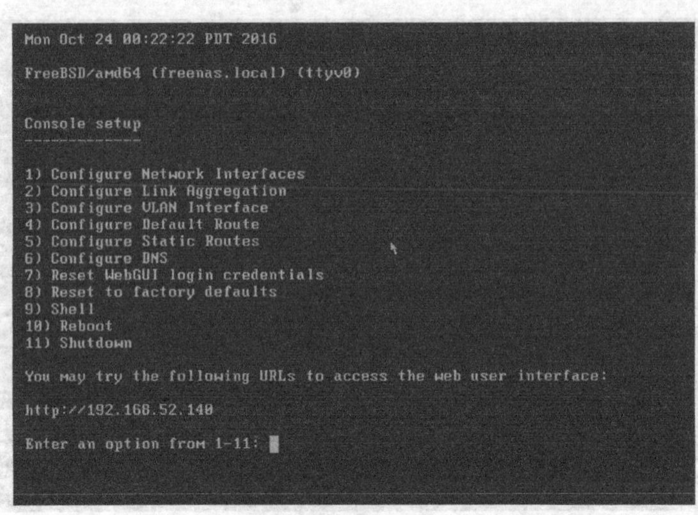

图 2-52　系统主界面

（6）在图 2-52 所示界面中，分别选择 1、4、6 完成 IP 地址（192.168.1.200）、子网掩码（255.255.255.0）、网关（192.168.1.254）、DNS（192.168.1.1）设置。

至此系统安装与设置就已完成。

步骤 3：通过浏览器设置 FreeNAS。

（1）在服务器 2（Window Server 2008）中启动 IE 浏览器，在地址栏中访问地址 http://FreeNAS 服务器的 IP（在此 IP 为 192.168.1.200），接着提示为“root”账户输入新的密码，新密码确认后进入设置主界面，如图 2-53 所示。

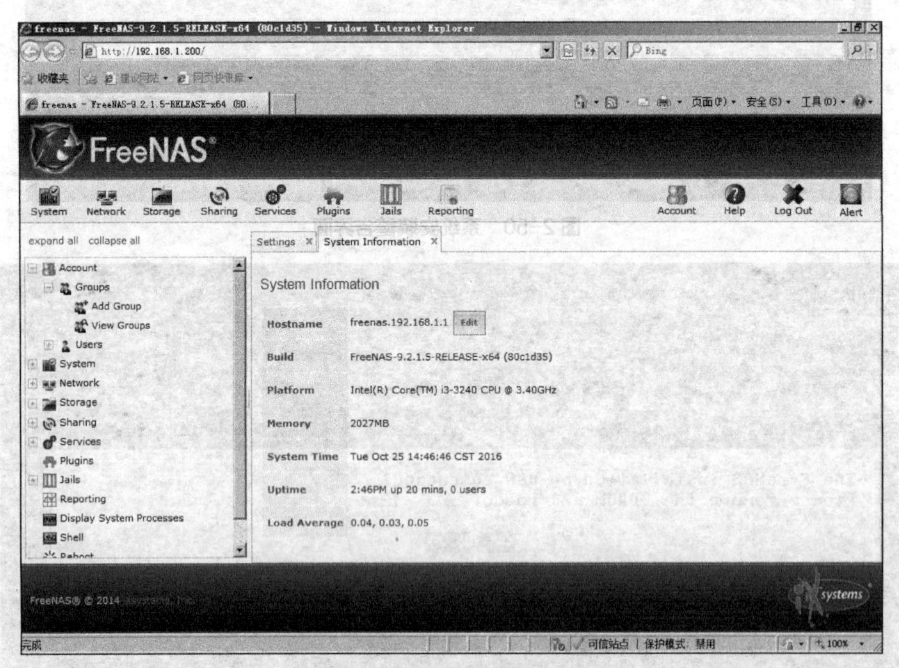

图 2-53　FreeNAS 服务主界面

（2）在“System”→“Settings”→“General”中做系统进一步设置，可以设置：主机名、域名、DNS、用户名、WebGUI protocol、语言（包含简体中文，但用 IE6 浏览器时浏览会有问题，现象是某些页面死白一片，什么也看不到，即使启用 UTF-8 也无济于事，IE7.0 以上版本未做过测试，如果想用简体中文，可以安装火狐浏览器）、时区等，在此建议设为简体中文操作界面，以下操作基于中文界面。

（3）在图 2–54 所示界面中，单击"存储器"按钮，在接着的界面中按"ZFS Volume Manager"按钮[ZFS Volume Manager（动态文件系统卷管理）模式下，可以建立 RAID 0、RAID1、RAID5、RAID6、RAID1+0，还可以将磁盘设为备份模式，而 UFS Volume Manager（UFS 卷管理）模式下，只能建立 RAID 0、RAID1、RAID3]，创建一个 RAID5 阵列，如图 2–55 所示，输入名称（在此为 raid–5）与添加硬盘（将 3 块 500 GB 的硬盘添加进来），然后单击"Add Volume"按钮完成 RAID5 阵列创建。

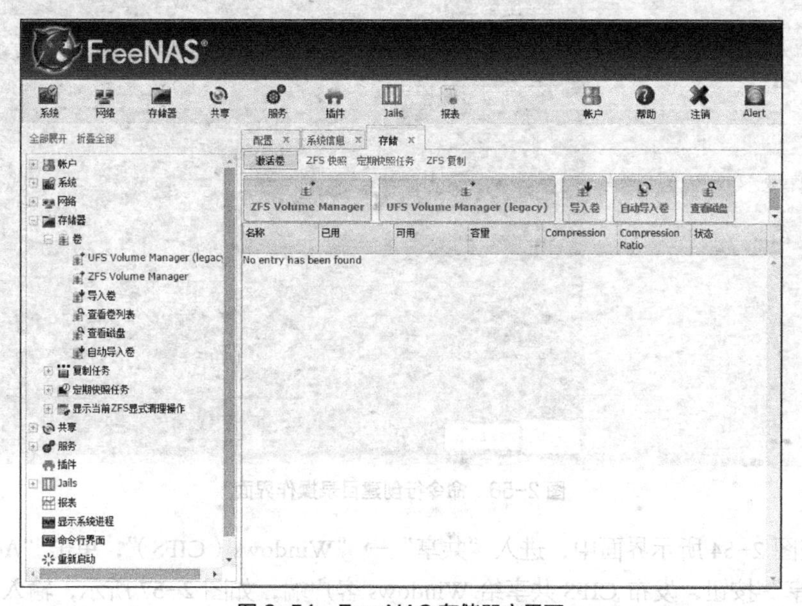

图 2–54　FreeNAS 存储器主界面

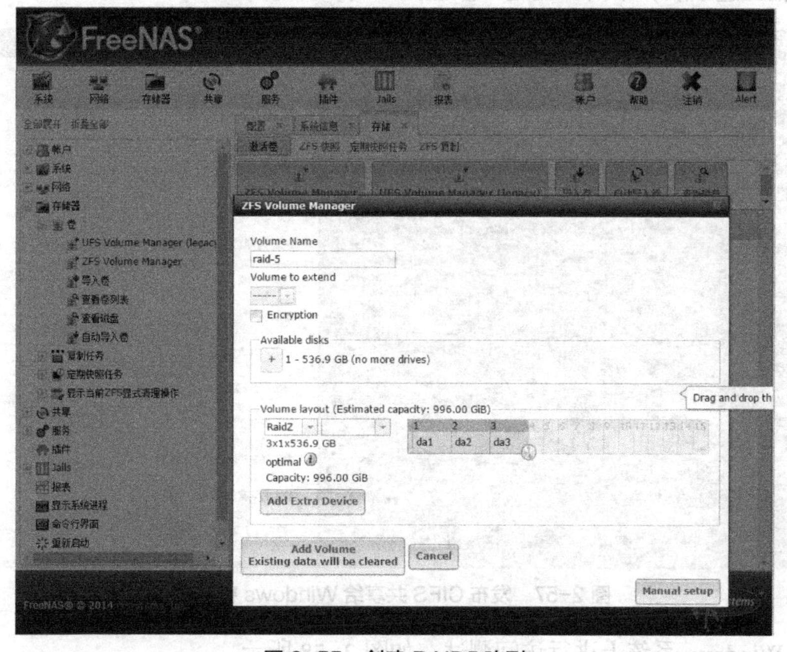

图 2–55　创建 RAID5 阵列

（4）在图 2-54 所示界面中，单击“命令行”界面选项，弹出 Shell 界面，如图 2-56 所示，通过命令在新建的 RAID 磁盘上建立 cifs 目录，用于做 CIFS 共享给 Windows，由于 cifs 目录没有给其他用户增加写入权限，所以客户端连接过来后是不能写入数据的，需要更改目录权限。

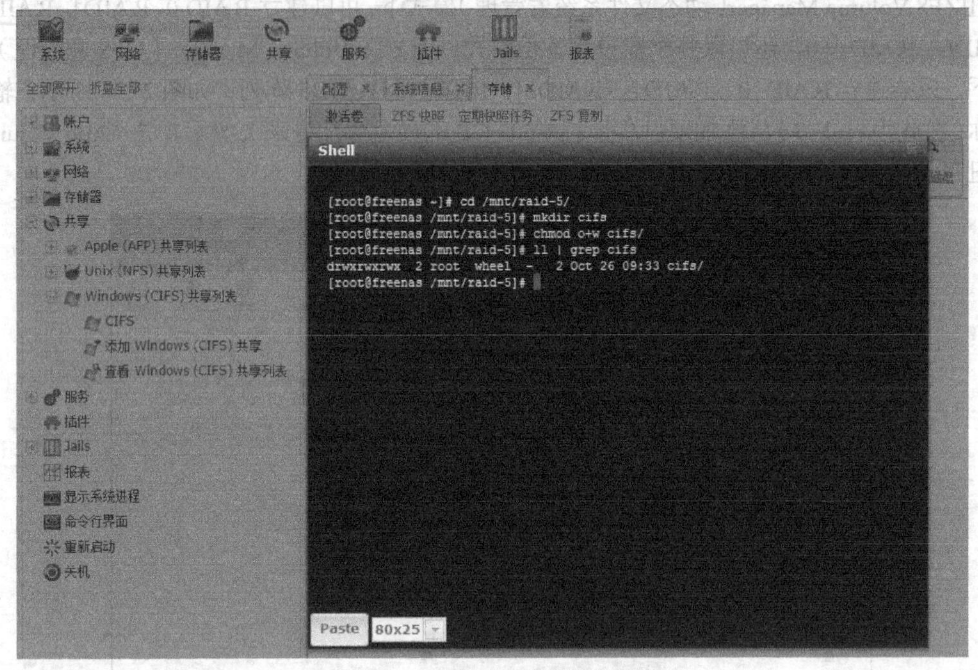

图 2-56　命令行创建目录操作界面

（5）在图 2-54 所示界面中，进入“共享”→“Windows（CIFS）”，单击“Add Windows（CIFS）共享”按钮，发布 CIFS 共享给 Windows 客户端，如图 2-57 所示，输入名称与选择路径并勾选相应选项后，单击“确定”按钮。

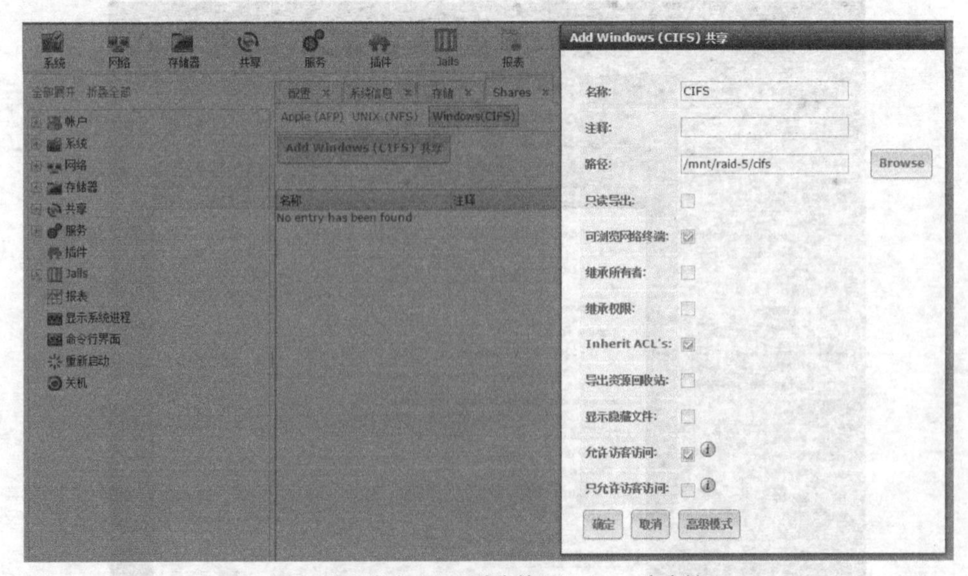

图 2-57　发布 CIFS 共享给 Windows 客户端

（6）在 Windows 系统上进行访问测试，如图 2-58 所示。

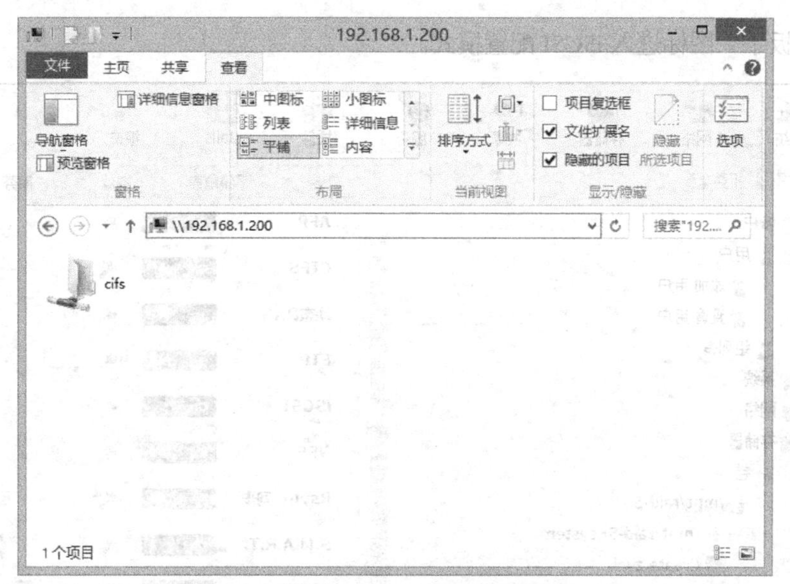

图 2-58　在 Windows 客户端访问共享

（7）发布 iSCSI 共享存储。

iSCSI 的主要功能是在 TCP/IP 网络上的主机系统（启动器 initiator）和存储设备（目标器 target）之间进行大量数据封装和可靠传输。此外，iSCSI 在 IP 网络封装 SCSI 命令，且运行在 TCP 上。

① 在图 2-54 所示界面中，进入“存储器”→“卷”→“/mnt/RAID-5”→“Create zvol”创建 zvol 虚拟磁盘，如图 2-59 所示，输入名称（r5disk）与大小（100 G）后，单击“Add zvol”按钮。

图 2-59　创建 zvol 虚拟磁盘

② 在图 2-54 所示界面中，单击“服务”，启动 iSCSI 服务，如图 2-60 所示，单击 iSCISI

服务后的“扳手”图标进入 iSCSI 配置模式。

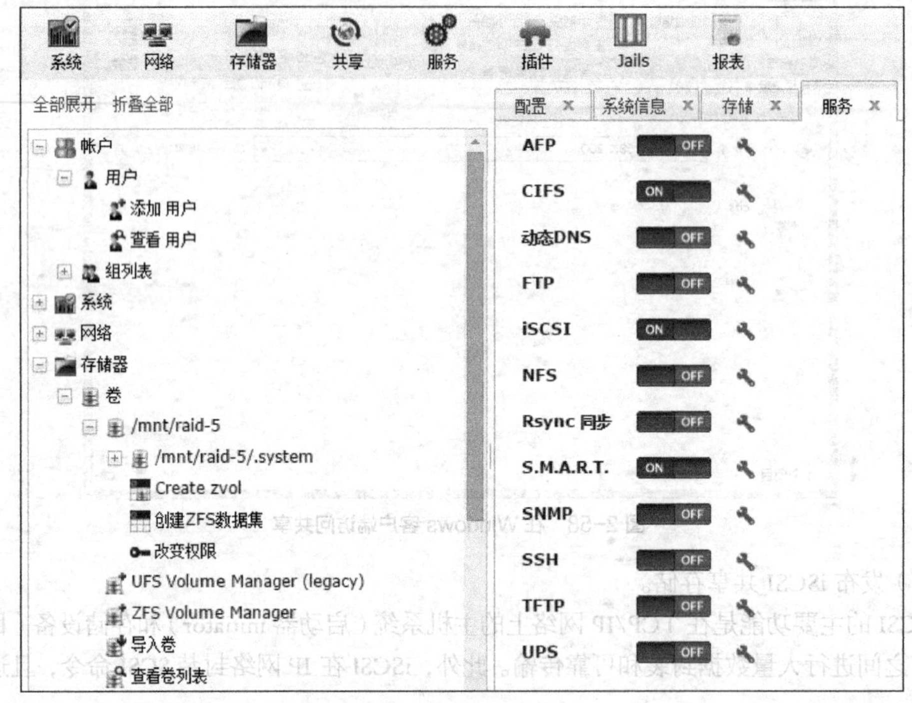

图 2-60 启动 iSCISI 服务

a. 在“全局配置目标”选项卡中设置名称（iqn.r5disk）（如图 2-61 所示）并保存。

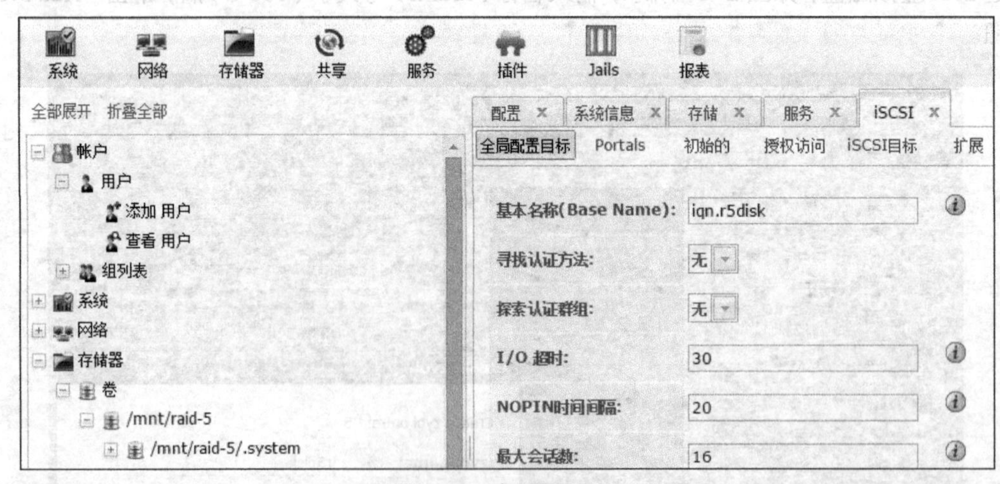

图 2-61 全局配置目标

b. 在“Portals”中添加配置入口[入口注释处填“iscsi_server”（可任填），站点 IP 选“192.168.1.200”（存储服务器业务网卡 IP），端口默认]，如图 2-62 所示。

c. 在“初始的”中配置哪些 iSCSI 发起端（initiator）可以连接存储服务器（可以输入“ALL”允许所有 IP 或“192.168.1.0/24”允许该网段），如图 2-63 所示。

d. 在“iSCSI 目标”中配置 iSCSI Target（名称处一定要以“iqn.”开头），如图 2-64 所示。

e. 在“扩展”中配置要发布共享的存储资源的范围（也就是第一步划分的 r5disk）（名称

处任填，“程度类型”选“设备”，“设备”处选第一步划分的“r5disk（100G）”），如图 2-65 所示。

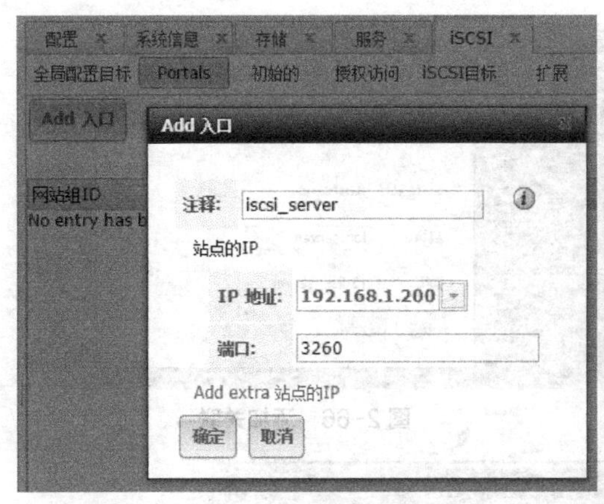

图 2-62　添加入口

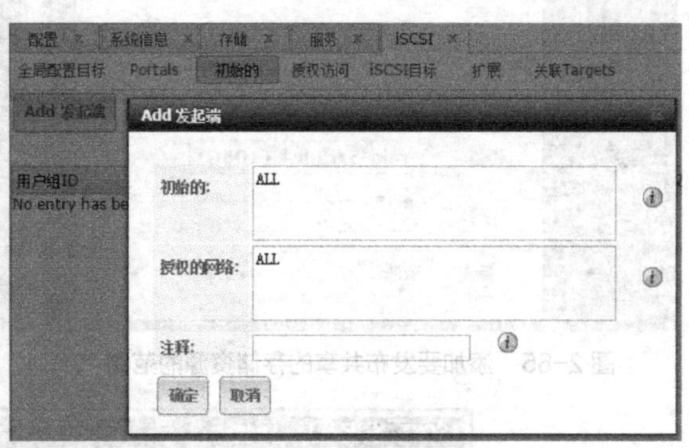

图 2-63　添加发起端

配置　系统信息　存储　服务　iSCSI
全局配置目标　Portals　初始的　授权访问　iSCSI目标　扩展
Add 目标
Target名称
No entry has b
Add 目标
Target名称: iqn.server
Target别名:
串口: 000c2900509500
目标标识: 可读写
网站组ID: 1 (iscsi_server)
初始组ID: 1
认证方式: 自动
认证群组号: 无
队列深度: 32
逻辑块大小: 512
确定　取消

图 2-64　添加 iSCSI Target 目标

f. 在“关联 Targets”中将 iSCSI Target 与存储资源的范围进行关联，如图 2-66 所示。至此完成了 iSCSI 的发布。

步骤 4：使用 iSCSI 发起程序进行测试。

（1）在服务器 2（Windows Server 2008）中，进入“控制面板”→“管理工具”中，运行“iSCSI 发起程序”（Windows 7、Windows Server 2008 已自动安装该工具，运行该工具前需启用该服务），如图 2-67 所示，在“目标”处输入服务器 IP（192.168.1.200），单击“快速连接”按钮连接到服务器。

图 2-65　添加要发布共享的存储资源的范围

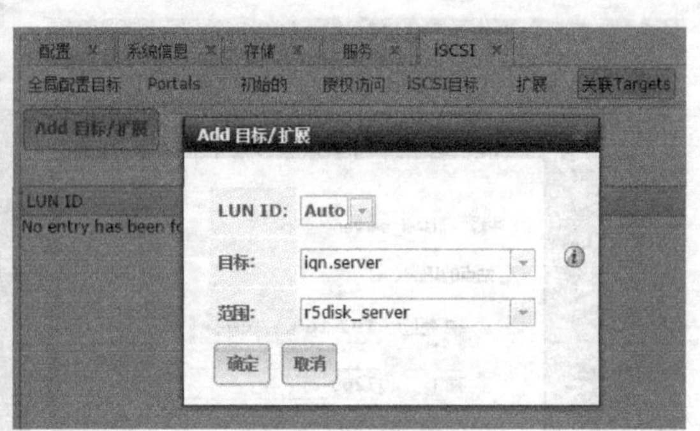

图 2-66　添加关联

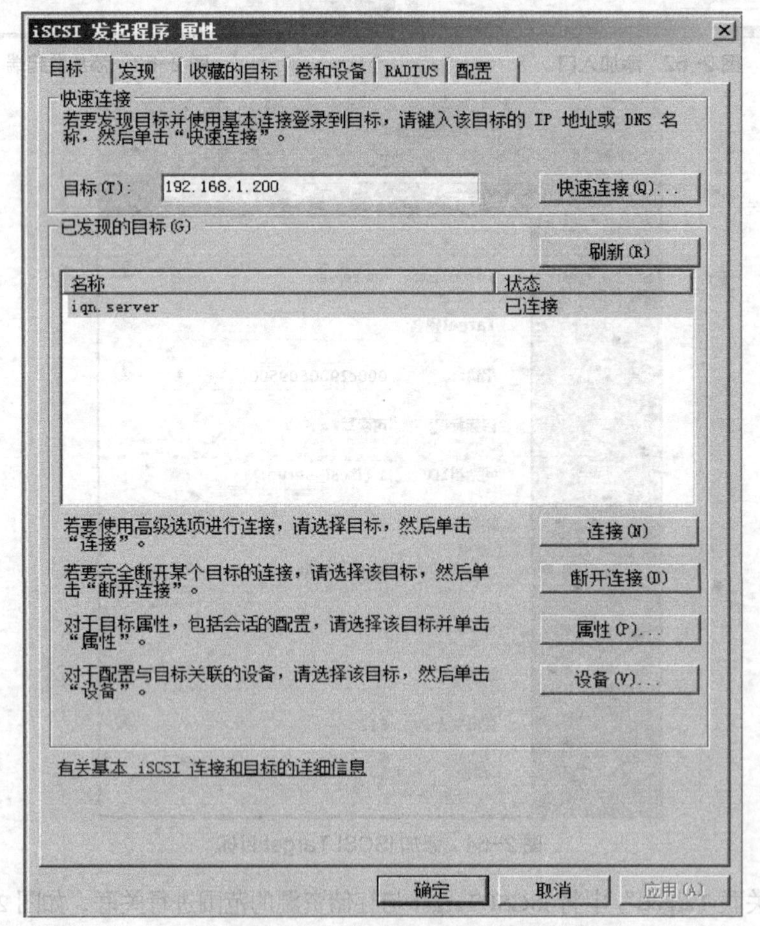

图 2-67　iSCSI 发起程序界面

（2）连接成功后，进入“计算机”→“服务器管理器”中，在“磁盘管理”下多了一块 100 GB 硬盘，如图 2-68 所示。

（3）在图 2-68 所示界面中，右键单击“磁盘 1”右侧的未分配区域，选择“新建简单卷”选项，按提示完成卷的创建与格式化操作后，在资源管理器中就出现了一块 100 GB 的新硬盘，在图 2-69 所示界面中填入服务器 IP 地址。

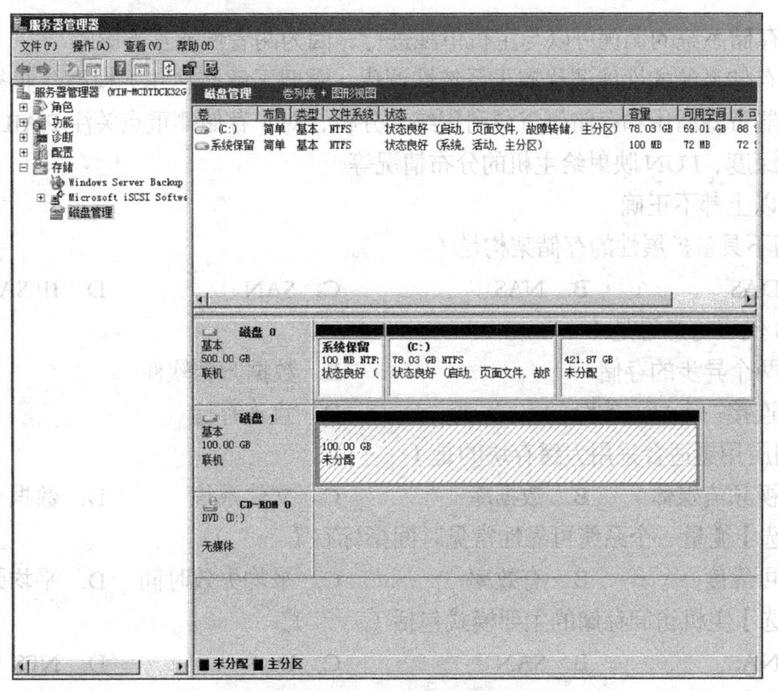

图 2-68 磁盘管理界面

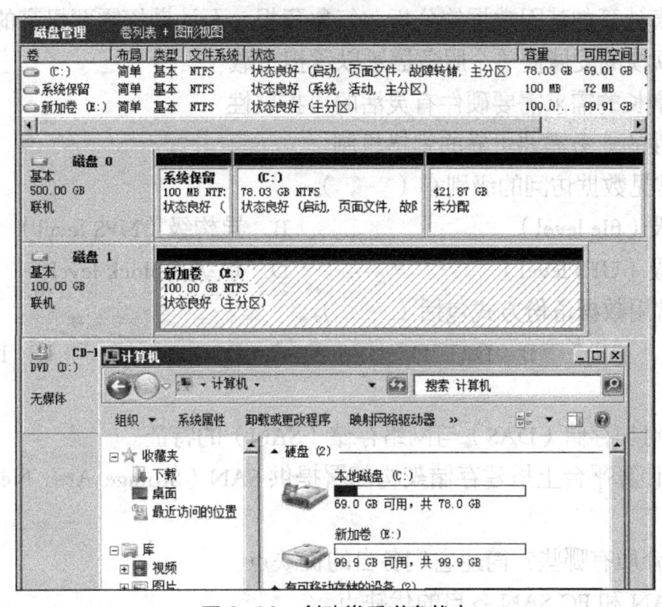

图 2-69 创建卷后磁盘状态

至此，虚拟磁盘就创建完成，接下来可以对磁盘进行扩容、创建与恢复快照等操作。

2.7 习题

一、选择题

1. 对于存储系统性能调优说法正确的是（　　）。

   A. 必须在线业务下进行调优

B. 存储系统的调优可以与主机单独进行，因为两者性能互不影响

C. 存储系统的性能调优属于系统性调优，需要了解客户 IO 模型、业务大小、服务器资源利用和存储侧资源利用综合分析，对于存储侧重点关注 RAID 级别、分条深度、LUN 映射给主机的分布情况等

D. 以上都不正确

2. 下列不具备扩展性的存储架构是（　　）。

A. DAS　　B. NAS　　C. SAN　　D. IP SAN

3. DAS 代表的意思是（　　）。

A. 两个异步的存储　　B. 数据归档软件

C. 连接一个可选的存储　　D. 直连存储

4. 下列应用更适合采用大缓存块的是（　　）。

A. 视频流媒体　　B. 数据库　　C. 文件系统　　D. 数据仓库

5.【多选】衡量一个系统可靠性常见时间指标有（　　）。

A. 可靠度　　B. 有效率　　C. 平均失效时间　　D. 平均无故障时间

6.【多选】主机访问存储的主要模式包括（　　）。

A. NAS　　B. SAN　　C. DAS　　D. NFS

7.【多选】群集技术适用的场合有（　　）。

A. 大规模计算如基因数据的分析、气象预报、石油勘探需要极高的计算性能

B. 应用规模的发展使单个服务器难以承担负载

C. 不断增长的需求需要硬件有灵活的可扩展性

D. 关键性的业务需要可靠的容错机制

8.【多选】常见数据访问的级别有（　　）。

A. 文件级（file level）　　B. 异构级（NFS level）

C. 通用级（UFS level）　　D. 块级（block level）

9.【多选】常用数据备份方式包括（　　）。

A. D2D　　B. D2T2D　　C. D2D2T　　D. D2T

二、简答题

1. 简述直接附加存储（DAS）与网络存储（SAN）的特征。

2. 如何在云计算平台上搭建存储架构部署提供 SAN（Storage Area Network）区域存储服务?

3. 磁盘存储介质有哪些？简述它们各自的优缺点。

4. 简述 IP SAN 和 FC SAN 各自的优缺点。

三、操作练习题

1. 尝试在 Windows Server 中搭建 SAN 存储服务（iSCSI）。

2. 尝试在 Linux Server 中搭建 NAS 存储服务（NFS）。

3. 针对 FreeNAS 实现开源存储系统部署，进行磁盘扩容、创建与恢复快照等操作。

4. 针对 FreeNAS 实现开源存储系统部署，发布 NFS 共享。

PART 3 项目3 云计算网络架构部署

3.1 项目背景

就整个IT基础架构来说，网络是将计算资源池、存储资源池、用户连接组在一起的纽带，通过人工干预和手工配置，会大大降低云基础架构的灵活性、可扩展性和可管理性。只有网络能够充分感知计算资源池、存储资源池和用户访问的动态变化，才能进行动态响应，用户可以通过优化的网络配置，在维护网络连通性的同时，保障网络策略的一致性。

目前，传统的网络正向着更加高速、开放、智能的方向发展，各种新的网络技术和协议不断出现。未来的网络发展将如同曾经的计算机一样日新月异，软件定义网络（Software Defined Network，SDN）作为一种新的网络构架来解决传输理念在承载新业务时面临了许多挑战，SDN开放的网络构架、可编程性、集中控制、资源虚拟化等优势得到了广泛发展。在这种思想的指导下，网络发展趋势将是简单的底层数据通路（交换机、路由器），以及控制器上自由的调用底层API来编程实现网络的创新，同时采用控制器来控制整个网络。

日趋复杂的路由功能及涵盖多个层次的数据恢复架构，各式各样的网络接入方式，使得网络的控制平台也多样化。实现统一的控制平台，实现网络操作控制的独立显得越来越重要。

3.2 项目分析

随着服务器虚拟化和数据中心的蓬勃兴起，用于连接服务器的网络组件也开始了虚拟化的发展。VMware vSphere是一款云计算虚拟化产品，提供了有关如何配置云计算网络连接的信息，其中包括如何创建VMware标准交换机（VSS）和VMware分布式交换机（VDS）这两个组成部分，并基于VMware vSphere云计算网络架构部署。

开源的Floodlight控制器是Big Switch Networks公司开发的基于Java语言的开源多线程控制器，是目前最为主流的SDN控制器之一，因为它的稳定性很好，操作方便，所以得到SDN专业人士以及爱好者们的一致好评。作为企业级开源控制器，它使用了Netty框架增强I/O处理能力，以及与Big Switch商用控制器相同架构，功能强大，已包含相当数量的功能模块并易于扩充。本项目基于开源控制器Floodlight的SDN/OpenFlow网络配置技术，考虑如何充分利用可编程网络交换承载信息为网络业务，结合具体应用讨论多种组网应用模型。

3.3 学习目标

1. 知识目标

（1）了解VMware vSphere的优势、功能、产品架构；

（2）了解 VSAN 技术以及 VLAN 的相关知识；

（3）了解 SDN/OpenFlow 网络配置技术；

（4）熟悉 VSAN 体系结构与安装和配置的过程；

（5）熟悉 VMware VSS 和 VDS 安装与设置步骤；

（6）熟悉基于开源控制器 Floodlight 的 SDN/OpenFlow 网络配置技术。

2．能力目标

（1）能熟练安装与配置 ESXi Server 服务器；

（2）能熟练安装与配置 Virtual Center Server 服务器；

（3）能熟练创建 VMware 标准交换机（VSS）和分布式交换机（VDS）；

（4）能使用开源控制器 Floodlight 进行 SDN/OpenFlow 的网络配置。

3.4 知识准备

为完成学习目标，本项目基于目前流行的 VMware vSphere 云计算虚拟化产品，通过本项目任务学习掌握云基础架构融合的关键：网络的配置及策略，了解云计算网络安装和配置的过程，以及一些关于如何部署最优的云计算网络环境的有用技巧和窍门。在已掌握的计算虚拟化、存储虚拟化技术的前提下，进一步熟悉云计算网络配置和虚拟机技术。

本项目通过学习开源的企业级 OpenFlow Controller 产品、SDN Floodlight Controller 的部署及应用，掌握基于 SDN/OpenFlow 组网技术的 Floodlight 控制器的配置及策略。通过本项目的学习，进一步了解关于 Floodlight 控制器如何部署及监测 OpenFlow 这一新型网络交换模型，以及云计算网络安装和配置的过程。

3.4.1 VMware vSphere 总体架构

VMware vSphere（目前版本 6.0）包含两个主要组成部分：vCenter Server 管理平台和 ESXi 虚拟管理程序（Hypervisor）。vCenter Server 管理面板是用于配置数据面板功能的控制结构。数据面板层可实现软件包交换、筛选和标记等。要安装和配置任何虚拟机储存区域网络，这两者缺一不可，具体总体框架如图 3-1 所示。

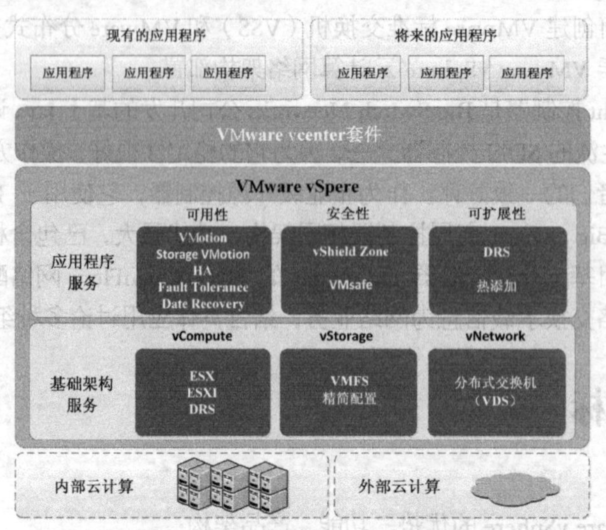

图 3-1 VMware vSphere 总体架构

VMware vCenter Server 为 VMware vSphere 环境提供了一个集中的管理平台，用以置备新的虚拟机、配置主机，并提供与管理虚拟基础架构相关的运营工作的解决方案。所有参与虚拟机储存区域网络的 ESXi 主机都需要相互通信。vSphere 6.0 引入了一个新的 ESXi 中的网络服务，虚拟网络向主机和虚拟机提供了多种服务。可以在 ESXi 中启用两种类型的网络服务，包括：

- 将虚拟机连接到物理网络以及相互连接虚拟机。
- 将 VMkernel 服务（如 NFS、iSCSI 或 vMotion）连接至物理网络。

但由于大多数磁盘 I/O 会往返于一台远程 ESXi 主机，因此 VMware 建议使用万兆以太网基础架构。应该指出的是，尽管千兆以太网也完全受支持，但在大规模部署时它可能会成为瓶颈，VMware 推荐使用万兆网卡。

VMware vSphere 提供了两种不同的虚拟交换机类型，这两者都可以用于虚拟储存域网络（Virtual Storage Area Network ，VSAN）服务。

（1）VMware 标准虚拟交换机（Virtual Standard Switch，VSS）提供了从虚拟机和 VMkernel 端口到外部网络的连接，但是它仅存在于一台 ESXi 主机本地。

（2）VMware 分布式交换机（Virtual Distribute Switch，VDS）为横跨多台 ESXi 主机的虚拟交换机管理提供了集中控制。除了 VMware 标准虚拟交换机可以提供的功能之外，它还可以提供额外的网络特性，例如网络 I/O 控制（NIOC），可以为你的网络提供服务质量管理（QoS）。尽管 VDS 通常需要特定的 vSphere 版本，但是 VSAN 已经包含了 VDS 许可，而不管你正在运行的是什么版本的 vSphere。

在 VSAN 的最初发布版中，不支持其他任何虚拟交换机类型。但无论是 VMware 分布式交换机（VDS）还是 VMware 标准交换机（VSS），均支持 VSAN。

3.4.2　接入层网络

1．物理架构

虚拟储存域网络技术（VSAN）是 VMware 推出的一种新的存储解决方案。VSAN 完全集成在 vSphere 中，它是一种基于对象的存储系统，是虚拟机存储策略的平台，这种存储策略的目标是帮助 vSphere 管理员简化虚拟机存储放置的决策。它完全支持并与 vSphere 的核心特性，诸如 vSphere 高可用性（HA）、分布式资源调度（DRS）以及 vMotion 等深度集成在一起。VSAN 技术框架如图 3-2 所示。

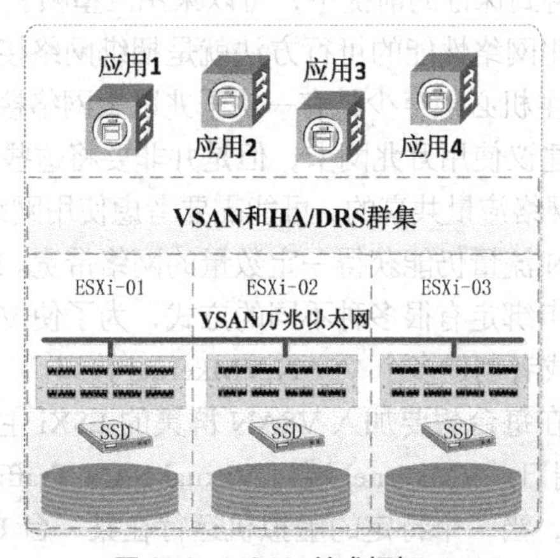

图 3-2　VSAN 技术框架

VSAN的目标是在提供弹性的同时提供横向扩展存储的能力。从QoS的角度来考虑，其目标还在于创建虚拟机存储策略以在每台虚拟机甚至是每个虚拟磁盘的粒度上来定义性能和可用性水平。

VSAN是一种基于软件的分布式存储解决方案，它直接构建在Hypervisor中。它不是已有的其他解决方案所采用的那种虚拟设备（Virtual Appliance），而应该被认为是一种基于内核的解决方案，是Hypervisor的一部分。从技术上来说，这并不完全准确，因为对应于性能和响应速度的关键组件（例如数据路径和群集）是位于内核中的，而其他组件可以被认为是“控制层面”（Control Plane）的一部分，通常以原生用户空间代理（Native User-space Agent）方式被实施。

无论是Windows版本的vCenter Server还是其虚拟设备（vCenter Server Appliance，VCSA），都可以用来管理VSAN。VSAN的管理和监控是通过vSphere Web Client来进行的。VSAN还可以完全通过命令行界面（CLI）和vSphere应用程序编程接口（API）来进行配置与管理。单个群集只能有一个VSAN数据存储，但是一个vCenter Server实例可以管理多个VSAN和计算群集。对于VSAN除了早已熟悉的VMware vSphere本身之外，不需要安装任何其他东西。

2. ESXi逻辑隔离

VMware ESXi作为一个企业级虚拟化产品，允许在一台独立的服务器上以完全相互隔离的方式运行一个操作系统的多个实例。由于采用了逻辑隔离技术，它作为一套裸设备的解决方案，是一个自身所占的空间极小且无须借助客户操作系统的虚拟化环境。在此前提下，至少需要3台ESXi主机（每台主机均具有本地存储并提供存储给VSAN数据存储使用）形成一个受支持的VSAN群集，因为只可以容忍一台主机发生故障，满足群集最低的可用性要求，同时最多在一个VSAN群集支持32台ESXi主机。

由于VSAN的逻辑隔离相对简单，简单到只需要为虚拟储存域网络的传输创建一块VMkernel网络接口卡（Network Interface Card，NIC）并在群集级别上启用即可。但在获得最佳的用户体验同时，仍然有一些建议和前提条件。

（1）巨型帧的选取：在VSAN网络支持巨型帧（Jumbo Frame，JF）的情况下，很难鉴定是否推荐使用巨型帧。由于无论从服务器硬件的角度来看还是从网络硬件的角度来看，每个VSAN部署都是不同的，如果巨型帧的配置没能从端到端保持一致，就可能出现网络故障，而且在非全新配置的环境中实施巨型帧会带来一些运营上的影响。但在一个成熟运营的环境中，并且一致的配置可以得到保证的前提下，可以采用巨型帧。

（2）网络接口卡：优化网络性能的可行方法就是捆绑网络接口卡。可以每一台主机上都配置网卡绑定，每台ESXi主机必须至少具有一块千兆以太网络接口卡专用于VSAN，VMware推荐使用万兆网卡。尽管建议使用万兆网卡，但是并非要将这些万兆网卡仅仅专用于VSAN网络，它们是可以与其他网络流量共享的。可能需要考虑使用网络I/O控制（NIOC）来保证在网络拥堵的情况下VSAN流量仍能获得一定数量的网络带宽。ESXi主机上的网络接口卡绑定对VSAN是透明的，网卡绑定有很多种不同的方式，为了使VSAN可以利用多个物理网卡端口，可以实施物理绑定或者创建多个VSAN VMkernel接口。

（3）VMkernel端口：在每台想要加入VSAN群集的ESXi主机上，都必须创建一个用于VSAN通信的VMkernel端口。VMkernel端口Virtual SAN Traffic（虚拟SAN流量）主要用于群集内节点之间的通信，当一个特定的虚拟机运行在某一台ESXi主机上，构成这台虚拟机的文件的真正数据块又落在群集中另外一台ESXi主机上的时候，这个端口就可用于读和写操作。

（4）通信网络及专有协议：在保证主机之间的通信网络的稳定性和可靠性前提下，VSAN使用的协议是个专有协议。由于没有公布这个协议的规范，就像VMware的vMotion、Fault Tolerance、vSphere Replication以及其他VMware专有协议等其他VMware产品和特性一样。

（5）VSAN网络流量：如果VSAN群集中的ESXi主机之间无法通过VSAN流量网络进行组播通信，VSAN群集将无法正确形成。VSAN群集中大部分流量都是存储流量，但组播是一个关键的组成部分，尽管它仅占整个网络流量中很小的比例。为了保证VSAN主机可以正常通信，要求物理交换机允许两层组播的流量。如果可能不要使用那些把组播流量转换成广播流量方式传输的低端交换机，VMware建议使用真正支持组播流量的物理交换机。

VSAN网络流量是否能在同一时间内完全利用多个物理网卡的全部带宽的影响因素很多，包括群集的大小、网卡的数量和不同IP地址的数量等。目前共有3种不同的流量类型用于VSAN网络，对物理网络交换机配置就会有不同的需求。

① 组播心跳（Multicast Heart Beat）：这类流量产生非常少的数据包，用以发现加入到群集中的主机，并判断主机状态。

② 群集服务（CMMDS）的组播和单播数据包：这类流量比组播心跳产生的网络流量多一些，进行元数据（例如对象放置和统计信息）的更新。

③ 读写存储流量：群集中任何主机和其他主机的通信都是通过单播进行的，这是网络流量的主要部分。由于存储的读写I/O都要经过网络，保证最优的网络带宽是非常重要的。

（6）防火墙端口：当启用VMware vSphere的VSAN时，有一些包括入口和出口两个方向的防火墙端口会自动在VSAN群集的ESXi主机上开启。这些端口将用于群集主机之间的通信以及在ESXi主机上的存储，并提供程序之间的通信传输。表3-1列出了一些VSAN专用的网络端口及其协议。

表3-1 VSAN专用的ESXi端口和协议

名称	端口号	协议
Cmmds	12345、23451	UDP
RDT	2233	TCP
Vsanvp	8080	TCP

3．关于VLAN

在单台物理机上运行的虚拟机之间，为了互相发送和接收数据而相互逻辑连接所形成的网络称为虚拟网络。虚拟机可连接到在添加网络时创建的虚拟网络上，其虚拟局域网（Virtual Local Area Network，VLAN）可用于将单个物理LAN分段进一步分段，以便使端口组中的端口互相隔离，如同位于不同物理分段上一样，其使用的标准是802.1Q。

VMware标准交换机（VSS）可在同一VLAN中的虚拟机之间进行内部流量桥接，并链接至外部网络。其中，VLAN ID是可选的，它用于将端口组流量限制在物理网络内的一个逻辑以太网网段中。要使端口组接收同一个主机可见、但如果来自多个VLAN的流量，必须将VLAN ID设置为虚拟客户机标记（VGT VLAN 4095），VLAN ID也会在端口组中反映VLAN标记模式（见表3-2）。另外，VLAN ID也用以标识VMkernel适配器的网络流量。

表 3-2　VLAN 标记模式

名称	端口号	协议
外部交换机标记（EST）	0	虚拟交换机不会传递与 VLAN 关联的流量
虚拟交换机标记（VST）	1—4094	虚拟交换机将使用输入的标记来标记流量
虚拟客户机标记（VGT）	4095	虚拟机会处理 VLAN；虚拟交换机会传递来自任意 VLAN 的流量

vSphere 环境中的 VLAN 配置提供了一定的优势，体现在：（1）可将 ESXi 主机集成到预先存在的 VLAN 拓扑中；（2）可隔离并确保网络流量的安全；（3）可减少网络流量拥堵情况。应尽可能在单独的 VLAN 上配置 ESXi Dump Collector，以便将 ESXi 核心转储与常规网络流量隔离。

3.4.3　主机网络虚拟化

VMware vSphere 是一款云计算虚拟化产品，提供了有关如何配置云计算网络连接的信息，其中包括如何创建 VMware 标准交换机（VSS）和 VMware 分布式交换机（VDS）这两个组成部分，下面基于 VMware vSphere 云计算网络架构部署进行详细的说明。

1．VMware 标准虚拟交换机

VMware 标准虚拟交换机（VSS）：它的运行方式与物理以太网交换机十分相似。它检测与其虚拟端口进行逻辑连接的虚拟机，并使用该信息向正确的虚拟机转发流量。它可以使用物理以太网适配器（也称为上行链路适配器）将虚拟网络连接至物理网络，以将 VMware 标准交换机连接到物理交换机上。此类型的连接类似于将物理交换机连接在一起以创建较大型的网络。即使 VMware 标准交换机的运行方式与物理交换机十分相似，但却不具备物理交换机所拥有的一些高级功能。

在图 3-3 所示的 VMware 标准虚拟交换机（VSS）架构中，每台物理机有一台 VSS 模式的虚拟交换机，通过端口组将虚拟机和物理机的物理网卡联系起来。虚拟机的网卡分配到一个虚拟交换机，每一个端口组可以指定一个 VLAN ID，也可以指定绑几个物理端口，这样就可以说明虚拟机的流量实际是通过哪个或哪几个端口出去的；虚拟机实际使用的物理端口，也就是该 VM 虚拟机对应的绑定的物理端口。绑定的这几个物理端口可以设定流量是如何使用这些端口的，可以是主、备，也可以通过 IP、MAC 等负载均衡，或某种哈希方式。

VMware 标准交换机操作简单，但每次进行配置修改都要在所有 ESXi 主机上重复操作，增加了管理成本，并且在主机之间迁移虚拟机时会重置网络连接状态，加大了监控和故障排除的复杂程度。

通过 VMware 标准虚拟交换机创建一个用于 VSAN 网络流量的端口组相对简单。VMware 分布虚拟交换机较为复杂，尽管我们在此稍微多讨论了一些关于端口分配的细节，但是大多数配置都不在本书讨论的范围之内，不熟悉这些选项的读者可以在官方文档中找到解释。不过，对于 VSAN 部署来说，这些分布式交换机和端口组的配置选项即使只是简单地保留其默认值，也是没问题的。

2．VMware 分布式虚拟交换机

VMware 分布式虚拟交换机（VDS）：它可充当数据中心中所有关联主机的单一交换机，以提供虚拟网络的集中式置备、管理以及监控。它可以在 vCenter Server 系统上配置 VDS，该配置将传播至与该交换机关联的所有主机。这使得虚拟机可在跨多个主机进行迁移时确保其网络配置保持一致，VMware 分布式虚拟交换机（VDS）架构如图 3-4 所示。

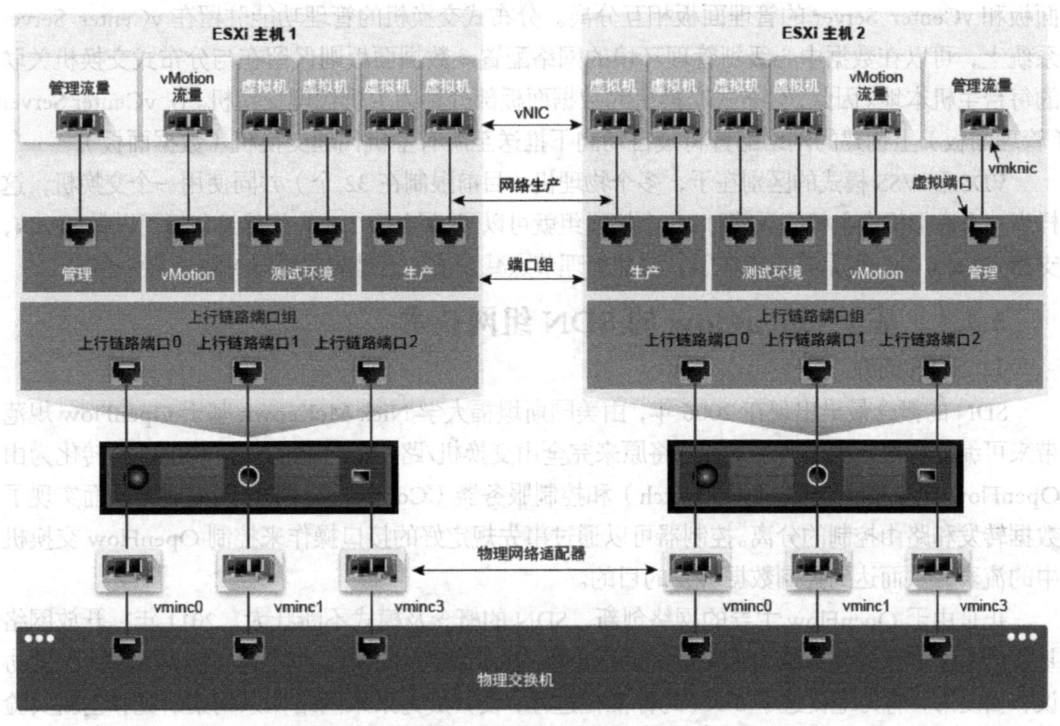

图 3-3　VMware 标准虚拟交换机（VSS）架构

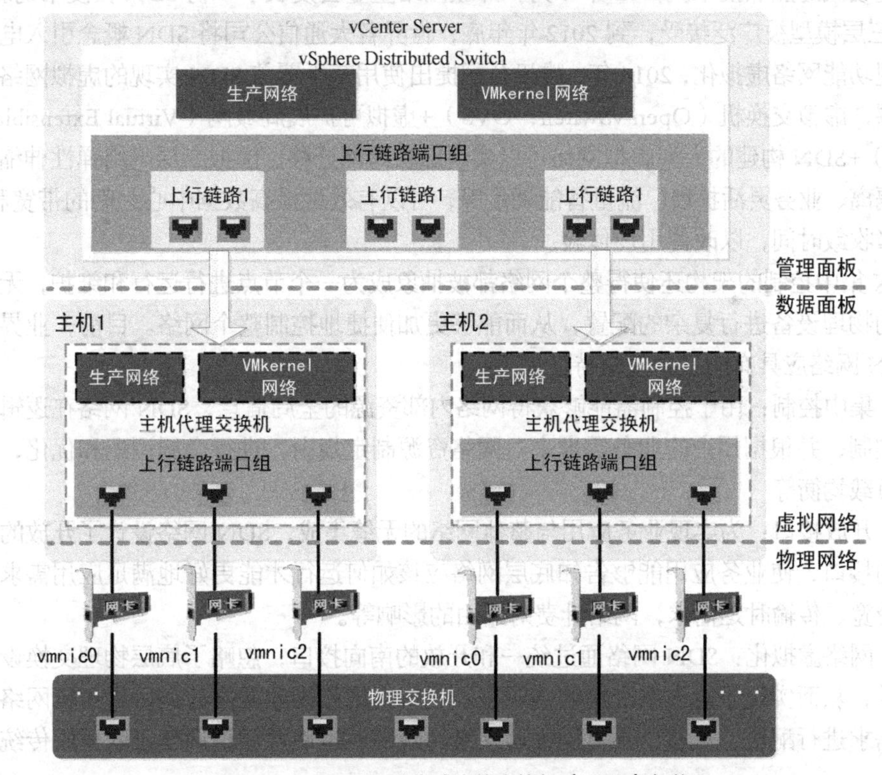

图 3-4　VMware 分布式虚拟交换机（VDS）架构

VDS 为与交换机关联的所有主机的网络连接配置提供集中化管理和监控，可以在 vCenter

Server 系统上设置分布式交换机，其设置将传播至与该交换机关联的所有主机。VDS 的数据面板和 vCenter Server 的管理面板相互分离。分布式交换机的管理功能驻留在 vCenter Server 系统上，可以在数据中心级别管理环境的网络配置。数据面板则保留在与分布式交换机关联的每台主机本地。因此，分布式交换机的数据面板部分称为主机代理交换机。在 vCenter Server（管理面板）上创建的网络配置将被自动向下推送至所有主机代理交换机（数据面板）。

VDS 和 VSS 模式的区别在于，多个物理机（目前限制在 32 个）共同使用一个交换机，这样当一个虚拟机在主机间漂移时，一个接口组就可以了。另外，VDS 的优势还包括可以做 SPAN，支持 netflow 等，但是其缺点在于，虽然管理节点减少了，但是配置相对 VSS 复杂一些。

3.4.4 基于 OpenFlow 的 SDN 组网技术

1. SDN 简介

SDN 的概念最早出现在 2006 年，由美国斯坦福大学 Nick McKeown 基于 OpenFlow 规范带来可编程特性提出。OpenFlow 将原来完全由交换机/路由器控制的报文转发过程转化为由 OpenFlow 交换机（OpenFlow Switch）和控制服务器（Controller）来共同完成，从而实现了数据转发和路由控制的分离。控制器可以通过事先规定好的接口操作来控制 OpenFlow 交换机中的流表，从而达到控制数据转发的目的。

正是由于 OpenFlow 主导的网络创新，SDN 的概念及模式不断壮大。2011 年，开放网络基金会（ONF）建立，致力于推动 SDN 架构、技术规范和开发工作，包括协议版本、配置协议和白皮书，有力地促进了 SDN 的标准化进程，使其成为未来网络体系构架研究和创新实验平台构建领域的热点技术。2012 年 4 月，开放网络基金会发表了一份 SDN 白皮书的新规范，SDN 的三层模型被广泛接受，到 2012 年年底，世界各大通信公司将 SDN 概念引入电信，并提出实现功能网络虚拟化；2014 年，腾讯公司提出使用基于覆盖 SDN 实现的虚拟网络和物理网络解耦，虚拟交换机（Open vSwitch，OVS）+虚拟可扩展局域网（Virtual Extensible LAN，VXLAN）+SDN 构建的大型虚拟网络可以实现虚机跨网迁移、虚拟二层网络弹性伸缩、多租户安全隔离、业务灵活扩展、流量智能调度等，可以有效地提高数据中心之间的带宽利用率，减少故障收敛时间，以改善用户体验。

SDN 集中控制的架构还使得整个网络都被抽象成为一个节点进行运行和维护，无须对不同厂商的物理设备进行复杂的配置，从而能够更加便捷地控制整个网络。目前，业界普遍认可的 SDN 网络应具有的三大基本特征如下：

（1）集中控制：由于控制器能够获得网络内部资源的全局信息，SDN 网络在逻辑上能进行集中控制，并根据用户的业务需求来对网络资源制定规则，进行全局调配和优化，如流量工程、负载均衡等。

（2）开放接口：为实现业务应用与整体网络的无缝集成，SDN 网络设计了开放的南向接口和北向接口，使业务应用能够告知底层网络应该如何运行才能更好地满足应用需求，如业务所需带宽、传输时延需求，网络计费对路由的影响等。

（3）网络虚拟化：SDN 网络通过统一和开放的南向接口，忽略了底层物理交换设备上的硬件差异，从而实现了对上层应用的透明化。逻辑网络和物理网络分离后，逻辑网络可以根据业务需求进行配置、迁移，不再受物理网络的限制，也使得计算调度可以摆脱传统网络的束缚。

SDN 网络及其虚拟化技术对当前的“封闭的、复杂的和控制的”通信网络架构进行改造，从而减少网络运行开支，提高运行效率和灵活性，实现全面网络演进和商业转型，并引领建立一个开放、互联、创新的产业生态体系。

2．SDN/OpenFlow 网络架构

SDN 的数控分离架构使复杂的网络管理变得方便、智能，而且随着 SDN 技术的逐渐发展，它在云数据中心的应用部署也随之增多。通过智能化的软件对硬件资源进行抽象、虚拟化，将资源聚合以满足云计算数据中心动态、弹性的网络应用需求，同时可以提供自动、安全、灵活有效调度资源的能力。SDN 赋予了数据中心更灵活的组网能力，降低了管理运营成本。控制器是 SDN 的核心，其设计方向和基本要素现已逐渐明确，各种控制器的面世也极大地推动了 SDN 技术的迅猛发展。SDN 的网络架构可分为应用层、控制层和设备层，如图 3-5 所示。

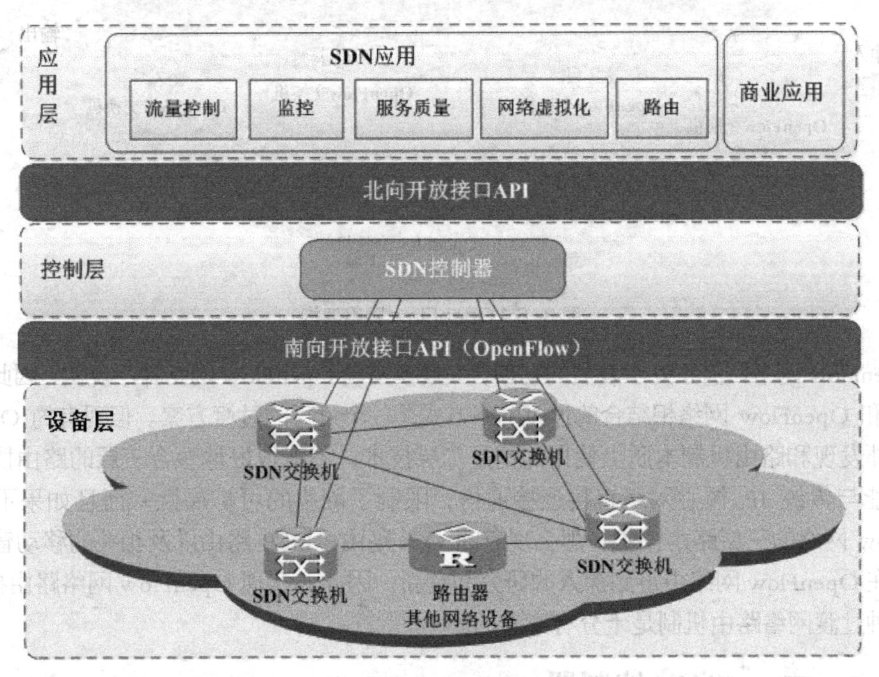

图 3-5　SDN 架构

（1）设备层：原有的交换机、路由器等转发设备，但是这些设备没有控制管理功能，只能根据控制器的指令进行数据包的转发。

（2）控制层：原有交换机、路由器中的网络管理、路由策略、故障恢复等所有的控制功能都由控制层统一完成，将网元设备中的控制功能抽取出来，形成的一个软件操作系统，真正实现了数据转发层和控制层的分离。

（3）应用层：用户编写的软件应用，通过开放的方式和控制层之间完成信令的交互，用户可以随意根据自己的需求控制网络。

OpenFlow 网络可看作是 SDN 的具体实现，是目前业界最受认可的网络架构之一。典型的 OpenFlow 主要由控制器、交换机和标准协议三部分组成（OpenFlow 网络架构如图 3-6 所示）。在传统的网络架构中，网络管理、路由计算等工作都由各个交换机、路由器分布式完成。与之不同，在 OpenFlow 网络架构中，一个控制器可以和多个交换机相连接，每个 OpenFlow 交换机使用 OpenFlow 标准协议通过安全通道和控制器进行信令交互，网络的所有管理功能都交由控制器统一完成。

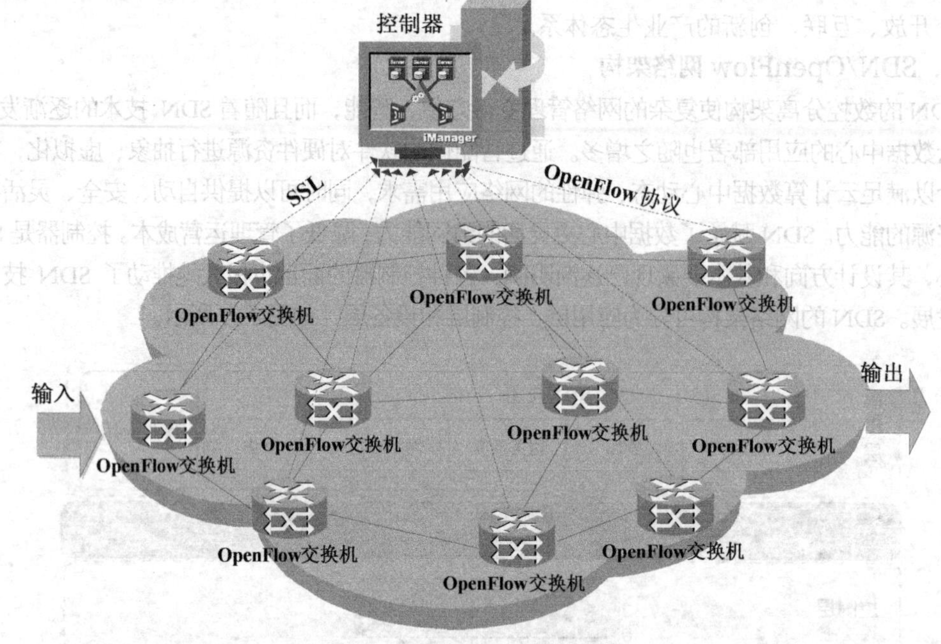

图 3-6　OpenFlow 网络架构

OpenFlow 网络目前正处于发展的初期，大规模铺设 OpenFlow 网络并不现实，因此将传统 IP 网络和 OpenFlow 网络相结合的过渡网络方式是一个可行的过渡方案。但现有的 OpenFlow 网络拓扑发现和路由机制本质上使用的都是二层技术，不能很好地融合三层的路由协议，因此就不能与传统 IP 核心网络直接连接通信，限制了网络的可扩展性。而且如果不能实现 OpenFlow 网络的三层路由技术，那么现有的 Qos 路由、LISP 路由以及相关的移动管理技术都不能在 OpenFlow 网络中得到深入的研究和创新。因此，实现 OpenFlow 网络路由技术化，提出一种过渡网络路由机制是十分有意义的。

3.4.5　Floodlight 控制器

1. Floodlight 控制器架构

作为众多开源控制器中的一种，Floodlight 基于 Java 语言，具有强大的可移植性，不仅仅是一个支持 OpenFlow 1.0 标准的控制器，还基于其开发了许多应用，用于实现各种不同的功能，以满足不同用户的需要。

Floodlight 控制器与上层架构如图 3-7 所示。当 Floodlight 运行时，一系列定义的上层应用随之启动，同时通过 REST API 端口（默认 8080）暴露给所有上层应用。通过所有语言编写的上层 REST 应用均可以向控制器的 REST 端口发送命令来获取网络信息、制定服务。

2. Floodlight 加载器及控制模块

在 Floodlight 启动后，一个名为 FloodlightModuleloader 的加载器开始运行，尝试读取控制器默认配置文件 floodlightdefault.properties。控制器配置文件是标准键值对存储的配置信息，位于 floodlight.modules 键值中，规定了控制器在启动时需要加载哪些模块。Floodlight 控制器模块见表 3-3。

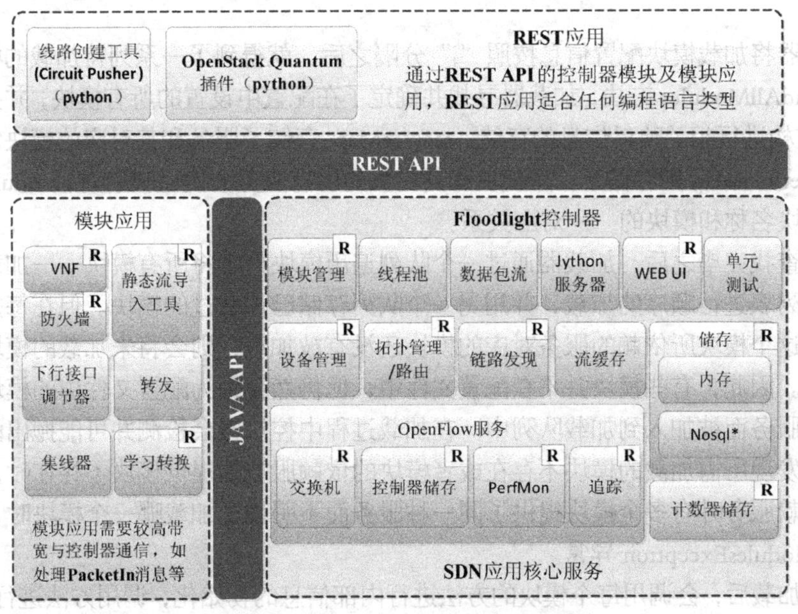

图 3-7 Floodlight 控制器与上层架构

表 3-3 Floodlight 控制器模块

组件类型	组件名	功能说明
主要核心服务模块	Floodlight Provider	处理控制器和交换机连接以及 OF 消息分发的模块
	Device ManagerImpl	管理网络中的主机等终端设备
	Link Discovery Manager	负责管理网络中的链路，发现交换机之间连接关系
	Topology Service	计算拓扑结构并维护拓扑信息
	Rest Api Server	提供 REST API 服务
	Thread Pool	线程池为其他模块分配线程
	Memory Storage Source	提供数据存储及变更通知服务
	Flow Cache	流缓存，用于控制器记录所有有效的流，当事件被一个不同模块监听或者随时查询交换机时，流缓存就会更新，这样不同模块对流的更新和检索整合
	Packet Streamer	提供数据包流服务，使用此项服务可以让任何交换机、控制器和观察者之间有选择地交换数据
普通应用模块	Firewall	通过检测 Packet In 行为使得流在 Open Flow 交换机上强制执行 ACL
	Learning Switch	实现了一个普通交换机的二层转发功能
	Virtual Network Filter	可以实现在一个二层的域中建立多个逻辑的二层网络，实现 2 台设备之间数据包转发
	Forwarding	实现在端口关闭的时候处理网络中的流，用于创建 2 台设备之间的虚链路
	Port Down Reconciliation	Quantum 插件利用
REST 应用模块	Circuit Pusher	Floodlight 管理
	Open Stack Quantu	Open Stack 的网络

在加载器将加载模块配置信息按照“,”分隔之后，就得到了一系列待加载的模块列表。进而通过 findAllModules 方法，加载器寻找并确定了在配置中设置的所有模块，并生成了三个 Map 数据结构进行相关映射信息的存储：serviceMap 存储了服务和其对应的模块的键值映射对；moduleServiceMap 则存储了一个模块和其提供的所有服务的键值映射对；moduleNameMap 则存储了模块名称和模块的一一对应关系。

在模块查找完毕之后，加载器通过一个队列遍历模块列表将所有模块一一加载。这个遍历按照模块列表进行顺序的加载，并用另一个队列存储已加载过的模块。但在每加载一个模块时，如若这个模块所依赖的服务对应的模块还没有被加载，则会将未加载的模块加入到遍历队列之中。因此，有些模块并不在配置文件中，但仍然会因为配置文件中的模块依赖于其提供的某项服务而被加入到加载队列中。在加载过程中控制器会检测并可能抛出两种异常，即当加载器发现所需加载的模块不存在或者模块的依赖服务的提供模块不存在时，或者在加载模块的依赖服务时有多个模块提供了同一种服务而不明确应加载哪一个模块时，都会抛出 IFloodlightModulesException 异常。

在模块加载后，会调用每个模块的方法进行内部信息的初始化，调用方法进行外部调用，并通过 startup 加载，即对其依赖的服务进行调用。

Floodlight 控制器提供了大多数应用场景需要用到的功能，例如网络状态和事件的监测与处理（包括拓扑、设备和流相关状态事件），通过 OpenFlow 协议与网络交换设备通信以及一个 WEB UI 和 Jython 基于的调试服务器。

Floodlight 众多服务都以模块（Module）的形式提供。一个模块可以提供一个或多个不同的服务。这种模块化设计的最终目的是为了在将各个服务进行隔离设计和模块化的同时，可以方便地通过配置文件设置启动时需要运行的模块和提供的服务。这同样为新功能的设计实现带来了便利，用户只需按照模块接口进行模块定义，并修改配置文件即可让控制器运行特定的模块逻辑。

在 Floodlight 定义的模块接口中，每个 IFloodlightModule 模块都提供其依赖的其他服务，例如在 Link Discovery Manager 模块中，其模块依赖情况见表 3-4。

表 3-4　Link Discovery Manager 模块依赖说明

依赖服务名	功能说明
IFloodlight Provider Service	此服务提供了与网络中交换机的交互能力，例如查询交换机的各项信息、接收交换机上报的消息等，通过这些交互，链路得以被 Link Discovery Manager 模块发现
IStorageSource Service	此项服务则为 Link Discovery Manager 模块提供已发现链路的数据存储和维护
IThreadPool Service	主要用于定时向所有端口发送 LLDP 包，进行网络探测
IRestApi Service	向上层提供 REST 查询接口，通过接口将链路信息传递到 App 层

3.4.6　OpenFlow 网络流量平面

1．统一数据平面与控制平面

统一的管理与控制界面能够统一网络资源调配，提高资源利用率。当前网络中，TCP/IP

模型中的物理层、网络接口层、IP 层均可校验数据及控制数据的传输，极大地浪费资源且造成管理效率低下。OpenFlow 为网络硬件设备提供了通用的 API 接口，并允许在位于控制层面的软件中定义所有的路由规则和控制管理方式。

针对流平面，OpenFlow 对流的定义非常灵活，同一网络中不同交换机针对同一类型数据流流表可以是不同的，且能够动态改变。它允许在 TCP/IP 任一层上定义流表，如在物理层中基于 SONET/SDH、虚级联（VCGs）或者光纤中光波波长的时隙交换也可被定义为流，允许在一个流表中同时定义物理层中通常采用的电路交换与网络层中的分组交换行为，将电路交换与分组交换的数据转发功能统一到流表中，并将它们简单视为流交换网络中流的不同粒度。通过抽象出流的概念，OpenFlow 控制器通过在流表项中为不同交换层添加不同的交换技术来实现为定义的流分配不同的带宽和传输路径，从而实现统一的数据路径。

在 OpenFlow 网络中，控制层与数据层是分离的，支持 OpenFlow 协议的控制器能够控制所有底层异构的网络硬件设备，同一个控制器可以与不同厂商的任一型号的交换机通联，这种设计消除了不同硬件厂商之间设备的差异性，实现统一的控制平面，使得物理层、网络接口层及网络层全可统一控制。相对于部分多协议标签交换协议（MPLS）或者通用多协议标签交换协议（GMPLS）网络采用的完全分布式的控制平面，统一的控制平面是极大的简化，一台控制器就可实现对网络的全控制。

在 DiffServ 实现上由 PHB、包的分类机制和流量控制功能三个功能模块组成，其中流量控制功能包括测量、标记、整形和策略控制。当数据流进入 DiffServ 网络时，Open vSwitch 通过标识 IP 数据包报头的服务编码点（Type of Service，ToS）将 IP 包划分为不同的服务类别，作为业务类别分类的标示符。当网络中的其他 Open vSwitch 在收到该 IP 包时，则根据该字段所标识的服务类别将其放入不同的队列，并由作用于输出队列的流量管理机制按事先设定的带宽、缓冲处理控制每个队列，即给予不同的每一跳行为（Per-Hop Behavior，PHB）。

在实际应用时，DiffServ 将 IPv4 协议中 IP 服务类型字段（TOS）作为业务类别分类的标示符。理论上，用户可以在 Ox000000 至 Oxffffff 范围内为每个区分服务编码点对应的服务级别分配任意 PHB 行为。每个服务等级为分类的业务流提供不同的 QoS 保证，如图 3-8 所示。

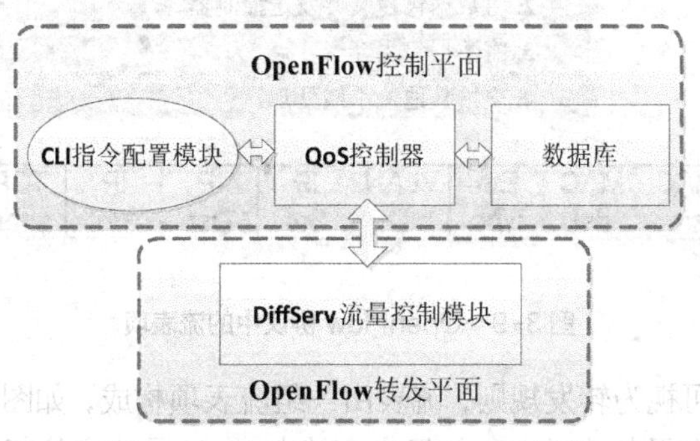

图 3-8 OpenFlow QoS 平面结构图

在实际应用时，具体工作流程如下：

（1）OVS 对业务进行转发，同时运行在入端口上的策略单元，对接收到的业务流进行测量和监控，查询数据业务是否遵循了 SLA，并依据测量的结果对业务流进行整形、丢弃和重新标记等工作。这一过程称为流量调整（Traffic Conditioning，TC）或流量策略（Traffic Policing，TP）。

（2）业务流在入端口进行了流量调整后，再对其 DSCP 字段进行检查，根据检查结果与本地 SLA 等级条约进行对比并选择特定的 PHB。根据 PHB 所指定的排队策略，将不同服务等级的业务流送入 Open vSwitch 出端口上的不同输出队列进行排队处理，并遵循约定好带宽缓存及调度。当网络发生拥塞时，还需要按照 PHB 对应的丢弃策略为不同等级的数据包提供差别的丢弃操作。

（3）当业务流进入到 Open vSwitch 时，只需根据 DSCP 字段进行业务分类，并选择特定 PHB，获得指定的流量调整、队列调度和丢弃操作。最后业务流进入网络中的下一跳，获得类似的 DiffServ 处理。

2. OpenFlow 协议与流表

OpenFlow 交换机主要负责 SDN 网络中的数据转发功能，一台 OpenFlow 交换机主要由三个部分组成：

- OpenFlow 协议；
- 用于数据包查询与转发的流表与组表（Group Table），其中流表可以是一张，也可以是多张，而组表只能是一张；
- 一个连接外部控制器的安全通道。

OpenFlow 交换机与承担控制功能的控制器之间的通信方式是通过 OpenFlow 协议实现的。SDN 网络中的控制器通过 OpenFlow 协议能够实现添加、更新及删除交换机流表中的流表项（Flow Entry）。

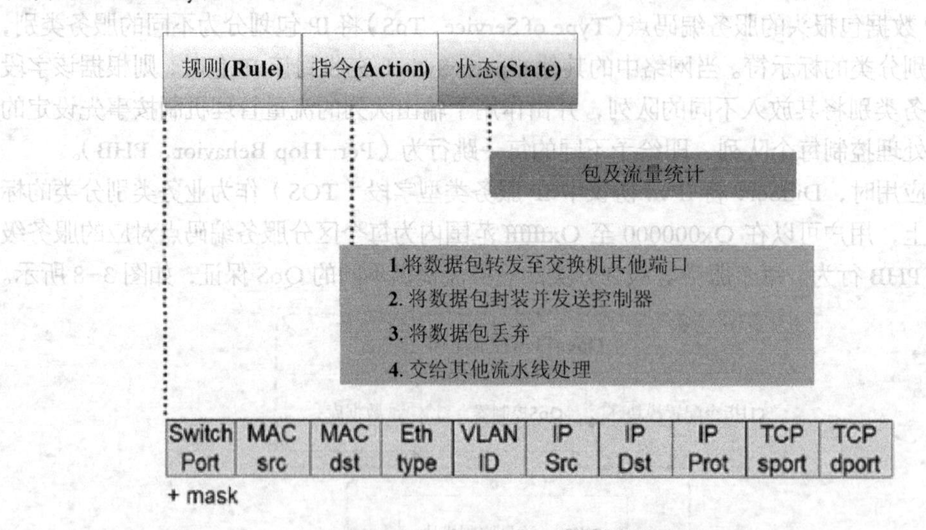

图 3-9 OpenFlow 协议中的流表项

OpenFlow 的流表可视为转发规则，流表由一组流表项构成，如图 3-9 所示，主要由规则（Rule）、指令（Action）及状态（State）组成，其中 Rule 是由交换机的端口号、以太网帧的源物理地址、目的物理地址、以太网帧类型、以太网帧所属 VLAN 的 ID 号、源 IP 地址、目的 IP 地址及源端口、目的端口构成的十元组，而 Action 中的参数值则定义了数据包的转发行为，如图 3-9 中所描述，主要有四种方法：（1）将数据包转发至交换机其他端口；（2）将数据包封装并发送控制器；（3）将数据包丢弃；（4）交给其他流水线处理。State 部分则是关于网络流量统计方面的状态信息。

当接收到数据包时，OpenFlow 交换机会按照图 3-10 所示的流程进行数据包处理，首先查找第一个流表，并按流水线继续查找其他流表，如果一个数据包的头部信息与交换机流表中某些流表项定义的匹配规则相匹配，那么该数据包就匹配这些流表项，并基于优先级顺序执行相应的指令集操作。若流表项与数据包相关信息相匹配，则该流表项所关联的计数器会被更新，相应的指令参数也会被更新。如果一个数据包与交换机中的所有流表项均不匹配，则交换机会将该数据包通过安全信道发往控制器处理。

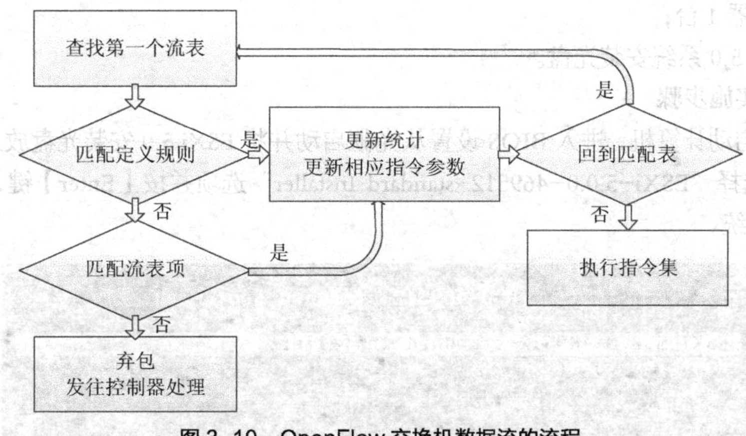

图 3-10　OpenFlow 交换机数据流的流程

一个组表由组表项构成（Group Entries），组表项为 OpenFlow 交换机提供另外一种传递数据包的方法，它可以将一组符合规则的数据包一次性转发而且每次转发一个数据包。其组成包括：组标识符、组类型、计数器、指令桶（Action Buckets），每个组表项由组标识符唯一标识。

OpenFlow 交换机与控制器通过安全信道进行消息传送。通过该信道，控制器可以配置与管理交换机、从交换机接收事件及发送数据包至交换机。所有在安全通道中传输的消息必须按照 OpenFlow 协议进行数据的格式化。OpenFlow 协议为软件定义网络中的交换机同控制器之间进行消息传递提供一种标准通信方式。通过所定义的标准接口，可以在控制器上直接定义流表并插入到支持 OpenFlow 协议的交换机中。这种方式避免了对交换机直接编程，简化了对交换机的操作。

ONF 发布的 OpenFlow 白皮书中规定了协议支持的三种消息类型，即控制器到交换机消息（Controller-to-switch）、异步消息（Asynchronous）以及对称消息（Symmetric），其中每种消息都有若干子类型。控制器到交换机消息由控制器发起，用于直接管理与检查交换机的状态。异步消息由交换机发起，用于将发生的网络事件以及交换机的状态变化信息通知控制器。对称消息可以由交换机发起，也可以由控制器发起，可在无诱因情况下发送，这种诱因可以是网络事件的发生、包的到来、回复请求等。

3.5　项目实施

任务 3-1：安装与配置 ESXi Server 服务器

1．任务目标

（1）能熟练地安装 ESXi 5.0 系统；

（2）能熟练地配置 ESXi Server 服务器。

2．任务内容

本任务要求管理员完成 ESXi Server 服务器的安装与配置工作，具体内容为：

（1）安装 ESXi 5.0 系统；

（2）配置 ESXi Server 服务器。

3．完成任务所需设备和软件

（1）服务器 1 台；

（2）EXSi 5.0 系统安装光盘。

4．任务实施步骤

步骤 1：启动计算机，进入 BIOS 设置从光驱启动并将 ESXi 5.0 安装光盘放入光驱，如图 3–11 所示，选择“ESXi–5.0.0–469512–standard Installer”选项并按【Enter】键，此时开始安装 ESXi 5.0 系统。

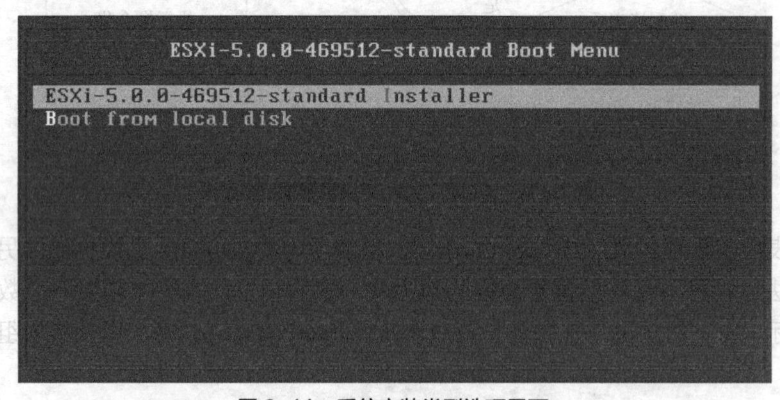

图 3–11　系统安装类型选项界面

步骤 2：等待一段时间后，在图 3–12 所示界面中，按【Enter】键。

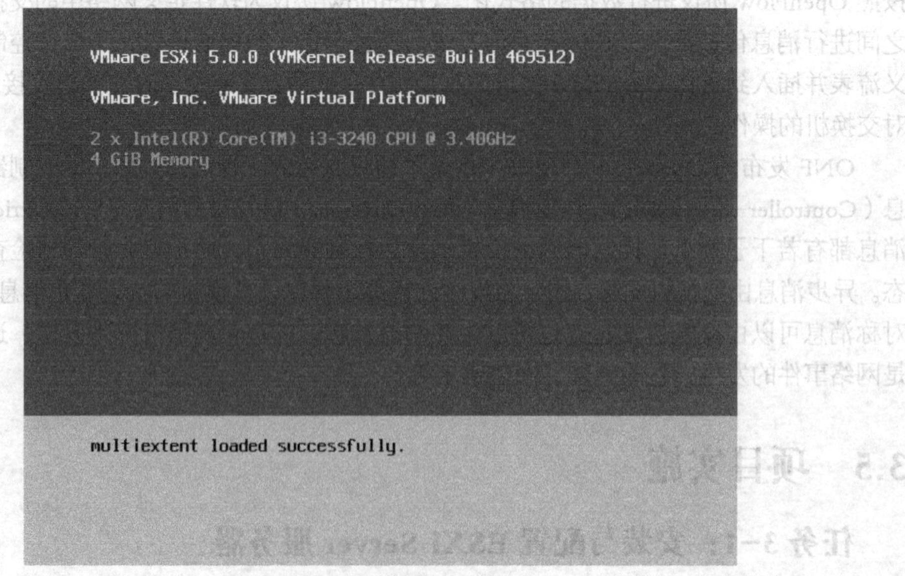

图 3–12　系统信息检测界面

步骤 3：在图 3–13 所示界面中，按【Enter】键。

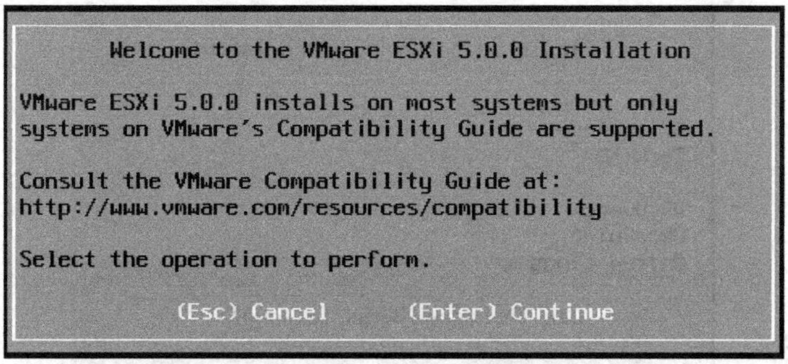

Welcome to the VMware ESXi 5.0.0 Installation
VMware ESXi 5.0.0 installs on most systems but only
systems on VMware's Compatibility Guide are supported.
Consult the VMware Compatibility Guide at:
http://www.vmware.com/resources/compatibility
Select the operation to perform.
(Esc) Cancel
(Enter) Continue

图 3-13 安装欢迎界面

步骤 4：在图 3-14 所示界面中，按【F11】键同意协议。

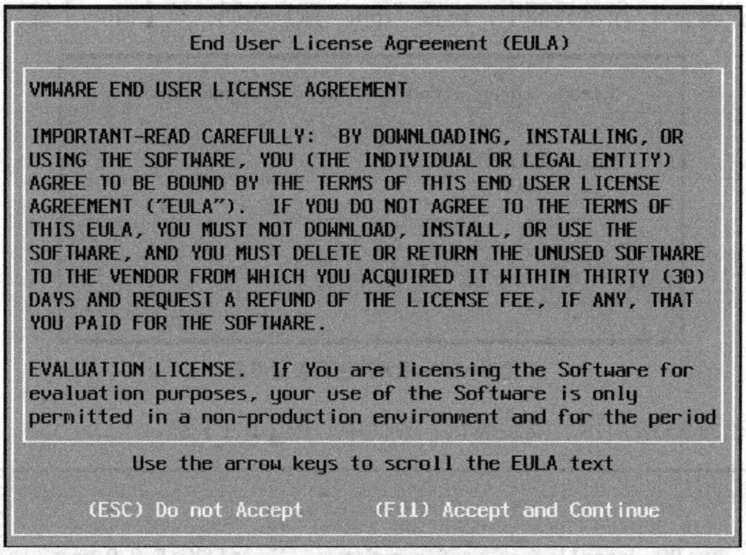

End User License Agreement (EULA)
VMWARE END USER LICENSE AGREEMENT
IMPORTANT-READ CAREFULLY: BY DOWNLOADING, INSTALLING, OR
USING THE SOFTWARE, YOU (THE INDIVIDUAL OR LEGAL ENTITY)
AGREE TO BE BOUND BY THE TERMS OF THIS END USER LICENSE
AGREEMENT ("EULA"). IF YOU DO NOT AGREE TO THE TERMS OF
THIS EULA, YOU MUST NOT DOWNLOAD, INSTALL, OR USE THE
SOFTWARE, AND YOU MUST DELETE OR RETURN THE UNUSED SOFTWARE
TO THE VENDOR FROM WHICH YOU ACQUIRED IT WITHIN THIRTY (30)
DAYS AND REQUEST A REFUND OF THE LICENSE FEE, IF ANY, THAT
YOU PAID FOR THE SOFTWARE.
EVALUATION LICENSE. If You are licensing the Software for
evaluation purposes, your use of the Software is only
permitted in a non-production environment and for the period
Use the arrow keys to scroll the EULA text
(ESC) Do not Accept
(F11) Accept and Continue

图 3-14 系统许可信息界面

步骤 5：在图 3-15 所示界面中，选择磁盘信息并按【Enter】键。

Select a Disk to Install or Upgrade
* Contains a VMFS partition
Storage Device
Capacity
Local:
VMware, VMware Virtual S (mpx.vmhba1:C0:T0:L0)
500.00 GiB
Remote:
(none)
(Esc) Cancel
(F1) Details
(F5) Refresh
(Enter) Continue

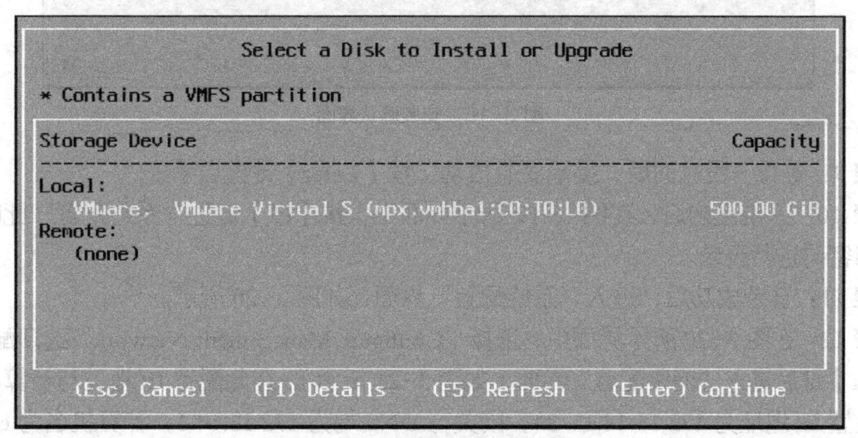

图 3-15 安装磁盘选择界面

步骤 6：在图 3-16 所示界面中，选择键盘信息“US Default”选项，按【Enter】键。

Please select a keyboard layout

Swiss French
Swiss German
Turkish
US Default
US Dvorak
Ukrainian
United Kingdom

Use the arrow keys to scroll.

(Esc) Cancel (F9) Back (Enter) Continue

图 3-16 键盘选择界面

步骤 7：在图 3-17 所示界面中，设置“root”账户密码，按【Enter】键。

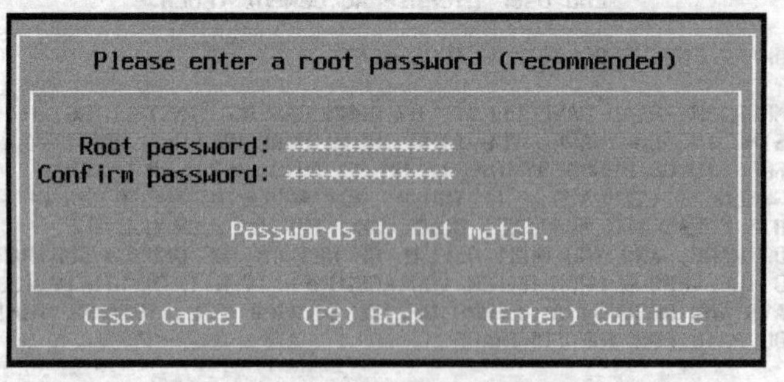

图 3-17 根账户密码设置界面

步骤 8：在图 3-18 所示“安装确认”界面中，按【F11】键。

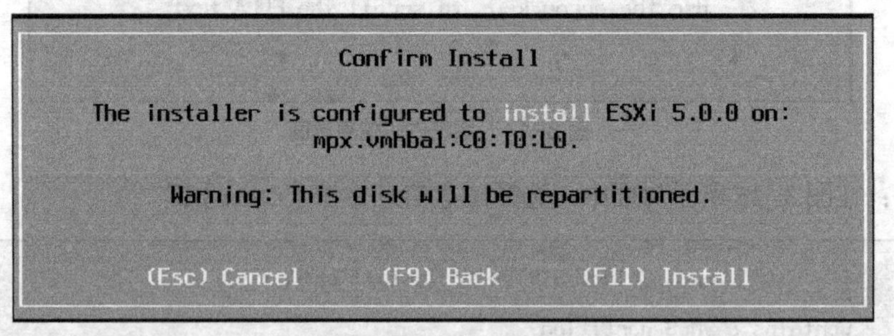

图 3-18 安装确认界面

步骤 9：等待一段时间后，提示安装成功，按【Enter】键重启系统。

步骤 10：系统重启后，在图 3-19 所示界面中，按【F2】键进行系统配置，此时需要输入账户与密码进行登录。

步骤 11：登录成功后，进入“系统配置”界面，如图 3-20 所示。

步骤 12：在图 3-20 所示界面中，选择“Configure Management Network”选项配置网络，按【Enter】键后进入“网络配置”界面（如图 3-21 所示），在此配置 IP 地址与计算机名相关信息（设置 IP 地址为 172.16.14.13/24，网关与 DNS 均为 172.16.14.1，计算机名为 esxi-1）。

步骤 13：在图 3-20 所示界面中，选择“Troubleshooting Options”项打开主机的 shell 登录或者 ssh。至此，ESXi 5.0 安装完成。

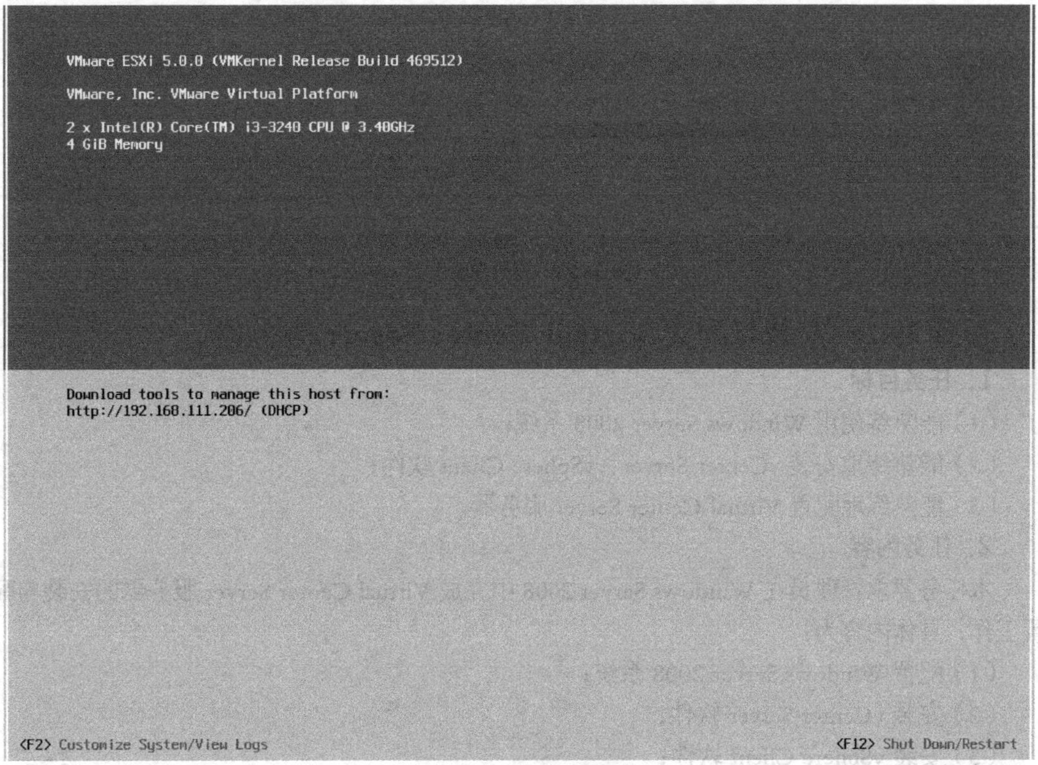

VMware ESXi 5.0.0 (VMKernel Release Build 469512)

VMware, Inc. VMware Virtual Platform

2 x Intel(R) Core(TM) i3-3240 CPU @ 3.40GHz
4 GiB Memory

Download tools to manage this host from:
http://192.168.111.206/ (DHCP)

<F2> Customize System/View Logs <F12> Shut Down/Restart

图 3-19 系统主界面

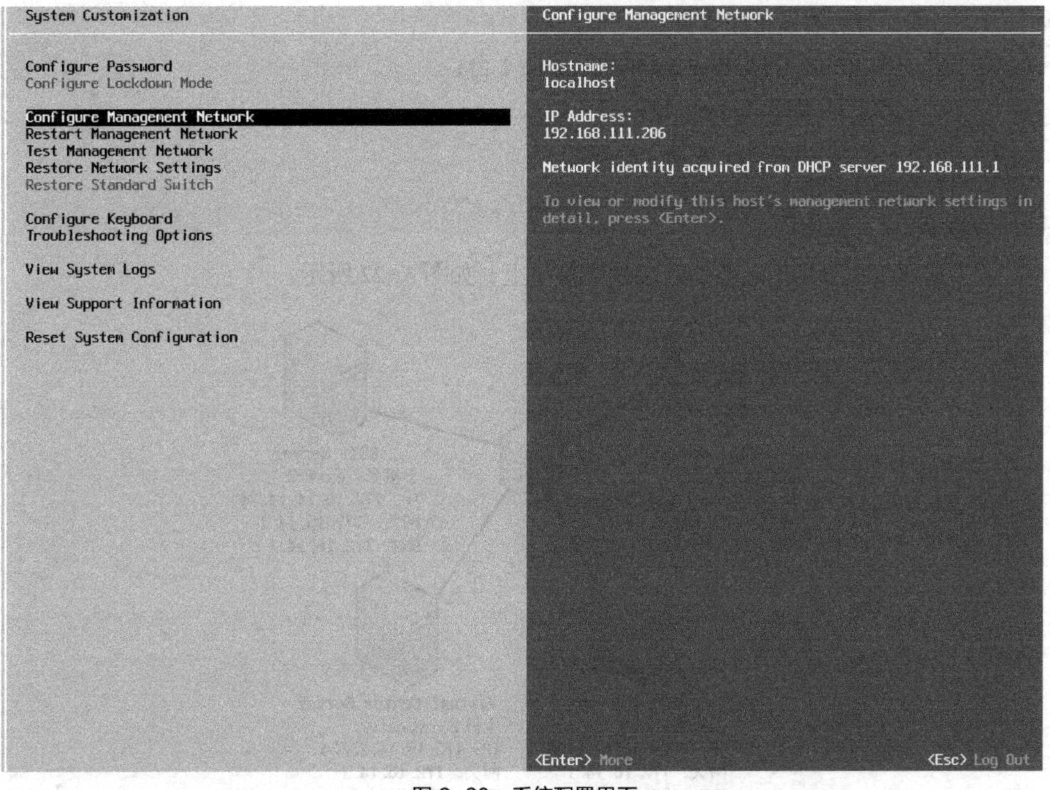

图 3-20 系统配置界面

Configure Management Network

Network Adapters
VLAN (optional)

IP Configuration
IPv6 Configuration
DNS Configuration
Custom DNS Suffixes

IP Configuration

Manual

IP Address: 172.16.14.13
Subnet Mask: 255.255.255.0
Default Gateway: 172.16.14.1

This host can obtain an IP address and other networking parameters automatically if your network includes a DHCP server. If not, ask your network administrator for the appropriate settings.

图 3-21 网络配置界面

任务 3-2：安装与配置 Virtual Center Server 服务器

1. 任务目标

（1）能熟练使用 Windows Server 2008 系统；

（2）能熟练地安装 vCenter Server、vSphere Client 软件；

（3）能熟练地配置 Virtual Center Server 服务器。

2. 任务内容

本任务要求管理员在 Windows Server 2008 中完成 Virtual Center Server 服务器的安装与配置工作，具体内容为：

（1）配置 Windows Server 2008 系统；

（2）安装 vCenter Server 软件；

（3）安装 vSphere Client 软件；

（4）配置 Virtual Center Server 服务器。

3. 完成任务所需设备和软件

（1）已安装 Windows Server 2008 的服务器 1 台；

（2）已配置好的 ESXi Server 服务器 3 台；

（3）VMware vCenter 5.0 安装程序包。

4. 任务实施步骤

步骤 1：硬件连接。

用直通双绞线分别把服务器连接到交换机上，如图 3-22 所示。

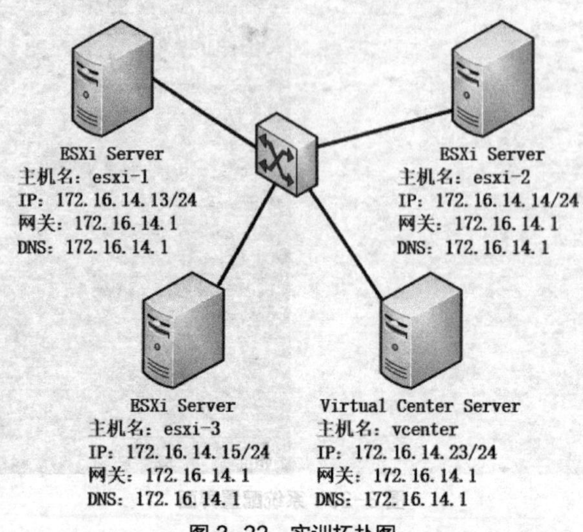

图 3-22 实训拓扑图

步骤2：在vCenter中配置IP地址与计算机名。

设置计算机的IP地址为172.16.14.23/24，网关为172.16.14.1，DNS为172.16.14.1，计算机名为“vcenter”。

步骤3：在vCenter中安装vCenter Server软件。

（1）运行vCenter安装软件，如图3-23所示，选择“vCenter Server”项，单击“安装”按钮。

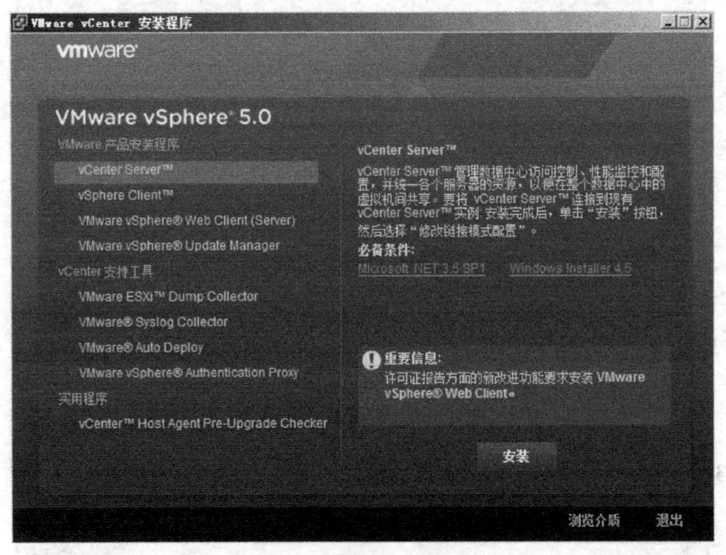

图3-23　vCenter安装程序界面

（2）单击“安装”后，提示正在配置Microsoft .NET framework，配置完成后出现安装向导对话框，单击“下一步”按钮。

（3）在“专利协议”界面中，单击“下一步”按钮。

（4）在“许可协议”界面中，选择“我同意许可协议中的条款”选项，单击“下一步”按钮。

（5）在图3-24所示的“客户信息”界面中，输入相关信息（许可证密钥可先不输入，以后再激活），单击“下一步”按钮。

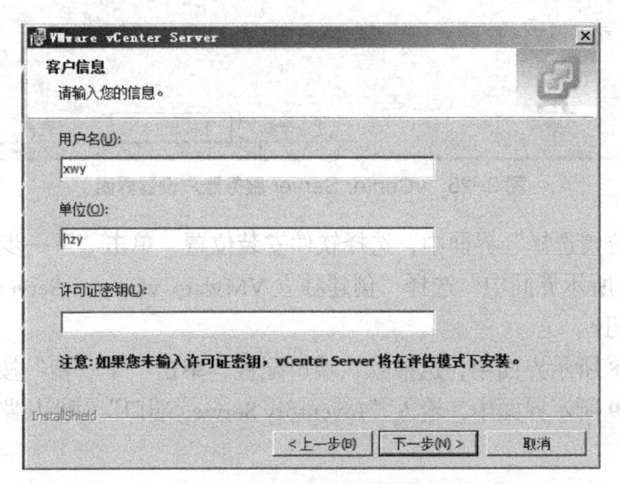

图3-24　客户信息设置界面

（6）在图 3-25 所示的“数据库选项”界面中，选择“安装 Microsoft SQL Server 2008 Express 实例（适用于小规模部署）（S）”选项，单击“下一步”按钮。

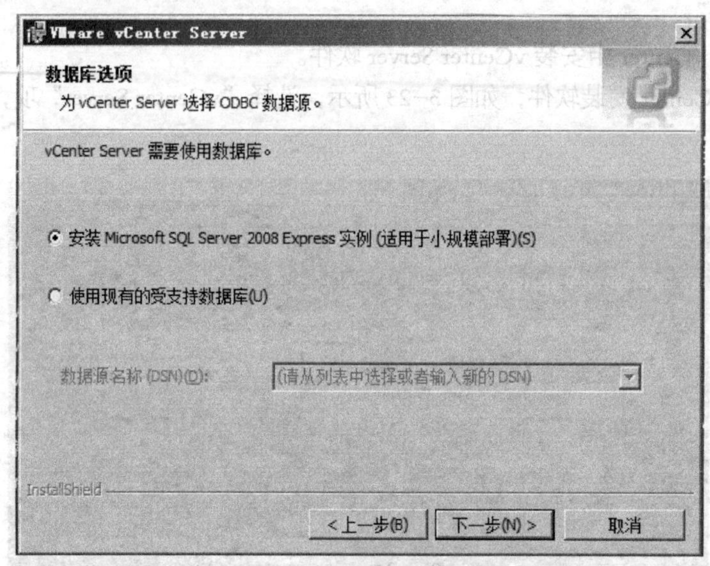

图 3-25 数据库选项界面

（7）在图 3-26 所示界面中，输入相关信息，单击“下一步”按钮。

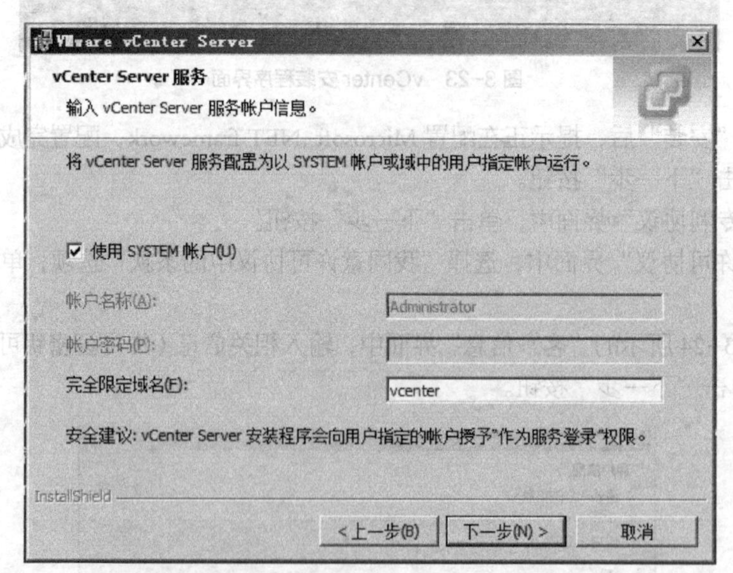

图 3-26 vCenter Server 服务账户设置界面

（8）在“安装位置选择”界面中，选择软件安装位置，单击“下一步”按钮。

（9）在图 3-27 所示界面中，选择“创建独立 VMware vCenter Server 实例（S）”选项，单击“下一步”按钮。

（10）在图 3-28 所示界面中，选择默认端口配置，单击“下一步”按钮。

（11）在图 3-29 所示界面中，输入“Inventory Service 端口”（默认端口配置），单击“下一步”按钮。

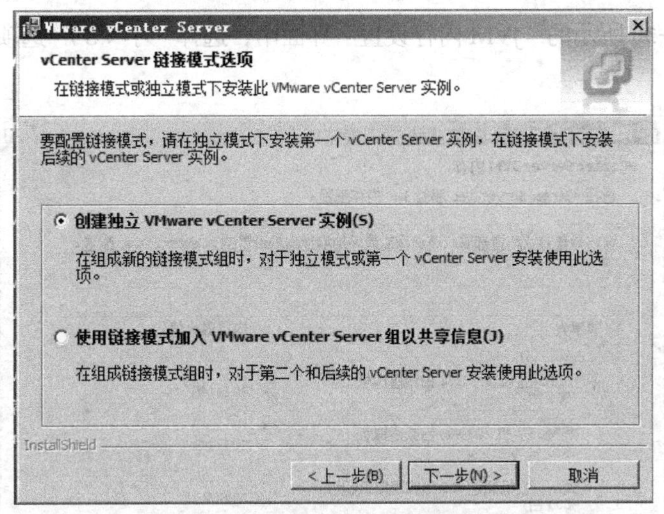

图 3-27　vCenter Server 链接模式选项界面

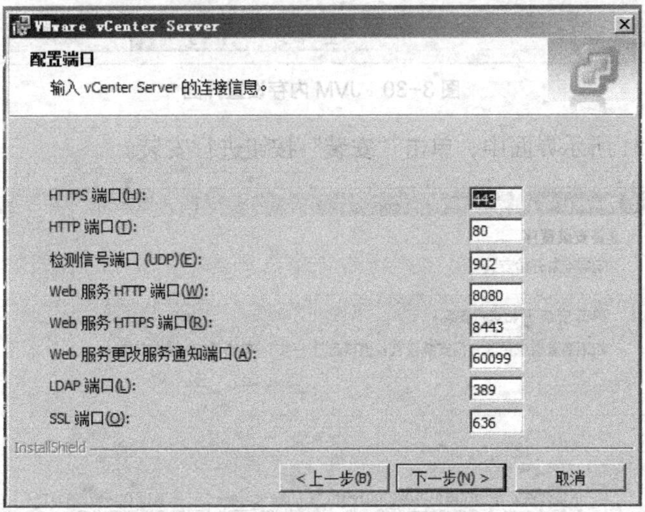

VMware vCenter Server
配置端口
输入 vCenter Server 的连接信息。
HTTPS 端口(H): 443
HTTP 端口(T): 80
检测信号端口 (UDP)(E): 902
Web 服务 HTTP 端口(W): 8080
Web 服务 HTTPS 端口(R): 8443
Web 服务更改服务通知端口(A): 60099
LDAP 端口(L): 389
SSL 端口(O): 636
InstallShield
<上一步(B)　下一步(N) >　取消

图 3-28　vCenter Server 端口配置界面

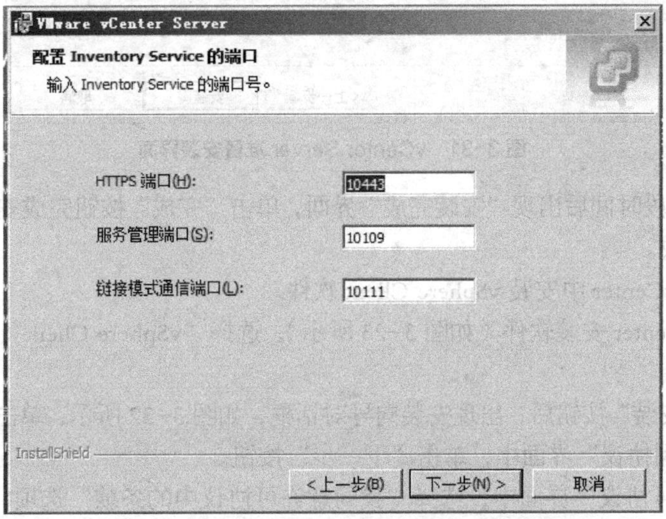

VMware vCenter Server
配置 Inventory Service 的端口
输入 Inventory Service 的端口号。
HTTPS 端口(H): 10443
服务管理端口(S): 10109
链接模式通信端口(L): 10111
InstallShield
<上一步(B)　下一步(N) >　取消

图 3-29　Inventory Service 端口配置界面

（12）在图 3-30 所示的“JVM 内存设置”界面中，选择“小（S）”选项，单击“下一步”按钮。

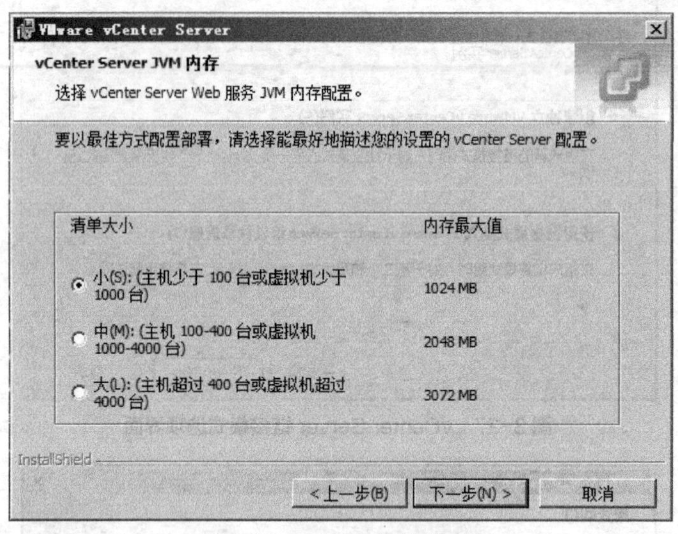

图 3-30　JVM 内存设置界面

（13）在图 3-31 所示界面中，单击“安装”按钮进行安装。

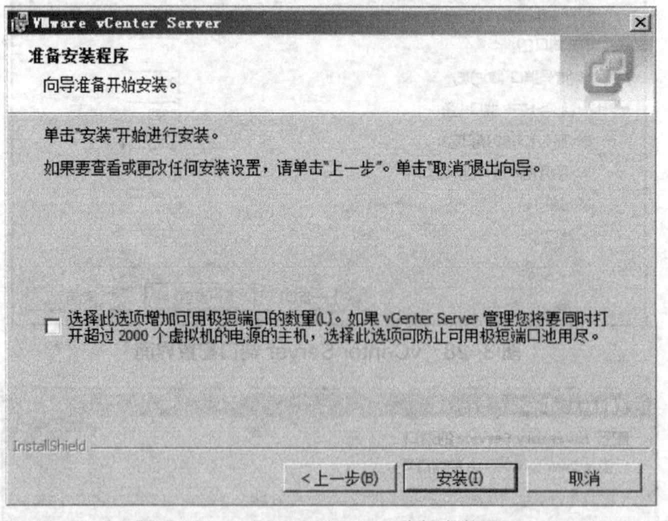

图 3-31　vCenter Server 准备安装界面

（14）等待一段时间后出现“安装完成”界面，单击“完成”按钮完成安装。至此 vCenter Server 就安装完成。

步骤 4：在 vCenter 中安装 vSphere Client 软件。

（1）运行 vCenter 安装软件（如图 3-23 所示），选择“vSphere Client”项，单击“安装”按钮。

（2）单击“安装”按钮后，出现安装向导对话框，如图 3-32 所示，单击“下一步”按钮。

（3）在“专利协议”界面中，单击“下一步”按钮。

（4）在“许可协议”界面中，选择“我同意许可协议中的条款”选项，单击“下一步”按钮。

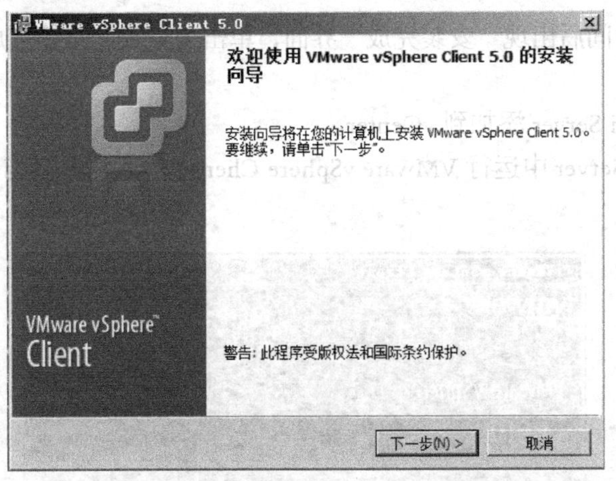

图 3-32　vSphere Client 安装向导界面

（5）在图 3-33 所示的"客户信息"界面中，输入相关信息，单击"下一步"按钮。

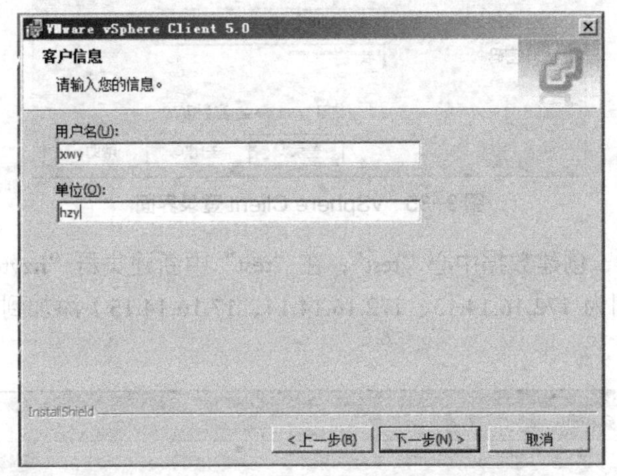

图 3-33　vSphere Client 客户信息设置界面

（6）在软件"安装位置选择"界面中，选择软件安装位置，单击"下一步"按钮。

（7）在图 3-34 所示界面中，单击"安装"按钮进行安装。

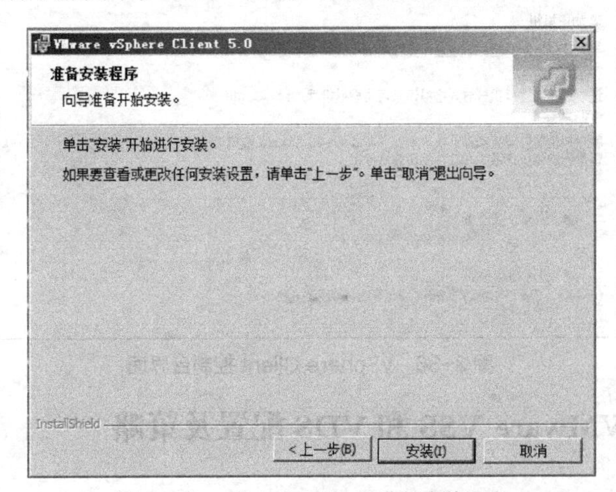

图 3-34　vSphere Client 准备安装界面

（8）等待一段时间后出现“安装完成”界面，单击“完成”按钮完成安装。至此 vSphere Client 就安装完成。

步骤 5：将 ESXi Server 添加到 vCenter。

（1）在 vCenter Server 中运行 VMware vSphere Client，输入用户名与密码登录，如图 3-35 所示。

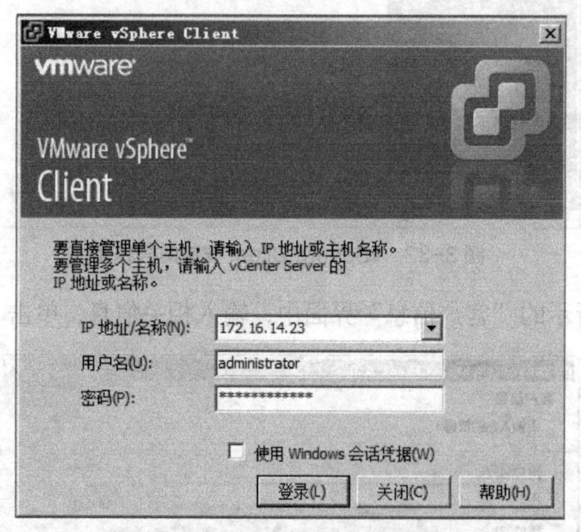

图 3-35　vSphere Client 登录界面

（2）登录成功后，创建数据中心“test”，在“test”中新建集群“hzytest”，并将 3 台 ESXi Server 主机（IP 分别为 172.16.14.13、172.16.14.14、17.16.14.15）添加到“hzytest”中，如图 3-36 所示。

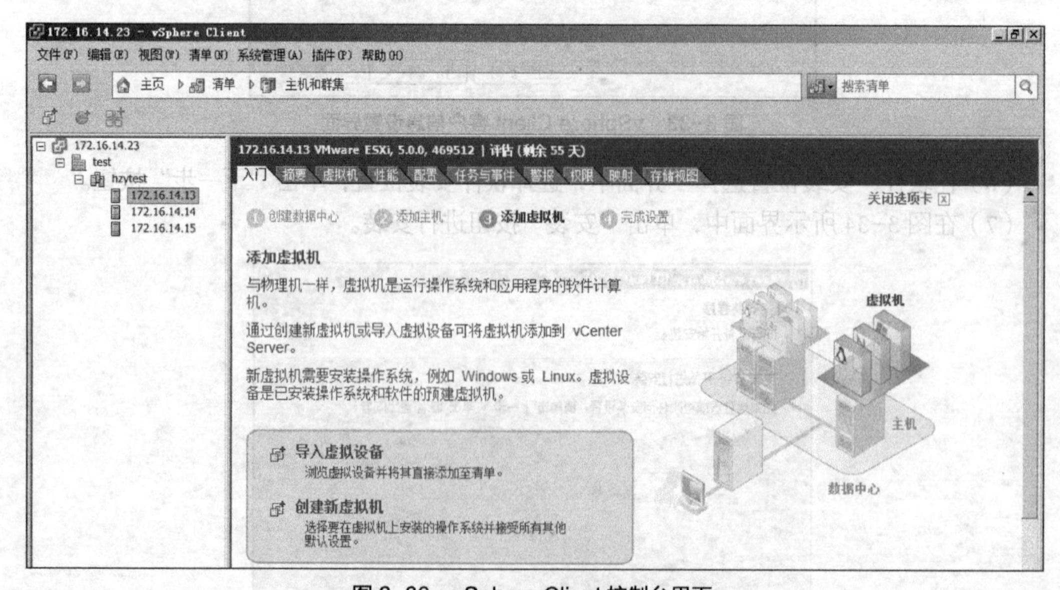

图 3-36　vSphere Client 控制台界面

任务 3-3：VMware VSS 和 VDS 配置及策略

1．任务目标

（1）能熟练使用 VMware vCenter Server 系统；

（2）能熟练掌握ESXi主机的资源配置；

（3）能熟练安装与配置 VMware VSS；

（4）能熟练安装与配置 VMware VDS。

2．任务内容

本任务要求管理员在 VMware vCenter Server 中配置 VMware VSS 和 VDS，具体内容为：

（1）配置 ESXi 主机的资源；

（2）安装与配置 VMware VSS 网络连接；

（3）安装与配置 VMware VDS 网络连接。

3．完成任务所需设备和软件

（1）已配置好的 Virtual Center Server 服务器 1 台；

（2）已配置好的 ESXi Server 服务器 3 台（每台配有 5 块物理网卡）。

4．任务实施步骤

步骤 1：任务准备与规划。

由于在 VSAN 实际使用时，系统有至少 30%甚至更高的富余容量，因而在 ESXi 主机上的资源利用率超过 80%时，整个系统响应会变得比较慢。在一台 ESXi 物理服务器上，最大能放多少虚拟机是一个需要综合考虑的问题。既要考虑 ESXi 主机的 CPU、内存、磁盘（容量与性能），也要考虑运行的虚拟机需要的资源。虚拟机容量规划可考虑以下原则：

（1）虚拟 CUP：在实际实施虚拟化的项目中，大多数虚拟机对 CPU 的要求并不是非常的高，即使为虚拟机分配了 4 个或更多的 CPU，但实际上该虚拟机的 CPU 使用率只有 10%以下，这时候所消耗的物理主机 CPU 资源不足 0.5 个。因此在估算虚拟化的容量时，在只考虑 CPU 的情况下，可以将物理 CPU 与虚拟 CPU 按照 1 ∶ 4～1 ∶ 10 甚至更高的比例规划，例如一台物理主机具有 4 个 8 核心的 CPU，在内存、存储足够的情况下，按照 1 ∶ 5 的比例，则可以虚拟出 4×8×5＝160 个 vCPU，假设每个虚拟机需要 2 个 vCPU，则可以创建 80 个虚拟机。

（2）虚拟内存：在为物理主机配置内存时，要考虑将在该主机上运行多少虚拟机、这些虚拟机一共需要多少内存，一般情况下每个虚拟机需要的内存为 1～4 GB 甚至更多，还要为 VMware ESXi 预留一部分内存。通常情况下，配置了 4 个 8 核心 CPU 的主机一般需要配置 96 GB 甚至更高的内存；在配置 2 个 6 核心 CPU 的主机时，通常要配置 32～64 GB 的内存。

在虚拟化的项目中，对内存占用是最大、要求最高的，在实际使用中经常发现，物理主机的内存会接近 80%甚至 90%，因为在同一物理主机上，规划的虚拟机数量较多，而且每个虚拟机分配的内存又较大（总是超过该虚拟机实际使用的内存），所以会导致主机可用内存减少。

（3）虚拟存储：由于使用 VMware vSphere 实施 VSAN 虚拟化项目时，ESXi 安装在服务器的本地硬盘上，这个本地硬盘可以是一个固态硬盘（5.2～10 GB 即可），也可以是一个 SD 卡（配置 8 GB 即可）。如果服务器没有配置本地硬盘，也可以从存储上为服务器划分 8～16 GB 的分区用于启动。

在选择存储设备的时候，要考虑整个虚拟化系统中需要用到的存储容量、磁盘性能、接口数量、接口的带宽。对于容量来说，整个存储设计的容量应是实际使用容量的 2 倍以上。例如，整个数据中心已经使用了 1 TB 的磁盘空间（所有已用空间加到一起），则在设计存储时，要至少设计 2 TB 的存储空间（是配置 RAID 之后而不是没有配置 RAID、所有磁盘相加的空间）。

在规划存储时，还要考虑存储的接口数量及接口的速度。通常来说，在规划一个具有 4 个主机、1 个存储的系统中，采用具有 2 个接口器、4 个 SAS 接口的存储服务器是比较合适的，如果有更多的主机，或者主机需要冗余的接口，则可以考虑配 FC 接口的存储，并采用光纤交换机连接存储与服务器。

在存储设计中，另外一个重要的参数是 IOPS（Input/Output Operations Per Second），即每秒进行读写（I/O）操作的次数，多用于数据库等场合，衡量随机访问的性能。存储端的 IOPS 性能和主机端的 IO 是不同的，IOPS 是指存储每秒可接受多少次主机发出的访问，主机的一次 IO 需要多次访问存储才可以完成。一般情况下，在做桌面虚拟化时，每个虚拟机的 IOPS 可以设计为 3～5 个；普通的虚拟服务器 IOPS 可以规划为 15～30 个（看实际情况）；当设计一个同时运行 100 个虚拟机的系统时，IOPS 则至少要规划为 2000 个，如果采用 10 000 转的 SAS 磁盘，则至少需要 20 个磁盘。

（4）计算实际需求：如果要将现有的物理服务器迁移到虚拟机中，可以制作一张统计表，这包括现有物理服务器的 CPU 型号、数量，CPU 利用率，现有内存及内存利用率，现有硬盘数量、大小、RAID 及使用情况，然后根据这些来计算，计算方式为：

① 实际 CPU 资源=该台服务器 CPU 频率×CPU 数量×CPU 使用率；

② 实际内存资源=该台服务器内存×内存使用率；

③ 实际硬盘空间=硬盘容量-剩余空间。

假设现在已经使用了 91.1944 GHz 的 CPU 资源，以 CPU 频率 3.0 Hz 为例，则需要 30 核心（负载 100%），但要考虑整体项目中 CPU 的负载率为 60%～75%，以及管理等其他开销，则至少需要 40 个 CPU 核心，如果配置 4 个 6 核心的服务器，则需要大约 4 台物理主机。至于内存，假设经计算现在已经使用了 182 GB，加上管理以及富余，以 360 GB 计算，每服务器 96～128 GB 即可。

步骤 2： 硬件连接。

用双绞线分别把服务器连接到交换机上，如图 3-22 所示。

步骤 3： 配置 VMware VSS 网络连接。

在安装 ESXi 主机的时候，一个 VMware 标准交换机已经自动创建，并用来承载 ESXi 网络管理流量和虚拟机流量。可以使用这个现存的标准交换机以及与之关联的与外部网络通信的上行链路来创建一个用于 VSAN 流量的新的 VMkernel 端口。或者可以选择为 VSAN 网络流量的 VMkernel 端口创建一个新的标准交换机，并为它选择一些新的上行链路。

vSphere 网络由许多层构成，最底层是物理网卡。虚拟交换机位于物理网卡层之上，默认会安装第一台虚拟交换机 vSwitch0。虚拟交换机的用法与物理网络中的物理交换机类似。这意味着几个虚拟机能够连接到一个交换机上。可在“网络”选项卡中查看当前配置的概况。

使用 VSS 设置网络连接，具体操作步骤如下：

（1）在 vCenter Server 中运行 VMware vSphere Client，输入用户名与密码登录，导航到“主机和集群”，如图 3-36 所示。

（2）在图 3-36 所示界面中，选择“172.16.14.13”主机后，单击“配置”选项卡，在“硬件”选项中选择“网络”选项，然后选择“vSphere 标准交换机”，如图 3-37 所示。

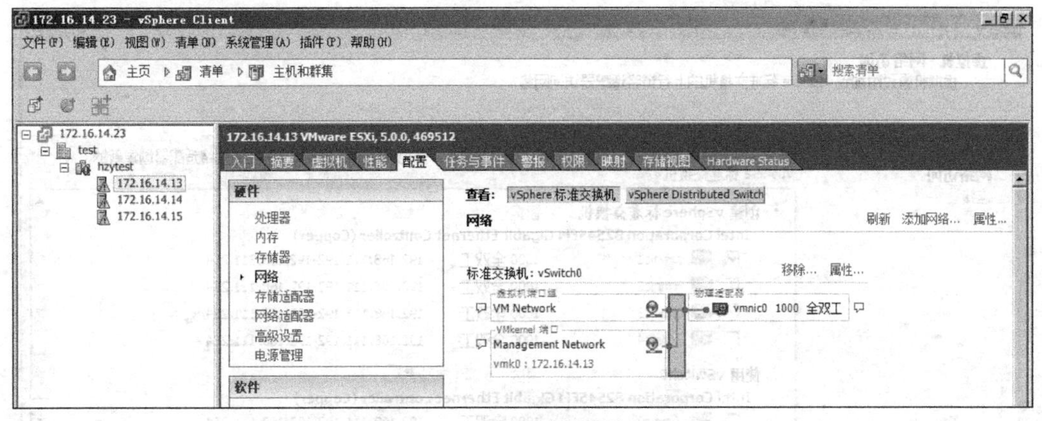

图 3-37　查看主机虚拟交换机情况

（3）在图 3-37 所示界面中，单击“添加网络”按钮，在弹出的“连接类型”界面中选择“VMkernel”选项，如图 3-38 所示，单击“下一步”按钮。

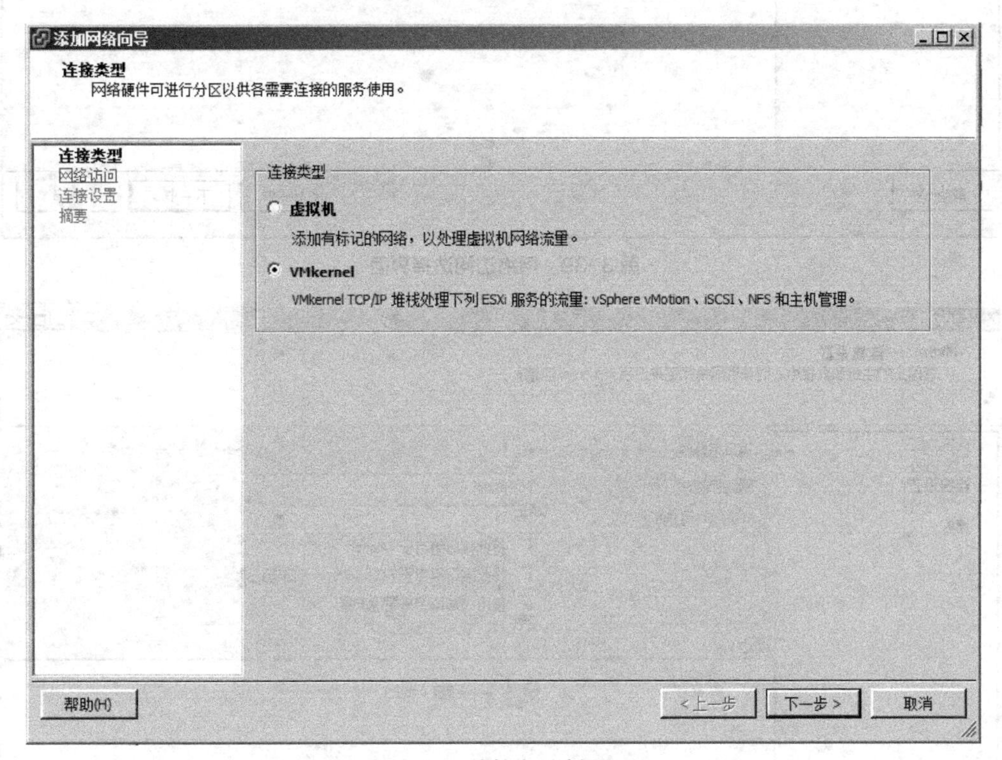

图 3-38　连接类型选择界面

（4）在图 3-39 所示界面中，选择“创建 vSphere 标准交换机”，将物理网络适配器添加到新的标准交换机（本主机共有 5 块网卡，在此将第二块网卡“vmnic1”分配给新的标准交换机），然后单击“下一步”按钮。

（5）在图 3-40 所示“连接设置”界面中，可以在此设置“网络标签”的名称与“VLAN ID”号，并选中“使用该端口组来管理流量”选项，然后单击“下一步”按钮。

（6）在图 3-41 所示的“IP 地址设置”界面中，为此网卡分配一个 IP 地址（在此将 IP 地址设置为 172.16.14.100/24），然后单击“下一步”按钮。

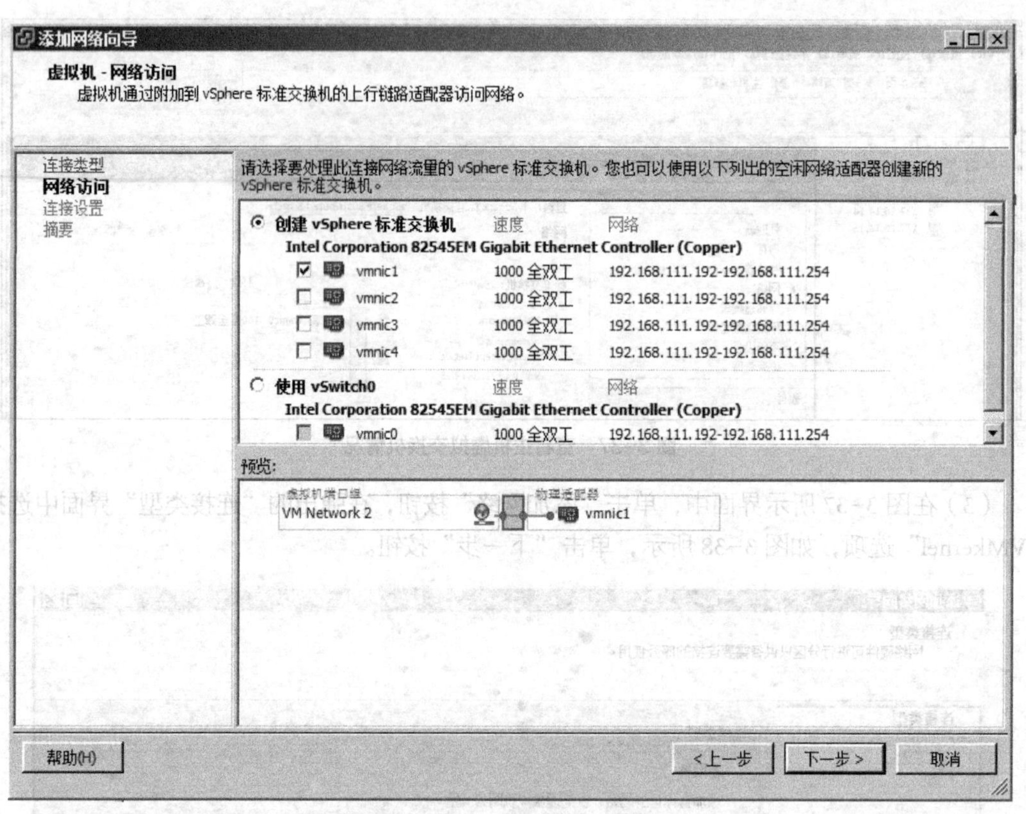

图 3-39　网络访问选择界面

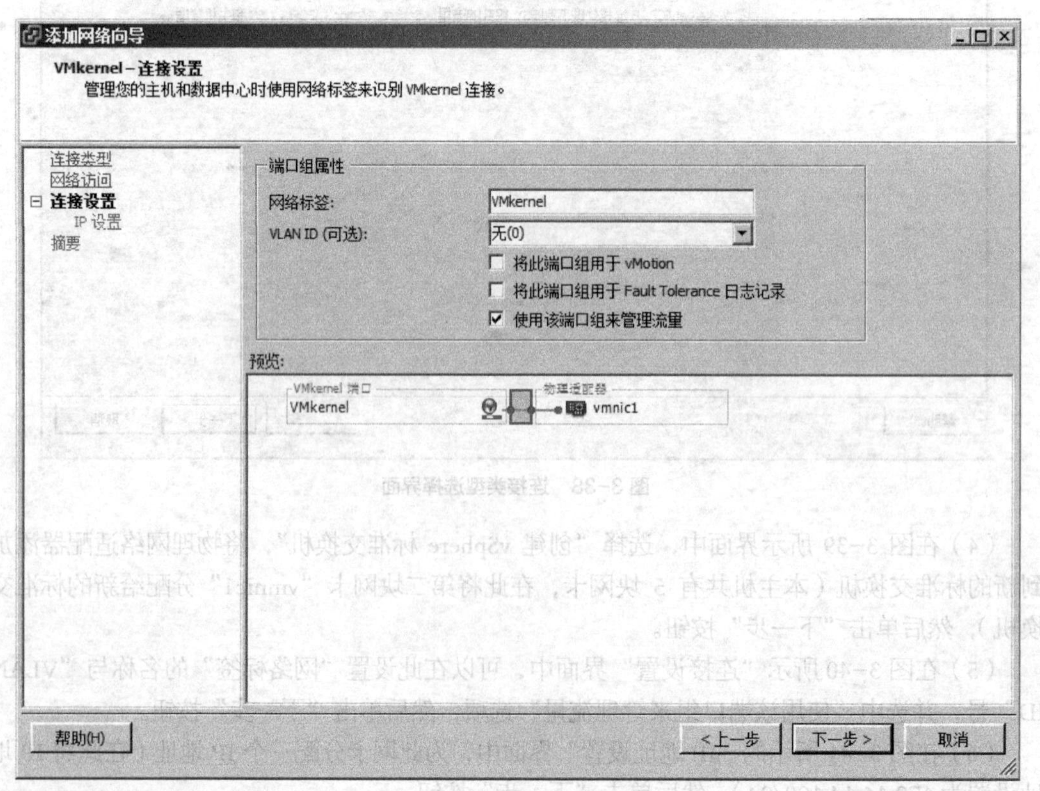

图 3-40　连接设置界面

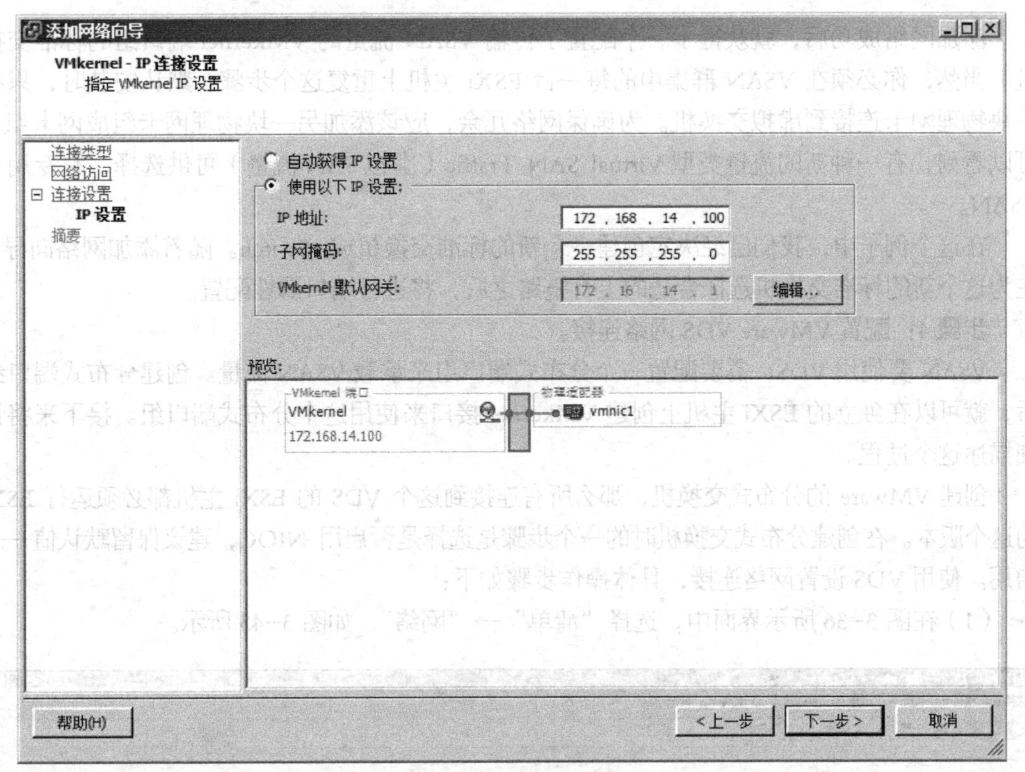

图 3-41　IP 地址设置界面

（7）在图 3-42 所示界面中，单击“完成”按钮完成虚拟交换机的添加。

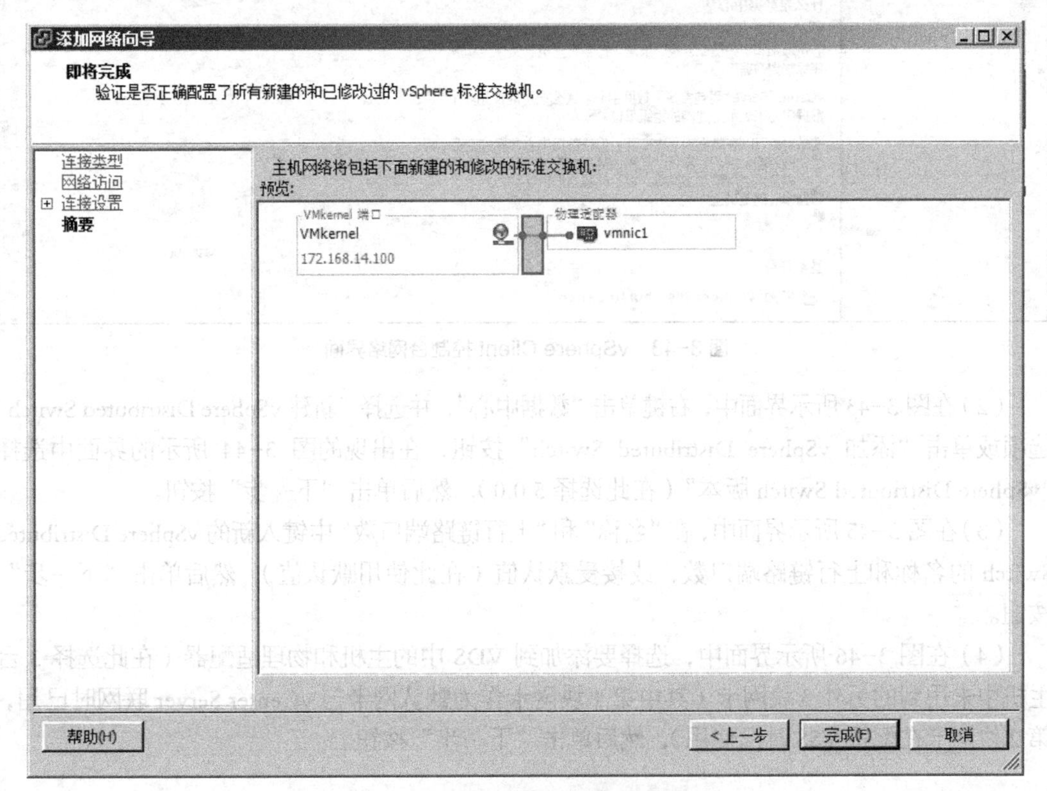

图 3-42　虚拟交换机的添加完成界面

添加网络成功后，就获得了一个配置了传输 VSAN 流量的 VMkernel 端口组的标准交换机。当然，你必须在 VSAN 群集中的每一台 ESXi 主机上重复这个步骤。默认安装时，只有一块物理网卡连接到虚拟交换机。为确保网络冗余，应该添加另一块物理网卡组成网卡组。可以看到，有一种新的流量类型 Virtual SAN Traffic（虚拟 SAN 流量）可供选择，它专用于 VSAN。

在这个例子中，我们已经决定创建一个新的标准交换机或 vSwitch。随着添加网络向导，在为这个新的标准交换机选择合适的上行链路之后，将进行端口属性配置。

步骤 4：配置 VMware VDS 网络连接。

VSAN 要使用 VDS，需要配置一个分布式端口组来承载 VSAN 流量。创建分布式端口组后，就可以在独立的 ESXi 主机上创建 VMkernel 接口来使用这个分布式端口组。接下来将详细描述这个过程。

创建 VMware 的分布式交换机，那么所有连接到这个 VDS 的 ESXi 主机都必须运行 ESXi 的这个版本。在创建分布式交换机时的一个步骤是选择是否启用 NIOC，建议保留默认值——启用。使用 VDS 设置网络连接，具体操作步骤如下：

（1）在图 3-36 所示界面中，选择“清单”→“网络”，如图 3-43 所示。

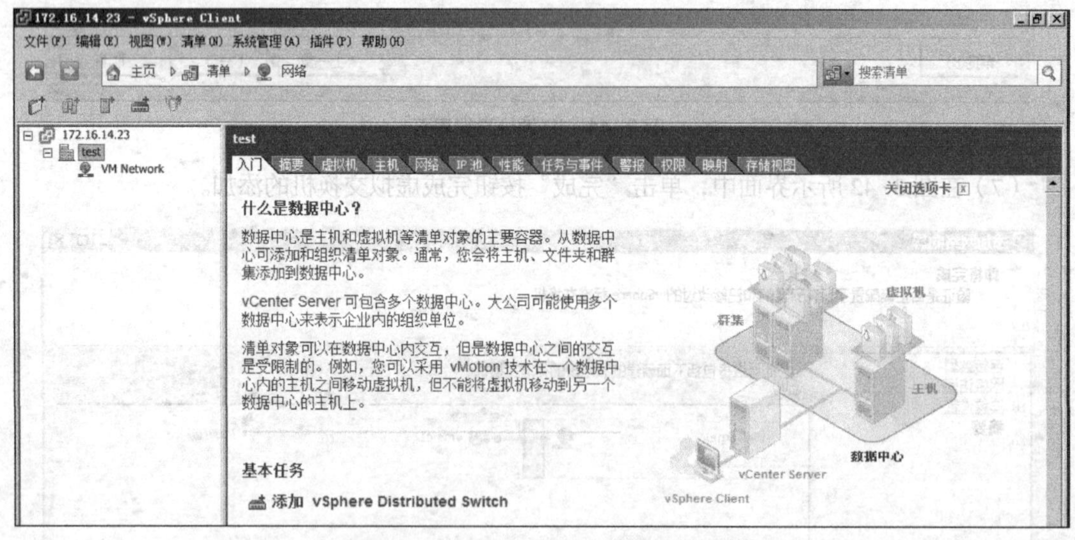

图 3-43　vSphere Client 控制台网络界面

（2）在图 3-43 所示界面中，右键单击“数据中心”，并选择“新建 vSphere Distributed Switch”选项或单击“添加 vSphere Distributed Switch”按钮，在出现的图 3-44 所示的界面中选择“vSphere Distributed Switch 版本”（在此选择 5.0.0），然后单击“下一步”按钮。

（3）在图 3-45 所示界面中，在“名称”和“上行链路端口数”中键入新的 vSphere Distributed Switch 的名称和上行链路端口数，或接受默认值（在此使用默认值），然后单击“下一步”按钮。

（4）在图 3-46 所示界面中，选择要添加到 VDS 中的主机和物理适配器（在此选择 3 台主机中未用到的另外 3 块网卡（其中第 1 块网卡作为默认网卡与 vCenter Server 联网时已用，第 2 块网卡在配置 VSS 时已使用），然后单击“下一步”按钮。

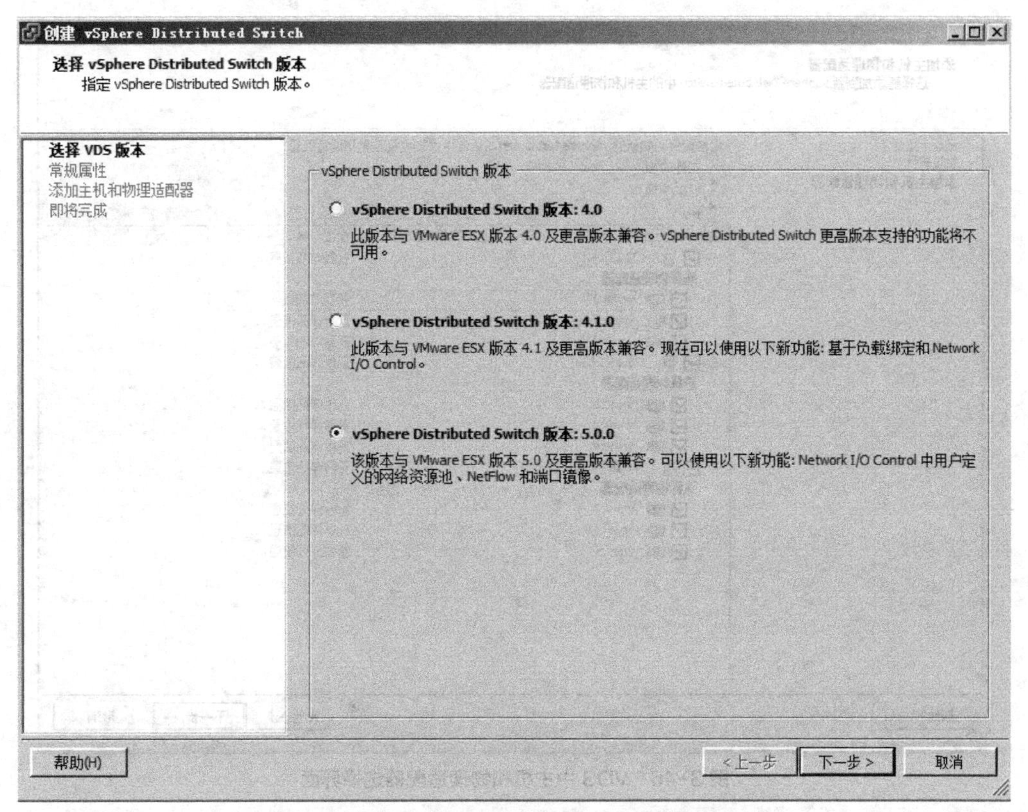

图 3-44 vSphere Distributed Switch 版本选择界面

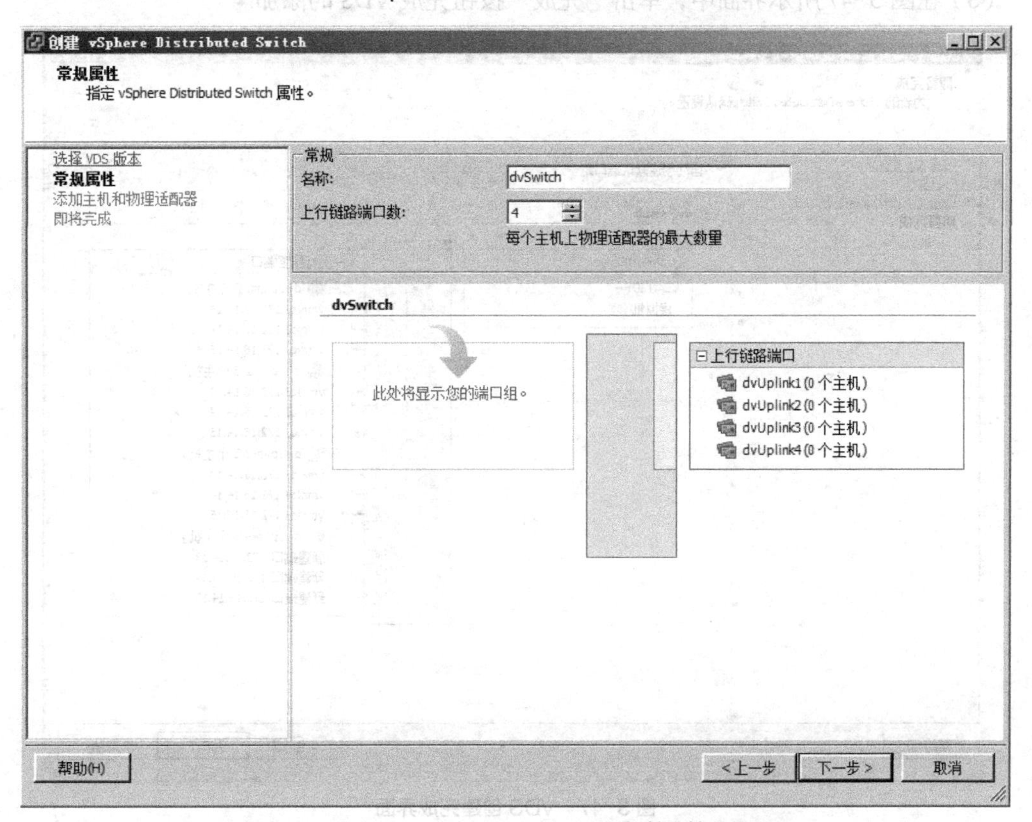

图 3-45 vSphere Distributed Switch 相关属性设置界面

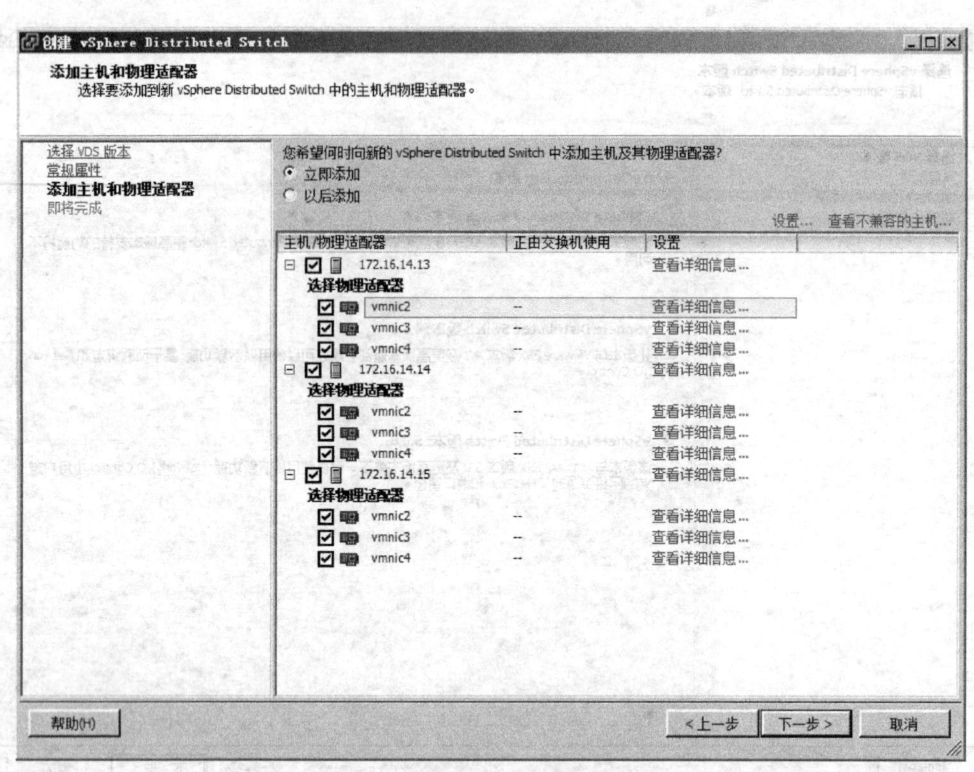

图 3-46　VDS 中主机和物理适配器选择界面

(5)在图 3-47 所示界面中，单击“完成”按钮完成 VDS 的添加。

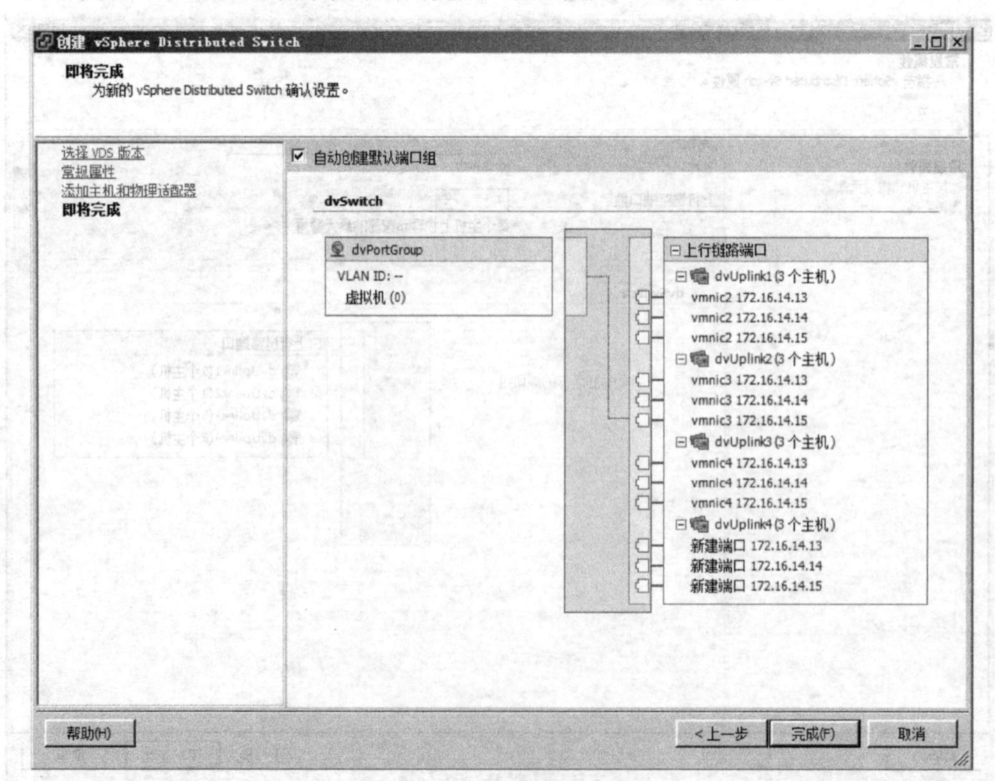

图 3-47　VDS 创建完成界面

VDS创建完成后，可以通过导航到该新的VDS并单击“摘要”选项卡，查看该VDS支持的功能及其他详细信息。下一步可将vSphere标准交换机中的虚拟机迁移到VDS中来，图3-48所示是将原来在vSphere标准交换机中的“windows xp”和“windows 7”两个虚拟机迁移到VDS中后的效果图，如图3-48所示。

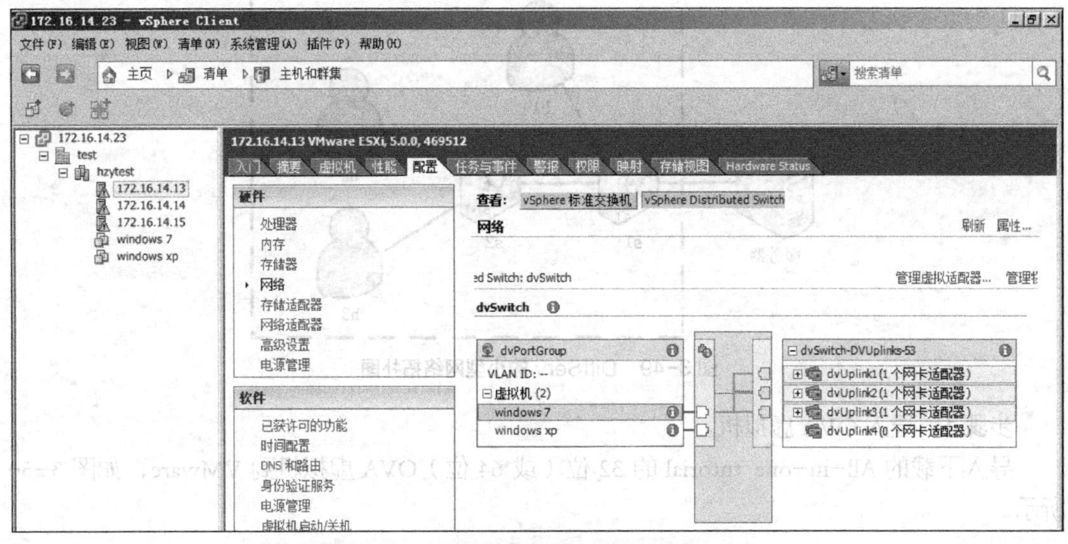

图3-48 虚拟机迁移到VDS中后的效果图

任务3-4：Floodlight部署及应用

1. 任务目标

（1）能熟练使用SDN/Floodlight控制器；

（2）能熟练使用mininet工具；

（3）能熟练掌握Floodlight的OpenFlow QoS功能测试。

2. 任务内容

本任务要求管理员针对当前OpenFlow网络对QoS管理的需求，设计并实现一套基于OpenFlow网络架构的QoS系统，具体内容为：

（1）SDN控制器Floodlight的安装部署；

（2）mininet工具的安装与使用；

（3）Floodlight的OpenFlow QoS功能测试。

3. 完成任务所需设备和软件

（1）安装VMware Workstation 10及以上版本计算机1台；

（2）已下载SDN Hub（sdnhub.org）构建的All-in-one的tutorial VM（下载地址：http://sdnhub.org/tutorials/sdn-tutorial-vm/）。

4. 任务实施步骤

本次任务针对当前OpenFlow网络对QoS管理的需求，结合对传统IP网络区分服务模型（DiffServ）QoS技术的研究，设计并实现了一套Floodlight控制器的DiffServ模型。通过搭建小型网络拓扑实验环境，验证设计的QoS系统对网络QoS性能的全局掌控，对数据中心提供带宽预留与保障，并对实验结果进行分析，当总体流量大于链路承载能力时，优先保证指定业务的带宽。

搭建一个简单的DiffServ的小型网络（如图3-49所示），其中OpenFlow控制器（服务器）为运行Floodlight控制器程序的Linux（Ubuntu）主机，Floodlight和OVS为运行OpenFlow网络的控制器和交换机。

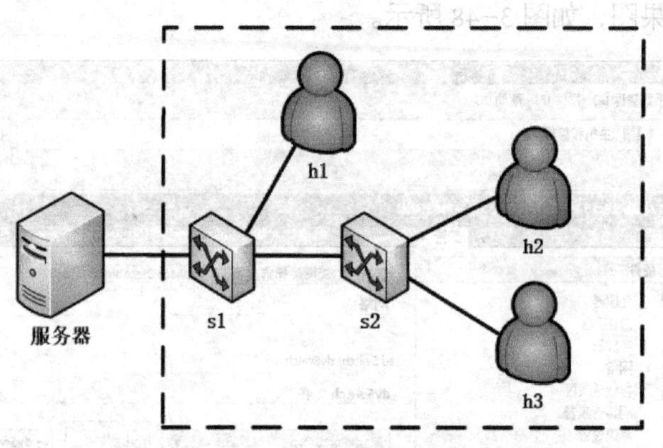

图3-49　DiffServ的小型网络拓扑图

步骤1：导入OVA虚拟机。

导入下载的All-in-one tutorial的32位（或64位）OVA虚拟机到VMware，如图3-50所示。

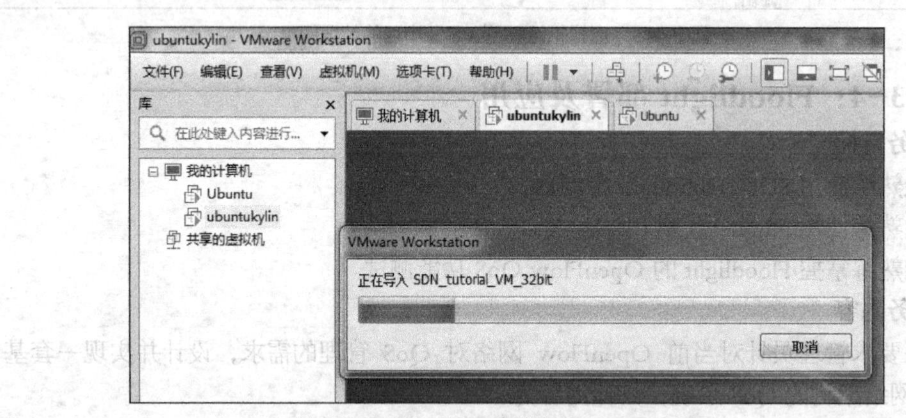

图3-50　导入OVA虚拟机到VMware界面

此All-in-one的OVA虚拟机内置软件和工具包括：

- SDN控制器：Opendaylight、ONOS、RYU、Floodlight-OF1.3、Pox和Trema；
- 关于hub、L2学习交换机、通信状态和其他一些应用；
- Open vSwitch 2.3.0：支持OpenFlow 1.2、1.3、1.4和LINC switch；
- Mininet：创建和运行示例拓扑；
- Pyretic；
- Wireshark：协议数据包分析；
- JDK 1.8、Eclipse和Maven。

步骤2：系统更新。

在图3-51所示界面中，进入“Applications Menu”→“Settings”→“Settings Manager”选项，单击“software Updater”按钮，按提示要求进行操作，等待一段时间后完成系统更新操作（注意：系统更新完成需要较长时间，建议提前更新完成）。

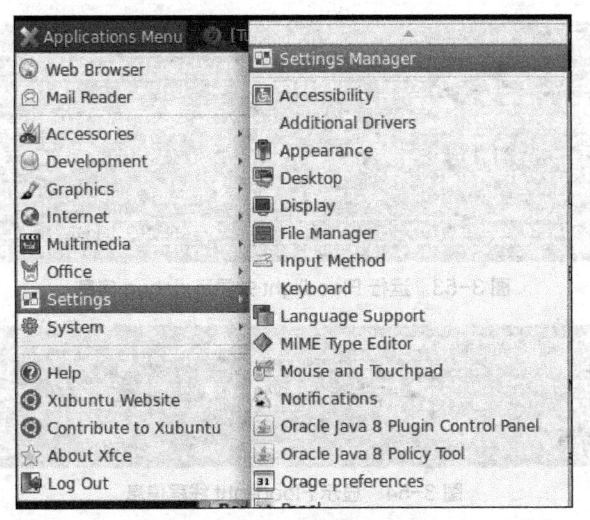

图 3-51 系统更新操作界面

步骤 3：安装并运行 Floodlight。

在 github.com 上下载并编译 Floodlight，具体执行代码如下：

```
# git clone git://github.com/floodlight/floodlight.git
# cd floodlight
# ant
```

命令执行效果如图 3-52 所示。

```
Terminal File Edit View Search Terminal Help
ubuntukylin@ubuntu:~$ git clone git://github.com/floodlight/floodlight.git
Cloning into 'floodlight'...
remote: Counting objects: 44232, done.
Receiving objects: 100% (44232/44232), 286.00 MiB | 231.00 KiB/s, done.
remote: Total 44232 (delta 0), reused 0 (delta 0), pack-reused 44232
Resolving deltas: 100% (27143/27143), done.
Checking connectivity... done.
Checking out files: 100% (719/719), done.
ubuntukylin@ubuntu:~$ cd floodlight
ubuntukylin@ubuntu:~/floodlight$ ant
Buildfile: /home/ubuntukylin/floodlight/build.xml
  [taskdef] Could not load definitions from resource tasks.properties. It could
not be found.

init:
    [mkdir] Created dir: /home/ubuntukylin/floodlight/target/bin
    [mkdir] Created dir: /home/ubuntukylin/floodlight/target/bin-test
    [mkdir] Created dir: /home/ubuntukylin/floodlight/target/lib
    [mkdir] Created dir: /home/ubuntukylin/floodlight/target/test

compile:
    [javac] Compiling 536 source files to /home/ubuntukylin/floodlight/target/bi
```

图 3-52 安装 Floodlight

运行 Floodlight，执行以下命令显示控制台信息：

```
#java -jar target/floodlight.jar
```

命令执行效果如图 3-53 所示，此时 Floodlight 就会开始运行，并在控制台打印 debug 信息。

显示 Floodlight 线程信息，如果 Floodlight 运行不正常，可以查看 Floodlight 的主进程是否正在运行，执行如下命令查看：

```
# ps -ef |grep floodlight
```

命令执行效果如图 3-54 所示。

```
ubuntukylin@ubuntu:~/floodlight$ java -jar target/floodlight.jar
10-31 11:28:36.64 INFO  [o.s.s.i.r.RPCService] Listening for internal flood
 RPC on 0.0.0.0/0.0.0.0:6642
10-31 11:28:36.511 INFO  [o.r.C.I.Server] Starting the Simple [HTTP/1.1] se
on port 8080
10-31 11:28:36.515 INFO  [org.restlet] Starting net.floodlightcontroller.re
rver.RestApiServer$RestApplication application
10-31 11:28:51.175 INFO  [n.f.l.i.LinkDiscoveryManager] Sending LLDP packet
 of all the enabled ports
10-31 11:28:58.465 INFO  [n.f.j.JythonServer] Starting DebugServer on :6655
10-31 11:29:06.192 INFO  [n.f.l.i.LinkDiscoveryManager] Sending LLDP packet
```

图 3-53　运行 Floodlight 并显示 debug 信息

```
ubuntukylin@ubuntu:~$ ps -ef |grep floodlight
ubuntuk+ 16738  4720  1 11:28 pts/17   00:00:12 java -jar target/floodlight.jar
ubuntuk+ 16848  4720  0 11:46 pts/17   00:00:00 grep --color=auto floodlight
ubuntukylin@ubuntu:~$
```

图 3-54　显示 Floodlight 线程信息

步骤 4：配置 Floodlight 文件。

查看 Floodlight 配置文件，使用以下命令：

```
# cd floodlight/src/main/resources/
# cat floodlightdefault.properties
# cat learningswitch.properties
```

Floodlight 提供了两个默认的配置文件 floodlightdefault.properties 和 learningswitch.properties，路径都位于 floodlight/src/main/resources/。

更改 Floodlight 的配置文件，首先将 VIM 升级到最新版，并获取 root 权限，命令如下：

```
#sudo apt-get install vim
#sudo passwd root          //设置 root 密码
#sudo -s                   //切换到 root 用户
```

命令执行结果如图 3-55 所示。

```
ubuntukylin@ubuntu:~/floodlight/src/main/resources$ sudo apt-get install vim
[sudo] password for ubuntukylin:
Reading package lists... Done
Building dependency tree
Reading state information... Done
The following additional packages will be installed:
  vim-runtime
```

```
ubuntukylin@ubuntu:~$ sudo passwd root
Enter new UNIX password:
Retype new UNIX password:
passwd: password updated successfully
ubuntukylin@ubuntu:~$ sudo -s
root@ubuntu:~#
```

图 3-55　root 的权限修改

然后通过 vi 命令修改配置文件，如有必要，用户可以自定义加载子模块和修改侦听端口，通过这两个配置文件可以查看 Floodlight 已经加载的子模块，以及控制器的侦听端口、Web 端口，默认的侦听端口是 6633，Web 端口是 8080。通过 vi 命令修改配置文件后，在 Floodlight 目录下执行 ant 编译后重启 Floodlight（参考步骤 3）。

步骤 5：创建拓扑。

直接在 root 下使用“mn”命令就可以创建默认的拓扑了，但默认的拓扑只连接到 127.0.0.1 上。

（1）安装 mininet，在终端上执行如下命令：

```
# git clone git://github.com/mininet/mininet
# cd mininet/util/
# ./install.sh -a
# ls
```

命令执行效果如图 3-56 所示。

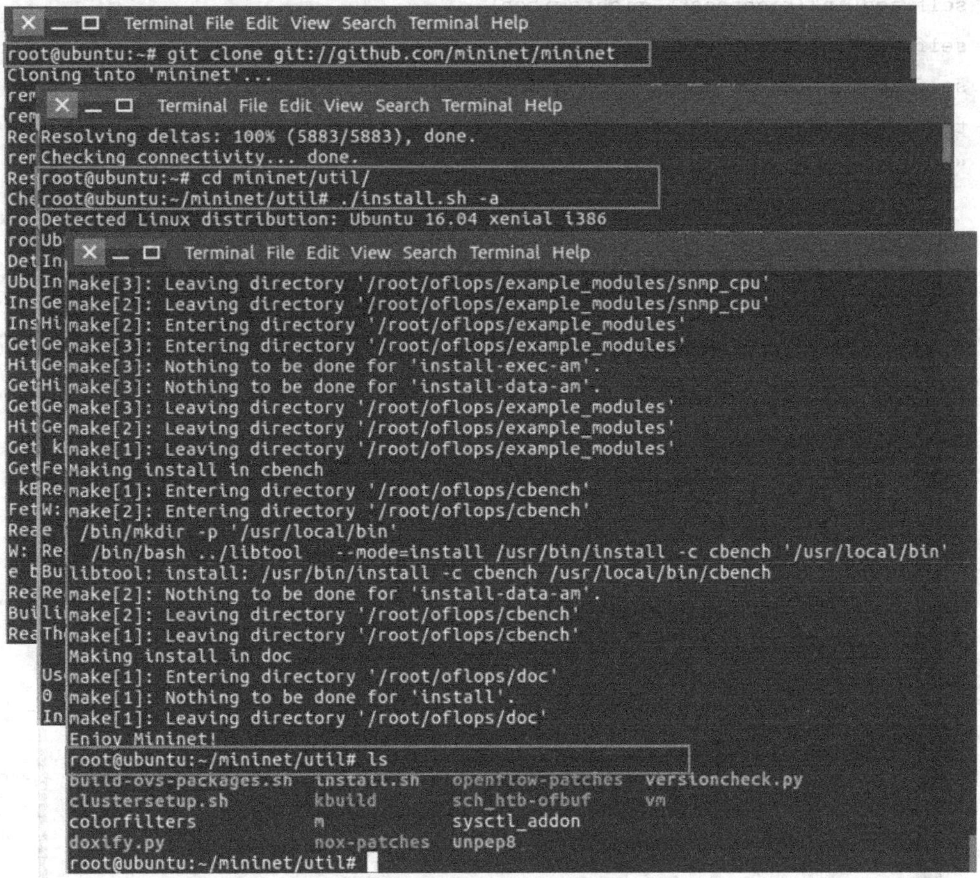

图 3-56 安装 mininet 效果图

（2）执行以下命令，在“mininet/custom/”目录中新建“test.py”文件：

```
#cd mininet/custom/
#gedit test.py
```

将以下内容添加到“test.py”文件中：

```
from mininet.topo import Topo
class MyTopo( Topo ):
def __init__( self):
          # initilaize topology
          Topo.__init__( self )
          # add hosts and switches
lefthost = self.addHost( 'h1' )
```

```
righthost = self.addHost( 'h2' )
        righthost1 = self.addHost( 'h3' )
leftswitch = self.addSwitch( 's1' )
rightswitch = self.addSwitch( 's2' )
        # add links
self.addLink(lefthost, leftswitch)
self.addLink(righthost, rightswitch)
self.addLink(righthost1, rightswitch)
self.addLink(leftswitch, rightswitch)
topos = { 'mytopo': ( lambda: MyTopo() ) }
```

“test.py”文件编辑后效果如图 3-57 所示。

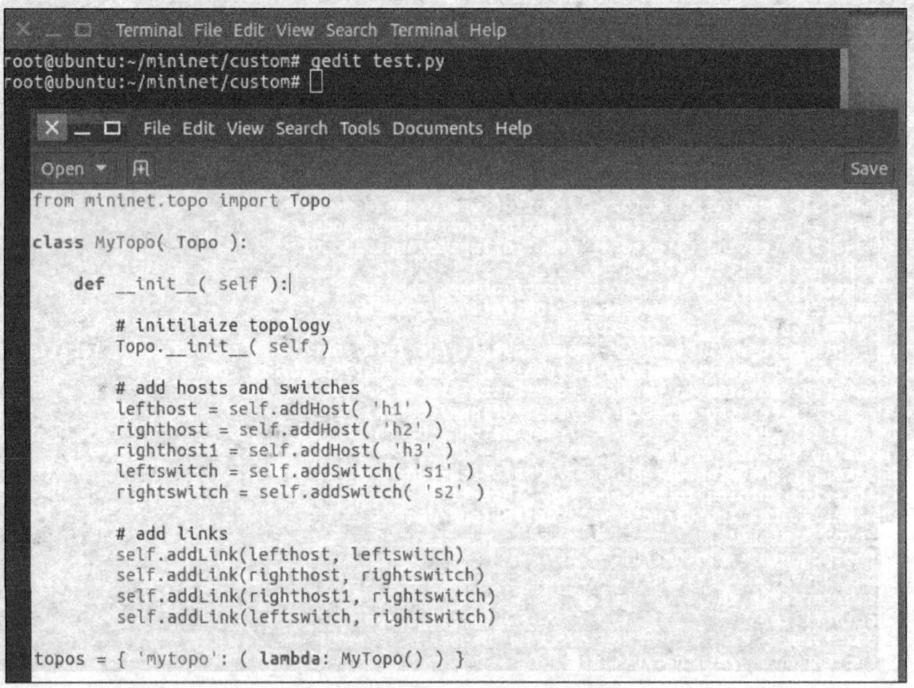

图 3-57 “test.py”文件内容效果图

（3）执行以下命令建立 mininet 下拓扑关系：

```
#sudo mn --custom test.py --topo mytopo --mac --switch ovsk--controller=
remote--ip=127.0.0.1
```

命令执行效果如图 3-58 所示。

然后对各个 Host 的主机 IP 地址、子网掩码和默认网关进行逐一设置，在图 3-58 所示 mininet 提示符下进行相应的设置，执行效果如图 3-59 所示。

步骤 6：测试连通性。

（1）通过执行以下命令显示网络连接与节点信息，并测试连通性：

```
mininet> net
mininet> dump
mininet> pingall
```

```
Terminal File Edit View Search Terminal Help
root@ubuntu:~/mininet/custom# gedit test.py
root@ubuntu:~/mininet/custom# sudo mn --custom test.py --topo mytopo --mac --swi
tch ovsk --controller=remote --ip=127.0.0.1
*** Creating network
*** Adding controller
Unable to contact the remote controller at 127.0.0.1:6653
Unable to contact the remote controller at 127.0.0.1:6633
Setting remote controller to 127.0.0.1:6653
*** Adding hosts:
h1 h2 h3
*** Adding switches:
s1 s2
*** Adding links:
(h1, s1) (h2, s2) (h3, s2) (s1, s2)
*** Configuring hosts
h1 h2 h3
*** Starting controller
c0
*** Starting 2 switches
s1 s2 ...
*** Starting CLI:
mininet>
```

图 3-58 建立 mininet 下拓扑关系效果图

```
Terminal
File Edit View Terminal Tabs Help
root@sdnhubvm:~/mininet/custom[02:21] (master)$ sudo mn --custom test.py --topo
mytopo --mac --switch ovsk --controller=remote --ip=127.0.0.1
*** Creating network
*** Adding controller
Unable to contact the remote controller at 127.0.0.1:6633
*** Adding hosts:
h1 h2 h3
*** Adding switches:
s1 s2
*** Adding links:
(h1, s1) (s1, s2) (s2, h2) (s2, h3)
*** Configuring hosts
h1 h2 h3
*** Starting controller
c0
*** Starting 2 switches
s1 s2 ...
*** Starting CLI:
mininet> h1 ifconfig h1-eth0 10.0.0.1 netmask 255.0.0.0
mininet> h2 ifconfig h2-eth0 10.0.0.2 netmask 255.0.0.0
mininet> h3 ifconfig h3-eth0 10.0.0.3 netmask 255.0.0.0
mininet> h1 route add default gw 10.0.0.254
mininet> h2 route add default gw 10.0.0.254
mininet> h3 route add default gw 10.0.0.254
mininet>
```

图 3-59 mininet 提示符下的主机设置测试信息

命令执行效果如图 3-60 所示。在输出的结果中，可以看到有 2 台交换机和 3 台主机，交换机 s1 连接 h1，交换机 s2 连接 h2 与 h3，交换机 s1 再与 s2 连接。

（2）使用 mininet 的 xterm 命令来给每一个 Host 与交换机启动一个 xterm 终端，执行以下命令可以为 h1、h2、h3、s1、s2 分别启动一个终端：

```
mininet>xterm h1 h2 h3 s1 s2
```

命令执行效果如图 3-61 所示。

```
mininet> h1 route add default gw 10.0.0.254
mininet> h2 route add default gw 10.0.0.254
mininet> h3 route add default gw 10.0.0.254
mininet> net
h1 h1-eth0:s1-eth1
h2 h2-eth0:s2-eth2
h3 h3-eth0:s2-eth3
s1 lo:  s1-eth1:h1-eth0 s1-eth2:s2-eth1
s2 lo:  s2-eth1:s1-eth2 s2-eth2:h2-eth0 s2-eth3:h3-eth0
c0
mininet> dump
<Host h1: h1-eth0:127.0.0.1 pid=6812>
<Host h2: h2-eth0:127.0.0.2 pid=6816>
<Host h3: h3-eth0:127.0.0.3 pid=6820>
<OVSSwitch s1: lo:127.0.0.1,s1-eth1:None,s1-eth2:None pid=6827>
<OVSSwitch s2: lo:127.0.0.1,s2-eth1:None,s2-eth2:None,s2-eth3:None pid=6830>
<RemoteController c0: 127.0.0.1:6633 pid=6806>
mininet> pingall
*** Ping: testing ping reachability
h1 -> h2 h3
h2 -> h1 h3
h3 -> h1 h2
*** Results: 0% dropped (6/6 received)
mininet>
```

图 3-60　h1、h2、h3 节点互相连通

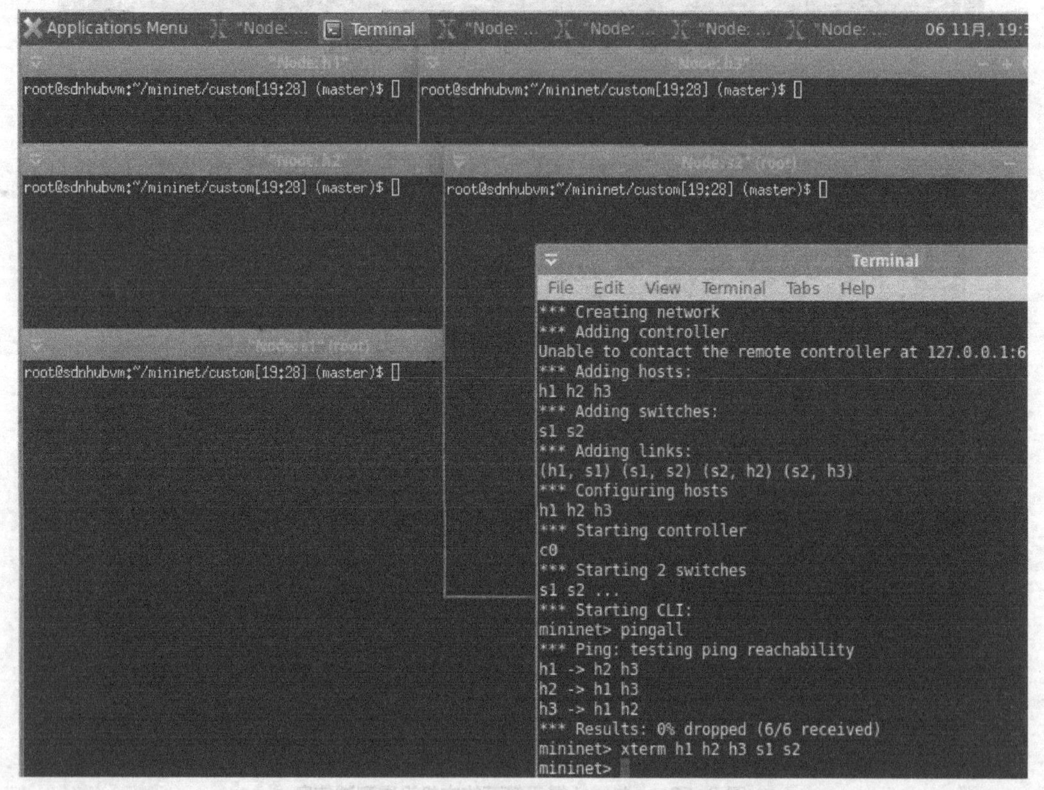

图 3-61　给每一个 Host 与交换机启动一个 xterm 终端

步骤 7：流量控制功能验证。

（1）系统端口速率 TCP 限速测试。

为了验证管理系统指令配置模块的配置结果，从 Host 进行打包测试，验证配置端口速率限制的正确性。首先由服务器作为服务端、h1 作为客户端进行 TCP 打包，然后加入 QoS 策略再进行 TCP 打包测试。从打包结果可以看出，QoS 策略完成了端口队列速率限制的功能。

① 不加入策略，服务器到 h1 的 TCP 带宽为 2 Gb/s，测试效果如图 3-62 所示。

```
Node: h1
root@sdnhubvm:/home/ubuntu/mininet/custom# iperf -c 10.0.0.3
------------------------------------------------------------
Client connecting to 10.0.0.3, TCP port 5001
TCP window size: 85.3 KByte (default)
------------------------------------------------------------
[  4] local 10.0.0.1 port 36262 connected with 10.0.0.3 port 5001
[ ID] Interval       Transfer     Bandwidth
[  4]  0.0-10.0 sec  2.34 GBytes  2.01 Gbits/sec
root@sdnhubvm:/home/ubuntu/mininet/custom# iperf -c 10.0.0.2
```

图 3-62　显示不加入任何 Queue 的带宽

② 开启 QoS 的服务成功，执行效果如图 3-63 所示。

```
root@sdnhubvm:/home/ubuntu/floodlight/apps/qos# ./qosmanager2.py -e
Connection Successful
Connection Successful
Enabling QoS at 127.0.0.1:8080
[CONTROLLER]: {"status" : "success", "details" : "QoS Enabled"}
Closed connection successfully
root@sdnhubvm:/home/ubuntu/floodlight/apps/qos#
```

图 3-63　显示 QoS 功能开启

③ 在 Open vSwitch1 的接口上创建 Queue 队列机制，执行效果如图 3-64 所示。

```
root@sdnhubvm:/home/ubuntu/floodlight/apps/qos# sudo ovs-vsctl -- --id=@defaultq
os create qos type=linux-htb other-config:max-rate=1000000000 queues=0=@q0,1=@q1
,2=@q2 -- --id=@q0 create queue other-config:min-rate=1000000000 other-config:ma
x-rate=1000000000 -- --id=@q1 create queue other-config:max-rate=20000000 -- --i
d=@q2 create queue other-config:max-rate=2000000 other-config:min-rate=2000000
1b1ce4f2-65b8-4f0b-ae83-fa4edc94f13e
1f3bcda3-b3d3-4856-a7eb-f5f04241598b
8b208dbc-7697-4bee-a0f1-ddab36323bfb
963fe9d2-6aca-4aa5-b992-1435dcb8d273
```

图 3-64　OVS 的接口上创建 Queue 队列机制

④ 创建一条实际的 QoS Policy 策略，执行效果如图 3-65 所示。

```
Terminal - root@sdnhubvm: /home/ubuntu/floodlight/apps/qos
File  Edit  View  Terminal  Tabs  Help
root@sdnhubvm:/home/ubuntu/floodlight/apps/qos# ./qospath2.py -a --name 2Mbps01-
02 -S 10.0.0.1 -D 10.0.0.2 -J'{"eth-type":"0x0800","protocol":"6","queue":"2"}'
add
src good
dest good
Trying to create a circuit from host 10.0.0.1 to host 10.0.0.2...
/home/ubuntu/floodlight/apps/qos
Necessary tools confirmed.. circuitpusher.py , qosmanager2.py
create circuit!!!
./circuitpusher.py --controller=127.0.0.1:8080 --type ip --src 10.0.0.1 --dst 10
.0.0.2 --add --name 2Mbps01-02
Process 3398 started to create circuit
Namespace(action='add', circuitName='2Mbps01-02', controllerRestIp='127.0.0.1:80
80', dstAddress='10.0.0.2', srcAddress='10.0.0.1', type='ip')
curl -s http://127.0.0.1:8080/wm/device/?ipv4=10.0.0.1

curl -s http://127.0.0.1:8080/wm/device/?ipv4=10.0.0.2

Creating circuit:
from source device at switch 00:00:00:00:00:00:00:01 port 1
to destination device at switch 00:00:00:00:00:00:00:01 port 3
curl -s http://127.0.0.1:8080/wm/topology/route/00:00:00:00:00:00:00:01/1/00:00:
00:00:00:00:00:01/3/json
```

图 3-65　创建 QoS Policy

在 Floodlight 控制器中已经声明 Protocol= “6” 是 TCP 流量，如图 3-66 所示。

```
protected static final Map<String,String> l4TypeAliasMap =
        new HashMap<String, String>();
static {
    l4TypeAliasMap.put("00", "L4_HOPOPT");
    l4TypeAliasMap.put("01", "L4_ICMP");
    l4TypeAliasMap.put("02", "L4_IGAP_IGMP_RGMP");
    l4TypeAliasMap.put("03", "L4_GGP");
    l4TypeAliasMap.put("04", "L4_IP");
    l4TypeAliasMap.put("05", "L4_ST");
    l4TypeAliasMap.put("06", "L4_TCP");
    l4TypeAliasMap.put("07", "L4_UCL");
    l4TypeAliasMap.put("08", "L4_EGP");
    l4TypeAliasMap.put("09", "L4_IGRP");
    l4TypeAliasMap.put("0a", "L4_BBN");
```

图 3-66　显示流量种类的 Map 表

⑤ 创建 QoS Policy 策略成功，并且写入 json 文件中，如图 3-67 所示。

```
Terminal - root@sdnhubvm: /home/ubuntu/floodlight/apps/qos
File  Edit  View  Terminal  Tabs  Help
Adding Queueing Rule
{
   "ip-src": "10.0.0.1",
   "protocol": "6",
   "name": "2Mbps01-02.00:00:00:00:00:00:00:01",
   "ip-dst": "10.0.0.2",
   "sw": "00:00:00:00:00:00:00:01",
   "queue": "2",
   "enqueue-port": "3",
   "eth-type": "0x0800"
}
Connection Successful
Trying to add policy {
   "ip-src": "10.0.0.1",
   "protocol": "6",
   "name": "2Mbps01-02.00:00:00:00:00:00:00:01",
   "ip-dst": "10.0.0.2",
   "sw": "00:00:00:00:00:00:00:01",
   "queue": "2",
   "enqueue-port": "3",
   "eth-type": "0x0800"
}
[CONTROLLER]: {"status" : "Adding Policy: 2Mbps01-02.00:00:00:00:00:00:00:01"}
Does not exists, creating qos-state.json in /home/ubuntu/floodlight/apps/qos
```

图 3-67　显示 Policy

⑥ 利用 iperf 工具测试服务器到 h1 的 TCP 速率，如图 3-68 所示。

```
Node: h1
[  4] local 10.0.0.1 port 56477 connected with 10.0.0.2 port 5001


[ ID] Interval       Transfer     Bandwidth
[  4]  0.0-10.1 sec  3.62 MBytes  3.01 Mbits/sec
root@sdnhubvm:~[08:11]$
root@sdnhubvm:~[08:11]$
root@sdnhubvm:~[08:11]$ iperf -c 10.0.0.2
------------------------------------------------------------
Client connecting to 10.0.0.2, TCP port 5001
TCP window size: 85.3 KByte (default)
------------------------------------------------------------
[  4] local 10.0.0.1 port 56478 connected with 10.0.0.2 port 5001
[ ID] Interval       Transfer     Bandwidth
[  4]  0.0-10.1 sec  3.12 MBytes  2.59 Mbits/sec
root@sdnhubvm:~[08:11]$ iperf -c 10.0.0.2
------------------------------------------------------------
Client connecting to 10.0.0.2, TCP port 5001
TCP window size: 85.3 KByte (default)
------------------------------------------------------------
[  4] local 10.0.0.1 port 56486 connected with 10.0.0.2 port 5001
[ ID] Interval       Transfer     Bandwidth
[  4]  0.0-17.0 sec   256 KBytes   123 Kbits/sec
root@sdnhubvm:~[08:14]$
```

图 3-68　显示 TCP 带宽

不加入队列机制时，由服务器向 h1 发送的数据流速率在 2 Gb/s 左右；在加入了两条限制队列之后（一条限制在 2 Mb/s，另一条限制在 100 Kb/s），实验结果显示，由服务器向 h1 发送的数据流速率分别限制在 2 Mb/s 和 100 Kb/s 左右，与前面配置的预期结果一致，证明了 QoS 系统对底层交换设备流量控制功能的正确性。

同理，对其他流量可以做限速来保障需要额外带宽的流量。

（2）系统端口 TCP 带宽保障测试。

① 在第一个测试的基础上改变 OVS 上的 Queue 队列机制，Queue0 的机制是保障最低的带宽为 100 Mb/s，执行效果如图 3-69 所示。

```
root@sdnhubvm:/home/ubuntu/floodlight/apps/qos# sudo ovs-vsctl -- set port s1-et
h1 qos=@defaultqos -- set port s1-eth2 qos=@defaultqos -- --id=@defaultqos creat
e qos type=linux-htb other-config:max-rate=1000000000 queues=0=@q0,1=@q1,2=@q2 -
- --id=@q0 create queue other-config:min-rate=10000000 other-config:max-rate=100
0000000 -- --id=@q1 create queue other-config:max-rate=20000000 -- --id=@q2 crea
te queue other-config:max-rate=20000 other-config:mix-rate=2000
9af1a9c4-4bb6-436d-b544-e824cfa99212
7c925354-ec7e-42a5-82b5-8dbfc51a8a3f
5af709a8-ec8f-4d93-8736-0c96ba967a83
d6edc84d-0506-4163-aa70-8cdef542501f
```

图 3-69　显示 Queue0 队列

② 定义一条具体的 TCP 流基于 Queue0，如图 3-70 所示。

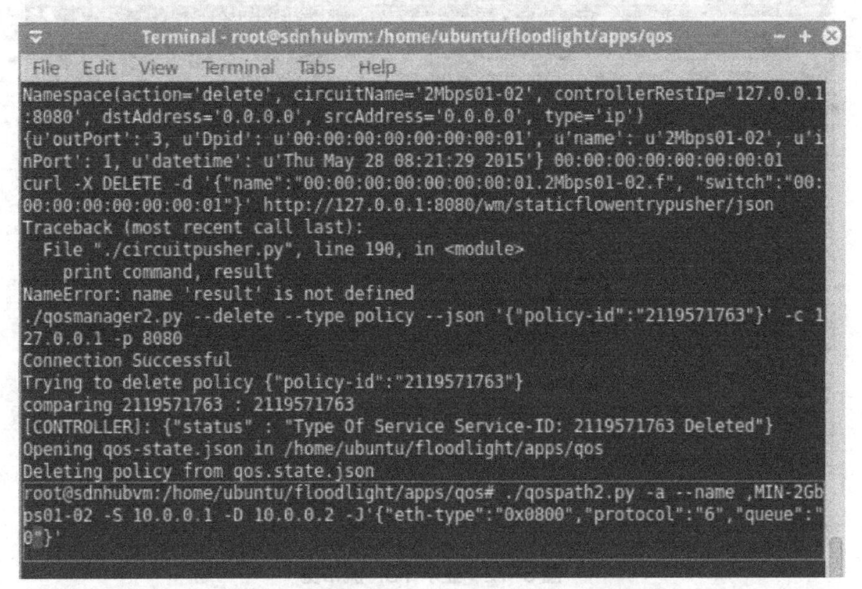

图 3-70　定义 TCP 流基于 Queue0 队列

③ 将具体的 TCP 流基于 Queue0 的 QoS 策略写入 json 文件，如图 3-71 所示。

④ 使用 iperf 进行带宽测试，执行效果如图 3-72 所示。

在加入 Queue0 队列之后速度比之前 2 Gb/s 降低，但是 Queue0 的策略是保障最低带宽（100 Mb/s），所以带宽还是达到了 500 Mb/s，达到实验的要求。

（3）系统视频流速率带宽保障测试（具体到视频流）。

① 在 Floodlight 控制器中已经声明 Protocol=“4b”是 Packet_Video 流量，说明可以具体到特定视频流的带宽保障。该流量类型在 Floodlight 控制器的 Counter 模块中定义，如图 3-73 所示。

```
Terminal - root@sdnhubvm: /home/ubuntu/floodlight/apps/qos
File  Edit  View  Terminal  Tabs  Help
{
   "ip-src": "10.0.0.1",
   "protocol": "6",
   "name": ",MIN-2Gbps01-02.00:00:00:00:00:00:00:01",
   "ip-dst": "10.0.0.2",
   "sw": "00:00:00:00:00:00:00:01",
   "queue": "0",
   "enqueue-port": "3",
   "eth-type": "0x0800"
}
Connection Successful
Trying to add policy {
   "ip-src": "10.0.0.1",
   "protocol": "6",
   "name": ",MIN-2Gbps01-02.00:00:00:00:00:00:00:01",
   "ip-dst": "10.0.0.2",
   "sw": "00:00:00:00:00:00:00:01",
   "queue": "0",
   "enqueue-port": "3",
   "eth-type": "0x0800"
}
[CONTROLLER]: {"status" : "Adding Policy: ,MIN-2Gbps01-02.00:00:00:00:00:00:00:0
1"}
Does not exists, creating qos-state.json in /home/ubuntu/floodlight/apps/qos
```

图 3-71 Policy 写入 json 文件

```
------------------------------------------------------------
Client connecting to 10.0.0.2, TCP port 5001
TCP window size: 85.3 KByte (default)
------------------------------------------------------------
[  4] local 10.0.0.1 port 56504 connected with 10.0.0.2 port 5001
[ ID] Interval       Transfer     Bandwidth
[  4]  0.0-10.0 sec   609 MBytes   511 Mbits/sec
root@sdnhubvm:~[08:34]$ iperf -c 10.0.0.2
------------------------------------------------------------
Client connecting to 10.0.0.2, TCP port 5001
TCP window size: 85.3 KByte (default)
------------------------------------------------------------
[  4] local 10.0.0.1 port 56505 connected with 10.0.0.2 port 5001
[ ID] Interval       Transfer     Bandwidth
[  4]  0.0-10.0 sec   674 MBytes   565 Mbits/sec
root@sdnhubvm:~[08:36]$ iperf -c 10.0.0.2
------------------------------------------------------------
Client connecting to 10.0.0.2, TCP port 5001
TCP window size: 85.3 KByte (default)
------------------------------------------------------------
[  4] local 10.0.0.1 port 56508 connected with 10.0.0.2 port 5001
[ ID] Interval       Transfer     Bandwidth
[  4]  0.0-10.0 sec   703 MBytes   588 Mbits/sec
root@sdnhubvm:~[08:37]$
```

图 3-72 显示 TCP 流带宽

```
l4TypeAliasMap.put("44", "L4_Distributed_FS");
l4TypeAliasMap.put("45", "L4_SATNET");
l4TypeAliasMap.put("46", "L4_VISA");
l4TypeAliasMap.put("47", "L4_IP_Core");
l4TypeAliasMap.put("4a", "L4_Wang_Span");
l4TypeAliasMap.put("4b", "L4_Packet_Video");
l4TypeAliasMap.put("4c", "L4_Backroom_SATNET");
l4TypeAliasMap.put("4d", "L4_SUN_ND");
l4TypeAliasMap.put("4e", "L4_WIDEBAND_Monitoring");
l4TypeAliasMap.put("4f", "L4_WIDEBAND_EXPAK");
l4TypeAliasMap.put("50", "L4_ISO_IP");
```

图 3-73 显示视频流 Map 表

② 将该流量写入 QoS Policy 策略机制，使用 Queue0 带宽保障队列，如图 3-74 所示。

```
root@sdnhubvm:/home/ubuntu/floodlight/apps/qos# ./qospath2.py -d -N 2Mbps01-02
delete
Trying to delete QoSPath 2Mbps01-02
Deleting circuit
Namespace(action='delete', circuitName='2Mbps01-02', controllerRestIp='127.0.0.1
:8080', dstAddress='0.0.0.0', srcAddress='0.0.0.0', type='ip')
specified circuit does not exist
root@sdnhubvm:/home/ubuntu/floodlight/apps/qos# ./qospath2.py -d -N 20kbps01-02
delete
Trying to delete QoSPath 20kbps01-02
Deleting circuit
Namespace(action='delete', circuitName='20kbps01-02', controllerRestIp='127.0.0.
1:8080', dstAddress='0.0.0.0', srcAddress='0.0.0.0', type='ip')
specified circuit does not exist
root@sdnhubvm:/home/ubuntu/floodlight/apps/qos# ./qospath2.py -d -N 20kbps01-02
delete
Trying to delete QoSPath 20kbps01-02
Deleting circuit
Namespace(action='delete', circuitName='20kbps01-02', controllerRestIp='127.0.0.
1:8080', dstAddress='0.0.0.0', srcAddress='0.0.0.0', type='ip')
specified circuit does not exist
root@sdnhubvm:/home/ubuntu/floodlight/apps/qos# ./qospath2.py -a --name ,20kps01
-02 -S 10.0.0.1 -D 10.0.0.2 -J'{"eth-type":"0x0800","protocol":"4b","queue":"0"}
```

图 3-74 定义视频流

③ 视频流 QoS Policy 写入成功，如图 3-75 所示。

```
00:00:00:00:00:00:00:01: in:1 out:3
Adding Queueing Rule
{
   "ip-src": "10.0.0.1",
   "protocol": "4b",
   "name": ",20kps01-02.00:00:00:00:00:00:00:01",
   "ip-dst": "10.0.0.2",
   "sw": "00:00:00:00:00:00:00:01",
   "queue": "0",
   "enqueue-port": "3",
   "eth-type": "0x0800"
}
Connection Successful
Trying to add policy {
   "ip-src": "10.0.0.1",
   "protocol": "4b",
   "name": ",20kps01-02.00:00:00:00:00:00:00:01",
   "ip-dst": "10.0.0.2",
   "sw": "00:00:00:00:00:00:00:01",
   "queue": "0",
   "enqueue-port": "3",
   "eth-type": "0x0800"
}
```

图 3-75 Policy 写入成功

3.6 拓展提高：SDN 控制平面介绍

SDN 这种新型的网络架构将网络分为数据平面和控制平面，数据平面主要负责数据的转发，而控制平面则负责制定相应的转发策略来指导数据平面。作为 SDN 网络架构的一个部分，控制平面有时也被称作“网络操作系统（Network Operating System，NOS）。作为数据转发控制的核心，控制平面表现出越来越重要的作用，尤其是基于控制平面的各种应用，更是对复杂网络进行有效管理的重要保障。当前，针对不同的网络环境，工业界以及学术界纷纷推出了自己的控制器，更有多款开源控制器可供选择，比如 NOX、Beacon 和 Floodlight。这些控制器在系统架构、实现语言以及编程接口等方面各有千秋。面对“琳琅满目”的控制器，如何选择一款适合、高效的控制器成为了问题，下面就目前的主流控制器进行分析介绍。

3.6.1 单一控制器控制平面

在最初的 SDN 架构中，控制平面主要采用单一的控制器实现，这样的话就可以将全部精力集中在控制器性能以及应用的高效性、创新性和实用性上。

1. NOX 和 POX

NOX 是斯坦福大学在 2008 年提出的第一款 OpenFlow 控制器，它的早期版本（NOX-Classic）由 C++和 Python 两种语言实现，只能支持单线程操作。控制器提供相应的编程接口，开发人员可以使用 C++或者 Python 语言在这些接口上实现自己的应用。这个版本已经开源了包括 hub、switch、topology 和 route 在内的多种应用。

NOX 团队从其旧版本中分离出 Python 语言实现的内容之后，又实现了一款完全使用 Python 语言的控制器 POX。尽管 POX 现在开源出来的代码所实现的应用也仅限 Learning Switch，但由于 Python 的简洁、易读以及扩展性好等优点，POX 得以快速发展，并且得到了广泛的应用。

2. Beacon

Beacon 同样起源于斯坦福大学，在 2010 年由 David Erickson 等人设计开发。Beacon 是一款基于 Java 语言的开源控制器，截至本文撰写时的最新版本是 V1.0.2 版。Beacon 以其高效性和稳定性在多个科研项目以及实验环境中得以应用。另外，Beacon 还具有很好的跨平台特性，并且支持多线程，以及可以通过 Web 的 UI 进行访问控制。Beacon 采用 Java 的 Spring 和 Equinox 编程模型，可以提供 OSGi 用户界面，使用者可以通过用户界面动态地进行模块的添加和删除，在使用和部署上很方便。

3. Big Network Controller & Floodlight

2012 年成立的 SDN 初创公司 Big Switch Networks 先后推出了几款控制器。首先便是其商用版的 Big Network Controller，它可以支持多达 1 000 个网络设备，每秒连接最多 250 000 台主机。同年 2 月，Big Switch 发布了其开源控制器 Floodlight，该控制器与 Big Network Controller 使用相同的 CoreEngine，作为其开源版本推向市场，到 2012 年年底，其下载量就已经超过 1 万。

Floodlight 采用 Java 语言实现，在 Apache 开源标准许可下可免费使用。另外，Big Network Controller 和 Floodlight 的 API 完全兼容，因此基于 Floodlight 编写的应用程序可以直接应用于商业版本的控制器。也正是基于这种兼容性，Floodlight 开源社区可以向用户提供强大的技术支持。Floodlight 最新版本（V0.90）于 2012 年 10 月发布，支持多线程和 Web UI。同时，Floodlight 也可以很好地应用于 OpenStack。

4. Ryu

Ryu 是由日本 NTT 公司负责设计研发的一款开源 SDN 控制器。同 POX 一样，Ryu 也是完全由 Python 语言实现，使用者可以用 Python 语言在其上实现自己的应用。Ryu 目前支持 OpenFlowV1.0、V1.2 和 V1.3，同时支持在 OpenStack 上的部署应用。Ryu 采用 Apache License 开源协议标准，最新版本实现了 simple_switch、rest_topology 等应用。

5. 其他

上述介绍的控制器主要都是开源的，Helios 和 SNAC 则是闭源的 SDN 控制器。Helios 是由 NEC 公司开发的基于 C 语言的可扩展控制器，它主要应用于科研环境，并且提供了一个可编程的界面来进行实验。SNAC 是 Nicira Networks 基于 NOX 开发的一款企业级控制器，它提供了灵活的策略定义语言，通过策略管理器管理网络，有着友好的用户界面。

3.6.2 多控制器控制平面

SDN 这种将控制和转发相分离的新型网络架构，使复杂的网络管理变得容易很多，但是随着网络规模的扩大，单一控制器在可扩展性方面存在的问题也变得越来越明显。为了解决 SDN 网络部署单一控制器可能面临的问题，人们提出了多控制器控制平面。多控制器控制平面的主要思想就是将现有网络划分为不同的区域，在每个区域内部署一个或多个控制器，而这些控制器通过保证网络状态的一致性来实现对网络的协调统一管理。这种多控制器控制平面在实现上，既可以表现为每台交换机由多个控制器控制，又可以是每个控制器控制多个交换机，而每个交换机仅由一个控制器控制。至于具体的实现形式，学术界和工业界纷纷提出了一些方案，但是目前为止还没有相对成熟的产品。

对多控制器控制平面的设计实现，在某种程度上，可以说是传统的分布式系统在网络上的应用。把握好了上面这些关键性的问题，那么多控制器的控制平面在其性能上应该将能够满足 SDN 网络的需求。下面就学术界和工业界目前提出的一些多控制器设计方案进行简要分析，以说明现阶段多控制器主要的设计思想。

1. HyperFlow

HyperFlow 是 2010 年提出的一种基于 NOX 的分布式控制方案，是最早提出的 OpenFlow 多控制器实现。在 HyperFlow 中，将网络划分为多个逻辑区域，每个区域内部署一个或者多个控制器。所有的控制器保存着一份完全相同的网络信息，对本区域内的交换机进行管理控制。控制器间通过消息的发布/订阅模式来进行通信。

实际上，HyperFlow 是基于分布式文件系统 WheelFS 设计的，网络事件在不同控制器之间以文件更新的形式来实现。HyperFlow 实现为 NOX 的一个应用，因此相对来说比较简单，并且将网络分区管理，降低了流表的建立时间。从实现和测试的性能来看，在保证控制带宽和限定网络延迟的情况下，能处理的网络事件小于 1 000 次/s，性能还比较低。另一方面，HyperFlow 中每个控制器需要维护全局的网络状态，并且实时地对其进行同步更新，这样的话，对于规模很大并且状态变化频繁的网络来说，控制器间的状态维护会带来一定的开销，成为系统的瓶颈。

2. Onix

Onix 是 2010 年由 Google、NEC 和 Nicira 共同提出的一种面向大规模网络的分布式 SDN 部署方案。Onix 架构主要由物理基础设施、连接组件、Onix 和控制逻辑四部分组成，采用分布式架构向上层控制逻辑提供网络状态的编程接口。网络控制逻辑则通过 Onix 提供的 API 来决策网络行为。Onix 提供了一个网络信息库（Network Information Base，NIB）用于维护网络全局的状态，Onix 的设计关键就在于维护 NIB 的分发机制，从而保证整个网络状态信息的一致性。现在 NIB 的设计采用的是比较成熟的分布式控制系统的解决方案，因此可能面临其存在的性能以及状态一致性等问题。

3. Master/Slaves

Master/Slaves 是 2012 年提出的一种分布式控制系统，用来实现数据中心网络的可扩展性和可靠性。控制器可以采用现有的任意一种来实现，如可以使用 Beacon，控制器间采用 JGroups 进行通信。在开始时，首先选取一个 Master 控制器，用来维护全局的 Controller-Switch 映射。Master 控制器被其他控制器所监控，如果出现异常，则马上选取其他节点进行替换，防止 Master 单点故障的发生，但是这种变化在 Switch 角度是察觉不到的。并且 Master 在进行 Controller-Switch 映射时，可以根据现有的网络状况进行实时调整，以达到不同控制器上的负载均衡。

4. ASIC

ASIC 是 2012 年清华大学在 CFI 上提出的一种解决控制平面扩展性的方法，主要针对初始状态流表生成时，大量流请求信息流向控制器而造成控制器负载过大的问题。ASIC 主要采用负载均衡、并行处理、数据共享和集群等技术来实现。

ASIC 包括三个层次：（1）负载均衡层，可以采用 round-robin scheduling 或者 hash 算法等一些成熟的机制来实现；（2）控制器集群，可以采用现有的控制器实现，但是需要在全局网络视图等方面进行一定的修改；（3）分布式数据存储，采用了两级的存储模式：持久化存储和缓存，现阶段 ASIC 的持久化存储采用 MySQL 数据库实现，缓存则采用 MemCached 来实现，其中的一致性等问题均由这些存储程序来自动实现。

当一个请求数据包到来之后，首先经过负载均衡层，选择一个控制器来对这个数据包进行处理，并且将数据包转发至相应的控制器，控制器根据第三层的全局网络信息对数据包进行处理，同时将流表的信息直接写回到相应的交换机，完成包的请求过程。

ASIC 的整体实现思路并不复杂，而且采用的技术也均是较为成熟的现有技术，因此在部署和实现上相对来说比较容易，是多控制器控制平面的一个不错的选择实现方案。

5. Kandoo

Kandoo 是 2012 年在 Hot SDN 上提出的一种基于分层思想的多控制器控制平面设计方案，针对不同类型的应用，采用不同层次的控制器进行控制。这种控制方案将控制器分为两种类型：root controller 和 local controller。local controller 运行只需要本地信息的应用（比如流的发现等），root controller 则根据全局网络信息，运行需要全局信息的应用（比如流的动态调度、路由等）。

每个 local controller 可以管控一个或者多个交换机，在实现时既可以部署在交换机（比如 vSwitch）上，也可以部署在交换机最近的服务器上。这种实现方案的一个好处是，local controller 和 root controller 均可以采取诸如 NOX、Beacon、Floodlight 这样的控制器实现，而为了做到更好的扩展性，root controller 更是可以采用上述诸如 HyperFlow、Onix 等分布式控制器来实现。简而言之，local controller 更像是传统的单一控制器在交换机层面上添加一个控制代理，而 root controller 则充当传统的控制器角色。

SDN 的这种控制转发相分离的架构，使复杂的网络管理变得越来越简单、方便，而且随着基于 OpenFlow 协议的 SDN 技术的逐渐发展与成熟，SDN 越来越多地引起学术界以及工业界的关注，其在数据中心、校园网、企业网以及广域骨干网络中的应用部署越来越多。在 SDN 快速发展的过程中，作为其主要组成部分的控制器也在不断地发展完善，从最初的单线程 NOX 到现在支持多线程、多应用的各种控制器纷纷涌现，以及近年来为了解决控制平面扩展性而提出的多控制器的解决方案。面对如此多的控制器实现方案，针对特定的应用场景以及特定的需求，哪种控制器实现更符合需求成为学者以及业界需要考虑的重要问题。

3.7　习题

一、选择题

1. 每个 vCenter Server 可连接（　　）个分布式交换机。

A. 16　　B. 248　　C. 512　　D. 4 096

2. 在分布式交换机体系结构中，控制板的主要功能是（　　）。

A. 用于将帧转发到一个或多个端口以进行传输

B. 用于配置分布式交换机、分布式端口组、分布式端口、上行链路和网卡绑定

C. 用于在帧到达时查找每个帧的目标 MAC 地址

D. 用于管理主机上的实际 IO 硬件以及转发数据包

3. 服务控制台的主要功能是（　　）。

A. 用于运行 ESX 的管理服务，默认情况下在安装期间设置

B. 用于控制 VMware ESX 主机所使用的硬件，并对各虚拟机之间的硬件资源分配进行调度

C. 用于在帧到达时查找每个帧的目标 MAC 地址

D. 为客户操作系统提供虚拟机抽象化服务

4. 下列控制器不属于 SDN 单一控制器控制平面的是（　　）。

A. Beacon　　B. Big Network Controller & Floodlight

C. Ryu　　D. Onix

5. 下列控制器不属于 SDN 多控制器控制平面的是（　　）。

A. Master/Slaves　　B. ASIC　　C. NOX 和 POX　　D. Kandoo

6. OpenFlow 对转发面的要求与当前商业交换芯片的架构相去甚远，其转发面所面临的挑战不包括（　　）。

A. 按照 OpenFlow 标准，一张流表可以使用任意的字段组合

B. OpenFlow 提出了多级流表的概念，而且没有限制有多少级

C. OpenFlow 定义的行为类型只是传统芯片的一个子集

D. 在传统芯片设计中，所有的行为都是协议相关的，传统芯片中，针对每个协议都有很多种判断、检查

二、简答题

1. VMware vSphere 主机虚拟化有哪些特点？
2. 目前有哪些主流的 SDN 控制器？
3. 简述 VMware vSphere 产品的优势有哪些。
4. SDN 多控制器控制平面的实现动机与主要思想是什么？
5. 在 Ubuntu 系统下安装并运行 Floodlight，如何查看 SDN 网络状态？

三、操作练习题

1. 配置 VMware VSS 和 VDS 虚拟交换机与外部通信，并说明它们的端口组。

2. 基于 VMware 虚拟化技术成功搭建 SDN 网络，要求选择开源的控制器 Floodlight，使用 OpenFlow 作为南向接口来实现 SDN 环境。

PART 4 项目 4 桌面云设计与部署

4.1 项目背景

现有的 IT 系统是基于传统 PC 方式，每个员工使用自己的 PC，IT 管理员需要在每台 PC 上分别为用户安装业务所需的软件程序及客户端，同时重要的数据也分散存储在这些 PC 的本地硬盘中，不能很方便地进行集中管理、存储及备份。

这种传统的架构会造成客户端产生很多安全隐患。由于 PC 的安全漏洞较多，因此业务数据在客户端有泄露及丢失的危险，并且用户的业务工作环境也有受攻击和被破坏的危险。桌面系统缺乏标准化的管理，软件部署、更新以及打补丁频繁，并且不集中、不统一。

而业务人员的工作环境被绑定在 PC 上，出现软硬件故障的时候，业务人员只能被动地等待 IT 维护人员来修复，因此维护响应能力的不足，直接导致了响应能力的降低，带来工作效率的低下。业务终端的维护成本也不断上升，IT 运维人员不仅要对 PC 进行维护，还要对操作系统环境、应用的安装配置和更新进行桌面管理和维护，随着应用的增多，维护工作呈上升增长趋势。

4.2 项目分析

企业在日益竞争激烈的今天，如何保护企业资产安全，如何做好高效简单的 IT 管理，如何让创新快速实践推广，如何有效控制成本等，成为 CIO（Chief Information Officer，首席信息官）、CTO（Chief Technology Officer，首席技术总监）必须要考虑的问题。

是否有一种方案可以让我们随时随地、通过任何设备、高效地访问我们日常办公所需的桌面环境呢？又如何能保证企业敏感数据的安全？是否可以在候机时处理邮件、审批申请等？是否可以避免重要数据因笔记本的丢失而丢失？是否可以避免敏感数据因员工的离职/病毒及木马的入侵而泄露？

目前较成熟的解决方案是桌面云计算（虚拟化桌面）解决方案，这种方案的架构师在数据中心的服务器系统上利用集中的资源提供虚拟化桌面系统，通过网络提供给个人终端访问，由于系统部署在数据中心内，因此易于部署和管理。采用虚拟化架构也会带来更多的可用性、可靠性，同时可以提高资源利用率和降低能耗，不仅提高了平均计算能力，也有限控制了访问安全，并极大减少了消耗成本。

4.3 学习目标

1. 知识目标

（1）了解云接入的定义、优点；

（2）了解桌面云的定义、优缺点，熟悉桌面云的基本架构；

（3）熟悉 VMware View 的优势、功能、产品架构；

（4）熟悉 VMware View 体系结构与规划原则；

（5）熟悉 VMware View 安装与设置步骤。

2. 能力目标

（1）能熟练使用 VM 虚拟机软件；

（2）能熟练安装与配置 Windows Server 2003/2008 网络操作系统；

（3）能使用 VMware View 搭建桌面云。

4.4 知识准备

4.4.1 云接入

云接入是指从单一平台实现桌面和应用虚拟化，提供固定和移动终端融合接入的统一工作空间，帮助客户对固定办公和移动办公环境下的桌面、应用和数据进行统一管理、发布和聚合。云接入是一种基于云计算的终端用户计算模式。在这种模式中，所有的应用程序都在云数据中心运行，应用程序无需在终端上安装。用户通过终端云接入协议连接到云数据中心并运行在云数据中心的程序，从而获取到程序的运行结果。

随着企业信息化进程的不断深入，企业中增加了各种各样的电子设备。但由于传统 IT 的束缚，企业 IT 团队依然要维护大量的传统 PC，这不仅需要大量的人力物力，而且在进行外网接入以及异地登录的时候无法很好地保障企业数据安全。全球可连接互联网设备出货情况显示，PC 所占份额越来越小。2015 年智能手机出货量为 14.329 亿部。据调查，美国人每天在智能手机上花 1 小时，每天在平板电脑上花半小时。移动带来了娱乐、通信、媒体和商务新方式，企业 IT 基础架构要不断适应这种新形式的变化。

云接入很好地解决了这些问题，不仅可以快速地搭建企业 IT 基础架构，还可以快速地对员工账户进行管理，实现跨平台作业。

桌面云是对云接入桌面这一对象侧重点的专门阐述。

4.4.2 桌面云

1. 桌面云的定义

桌面云是云计算的一种应用形态。桌面云是合乎云计算定义的一种云，它具备云计算的三大特征：对用户呈现为桌面服务、资源可弹性管理、通过网络提供，是一种云化的服务。在 IBM 云计算智能商务桌面（IBM Smart Business Desktop Cloud）的介绍中，对桌面云的定义是："可以通过瘦客户端或者其他任何与网络相连的设备来访问跨平台的应用程序，以及整个客户桌面"。也就是说，只需要一个瘦客户端设备，或者其他任何可以连接网络的设备，通过专用程序或者浏览器就可以访问驻留在服务器端的个人桌面以及各种应用，并且用户体验和我们使用传统的个人电脑是等同的。

桌面云是将个人计算机的传统桌面环境通过云计算模式从物理机器中分离出来，成为一种可以对外服务的桌面云服务。个人桌面环境所需的计算、存储资源集中于中央服务器上，以取代客户端的本地计算、存储资源；中央服务器的计算、存储资源同时也是共享的、可伸缩的，使得不同个人桌面环境资源按需分配、交付，达到提升资源利用率、降低整体拥有成本的目的。

2. 使用桌面云的优势与不足

（1）使用桌面云的优势。

使用桌面云的优势很多，主要表现在以下几个方面。

① 灵活接入和使用。

桌面云提供的托管桌面支持使用各种终端设备接入，用户可以从任何网络可达的地方访问其应用和桌面，具有很强的移动性。

作为云计算的一种服务方式，由于所有的计算都放在服务器上，终端设备的要求将大大降低，不需要传统的台式机、笔记本电脑，而且智能手机、上网本等设备都成为可用设备。

从创建桌面到交付给用户仅需要 10min 左右，相比传统采购、运输、安装物理 PC 所耗数天时间，时间上更节约。

② 管理集中化。

在桌面云解决方案中，所有桌面的管理和配置都集中在中心机房进行，管理员可对所有桌面和应用进行统一配置和管理，如系统升级、应用安装等，避免了由于传统桌面分布所造成的管理困难和成本高昂。

③ 安全性高。

在桌面云解决方案中，所有的数据以及运算都在服务器端进行，客户端只是显示其变化的影像而已，所以不需要担心客户端来非法窃取资料。另外，IT 部门可根据安全挑战制作出各种各样的新规则，这些新规则可以迅速地作用于每个桌面。

④ 应用环保。

传统个人计算机的耗电量是非常大的，一般来说，每台传统个人计算机的功耗在 200 W 左右，即使它处于空闲状态，耗电量也至少在 100 W，按照每天 10h、每年 240d 工作来计算，每台计算机桌面的耗电量在 480kW · h 左右，非常惊人。另外，为了冷却这些计算机使用产生的热量，我们还必须使用一定的空调设备，这些能量的消耗也是非常大的。

采用云桌面解决方案以后，每个瘦客户端的电量消耗在 16 W 左右，只有原来传统个人桌面的 8%，所产生的热量也大大减少了。

⑤ 节约成本。

IT 资产的成本包括很多方面，初期购买成本只是其中的一小部分，其他还包括：整个生命周期里的管理、维护、能量消耗等方面的成本，硬件更新升级的成本。相比传统个人桌面而言，桌面云在整个生命周期里的管理、维护、能量消耗等方面的成本大大降低了。桌面云在初期硬件上的投资是比较大的，因为要购买新的服务器来运行云服务。由于传统桌面的更新周期是 3 年，而服务器的更新周期是 5 年，所以硬件上的成本基本相当，但是由于软成本的大大降低，而且软成本在总拥有成本（Total Cost of Ownership，TCO）中占有非常大的比重，所以采用云桌面方案总体 TCO 大大减少了。根据 Gartner 公司的预计，云桌面的 TCO 相比传统桌面可以减少 40%。

另外，瘦终端由于使用无硬盘、风扇等机械装置，生命周期可达 8～10 年，可有效降低终端系统的投资。

（2）使用桌面云的不足之处。

使用桌面云也存在着一些不足之处，主要表现在以下几个方面。

① 初始成本较高。

降低成本是很多人对桌面虚拟化所带来好处的第一反应，不过这成本需要总体的分析。

桌面虚拟化并不是免费的，初始成本并不低，要进行基础架构的改造，IT 架构要做一个重大的改变，对 IT 人员的要求也更高，要额外付出桌面虚拟化的相关软件和许可费用，而操作系统的授权还一个不能少，应用软件也是根据虚拟桌面数量来授权的，这方面与物理桌面没有什么区别。而如果是要建立一个全新的 IT 架构，那么桌面虚拟化的初始投资将会有较为明显的优势，这主要是由于不用购买更贵的 PC，只需用瘦终端代替，当然后台的虚拟化成本仍要承担。

② 虚拟桌面的性能不如物理桌面，应用有局限性。

由于虚拟桌面是通过后台的虚拟机提供计算能力，再通过网络传输数据到前端展现，所以在性能上与传统的 PC 相比，还是有一定的差距，但是虚拟桌面现有的一些高级传输协议，应付大部分的企业应用，如 Office、邮件、Web 应用、Flash 播放、视频播放、数据库/ERP 的管理等，都是没问题的。虽然借助 GPU 虚拟化，现在 VDI 性能可以媲美图形工作站，但如果想进行高负载的应用，虚拟桌面并不非常适用，即使是刀片 PC，也可能满足不了一些高端的需求，这是阻碍虚拟化普及应用的一大障碍。

③ 虚拟桌面的高度管控可能引起使用者反感。

企业希望更好更集中地管理 IT 资源，对员工的上网行为和文件操作活动进行控制，对端口设备进行限制，而员工可能希望有一个更为自由的 IT 办公环境，自已想干什么就干什么，所以虚拟桌面有可能会引起员工的排斥。当然企业的运营与 IT 的安全更为重要，因此也就无法两全其美，不过可以采用第三方信息安全防护产品更好地解决安全性和方便性的矛盾。

3. 桌面云的架构

桌面云的基本架构是什么样呢？一般来说，桌面云的基本架构包括 7 个逻辑部分：云终端、网络接入、桌面会话管理、云资源管理及调度、虚拟化平台、硬件平台和运维管理系统，如图 4-1 所示。

图 4-1 桌面云的逻辑架构

（1）云终端。

云终端是指通过企业内外网访问云桌面的各类终端，通常有瘦客户机、移动设备和办公 PC 及利旧 PC。

（2）网络接入。

桌面云提供了各种接入方式供用户连接。用户可以通过有线或者无线网络连接，这些网络既可以是局域网，也可以是广域网，连接的时候既可以使用普通的连接方式，也可以使用安全连接方式。在网络接入层里，网络设备除了提供基础的网络接入承载功能外，还提供了对接入终端的准入控制、负载均衡和带宽保障。

（3）桌面会话管理。

桌面会话管理负责对虚拟桌面使用者的权限进行认证，保证虚拟桌面的使用安全，并对系统中所有虚拟桌面的会话进行管理。在桌面云中，一般是通过 AD（Active Directory，活动目录）或者 LDAP（Lightweight Directory Access Protocol，轻量目录访问协议）这些产品来进行用户的认证和授权的，这些产品可以很方便地对用户进行添加、删除、配置密码、设定其角色、赋予不同的角色不同的权限、修改用户权限等操作。

（4）云资源管理及调度。

云资源管理是指根据虚拟桌面的要求，把桌面云中各种资源分配给申请资源的虚拟桌面，分配的资源包括计算资源、存储资源和网络资源等。

云资源调度是指根据桌面云系统的运行情况，把虚拟桌面从负载比较高的物理资源迁移到负载比较低的物理资源上，保证整个系统物理资源的均衡使用。

（5）虚拟化平台。

虚拟化平台是指根据虚拟桌面对资源的需求，把桌面云中各种物理资源虚拟化成多种虚拟资源的过程，这些虚拟资源可以供虚拟桌面使用，包括计算资源、存储资源和网络资源等。虚拟化平台是云计算平台的核心，也是虚拟桌面的核心，承担着虚拟桌面的“主机”功能。

（6）硬件平台。

硬件平台是指组成桌面云系统相关的硬件基础设施，包括服务器、存储设备、交换设备、机架、安全设备、防火墙、配电设备等。为了保证云桌面系统正常工作，硬件基础设施组件应该同时满足三个要求：高性能、大规模、低开销。

（7）运维管理系统。

运维管理系统包括桌面云的业务运营管理和系统维护管理两部分，其中业务运营管理完成桌面云的开户、销户等业务发放过程，系统维护管理完成对桌面云系统各种资源的操作维护功能。

（8）现有 IT 系统。

现有 IT 系统是指已经部署在现有网络中，与桌面云有集成需求的企业 IT 系统，包括 AD、DHCP（Dynamic Host Configuration Protocol，动态主机配置协议）、DNS（Domain Name System，域名系统）等。

4．桌面云与无盘工作站的区别

无盘工作站是指本地没有硬盘的终端系统，通过一些网络协议，例如 PXE（Preboot Execute Environment，预启动执行环境）、RPL（Remote Initial Program Load，远程启动服务）等，连接到远程的服务器。无盘工作站的硬件系统几乎只比普通 PC 少了一块硬盘。尽管无盘工作站的启动也需要远程服务器的协助，但是它从系统架构上与云终端有本质区别，具体区别如下：

（1）桌面云的瘦终端一般拥有独立的嵌入式操作系统，通过远程桌面协议访问云服务器端的虚拟桌面，所有支持操作系统以及应用软件运行的资源消耗均发生在云服务器端，云终端不承担计算、存储任务，其主要作用是提供人机交互功能。而无盘工作站需要从服务器端下载操作系统映像后在本地运行该操作系统，计算资源的消耗发生在工作站而非服务器端，服务器端仅承担存储任务，故硬件资源要求非常低。

（2）桌面云可以动态地调整用户所需要的资源，无盘工作站只能分配固定的资源。

（3）桌面云可以根据需要定制化个人信息，安装自己需要的程序，也可以让用户不可以做任何修改，而无盘工作站只能运行一个统一的操作系统。

（4）桌面云前端设备的配置很简单，对有的设备来说甚至只要安装一个插件就可以运行，而无盘工作站前端设备有特殊的要求。

5．桌面云的发展现状

桌面云的发展当然也离不开各大厂商的支持，其实 IBM、惠普、SUN 等大公司在其中都有很多投入，例如 IBM 的云计算智能商务桌面解决方案，SUN 的 Sunray 解决方案等。也有很多小公司投入其中，例如瑞典 Xcerion 公司推出了 iCloud 的测试版，这是一款可以提供虚拟桌面服务的平台，该平台可以通过浏览器来运行整个操作系统。与其他厂商相比，IBM 除了提出整体解决方案之外，还提供了许多增值服务，例如提供前期的对象有业务环境的评估、减少磁盘使用量的软件等。

4.4.3 VMware View 介绍

1．VMware View 简介

VMware View 以托管服务的形式从专为交付整个桌面而构建的虚拟化平台上交付丰富的个性化虚拟桌面，而不仅仅是应用程序以实现简化桌面管理。通过 VMware View，可以将虚拟桌面整合到数据中心的服务器中，并独立管理操作系统、应用程序和用户数据，从而在获得更高业务灵活性的同时，使最终用户能够通过各种网络条件获得灵活的高性能桌面体验，实现桌面虚拟化的个性化。

利用 VMware View 可以简化桌面和应用程序管理，加强安全性和控制力，为终端用户提供跨会话和设备的个性化、高逼真体验，实现传统 PC 难以企及的更高桌面服务可用性和敏捷性，将桌面的总体拥有成本减少多达 50%，终端用户可以享受到新的工作效率级别和从更多设备及位置访问桌面的自由，可为 IT 提供更强的策略控制。

2．使用 VMware View 的优势

使用 VMware View 能有效提高企业桌面管理的可靠性、安全性、硬件独立性与便捷性。

（1）可靠性与安全性。

通过将虚拟桌面与 VMware vSphere 进行整合，并对服务器、存储和网络资源进行虚拟化，可实现对虚拟桌面的集中式管理。将桌面操作系统和应用程序放置于数据中心的某个服务器上，可带来以下优势：

- 轻松限制数据访问，防止敏感数据被复制到远程员工的家用计算机上。
- 安排数据备份时无须考虑最终用户的系统是否关闭。
- 数据中心托管的虚拟桌面不会或很少停机，虚拟机可以驻留在具有高可用性的 VMware 服务器群集中。

（2）便捷性。

统一管理控制台可支持 Adobe Flex 上的扩展，通过单个 View Manager 界面就可以有效管理 View 部署。

另外一项便捷功能是 VMware 远程显示协议 PCoIP（PC-over-IP），通过 PCoIP 显示协议可提供与使用物理 PC 相同的最终用户体验。

（3）可管理性。

能够在很短的时间内部署最终用户的桌面。无需在每个最终用户的物理 PC 上逐一安装应用程序。最终用户可连接到应用程序齐备的虚拟桌面。最终用户可以在不同地方使用各种设备访问同一个虚拟桌面。

（4）硬件独立性。

虚拟机具有硬件独立性。由于 View 桌面运行在数据中心内的某个服务器中，且只能从客户端设备访问，因此 View 桌面可以使用与客户端设备硬件不兼容的操作系统。例如，尽管 Windows 7 只能运行在支持 Windows 7 的 PC 上，但可以将 Windows 7 安装在虚拟机中，并在不支持 Windows 7 的 PC 上使用该虚拟机。

3. VMware View 的功能

VMware View 包含的功能可支持可用性、安全性、集中式控制和可扩展性。

（1）可用性功能。

VMware View 提供的可用性功能有以下几个方面：

- 在 Microsoft Windows 客户端设备中，可以在虚拟桌面上使用 Windows 客户端设备上定义的任何本地或网络打印机进行打印。该虚拟打印机功能可消除兼容性问题，而且您不必在虚拟机上安装额外的打印驱动程序。
- 在任意客户端设备中，使用基于位置的打印功能映射到物理位置接近客户端系统的打印机上。基于位置的打印需要在虚拟机中安装打印驱动程序。
- 使用多个显示器。借助 PCoIP 多显示器支持，可以分别调整每个显示器的分辨率和旋转角度。
- 访问连接到可显示虚拟桌面的本地设备的 USB 设备和其他外围设备。
- 即使桌面已刷新或重构，使用 View 用户配置管理仍可保留会话间的用户设置和数据。View 用户配置管理能够按照可配置的时间间隔将用户配置文件复制到远程配置文件存储（CIFS（Common Internet File System，网络文件共享系统）共享位置）。

（2）安全性功能。

VMware View 提供如下的安全性功能：

- 使用 RSA SecurID 双因素身份验证或智能卡登录。
- 使用 SSL 安全加密链路确保对所有连接进行完全加密。
- 使用 Vmware High Availability 托管桌面并确保自动进行故障切换。

（3）集中式管理功能。

VMware View 提供如下功能可用于进行集中式管理：

- 使用 Microsoft Active Directory 管理对虚拟桌面的访问并管理策略。
- 使用基于 Web 的管理控制台从任何位置管理虚拟桌面。
- 使用模板或主映像快速创建和部署桌面池。
- 在不影响用户设置、数据或首选项的情况下向虚拟桌面发送更新和修补程序。

（4）可扩展性功能

借助 VMware 虚拟化平台，VMware View 提供如下可扩展性功能来管理桌面和服务器：

- 与 VMware vSphere 集成，可经济高效地帮助部署虚拟桌面，实现虚拟桌面的高可用性，并提供高级资源分配控制。
- 将 View Connection Server 配置为在最终用户与授权其访问的虚拟桌面之间代理连接。
- 用 View Composer 快速创建与主映像共享虚拟磁盘的桌面映像。采用这种方法使用链接克隆，有助于节省磁盘空间和简化对操作系统的修补程序与更新的管理。

4. VMware View 产品架构

VMware View 产品由客户端设备、View Connection Server（连接服务器）、View Agent、View Client、View Portal、View Composer、vCenter Server、View Transfer Server 组成。

最终用户启动 View Client 登录 View Connection Server 服务器。该服务器与 Windows

Active Directory 集成，通过它可以访问 VMware vSphere 环境、刀片或物理 PC 或 Windows 终端服务服务器中托管的虚拟桌面。VMware View 的产品架构如图 4-2 所示。

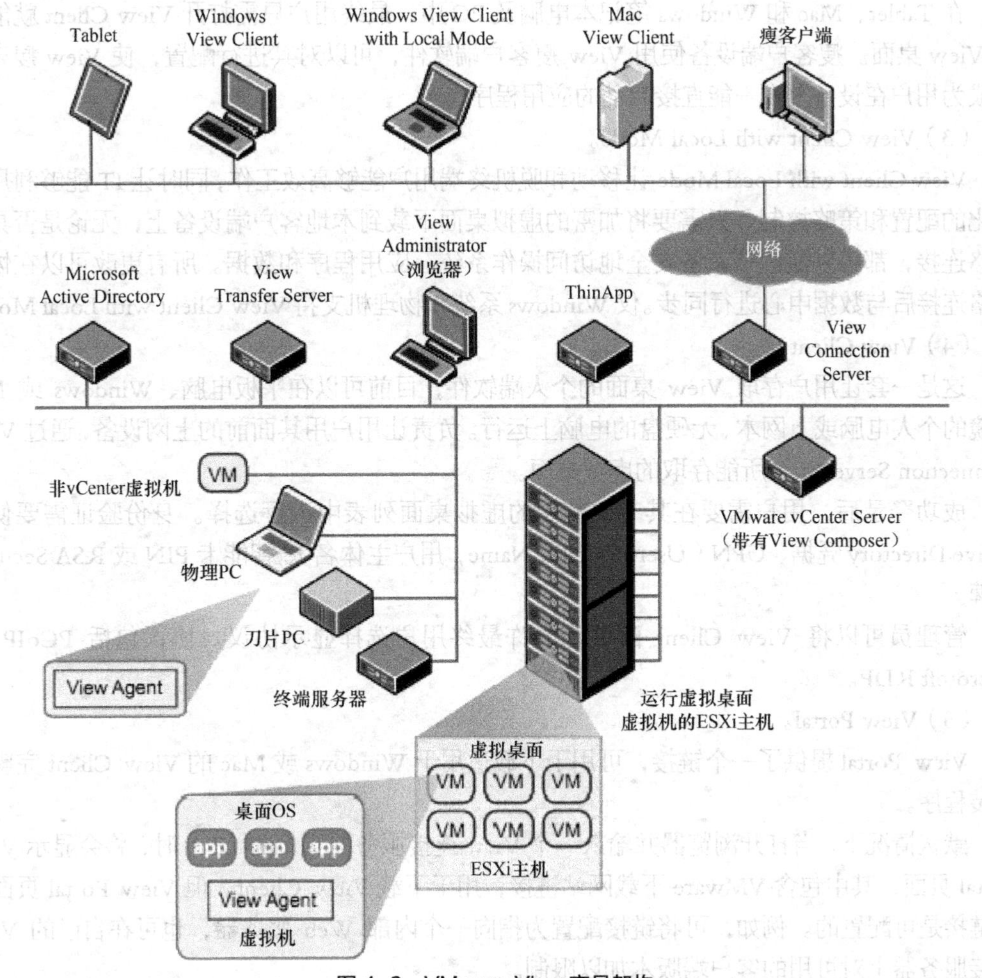

图 4-2 VMware View 产品架构

（1）View Connection Server。

该软件服务充当客户端连接的 Broker。View Connection Server 通过 Windows AD 对用户进行身份验证，并将请求定向到相应的虚拟机、物理或刀片 PC 或 Windows 终端服务服务器。

View Connection Server 提供了以下管理功能：

- 用户身份验证。
- 授权用户访问特定的桌面和池。
- 将通过 VMware ThinApp 打包的应用程序分配给特定桌面和池。
- 管理本地和远程桌面会话。
- 在用户和桌面之间建立安全连接。
- 支持单点登录。
- 设置和应用策略。

（2）客户端设备。

使用 VMware View 的一大优势在于，最终用户可以在任何地点使用任何设备访问桌面。

用户可以通过公司的笔记本电脑、家用 PC、瘦客户端设备、Mac（苹果电脑）或 Tablet（平板）访问其个性化虚拟桌面。

在 Tablet、Mac 和 Windows 笔记本电脑及 PC 中，最终用户只需打开 View Client 就能显示 View 桌面。瘦客户端设备使用 View 瘦客户端软件，可以对其进行配置，使 View 瘦客户端成为用户在设备上唯一能直接启动的应用程序。

（3）View Client with Local Mode。

View Client with Local Mode 让移动和脱机终端用户能够高效工作，同时让 IT 能够利用集中化的配置和策略控制。只需要将加密的虚拟桌面下载到本地客户端设备上，无论是否具有网络连接，都可以通过该设备安全地访问操作系统、应用程序和数据。所有更改可以在恢复网络连接后与数据中心进行同步。仅 Windows 系统和物理机支持 View Client with Local Mode。

（4）View Client。

这是一套让用户存取 View 桌面的个人端软件，目前可以在平板电脑、Windows 或 Mac 环境的个人电脑或上网本、无硬盘的电脑上运行。负责让用户用其面前的上网设备，通过 View Connection Server 连至所能存取的虚拟桌面。

成功登录后，用户需要在其有权使用的虚拟桌面列表中进行选择。身份验证需要使用 Active Directory 凭据、UPN（User Principal Name，用户主体名）、智能卡 PIN 或 RSA SecurID 令牌。

管理员可以将 View Client 配置为允许最终用户选择显示协议。协议包括 PCoIP 和 Microsoft RDP。

（5）View Portal。

View Portal 提供了一个链接，可用于下载适用于 Windows 或 Mac 的 View Client 完整版安装程序。

默认情况下，当打开浏览器并输入一个 View 连接服务器实例的 URL 时，将会显示 View Portal 页面，其中包含 VMware 下载网站链接，用于下载 View Client。但 View Portal 页面上的链接是可配置的。例如，可将链接配置为指向一个内部 Web 服务器，也可在自己的 View 连接服务器上对可用的客户端版本加以限制。

（6）View Agent。

这是在来源桌面系统上所部署的代理程序，可安装在 Desktop VM、实体个人电脑、Blade PC 和 Terminal Services 上。该程序会与 View Client 沟通，借以监控连线、管理 View 用户配置，并为用户存取的桌面提供虚拟打印，以及存取本机所连接的 USB 设备。

以来源桌面是虚拟机为例，应先在 VM 上安装 View Agent，然后再用这台 VM 作为范本或去连接主要虚拟机的复本来使用。若从该 VM 建立桌面池时，该代理程序将自动安装到每个虚拟桌面上。

（7）View Administrator。

整合所有 View 系统设定的网页式管理主控台，这套程序会随 View Connection Server 一起安装，能用来管理 View Connection Server、Desktop VM，以及设定各虚拟桌面环境使用。

借助该应用程序，管理员无需在本地计算机上安装应用程序，即可从任何地方管理 View Connection Server 实例。

（8）View Composer。

该软件服务需要安装在管理虚拟机的 vCenter Server 服务器中。View Composer 可以从指定的父虚拟机创建链接克隆池。

每个链接克隆都像一个独立的桌面，带有唯一的主机名和IP地址，但不同的是，链接克隆与父虚拟机共享一个基础映像，因此存储需求明显减少，可节约多达90%的存储成本。

由于链接克隆桌面池共享一个基础映像，因此可以通过仅更新父虚拟机来快速部署更新和修补程序，最终用户的设置、数据和应用程序均不会受到影响。

（9）vCenter Server。

该服务可充当联网 VMware ESX/ESXi 主机的中心管理员。vCenter Server（之前称作VMware VirtualCenter）提供了在数据中心内配置、部署和管理虚拟机的中心点。

除了将这些虚拟机作为View桌面池的源，还可以使用虚拟机来托管VMware View的服务器组件，包括Connection Server实例、Active Directory服务器和vCenter Server实例。

可以将View Composer和vCenter Server安装在同一台服务器上，以创建链接克隆桌面池。vCenter Server会管理向物理服务器和存储分配虚拟机的情况，以及向虚拟机分配CPU和内存资源的情况。

（10）View Transfer Server。

该软件用于管理和简化数据中心与在最终用户本地系统上检出使用的 View 桌面之间的数据传输。必须安装View Transfer Server才能支持运行View Client with Local Mode（之前被称为Offline Desktop）的桌面。

（11）ThinApp。

ThinApp 是一种无代理的应用程序虚拟化解决方案，可将应用程序与其底层操作系统剥离开来，以消除应用程序的冲突，并简化应用程序的交付和管理。作为VMware View 的一个关键组件，ThinApp 可将应用程序兼容性添加到虚拟桌面环境中，并有助于减少桌面应用程序和映像的管理负担。

ThinApp是VMware收购Thinstall后推出的Application Virtualization（应用程序虚拟化）产品，产品主要功能就是将应用程序打包成不需要安装即可运行的单一可执行程序，实现瘦客户端和应用程序的快速部署及管理。

5．VMware View体系结构与规划原则

典型的VMware View体系结构设计采用容器策略，容器包含相应的组件，而组件则可通过使用vSphere4.1或更高版本基础架构最多支持10 000个虚拟桌面。由于硬件配置、所用的View和vSphere软件版本以及其他特定环境设计因素的不同，容器的定义可能存在差异。

VMware View体系结构的标准可扩展设计足以适应各种企业环境及特定要求。IT体系结构人员和规划人员进行VMware View部署，需要了解有关内存、CPU、存储容量、网络组件和硬件需求的重要细节。

（1）虚拟机要求。

在规划View桌面规格时，所选择的RAM、CPU和磁盘空间配置将对服务器、存储硬件和开销情况产生重要影响。

① 基于员工类型的规划。

包括 RAM、CPU 和存储大小在内的很多配置元素的要求，很大程度上取决于使用虚拟桌面的员工类型和必须安装的应用程序。

在规划体系结构时，可将员工分为以下几个类型。

a. 知识型员工。

知识型员工的日常工作包括访问 Internet、使用电子邮件和创建复杂文档、演示文稿及电子表格。知识型员工包括会计、销售经理和市场调研分析师等。

b. 任务型员工。

任务型员工通常在固定的计算机设备上使用少数应用程序执行重复的任务。与知识型员工使用的应用程序相比，这些应用程序往往不需要消耗大量的 CPU 和内存资源。按特定轮班制度工作的任务型员工可能会在同一时间登录虚拟桌面。任务型员工包括呼叫中心分析人员、零售员工和库房员工等。

c. 超级用户。

超级用户包括应用程序开发人员和使用图形密集型应用程序的用户。

d. 仅以本地模式使用桌面的员工。

这些用户下载并只在其本地系统上运行 View 桌面，这样可以降低数据中心的带宽、内存和 CPU 资源成本。安排复制任务可确保备份系统和数据。由管理员配置最终用户系统与 View Manager 的通信频率，避免系统锁定。

e. Kiosk 用户。

这些用户需要共享公共位置的桌面。典型的 Kiosk 用户包括教室内使用共享计算机的学生、护理工作站的护士以及用于工作安排和人员招聘的计算机等。这些桌面需要自动登录。如果需要，可以通过特定的应用程序来进行身份验证。

② 估算虚拟桌面的内存要求。

服务器 RAM（内存）的成本往往要高于 PC RAM 成本。RAM 成本在整个服务器硬件成本和所需存储总量中占据了很大比例，因此确定合适的内存分配量对规划桌面部署至关重要。

如果分配的 RAM 过低，存储 I/O 将因为频繁的内存交换而受到负面影响；如果分配的 RAM 过高，客户操作系统的页面文件和每个虚拟机的交换文件及挂起文件将变得非常大，会对存储容量产生不利影响。

a. RAM 大小对性能的影响。

分配 RAM 时，应避免选择过于保守的分配设置，以免对性能造成影响。在分配 RAM 时应考虑以下问题：

• 分配的 RAM 不足可导致客户机交换过于频繁，由此产生的 I/O 将严重降低性能并增加存储 I/O 负载。

• VMware ESX/ESXi 支持复杂的内存资源管理算法，例如透明内存共享和内存虚拟增长，可显著降低支持给定的客户机 RAM 分配所需的物理 RAM。例如，即使为虚拟桌面分配了 2 GB 内存，所消耗的物理 RAM 也仅为 2 GB 的一小部分。

• 由于虚拟桌面的性能极易受到响应时间的影响，因此需要在 ESX/ESXi 主机上为 RAM 预留设置指定非零值。预留一部分 RAM 可确保空闲但处于使用状态的桌面不会被完全交换到磁盘，此外还可以降低 ESX/ESXi 交换文件消耗的存储空间。但是，较高的预留设置将影响在 ESX/ESXi 主机上过量分配内存的能力，还可能影响 vMotion 维护操作。

b. RAM 大小对存储的影响。

分配到虚拟机的 RAM 容量直接关系到虚拟机使用的某些文件的大小，其关系见表 4-1。要访问列表中的文件，请使用 Windows 客户操作系统定位 Windows 页面文件和休眠文件，通过 ESX/ESXi 主机的文件系统来定位 ESX/ESXi 交换文件和挂起文件。

表 4-1 分配到虚拟机的 RAM 容量与系统文件的关系表

文件名称	文件说明
Windows 页面文件	默认情况下，该文件的大小为客户机 RAM 的 150%。该文件位于 C:\pagefile.sys，由于它将被频繁访问，因而会导致精简部署的存储不断增大。链接克隆虚拟机上的页面文件和临时文件可被重定向到虚拟机关闭时删除的单独虚拟磁盘中。一次性页面文件重定向可以节约存储容量、减缓链接克隆的增长速度并改善性能。尽管可以从 Windows 中调整该文件的大小，但这样做可能会降低应用程序的性能
笔记本电脑 Windows 休眠文件	该文件的大小能和客户机 RAM 的大小完全相同。在 View 部署中不需要使用此文件，因此可以安全地将其删除，即使使用了 View Client with Local Mode 也可以删除
ESX/ESXi 交换文件	该文件的扩展名为.vswp，如果预留的 RAM 低于虚拟机的 RAM，则会创建此交换文件。交换文件的大小与未预留的客户机 RAM 的大小相同。假如预留了 50%的客户机 RAM，且客户机的 RAM 为 2 GB，则 ESX/ESXi 交换文件的大小为 1 GB。该文件可以存储在 ESX/ESXi 主机或群集的本地数据存储中
ESX/ESXi 挂起文件	该文件的扩展名为.vmss，如果设置了桌面池注销策略（使虚拟桌面在最终用户注销时挂起），则会创建此文件。该文件的大小与客户机 RAM 的大小相同

c. 采用 PCoIP 时适用于特定显示器配置的 RAM 大小。

如果采用 VMware 的 PCoIP 显示协议，则 ESX/ESXi 主机所需的额外 RAM 大小将部分取决于为最终用户配置的显示器数量和显示分辨率。表 4-2 中列出了不同显示器配置所需的 RAM 大小，表中所显示的内存大小不包括其他 PCoIP 功能所需的内存。

表 4-2 PCoIP 客户端显示内存开销表

显示分辨率标准	宽度（像素）	高度（像素）	1 个显示器的开销	2 个显示器的开销	4 个显示器的开销
VGA	640	480	2.34 MB	4.69 MB	9.38 MB
SVGA	800	600	3.66 MB	7.32 MB	14.65 MB
720p	1 280	720	7.03 MB	14.65 MB	28.13 MB
UXGA	1 600	1 200	14.65 MB	29.30 MB	58.59 MB
1080p	1 920	1 080	15.82 MB	31.64 MB	63.28 MB
WUXGA	1 920	1 200	17.58 MB	35.16 MB	70.31 MB
QXGA	2 048	1 536	24.00 MB	48.00 MB	96.00 MB
WQXGA	2 560	1 600	31.25 MB	62.50 MB	125.00 MB

d. 特定工作负载和操作系统所需的 RAM 大小。

由于不同类型员工的 RAM 需求存在很大差异，因此很多企业都通过试运行来确定企业中不同类型员工所需的适当内存设置。

开始时分配 1 GB（Windows XP 桌面和 32 位 Windows Vista 及 Windows 7 桌面）或 2 GB（64 位 Windows 7 桌面）的内存。在试运行阶段中，需要监视不同类型员工的使用性能和所用磁盘空间，并做出适当调整，最后确定适用于每种类型员工的最佳设置。

③ 估算虚拟桌面的 CPU 要求。

在估算 CPU 时，必须收集有关各类企业员工平均 CPU 利用率的信息。另外，还要额外计算 10%～25%的处理能力，用以满足虚拟化开销和峰值期间的使用需要。

对 CPU 的具体要求因员工类型而异。在试运行阶段，使用性能监测工具（如虚拟机中的 Perfmon、ESX/ESXi 中的 esxtop 或 vCenter 性能监测工具）来了解这些员工组的平均及峰值 CPU 利用率。对于软件开发人员、具有高性能需求的超级用户、计算密集型任务、需要用 PCoIP 显示协议播放 720P 视频的用户、Windows 7 桌面，建议部署双虚拟 CPU。

由于很多虚拟机都运行在同一台服务器上，当代理程序（如防病毒代理）一起同时检查是否存在更新时，CPU 利用率将达到峰值。在估算 CPU 时，需确定有哪些或多少代理可能导致性能问题，并采取适当策略来解决这些问题。

建议在最初调整大小时，不妨假设每个虚拟机至少需要用到整个 CPU 核心 1/10～1/8 的计算资源，也就是在每个核心上试运行 8～10 个虚拟机。例如，如果假设在每个核心上运行 8 个虚拟机并使用 2 插槽 8 核 ESX/ESXi 主机，可以在试运行期间在服务器上托管 128 个虚拟机。在此期间监视主机上的 CPU 整体使用情况，确保利用率基本保持在安全值以内（如 80%），从而为满足峰值负载留出足够空间。

④ 选择合适的系统磁盘大小。

在分配磁盘空间时，还要为操作系统、应用程序和用户可能会安装或生成的其他内容提供足够的空间。

由于数据中心磁盘空间每千兆字节的成本通常高于传统 PC 部署中台式机或笔记本电脑的成本，因此需要对操作系统的映像大小进行优化。可以通过以下方式优化映像大小：

- 删除不需要的文件。例如，减少临时 Internet 文件的配额。
- 选择能满足未来增长需要的虚拟磁盘大小，但不要过大。
- 使用集中的文件共享或 View Composer 永久磁盘存储用户生成的内容和安装的应用程序。

在确定虚拟桌面所需的存储空间时，需要考虑如下文件所占用的磁盘空间：

- ESX/ESXi 挂起文件的大小与分配给虚拟机的 RAM 容量相同。
- Windows 页面文件的大小为 RAM 容量的 150%。
- 每个虚拟机的日志文件的大小约为 100 MB。
- 虚拟磁盘或.vmdk 文件必须能够容纳操作系统、应用程序以及将来的应用程序和软件更新。另外，如果本地用户数据和用户安装的应用程序位于虚拟桌面（而不是文件共享）中，虚拟磁盘还必须能够容纳这些数据和应用程序。如果使用 View Composer，.vmdk 文件会不断增大，但可以为 View 桌面池安排 View Composer 刷新操作并设置存储过载策略，并将 Windows 页面文件和临时文件重定向到单独的非永久磁盘，以控制它的增长量。

建议在估算存储空间时，将预估值提高 15%，确保用户的磁盘空间不会耗尽。

（2）VMware View ESX/ESXi 节点。

节点是指 VMware View 部署中托管虚拟机桌面的单个 VMware ESX/ESXi 主机。

VMware View 能采用最经济高效的方式，最大限度地增加整合比率（即 ESX/ESXi 主机上托管桌面的数量）。尽管影响服务器选取的因素有很多，但如果要严格控制采购价格，就必须找到处理能力和内存表现俱佳的服务器配置。

要确定环境和硬件配置的理想整合比率，必须在实际环境下进行性能检测（如试运行）。由于使用模式和环境因素的不同，具体的整合比率可能会有很大差异，但一般应遵循以下原则：

- 作为一般性架构，通常以每个 CPU 核心运行 8～10 个虚拟桌面作为考虑计算容量的依据。

• 从虚拟桌面 RAM、主机 RAM 和过量分配比率方面思考内存容量问题。尽管可以为每个 CPU 核心部署 8～10 个虚拟桌面，但如果虚拟桌面占用 1 GB 或更多的 RAM，就必须仔细衡量物理 RAM 需求。

• 物理 RAM 的成本并不符合线性规律，在某些情况下，购买不使用昂贵 DIMM 芯片的小型服务器可能更加划算。在其他情况下，考虑机架密度、存储连接能力、可管理性及其他因素的影响，也有助于最大限度地减少部署中的服务器数量。

• 考虑群集和故障切换方面的要求。

（3）特定类型员工的桌面池。

VMware View 具有许多功能，可以帮助节省存储空间、降低各种应用情况的处理需求量。其中很多功能都是通过池设置来实现的。

最基本的问题是衡量特定类型的用户，判定用户需要固定桌面映像还是非固定桌面映像。需要固定桌面映像的用户将其数据存放于必须保留、维护和备份的操作系统映像本身中。例如，这些用户会安装一些个人应用程序，或者拥有不能保存在虚拟机本身以外位置（如在文件服务器上或应用程序数据库中）的数据。

也可以使用 View Composer 创建链接克隆虚拟机的浮动分配池，从而创建非固定桌面映像。可以通过创建链接克隆虚拟机或完整虚拟机的专用分配池来创建固定桌面映像。如果使用链接克隆虚拟机，则可以配置 View Composer 永久磁盘和文件夹重定向。一些存储厂商专门为固定桌面映像提供了经济高效的存储解决方案。这些厂商通常拥有自己的最佳实践和部署实用程序。如果使用其中某家厂商的技术，可能需要创建手动的专用分配池。

① 任务型员工池。

可以为任务型员工提供标准化非固定桌面映像，让映像随时保有易懂、易于支持的配置，因此员工可以登录到任意可用桌面。

由于任务型员工需要用一套为数不多的应用程序来执行重复性任务，因此可以为其创建非固定桌面映像来节省存储空间并降低处理要求。

② 知识型员工和超级用户池。

知识型员工必须能够创建复杂的文档并将其保留在桌面上。超级用户则必须能够安装并保留其个人应用程序。根据所保留的个人数据的性质和数量，可以采用固定或非固定类型的桌面。

由于超级用户和知识型员工（如会计、销售经理、市场分析师）必须能够创建和保留文档及设置，因此需要为他们创建专用分配桌面。对于不需要使用用户安装的应用程序（临时应用除外）的知识型员工，可以创建非固定桌面映像，并将其所有个人数据保存在虚拟机以外的位置，如文件服务器或应用程序数据库中。对于其他知识型员工和超级用户，可以为其创建固定桌面映像。

③ 移动用户池。

这些用户可以检出 View 桌面，即使没有网络连接，也可在其笔记本电脑或台式机上以本地方式运行桌面。

View Client with Local Mode 为最终用户和 IT 管理员提供了诸多优势。对管理员而言，使用本地模式可将 View 安全策略扩展到以前未受管的笔记本电脑。管理员可以严格控制 View 桌面上运行的应用程序，并像管理远程 View 桌面那样集中管理桌面。采用本地模式时，VMware View 的所有优势还可以扩展到网络速度与可靠性不足的远程或分支机构。

对最终用户而言，则能够继续享有选择联机/脱机使用其个人计算机的灵活性。View 桌面经过自动加密，可以轻松和数据中心内的映像进行同步，满足灾难恢复要求。

④ Kiosk 用户池。

Kiosk 用户包括机场登机处的乘客、教室或图书馆内的学生、医疗数据录入工作站的医护人员以及自助服务点的顾客。与客户端设备关联的账户（而不是用户）才有权使用这些桌面池，因为用户不需要登录即可使用客户端设备或 View 桌面，但仍可要求用户提供身份验证凭据来访问某些应用程序。

设置为在 Kiosk 模式中运行的 View 桌面采用非固定桌面映像，因为用户数据并不需要保存在操作系统磁盘中。Kiosk 模式桌面用于在瘦客户端设备或固定 PC 中使用。

最佳实践是使用专用的 View Connection Server 实例处理 Kiosk 模式的客户端，并在 Active Directory 中为这些客户端的账户创建专用的组织单位和组。这样不仅能防止这些系统遭受意外入侵，还会使客户端的配置和管理变得更加容易。

（4）桌面虚拟机配置。

由于虚拟桌面所需的 RAM、CPU 和磁盘空间具体取决于客户操作系统，在此主要针对目前主流的 Windows XP 和 Windows 7 虚拟桌面提供配置示例。示例中的虚拟机设置（如内存、虚拟处理器数量和磁盘空间）均特定于 VMware View。

① Windows XP 桌面虚拟机示例。

表 4-3 列出的虚拟机示例适用于远程模式下运行的标准 Windows XP 虚拟桌面。

表 4-3　适用于 Windows XP 的桌面虚拟机示例

项目	示例
操作系统	32 位 Windows XP（具有最新服务包）
RAM	1 GB（下限为 512 MB，上限为 2 GB）
虚拟 CPU	1
系统磁盘容量	16 GB（下限为 8 GB，上限为 40 GB）
用户数据容量（作为永久磁盘）	5 GB（起始值）
虚拟 SCSI 适配器类型	LSILogic Parallel（非默认类型）
虚拟网络适配器	可变（默认）

② Windows 7 桌面虚拟机示例。

表 4-4 列出的虚拟机示例适用于远程模式下运行的标准 Windows 7 虚拟桌面。

表 4-4　适用于 Windows 7 的桌面虚拟机示例

项目	示例
操作系统	32 位 Windows 7（具有最新服务包）
RAM	1 GB
虚拟 CPU	1
系统磁盘容量	20 GB（比标准值略小）
用户数据容量（作为永久磁盘）	5 GB（起始值）
虚拟 SCSI 适配器类型	LSILogic SAS（默认类型）
虚拟网络适配器	VMXNET3

（5）vCenter 和 View Composer 虚拟机配置与桌面池上限。

既可以将 vCenter Server 和 View Composer 安装在物理机上，也可以安装在虚拟机中。如果安装在虚拟机中，vCenter Server 虚拟机示例和池的大小上限建议参考表 4-5 中所列规格。

表 4-5　vCenter Server 虚拟机示例和池的大小上限

项目	示例
操作系统	64 位 Windows Server 2008 R2 Enterprise
RAM	4 GB
虚拟 CPU	2
系统磁盘容量	40 GB
虚拟 SCSI 适配器类型	LSILogic SAS（Windows Server 2008 的默认类型）
虚拟网络适配器	E1000（默认）
View Composer 池的大小上限	1 000 个桌面

使用 vSphere 4.1 或更高版本时，View Composer 最多可以在每个池中创建和部署 1 000 个桌面，能同时在 1 000 个桌面上执行重构操作。桌面池的大小受以下因素的限制：

- 每个桌面池仅可包含一个 ESX/ESXi 群集。
- 每个 ESX/ESXi 群集可包含的 ESX/ESXi 主机不超过 8 个。
- 每个 CPU 内核可用于 8～10 个虚拟桌面的计算容量。
- 子网可用的 IP 地址数量会限制池中桌面的数量。例如，如果在您的网络设置中，池中子网仅包含 256 个可用的 IP 地址，则池的大小将被限制为 256 个桌面。

（6）View Connection Server 最大连接数和虚拟机配置。

View Administrator 用户界面会随 View Connection Server 一起安装。与 vCenter Server 实例相比，该服务器需要更多的内存和处理资源。

① View Connection Server 配置。

View Connection Server 既可以安装在物理机上，也可以安装在虚拟机中，如果安装在虚拟机中，View Connection Server 虚拟机示例建议参考表 4-6 中所列规格。

表 4-6　View Connection Server 虚拟机示例

项目	示例
操作系统	64 位 Windows Server 2008 R2
RAM	10 GB
虚拟 CPU	4
系统磁盘容量	40 GB
虚拟 SCSI 适配器类型	LSILogic SAS（Windows Server 2008 的默认类型）
虚拟网络适配器	E1000（默认）
1 个网卡	1 GB

② View Connection Server 群集设计注意事项。

可以在一个组中部署多个 View Connection Server 副本实例来实现负载平衡和高可用性。副本实例组专为支持在连接 LAN 的单数据中心环境内组成群集而设计。由于组内的实例之间会产生通信流量，不建议在 WAN 中使用 View Connection Server 副本实例组。在跨数据中心的 View 部署中，需要为每个数据中心创建一个单独的 View 部署。

③ View Connection Server 的最大连接数。

假设使用的是 VMware View 和 vSphere 4.1（或更高版本）及 vCenter Server 4.1（或更高版本），且 View Connection Server 在 64 位的 Windows Server 2008 R2 Enterprise 版操作系统中运行，表 4-7 给出了在 VMware View 部署中测得的 View 桌面连接最大并行连接数信息。

表 4-7　View 桌面连接最大并行连接数信息

Connection Server 数量	连接类型	最大并行连接数
1 台 Connection Server	直接连接、RDP 或 PCoIP 安全加密链路连接、RDP PCoIP 安全网关连接	2 000
7 台 Connection Server（5+2 个备用）	直接连接、RDP 或 PCoIP	10 000
1 台 Connection Server	统一访问物理 PC	100
1 台 Connection Server	统一访问终端服务器	200

（7）View Transfer Server 虚拟机配置与存储。

必须安装 View Transfer Server 才能支持运行 View Client with Local Mode（之前被称为 Offline Desktop）的桌面。该服务器所需的内存要低于 View Connection Server。

① View Transfer Server 配置。

必须将 View Transfer Server 安装在虚拟机（而不是物理机）上，而且该虚拟机必须由与管理本地桌面相同的 vCenter Server 实例管理。表 4-8 列出了适用于 View Transfer Server 实例的虚拟机规范。

表 4-8　View Transfer Server 虚拟机示例

项目	示例
操作系统	64 位 Windows Server 2008 R2
RAM	4 GB
虚拟 CPU	2
系统磁盘容量	20 GB
虚拟 SCSI 适配器类型	LSILogic Parallel（并不是默认的 SAS）
虚拟网络适配器	E1000（默认）
1 个网卡	1 GB

② View Transfer Server 的存储和带宽要求。

有些操作需要用 View Transfer Server 在 vCenter Server 的 View 桌面和客户端系统中相应的本地桌面之间发送数据。当用户检入或检出桌面时，View Transfer Server 将在数据中心和本地桌面之间传输文件。View Transfer Server 会将用户做出的更改复制到数据中心，以使本地桌面与数据中心对应的桌面同步。

如果为本地桌面使用 View Composer 链接克隆，配置 Transfer Server 存储库的磁盘驱动器必须具有足够的空间来存储静态映像文件。网络存储磁盘运行速度越快，性能就越好。

虽然网络带宽可能在数量较少时就会达到饱和，但理论上每个 Transfer Server 实例可以容纳 60 个并发磁盘操作。

（8）vSphere 群集。

在 VMware View 部署中，可使用 VMware HA 群集来防止物理服务器出现故障。由于 View Composer 的限制，群集中的服务器或节点数不能超过 8 个。

VMware vSphere 和 vCenter 为管理托管 View 桌面的服务器群集提供了一组丰富的功能。另外，群集的配置也很重要，因为每个 View 桌面池都必须与一个 vCenter 资源池相关联。因此，每个池中能容纳的最大桌面数量与计划在每个群集中运行的服务器和虚拟机的数量有关。

在大型 VMware View 部署中，可以通过在每个数据中心对象中仅包含一个群集对象（非默认行为）来提高 vCenter 的性能和响应能力。默认情况下，VMware vCenter 会在同一个数据中心对象中新建群集。

（9）VMware View 构建基块。

一个支持 2 000 个用户的构建基块由物理机、VMware vSphere 基础架构、VMware View 服务器、共享存储和 2 000 个虚拟机桌面组成，如图 4-3 所示。基于 LAN 的 View 构建基块示例见表 4-9。

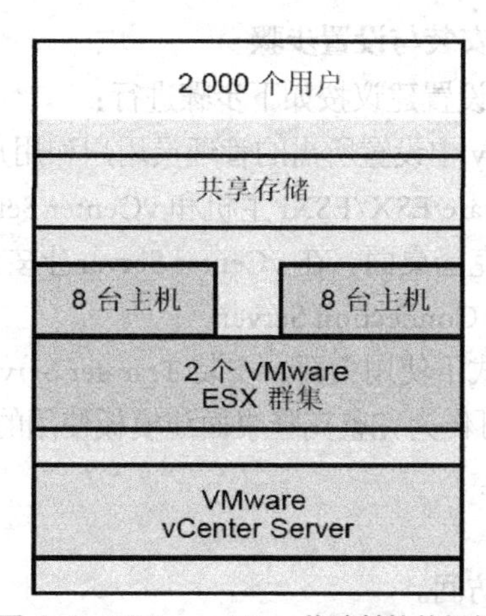

图 4-3 VMware View 构建基块的组件

表 4-9 基于 LAN 的 View 构建基块示例

项目	示例
vSphere 群集	2 个或更多（每个群集最多包含 8 个 ESX/ESXi 主机）
80 端口网络交换机	1
共享存储系统	1

续表

项目	示例
带有 View Composer 的 vCenter Server	1（可在基块内运行）
数据库	MSSQL Server 或 Oracle 数据库服务器（可在基块内运行）
VLAN	3（均为 1 Gb 以太网网络：管理网络、存储网络和 vMotion 网络）

（10）VMware View 容器。

容器是一个由 VMware View 可扩展性限制决定的组织单元，一个 VMware View 容器中最多可以将 5 个包含 2 000 个用户的构建基块集成为一个 View Manager 安装实体，表 4-10 中列出了 View 容器中的组件。

表 4-10 VMware View 容器示例

项目	数量/容量
View 构建基块	5
View Connection Server	7（每个构建基块 1 个，另有 2 个备用）
10 Gb 以太网模块	1
模块化网络交换机	1
负载平衡模块	1
用于 WAN 的 VPN	1（可选）

6. VMware View 环境安装与设置步骤

VMware View 环境安装与设置建议按如下步骤进行：

步骤 1：在 Active Directory 中设置所需的管理员用户和用户组。

步骤 2：安装并设置 VMware ESX/ESXi 主机和 vCenter Server（如果还未执行此步骤）。

步骤 3：如果要部署链接克隆桌面，在 vCenter Server 上安装 View Composer。

步骤 4：安装并设置 View Connection Server。

步骤 5：如果要在本地模式下使用桌面，安装 Transfer Server。

步骤 6：创建一个或多个可作为完整克隆桌面池模板使用的虚拟机，或者是可作为链接克隆桌面池的父虚拟机的虚拟机。

步骤 7：创建一个桌面池。

步骤 8：控制用户的桌面访问。

步骤 9：在最终用户的计算机上安装 View Client，且可以访问 View 桌面。

步骤 10（可选）：创建并配置更多的管理员，允许对特定清单对象和设置进行不同级别的访问。

步骤 11（可选）：配置策略来控制 View 组件、桌面池和桌面用户的行为。

步骤 12（可选）：配置 View 用户配置管理，这样无论用户何时登录桌面，都能访问个性化数据和设置。

步骤 13（可选）：为增强安全性，可集成智能卡身份验证与 RSA SecurID 解决方案。

4.5 项目实施

任务 4-1：配置 VMware View 域环境

1．任务目标

（1）能熟练使用 Windows Server 2003 系统；

（2）能熟练安装与配置活动目录；

（3）能熟练安装与配置 DNS；

（4）能熟练安装与配置 DHCP。

2．任务内容

本任务要求管理员在 Windows Server 2003 中配置 VMware View 域环境，具体内容为：

（1）配置 Windows Server 2003 系统；

（2）安装与配置活动目录；

（3）安装与配置 DNS；

（4）安装与配置 DHCP。

3．完成任务所需设备和软件

（1）已安装 Windows Server 2003 系统的计算机 1 台；

（2）Windows Server 2003 安装光盘。

4．任务实施步骤

步骤 1：在 Windows Server 2003 中配置 IP 地址与计算机名。

设置计算机的 IP 地址为 192.168.100.1/24，网关为 192.168.100.1，DNS 为 127.0.0.1，计算机名为“ad”。

步骤 2：在 Windows Server 2003 中安装域控制器。

（1）单击“开始”→“运行”，输入“dcpromo”后按【Enter】键，在“Active Directory 安装向导”界面中单击“下一步”按钮，开始配置域。

（2）在图 4-4 所示的“域控制器类型”界面中，选择“新域的域控制器”选项，单击“下一步”按钮。

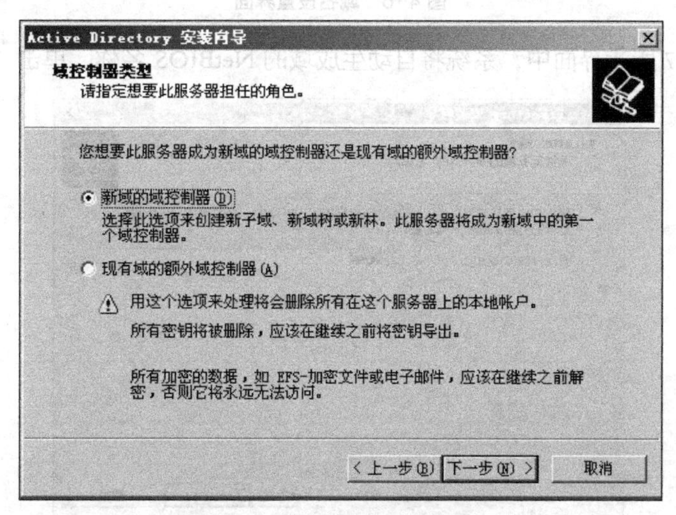

图 4-4　域控制器类型选择界面

（3）在图 4-5 所示的“创建一个新域”界面中，选择“在新林中的域”选项，单击“下一步”按钮。

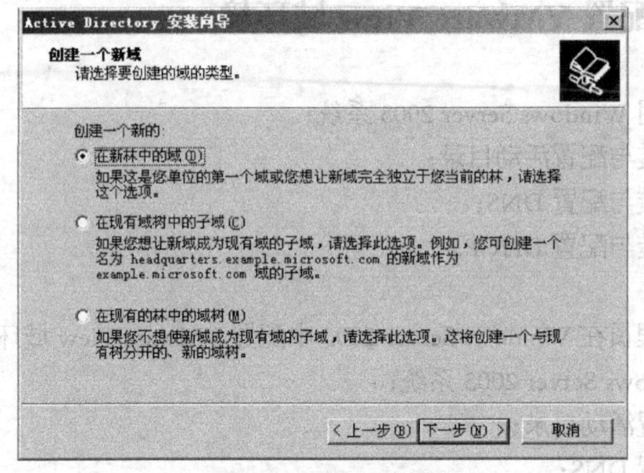

图 4-5　新域创建界面

（4）在图 4-6 所示界面中，根据测试的环境，输入新的域名，单击“下一步”按钮。

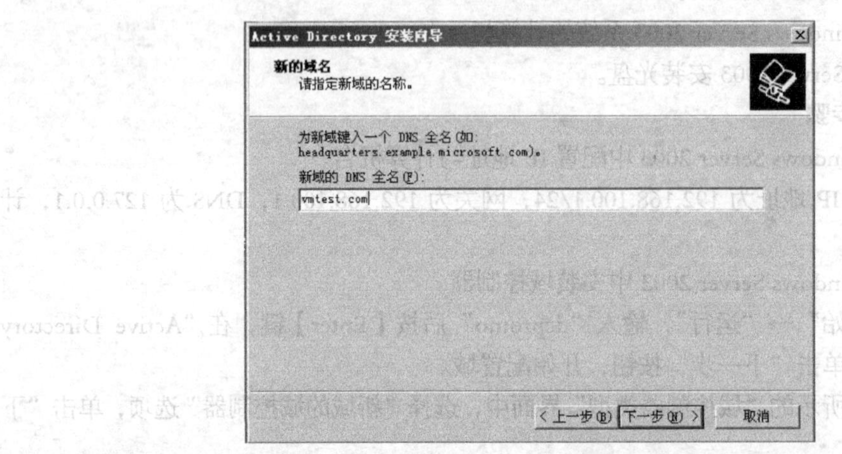

图 4-6　域名设置界面

（5）在图 4-7 所示界面中，系统将自动生成域的 NetBIOS 名称，单击“下一步”按钮。

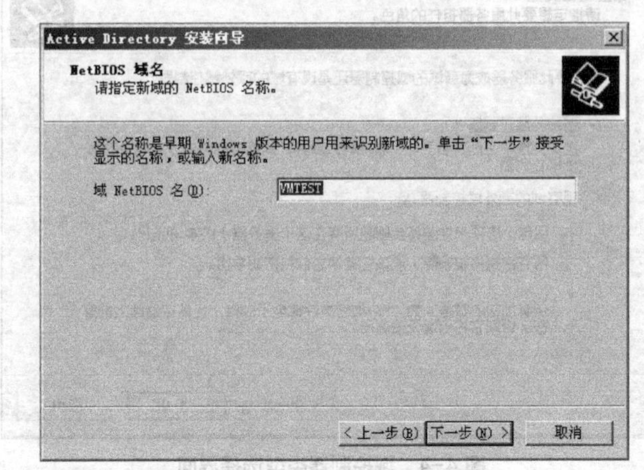

图 4-7　NetBIOS 名称设置界面

（6）接着选择数据库、日志文件、共享的系统卷存放的文件夹等内容，直接单击“下一步”按钮，直到出现目录服务还原模式密码设置界面，如图 4-8 所示。

（7）在图 4-8 所示界面中，设置“目录服务还原模式的管理员密码”，单击“下一步”按钮，系统将自动安装。域控制器安装完成后，系统提示重新启动计算机，至此域控制器创建完成。

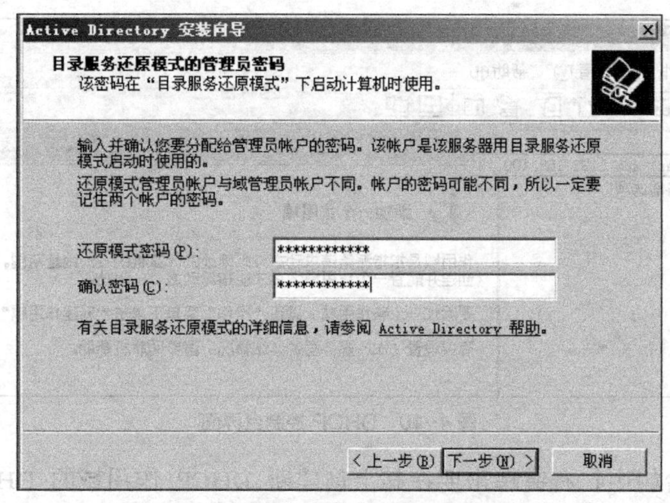

图 4-8　目录服务还原模式管理员密码设置界面

步骤 3：在 Windows Server 2003 中配置 DNS。

在 Windows Server 2003 中安装域控制器时已自动安装了 DNS 服务，打开 DNS 控制台，检查 DNS 设置情况，如图 4-9 所示。

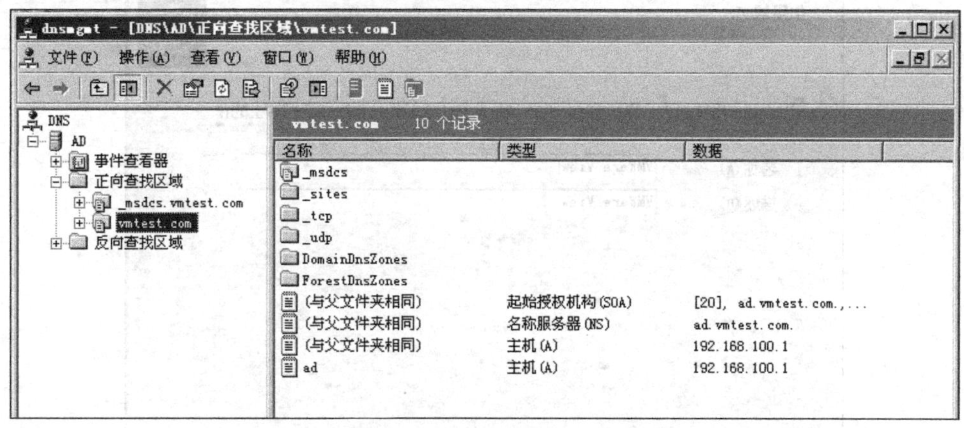

图 4-9　DNS 控制台界面

步骤 4：在 Windows Server 2003 中安装与配置 DHCP。

（1）安装 DHCP 服务。

① 单击“开始”→“控制面板”→“添加或删除程序”，在“添加或删除程序”对话框中，单击“添加/删除 Windows 组件”，弹出“Windows 组件向导”对话框。

② 在“Windows 组件向导”对话框中，选中组件列表中的“网络服务”复选框，然后单击“详细信息”项，在弹出的“网络服务”对话框中，选择“动态主机配置协议（DHCP）”复选框。

③ 单击“确定”按钮后，接着单击“下一步”按钮进行协议的安装。等待一段时间后，单击“完成”按钮完成DHCP服务的安装。

（2）配置DHCP服务。

① 单击“开始”→“程序”→“管理工具”→“DHCP”，打开DHCP控制台，如图4-10所示。

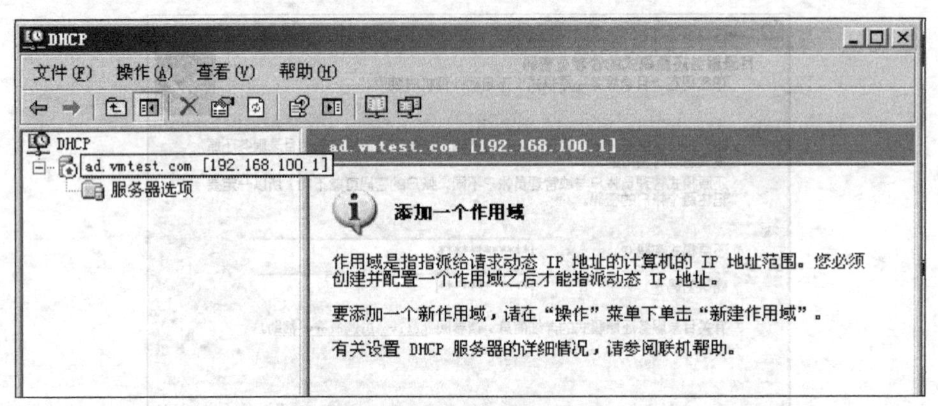

图4-10 DHCP控制台界面

② 在控制台树中，右键单击要在其上创建新DHCP作用域的DHCP服务器（如“ad.vmtest.com[192.168.100.1]”），然后单击“新建作用域”，弹出“新建作用域向导”对话框。

③ 在“新建作用域向导”对话框中，直接单击“下一步”按钮，在图4-11所示界面中键入该作用域的名称及说明，单击“下一步”按钮。

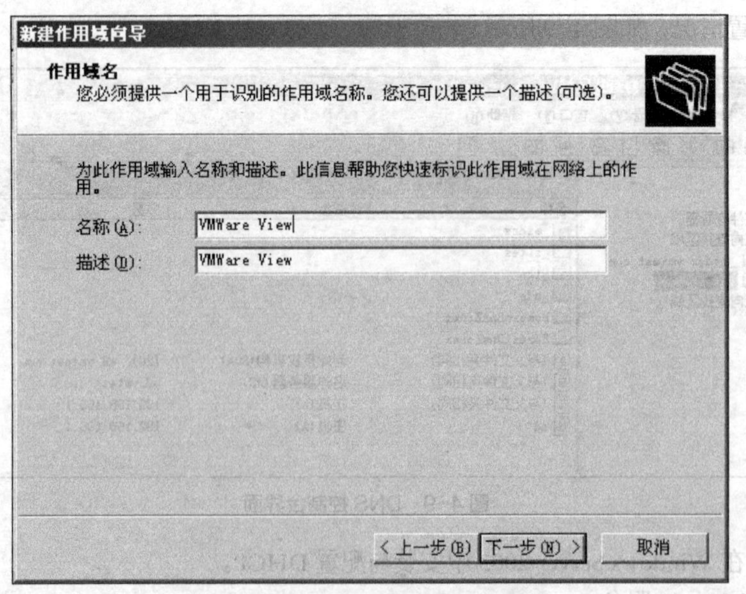

图4-11 DHCP作用域名称设置界面

④ 在图4-12所示的“IP地址范围”界面中，键入可作为该作用域的一部分租用的地址范围，单击“下一步”按钮。

⑤ 在图4-13所示的“添加排除”界面中，键入要从所输入范围中排除的所有IP地址，单击“下一步”按钮。

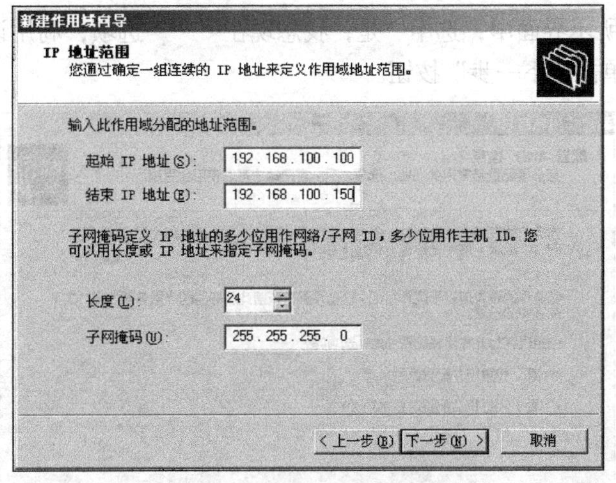

图 4-12 IP 地址范围设置界面

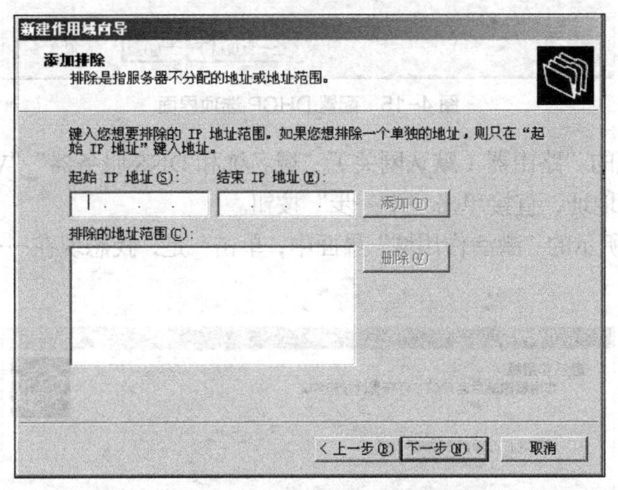

图 4-13 添加排除设置界面

⑥ 在图 4-14 所示的“租约期限”界面中，键入该作用域的 IP 地址租用到期之前所经过的时间，单击“下一步”按钮。

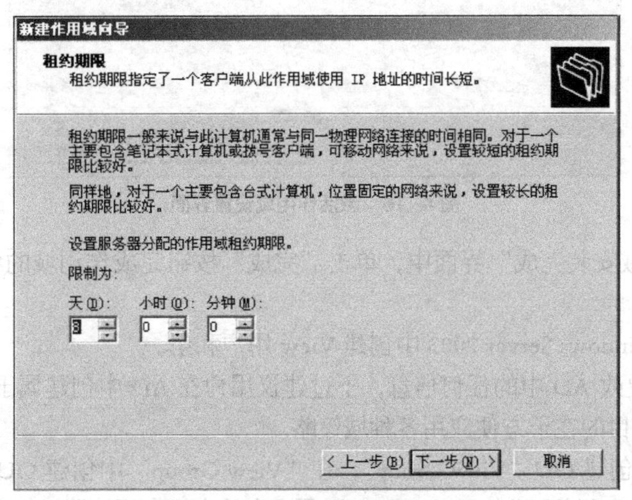

图 4-14 租约期限设置界面

⑦ 在图 4-15 所示界面中，选中“是，我想现在……”选项，利用该向导进行最常用的 DHCP 选项设置，单击“下一步”按钮。

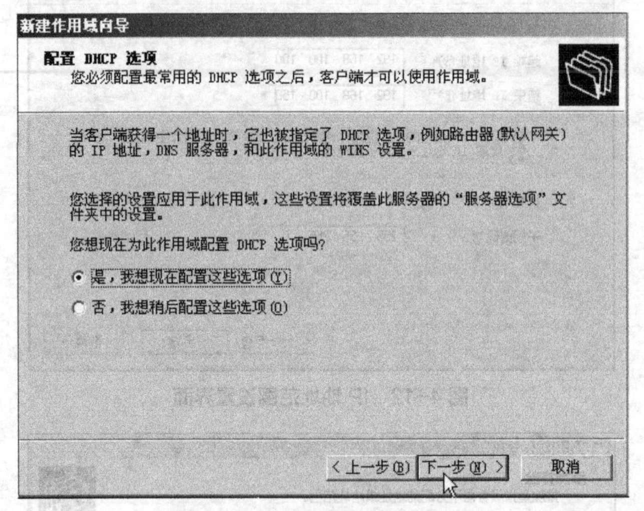

图 4-15　配置 DHCP 选项界面

⑧ 在接着出现的“路由器（默认网关）”“域名称和 DNS 服务器”“WINS 服务器”界面中，键入相应的 IP 地址，直接单击“下一步”按钮。

⑨ 在图 4-16 所示的“激活作用域”界面中，单击“是，我想现在……”选项，单击“下一步”按钮。

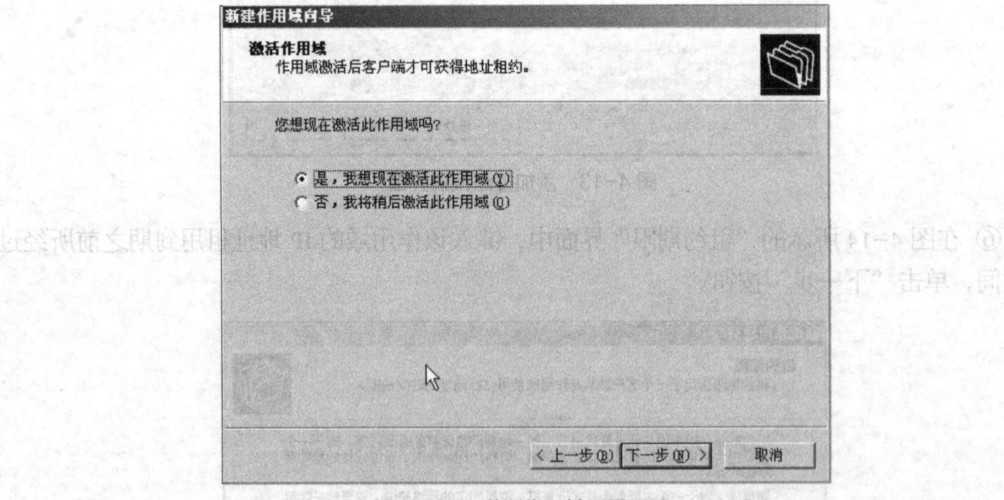

图 4-16　激活作用域设置界面

⑩ 在“作用域安装完成”界面中，单击“完成”按钮完成作用域的创建。至此 DHCP 就配置完成。

步骤 5：在 Windows Server 2003 中创建 View 用户和组。

View 不需要更改 AD 中的任何信息，不过建议用户在 AD 中创建属于 View 的 OU 和用户组。创建 OU 的目的在于方便应用各种域策略。

本次测试环境创建 OU “View Group”，在“View Group”中创建 OU “View Users”（用于存放 View 的用户和组）和“VM Computers”（用户存放虚拟桌面计算机），接着在“View Users”

中创建一个名为“MKT-Users”的组，建立 mk01、mk02 用户并将其加入到 MKT-Users 组中，作为本次 View 的用户访问账户，如图 4-17 所示。

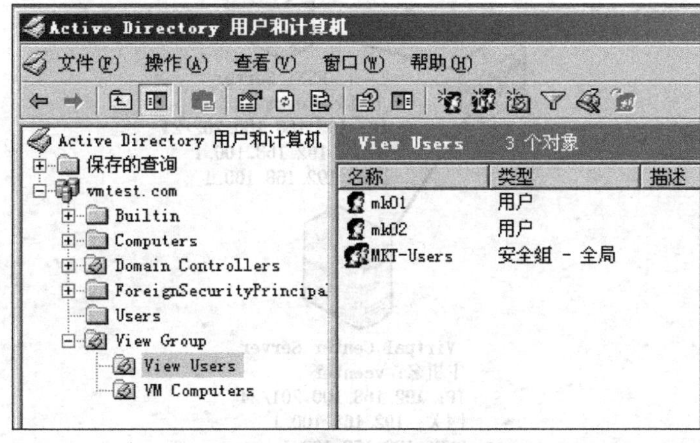

图 4-17　域控制器中 OU 和用户组界面

任务 4-2：安装与配置 Virtual Center Server 服务器

1．任务目标

（1）能熟练使用 Windows Server 2008 系统；

（2）能熟练地安装 vCenter Server、vSphere Client 软件；

（3）能使用 SQL Server 2005 软件创建数据库；

（4）能在服务器中配置数据源（ODBC）；

（5）能熟练地安装 View Composer 组件；

（6）能熟练地配置 Virtual Center Server 服务器。

2．任务内容

本任务要求管理员在 Windows Server 2008 中完成 Virtual Center Server 服务器的安装与配置工作，具体内容为：

（1）配置 Windows Server 2008 系统；

（2）安装 vCenter Server 软件；

（3）安装 vSphere Client 软件；

（4）使用 SQL Server 2005 软件创建数据库；

（5）配置数据源（ODBC）；

（6）安装 View Composer 组件；

（7）配置 Virtual Center Server 服务器。

3．完成任务所需设备和软件

（1）已安装 Windows Server 2008、SQL Server 2005 的服务器 1 台；

（2）已配置好的 ESXi Server 服务器 1 台；

（3）VMware vCenter 5.0 安装程序包、View Composer 5.0 安装程序包。

4．任务实施步骤

步骤 1：硬件连接。

用 2 根直通双绞线分别把服务器连接到交换机上，如图 4-18 所示。

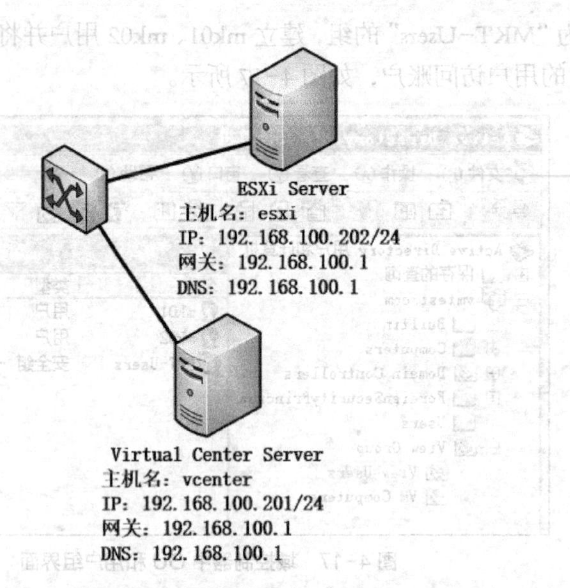

图 4-18　实训拓扑图（一）

步骤 2：在 vCenter 中配置 IP 地址与计算机名。

设置计算机的 IP 地址为 192.168.100.201/24，网关为 192.168.100.1，DNS 为 192.168.100.1，计算机名为“vcenter”。

步骤 3：在 vCenter 中安装 vCenter Server 软件（详见项目三中任务 3-2）。

步骤 4：在 vCenter 中安装 vSphere Client 软件（详见项目三中任务 3-2）。

步骤 5：在 vCenter 中安装 View Composer 组件。

（1）创建 View Composer 数据库。

在 SQL Server 中创建一个名为 View Composer 的数据库（SQL Server 2005 已安装），如图 4-19 所示。

图 4-19　对象资源管理器

（2）在服务器中配置 ODBC。

① 在服务器中打开“控制面板”→“管理工具”→“数据源（ODBC）”，单击“系统 DSN”项，如图 4-20 所示，单击“添加”按钮。

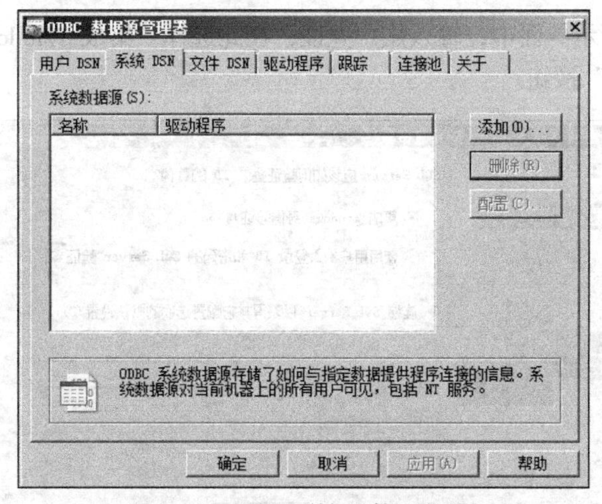

图 4-20 ODBC 数据源管理器界面

② 在图 4-21 所示的“创建数据源”界面中，选择“SQL Native Client”选项，单击“完成”按钮。

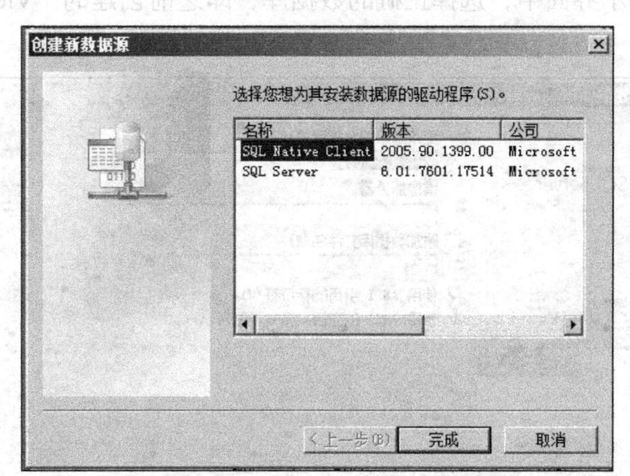

图 4-21 数据源驱动程序选择界面

③ 在图 4-22 所示界面中，在“名称”处输入“view_composer”，并选择 SQL Server 名称（在此选择“vcenter”，因为 SQL 安装在此服务器上），单击“下一步”按钮。

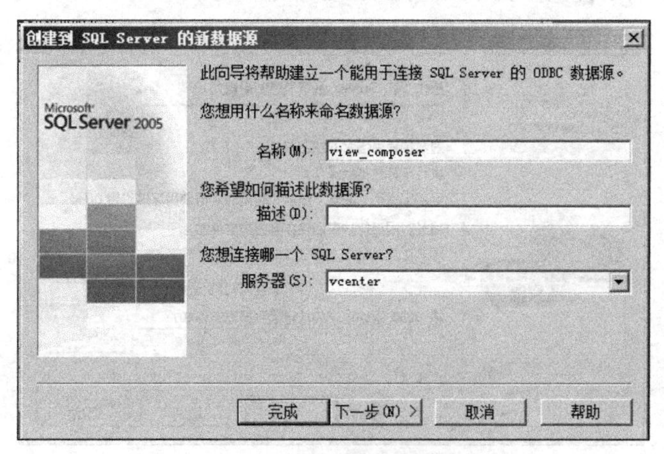

图 4-22 数据源设置界面

④ 在图 4-23 所示界面中，输入账户凭证，在此选择“集成 Windows 身份验证（W）”选项，单击“下一步”按钮。

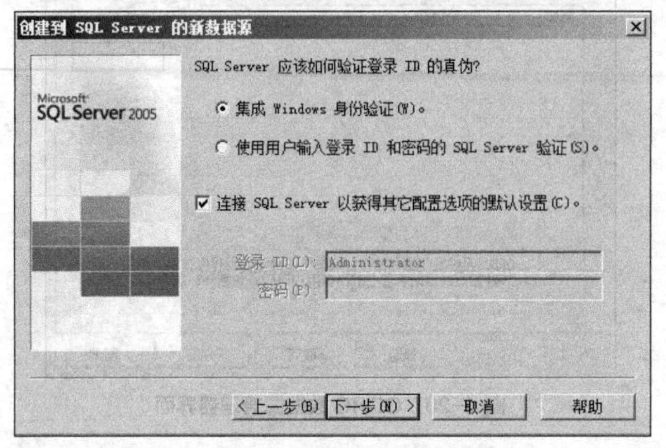

图 4-23　账户凭证设置界面

⑤ 在图 4-24 所示界面中，选择正确的数据库，即之前创建的“View Composer”，单击“下一步”按钮。

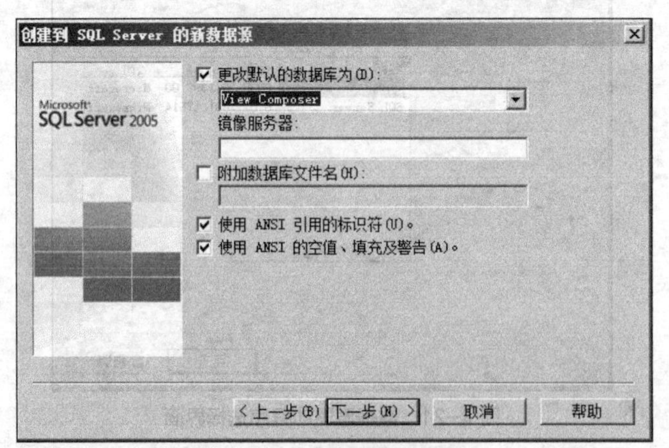

图 4-24　数据库选择界面

⑥ 在图 4-25 所示界面中，单击“完成”按钮。

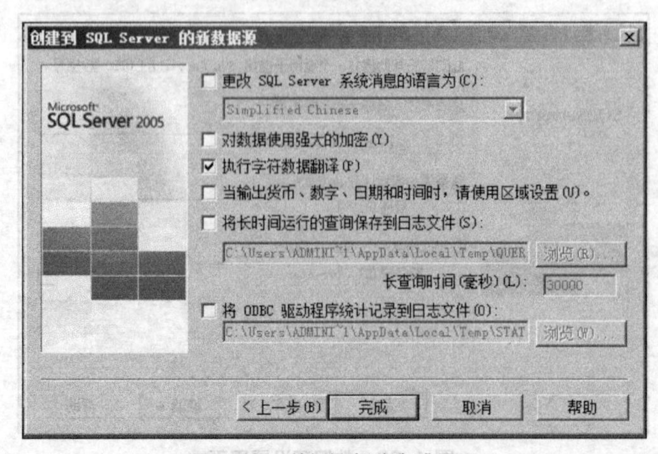

图 4-25　数据源新建完成界面

⑦ 在图4-26所示的“ODBC数据源测试”界面中，测试ODBC连接，保证数据库连接正常。至此ODBC就配置完成。

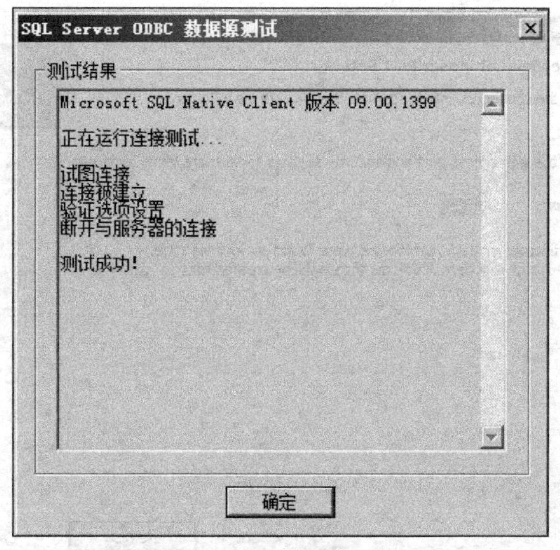

图4-26 ODBC数据源测试界面

（3）安装View Composer组件。

① 双击View Composer安装包，开始安装View Composer，在出现的欢迎界面中单击“Next”按钮。

② 在“专利协议”界面中，单击“Next”按钮。

③ 在“许可协议”界面中，选择“I accept the terms in the license agreement”选项，单击“Next”按钮。

④ 在“软件安装位置选择”界面中，选择软件安装的位置，单击“Next”按钮。

⑤ 在图4-27所示界面中，设置View Composer的数据库，在“ODBC DSN Setup”中输入先前设置好的ODBC连接即“view_composer”，并在下方输入数据库的连接用户名和密码，单击“Next”按钮。

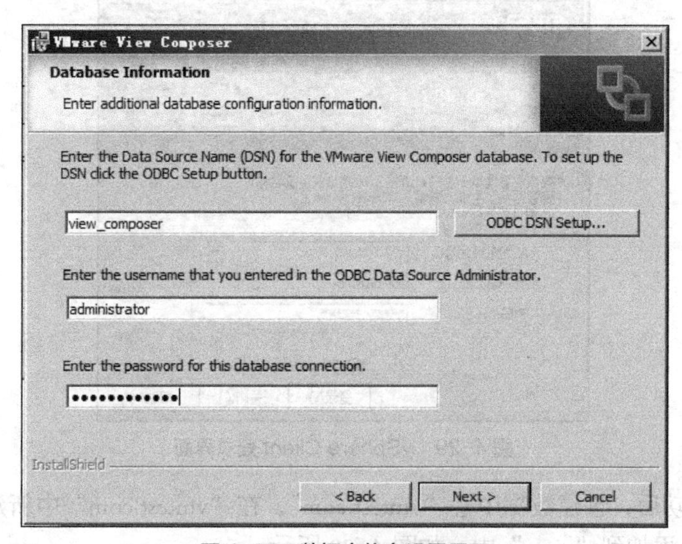

图4-27 数据库信息设置界面

⑥ 在图 4-28 所示界面中，设置 View Composer 通信端口（默认为 18443，没有特殊情况，建议不要修改），单击“Next”按钮，开始安装 View Composer。

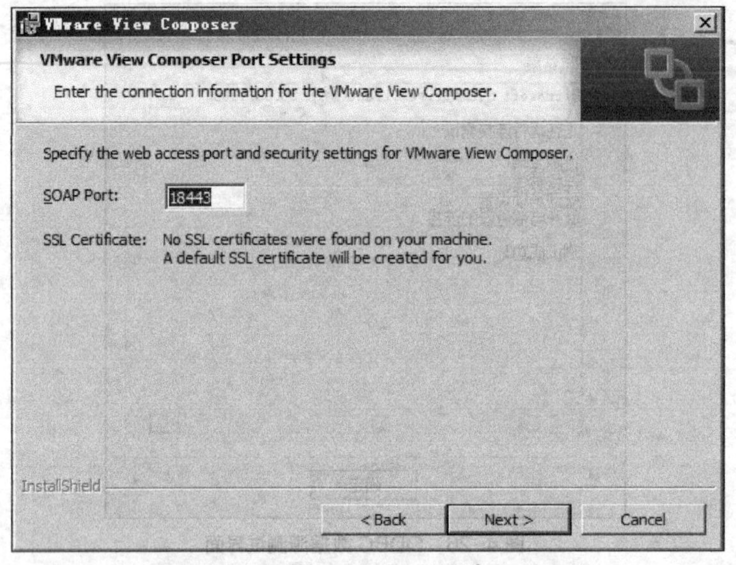

图 4-28 View Composer 通信端口设置界面

⑦ 等待一段时间后，出现“安装完成”界面，单击“Finish”按钮完成安装。至此 View Composer 就安装完成了。

步骤 6：将 ESXi Server 添加到 vCenter。

（1）安装与配置 ESXi Server 服务器。

安装 ESXi Server 服务器（见项目三中任务 3-1 的安装步骤），设置 IP 地址为 192.168.100.202/24，网关与 DNS 均为 192.168.100.1，计算机名为“esxi”。

（2）在 vCenter Server 中运行 VMware vSphere Client，输入用户名与密码登录，如图 4-29 所示。

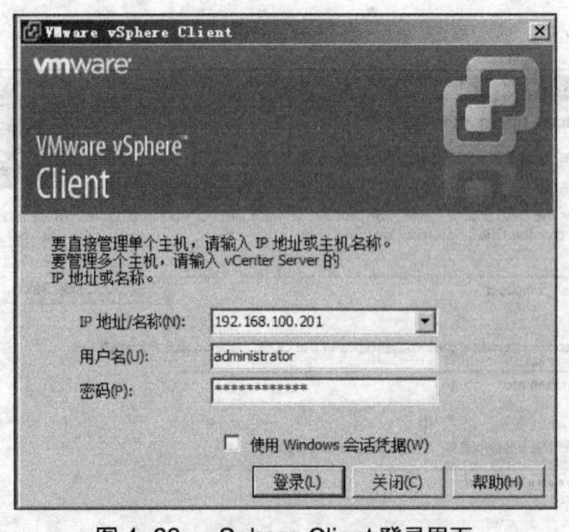

图 4-29 vSphere Client 登录界面

（3）登录成功后，创建数据中心“vmtest.com”，在“vmtest.com”中新建集群“view”，并将 ESXi Server 添加到“view”中，如图 4-30 所示。

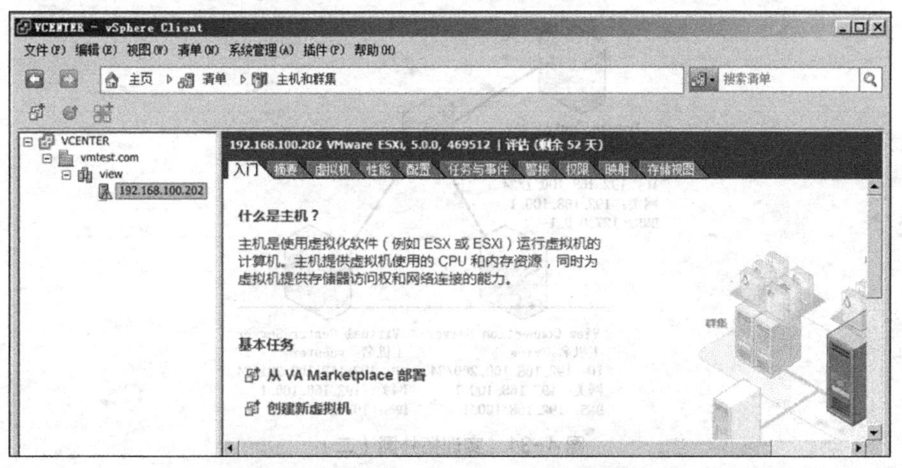

图 4-30　vSphere Client 控制台界面

任务 4-3：安装与配置 View Connection Server 服务器

1. 任务目标

（1）能熟练使用 Windows Server 2008 系统；

（2）能将 Windows 系统加入域；

（3）能熟练安装 View Connection Server 软件；

（4）能熟练配置 View Connection Server 服务器。

2. 任务内容

本任务要求管理员在 Windows Server 2008 中完成 View Connection Server 服务器的安装与配置工作，具体内容为：

（1）配置 Windows Server 2008 系统；

（2）将 Windows Server 2008 系统加入域；

（3）安装 View Connection Server 软件；

（4）配置 View Connection Server 服务器。

3. 完成任务所需设备和软件

（1）已安装 Windows Server 2003 系统的域控制器 1 台；

（2）已安装 Windows Server 2008 系统的服务器 1 台；

（3）已配置好的 Virtual Center Server 服务器 1 台；

（4）View Connection Server 安装程序包。

4. 任务实施步骤

步骤 1：硬件连接。

用 3 根直通双绞线分别把服务器连接到交换机上，如图 4-31 所示。

步骤 2：将 View Connection Server 加入域。

（1）设置计算机的 IP 地址为 192.168.100.200/24，网关为 192.168.100.1，DNS 为 192.168.100.1，计算机名为“view”。

（2）将 View Connection Server 加入域（本次测试的 View Connection Server 为 view.vmtest.com）。

（3）加入域后，以域管理员身份登录 View Connection Server。

Domain Controller
（AD、DNS、DHCP）
主机名：ad.vmtest.com
IP：192.168.100.1/24
网关：192.168.100.1
DNS：127.0.0.1

View Connection Server
主机名：view
IP：192.168.100.200/24
网关：192.168.100.1
DNS：192.168.100.1

Virtual Center Server
主机名：vcenter
IP：192.168.100.201/24
网关：192.168.100.1
DNS：192.168.100.1

图 4-31　实训拓扑图（二）

步骤 3：安装 View Connection Server 软件包。

（1）双击 View Connection Server 软件包，开始安装 Connection Server。

（2）在“安装向导”界面中，单击“Next”按钮。

（3）在“专利协议”界面中，单击“Next”按钮。

（4）在“许可协议”界面中，选择“I accept the terms in the license agreement”选项，单击“Next”按钮。

（5）在“软件安装位置选择”界面中，选择软件安装的位置，单击“Next”按钮。

（6）在“Installation Options”界面中，选择“View Standard Server”，单击“Next”按钮。

（7）在“ADAM 许可协议”界面中，选择“I accept the terms in the license agreement”选项，单击“Next”按钮。

（8）等待一段时间后，出现“安装完成”界面，单击“Finish”按钮完成安装。至此 View Connection Server 就安装完成。

步骤 4：配置 View Connection Server 软件。

（1）View Connection Server 安装完成后，以域管理员身份从本地浏览器登录 View Manager 控制台（访问地址 https://192.168.100.200/admin/），如图 4-32 所示。

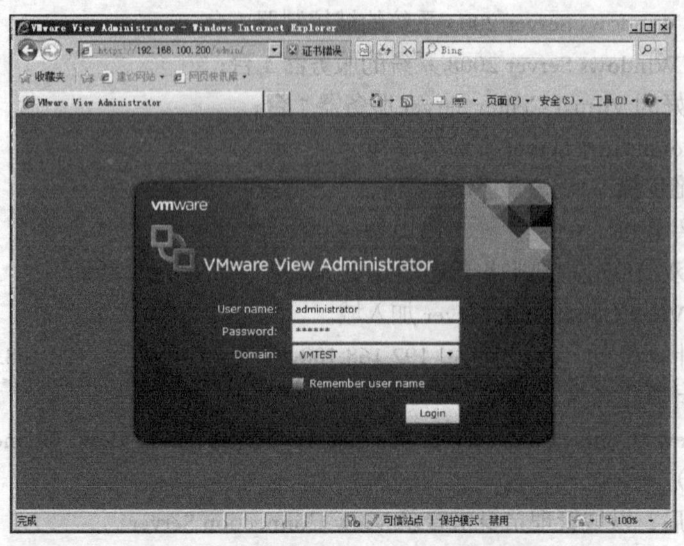

图 4-32　View Manager 控制台登录界面

（2）登录控制台后，在图4-33所示界面中配置View的许可证（View没有许可证是无法工作的，所以第一次登录到 View 控制台，系统将自动提示输入 View 的许可证，可以通过VMware官方网站免费获得60天的View测试许可证）。

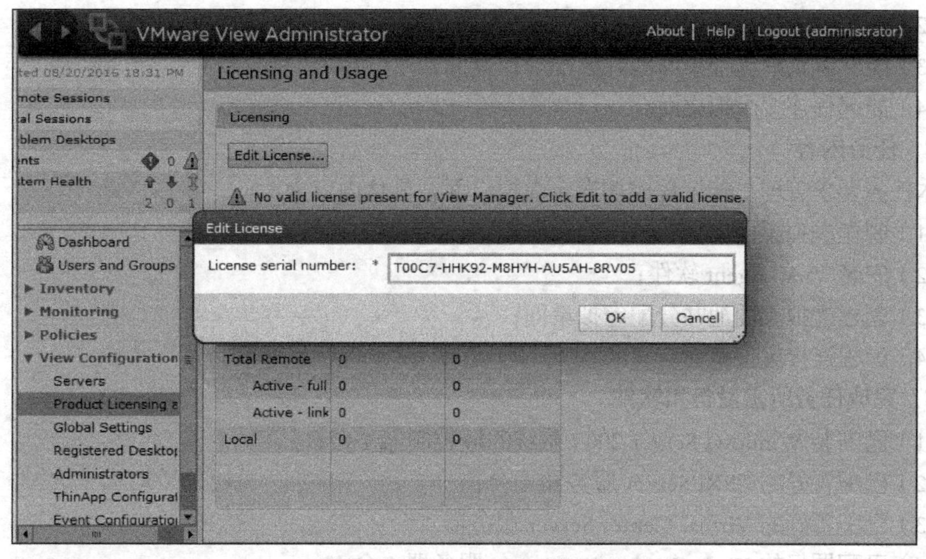

图4-33　View许可证配置界面

（3）配置vCenter Server和Composer。

在View控制台中进入"View Configuration"→"Servers"项，单击vCenter Servers处的"Add..."按钮，输入vCenter的IP地址，连接vCenter的用户名和密码，并在下方选择"Enable View Composer"并将域信息加入，如图4-34所示，单击"OK"按钮完成配置。

Add vCenter Server
vCenter Server Settings
Server address: * 192.168.100.201
User name: * administrator
Password: *************
Description:
Connect using SSL
Port: 443
Advanced >>
View Composer Settings
Enable View Composer
Port: 18443
Domains: vmtest.com(administrator)
Add... Edit... Remove...
OK Cancel

图4-34　vCenter Server和Composer配置界面

任务 4-4：连接虚拟桌面

1．任务目标

（1）能熟练制作虚拟桌面模板；

（2）能在模板虚拟机中熟练安装 View Agent 软件；

（3）能熟练创建虚拟桌面池并分配虚拟桌面；

（4）能远程连接虚拟桌面。

2．任务内容

本任务要求管理员能远程成功连接虚拟桌面，具体内容为：

（1）制作虚拟桌面模板；

（2）安装 View Agent 软件；

（3）创建虚拟桌面池并分配虚拟桌面；

（4）远程连接虚拟桌面。

3．完成任务所需设备和软件

（1）已安装 Windows Server 2003 系统的域控制器 1 台；

（2）已配置好的 ESXi Server 服务器 1 台；

（3）已配置好的 Virtual Center Server 服务器 1 台；

（4）已配置好的 View Connection Server 服务器 1 台；

（5）View Agent 安装程序包、Windows 7（64 位）安装光盘或 ISO 系统镜像文件。

4．任务实施步骤

步骤 1：硬件连接。

用 4 根直通双绞线分别把服务器连接到交换机上，如图 4-35 所示。

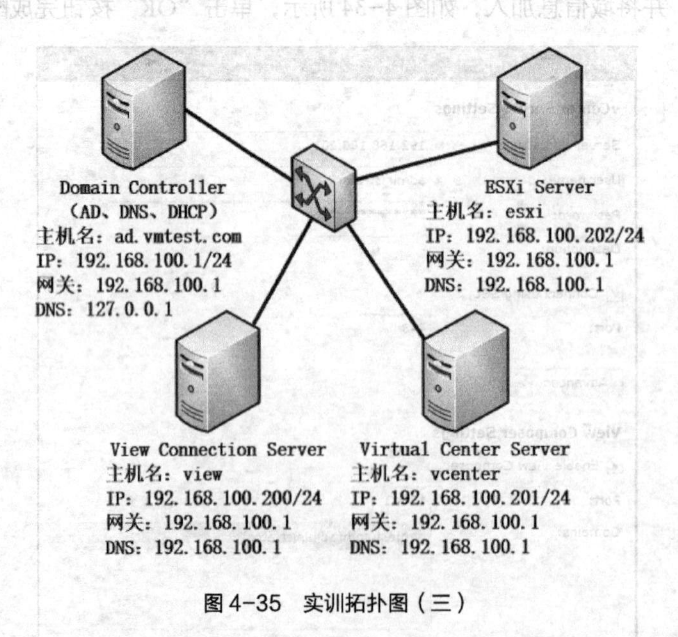

图 4-35　实训拓扑图（三）

步骤 2：制作虚拟桌面模板。

（1）在 vCenter Server 中运行 VMware vSphere Client，输入用户名与密码登录。

（2）登录成功后，鼠标右击“view”，选择“新建虚拟机”选项。

（3）在图 4-36 所示界面中，选择“自定义”选项，单击“下一步”按钮。

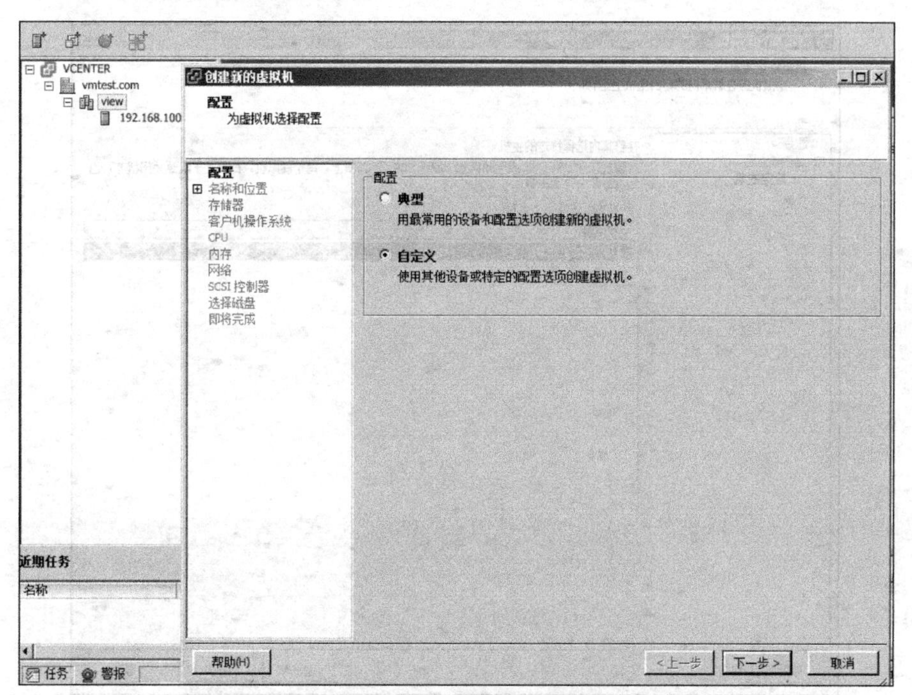

图 4-36　虚拟机配置类型选择界面

（4）在图 4-37 所示界面中，指定虚拟机名称和位置，输入相关信息（名称为“win7-temp”），单击“下一步”按钮。

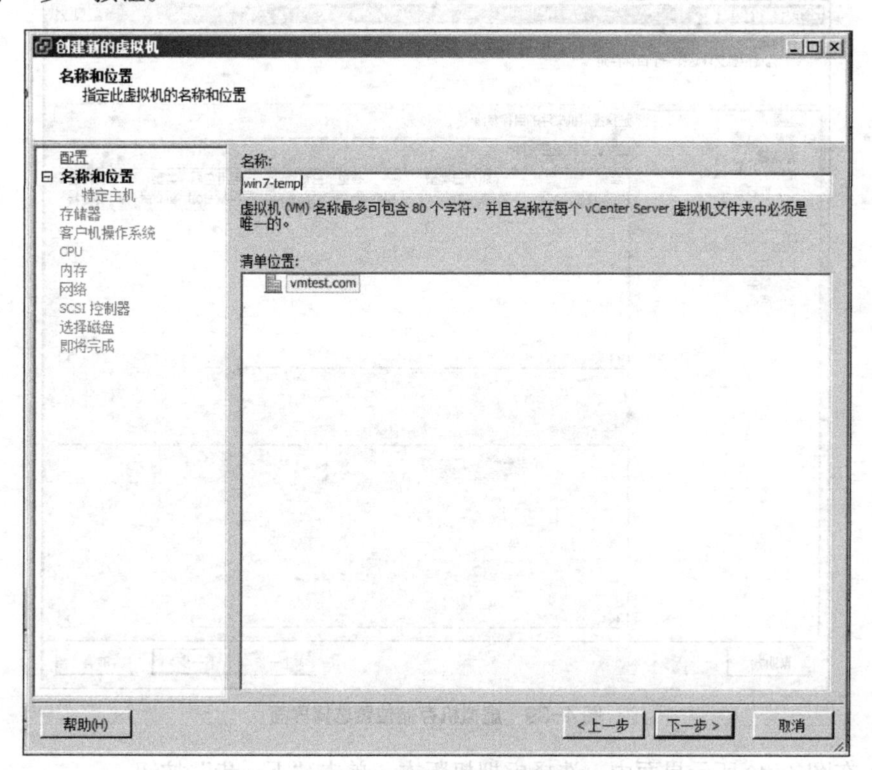

图 4-37　虚拟机名称设置界面

（5）在图 4-38 所示界面中，指定主机（ESXi Server），单击“下一步”按钮。

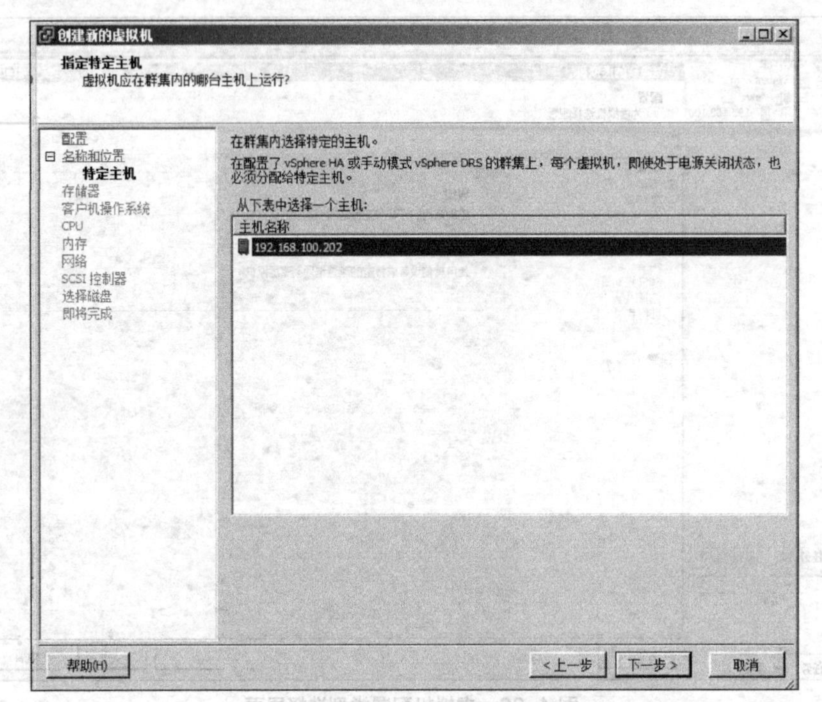

图 4-38 主机设置界面

（6）在图 4-39 所示界面中，选择虚拟机文件的存储位置，单击“下一步”按钮。

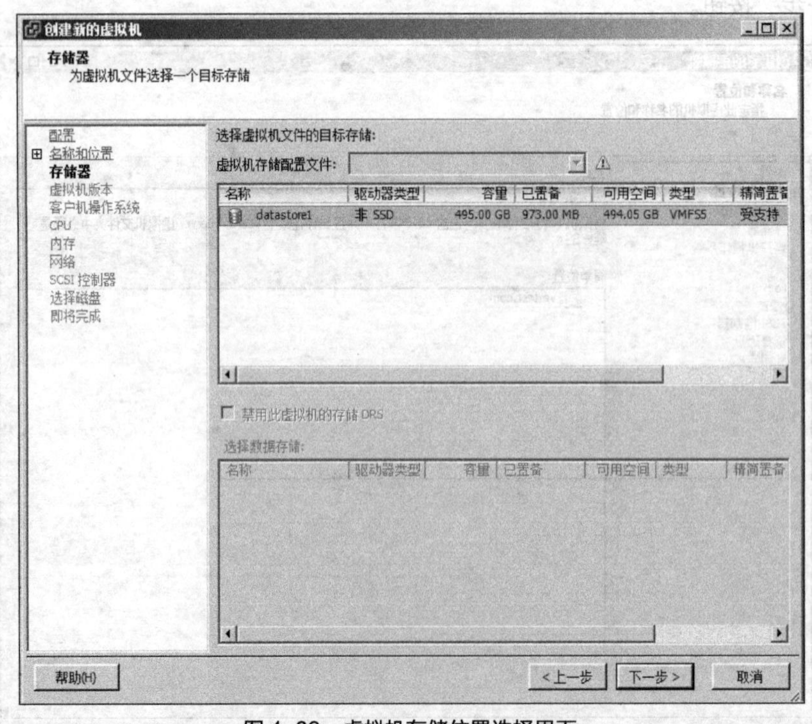

图 4-39 虚拟机存储位置选择界面

（7）在图 4-40 所示界面中，选择虚拟机版本，单击“下一步”按钮。

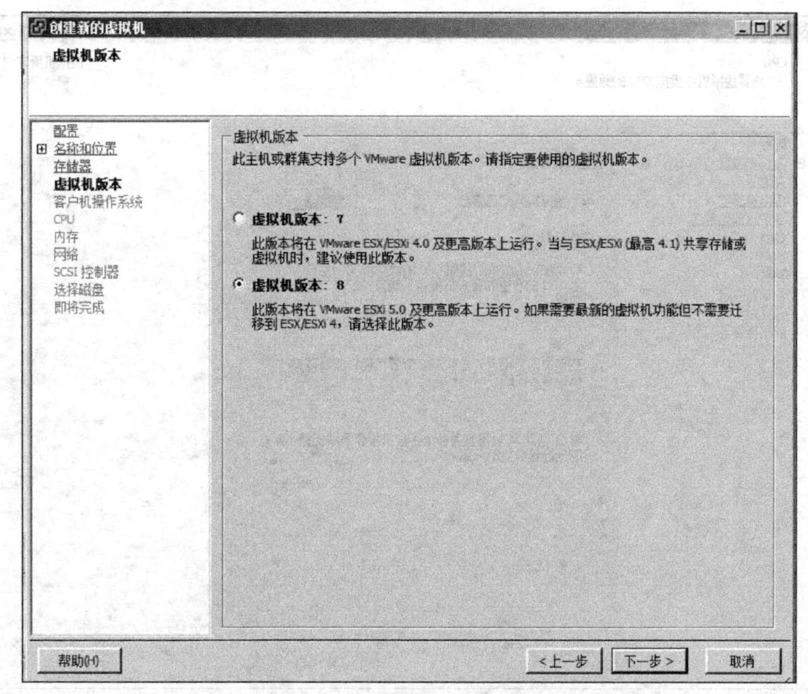

图 4-40　虚拟机版本选择界面

（8）在图 4-41 所示界面中，选择操作系统相关信息（版本为“Microsoft Windows 7（64 位）”），单击“下一步”按钮。

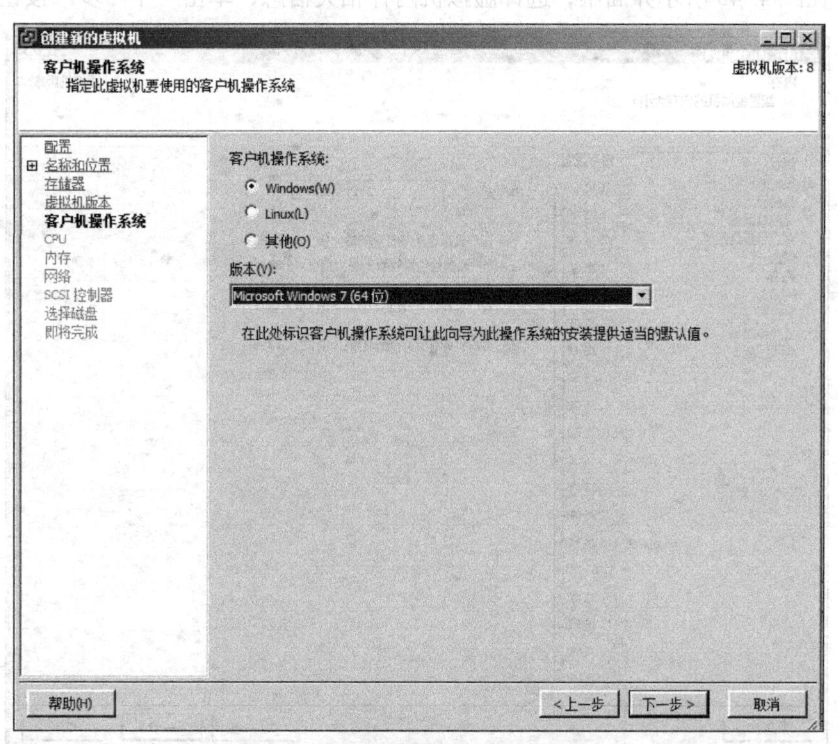

图 4-41　虚拟机操作系统配置界面

（9）在图 4-42 所示界面中，选择虚拟机 CPU 相关信息，单击“下一步”按钮。

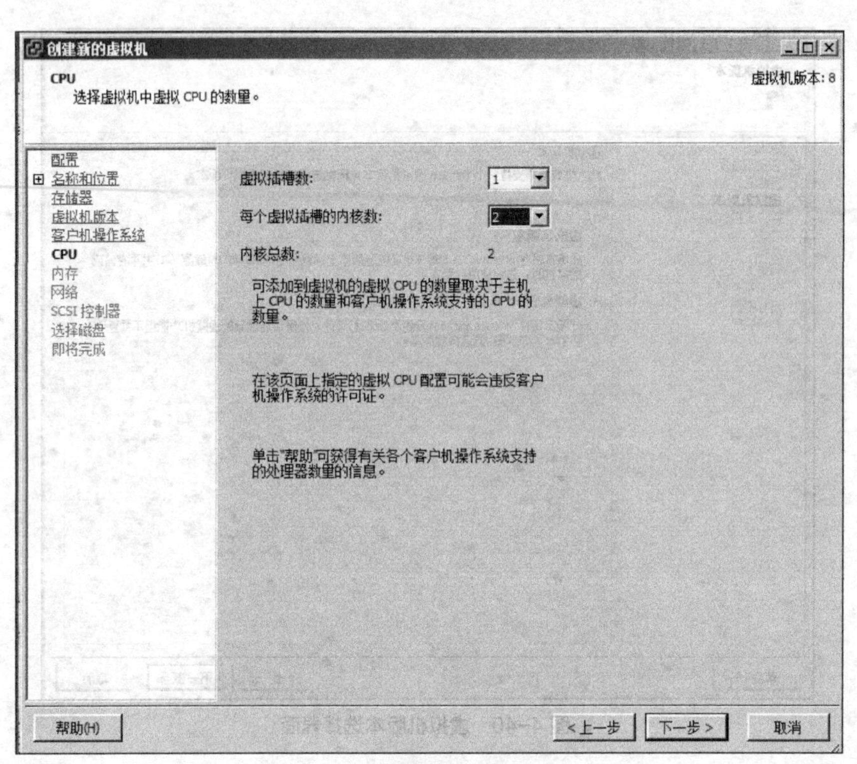

图 4-42　虚拟机 CPU 设置界面

（10）在图 4-43 所示界面中，选择虚拟机内存相关信息，单击“下一步”按钮。

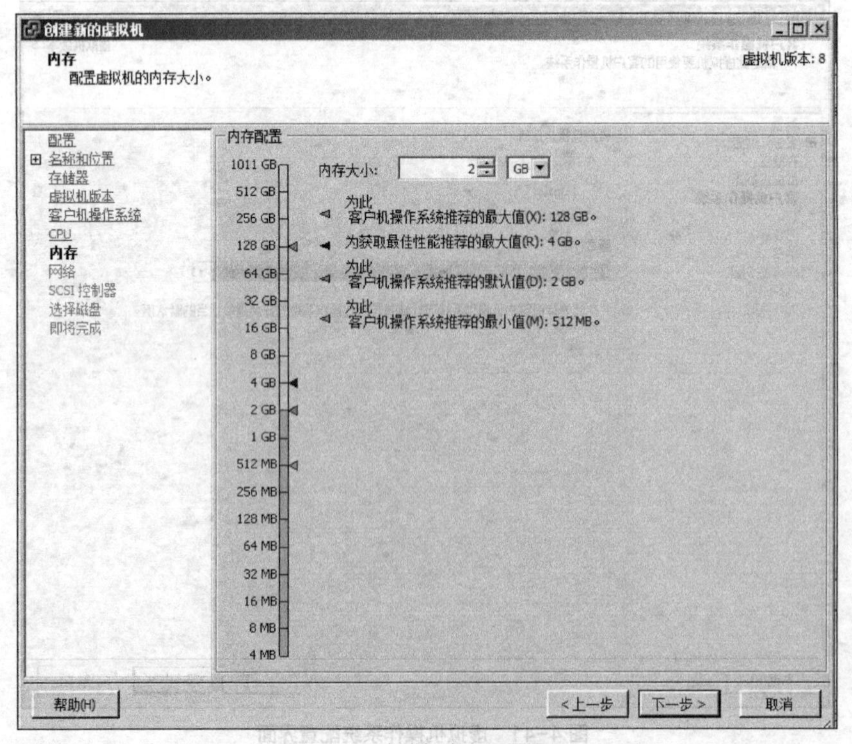

图 4-43　虚拟机内存设置界面

（11）在图 4-44 所示界面中，选择虚拟机网络连接相关信息，单击“下一步”按钮。

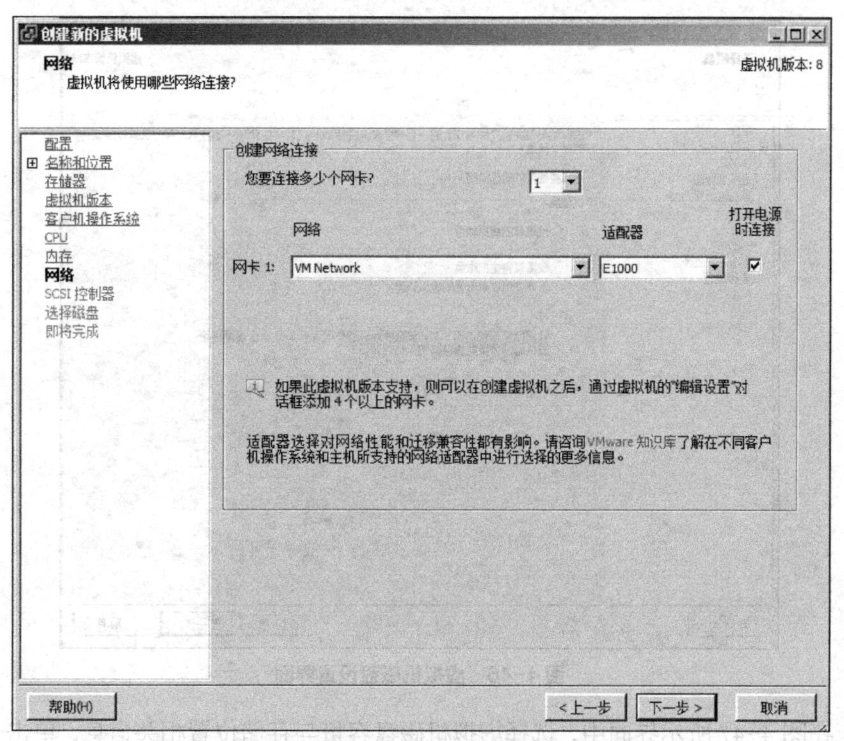

图 4-44　虚拟机网络设置界面

（12）在图 4-45 所示界面中，选择虚拟机 SCSI 控制器相关信息，单击“下一步”按钮。

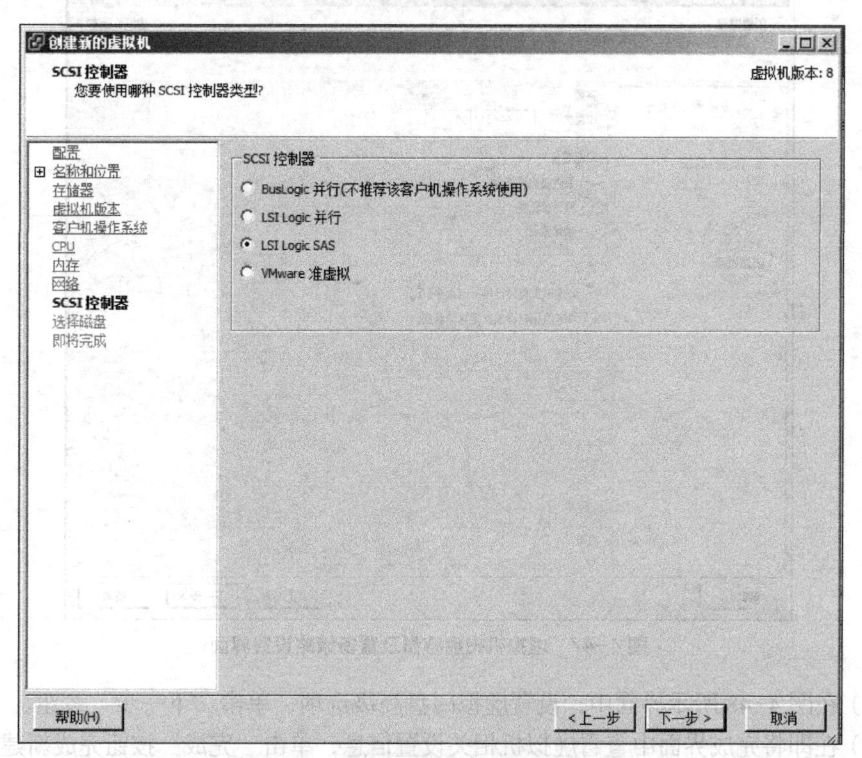

图 4-45　虚拟机 SCSI 控制器设置界面

（13）在图 4-46 所示界面中，选择虚拟机磁盘相关信息，单击“下一步”按钮。

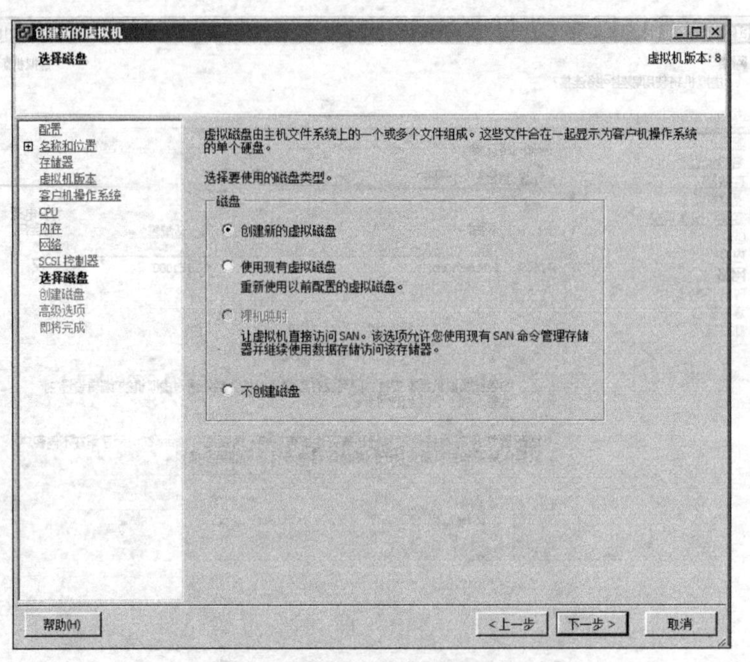

图 4-46　虚拟机磁盘设置界面

（14）在图 4-47 所示界面中，选择虚拟机磁盘容量与存储位置相关信息，单击“下一步”按钮。

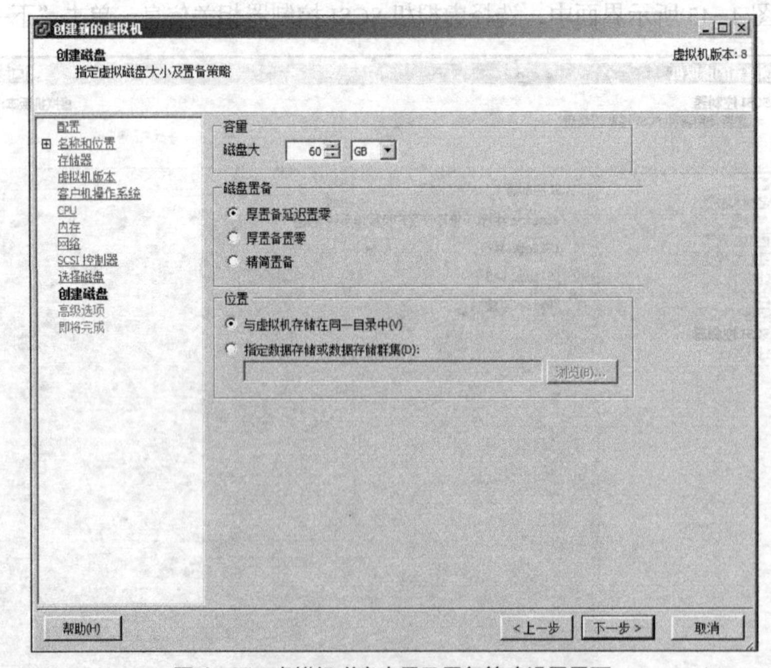

图 4-47　虚拟机磁盘容量及置备策略设置界面

（15）在图 4-48 所示界面中，设置虚拟磁盘高级选项，单击“下一步”按钮。

（16）在即将完成界面中查看虚拟机相关设置信息，单击“完成”按钮完成新建虚拟机。

（17）安装 windows 7 系统（系统 ISO 镜像文件已上传到计算机 ESXi Server（192.168.100.202）的/vmfs/volumes/datastore1/目录中）。

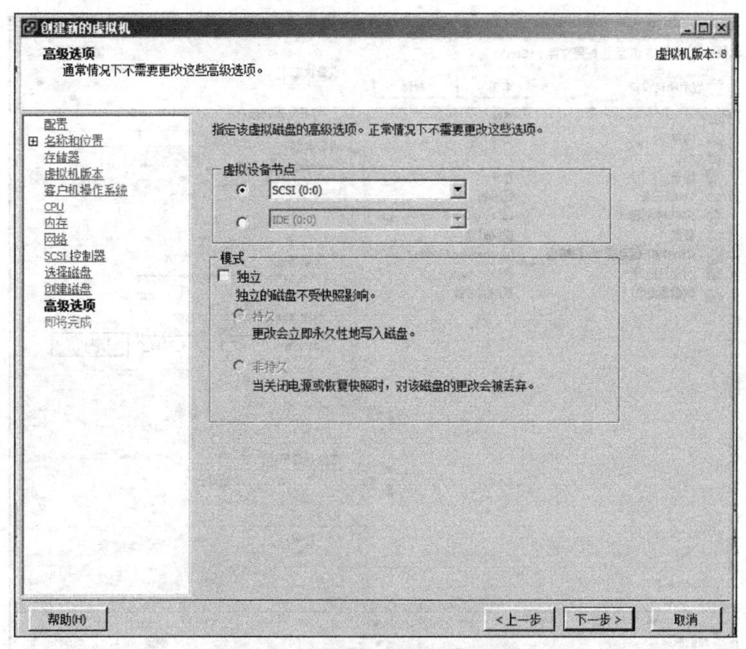

图 4-48　虚拟机高级选项设置界面

① 单击新建的虚拟机“win7-temp”，如图 4-49 所示，然后单击“编辑虚拟机设置”选项。

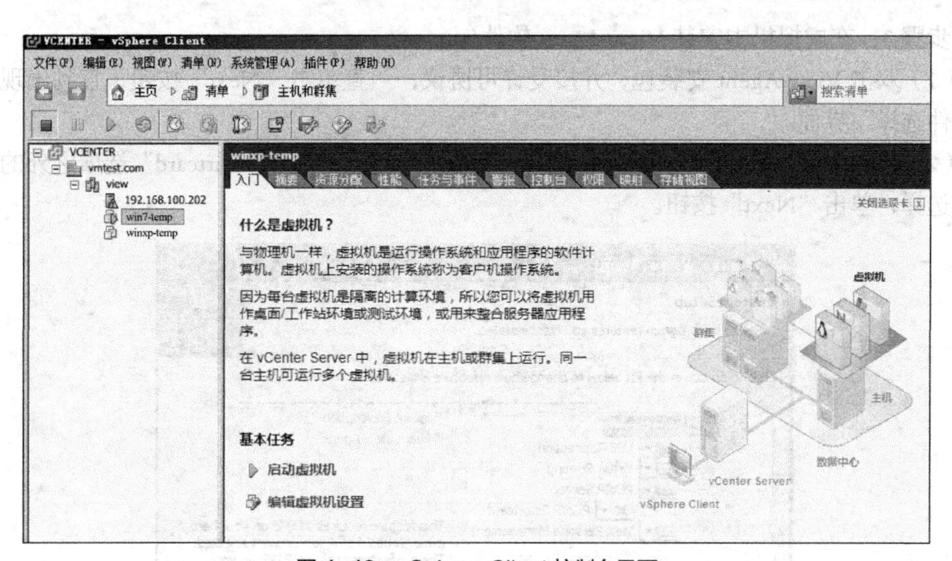

图 4-49　vSphere Client 控制台界面

② 在“虚拟机属性”设置界面中选择“CD/DVD 驱动器 1”选项，在界面右侧“设备类型”中选择“数据存储 ISO 文件”项，导入系统 ISO 文件，如图 4-50 所示，然后单击“确定”按钮。

③ 在图 4-49 所示界面中，单击“启动虚拟机”，虚拟机启动后设置从光驱启动并开始安装 windows 7 系统。（系统安装过程在此省略）

（18）系统安装完成后，在虚拟机中安装 VMware Tools 和需要的第三方软件，例如 Office、输入法、视频播放器、杀毒软件等。

（19）设置虚拟机计算机名为“win7-temp”，系统的 TCP/IP 设置为自动获取。

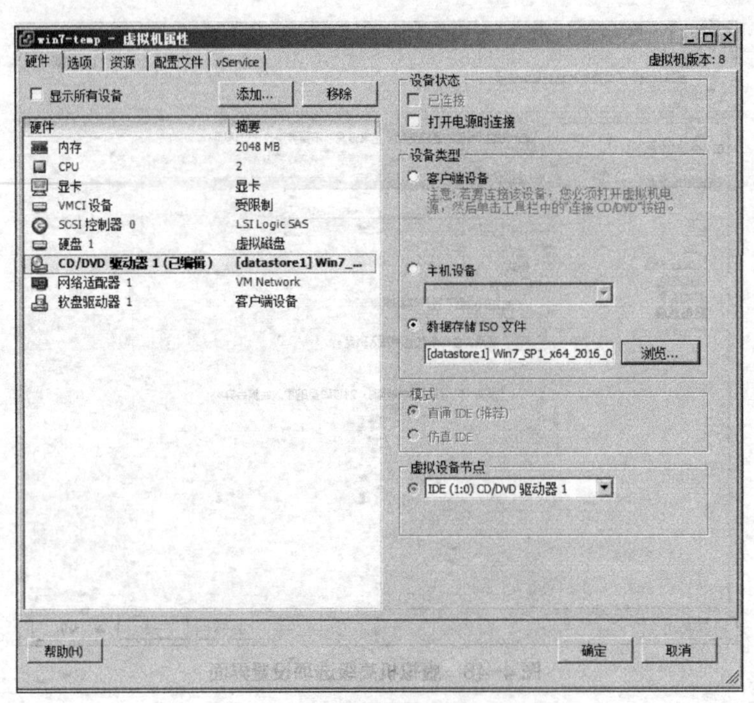

图 4-50　虚拟机属性设置界面

步骤 3：在虚拟机中安装 View Agent 软件包。

（1）双击 View Agent 安装包，并接受许可协议，一直单击“Next”按钮，直到出现“安装组件选择”界面。

（2）在图 4-51 所示的“安装组件选择”界面中，除“PCoIP Smartcard”选项之外的组件全部选择，单击“Next”按钮。

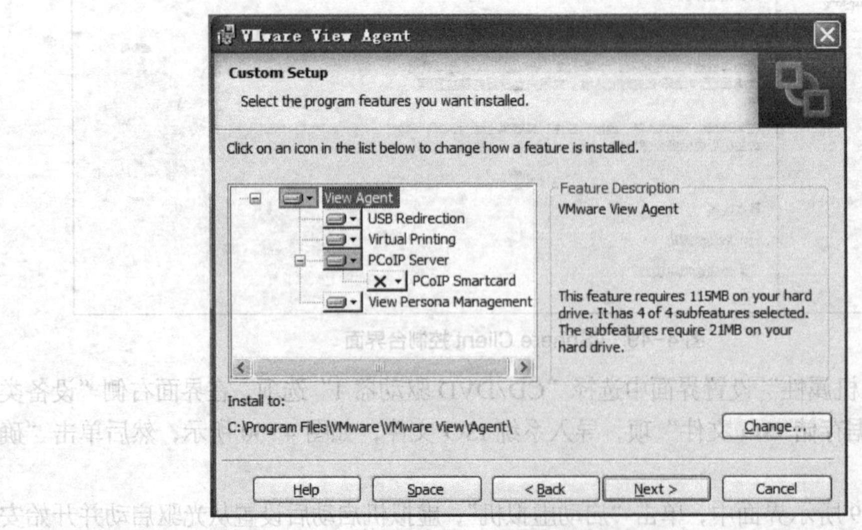

图 4-51　安装组件选择界面

（3）在图 4-52 所示界面中，选择“Enable the …”选项，允许用户通过 RDP 协议连接虚拟桌面，单击“Next”按钮。

（4）在图 4-53 所示界面中，单击“Install”按钮开始安装。

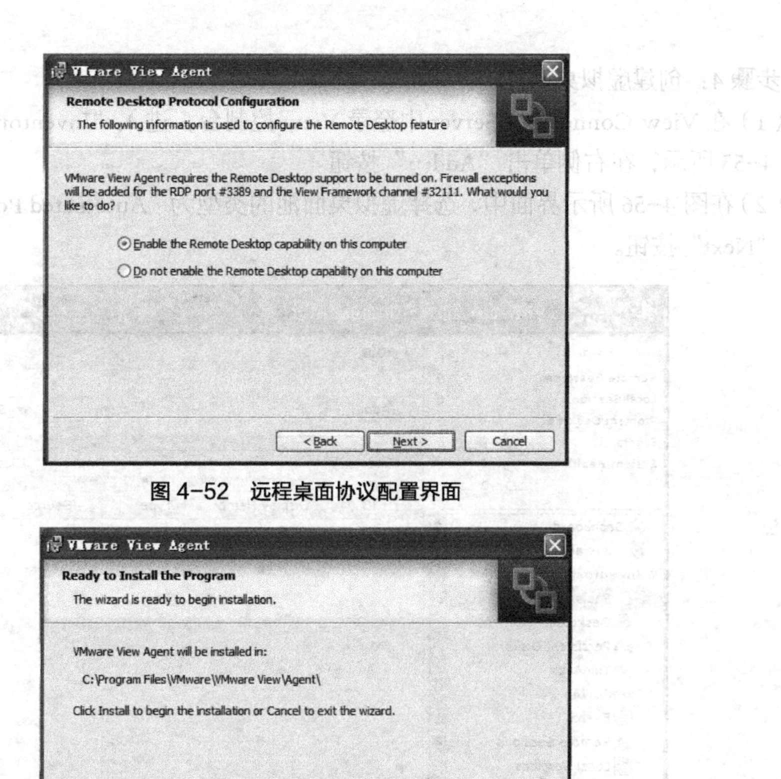

图 4-52　远程桌面协议配置界面

VMware View Agent
Ready to Install the Program
The wizard is ready to begin installation.
VMware View Agent will be installed in:
C:\Program Files\VMware\VMware View\Agent\
Click Install to begin the installation or Cancel to exit the wizard.
< Back　Install　Cancel

图 4-53　准备安装界面

（5）等待一段时间后，在出现的“安装成功”界面中单击“Finish”按钮完成安装，接着重启系统。至此 View Agent 安装完成。

（6）登录 vCenter Server，在准备好的模板计算机上创建快照名为“win7-viewagent”，如图 4-54 所示。

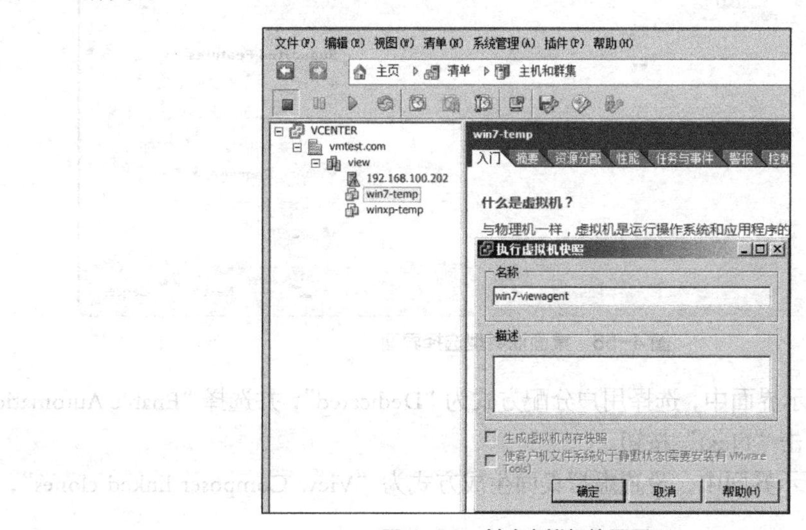

图 4-54　创建虚拟机快照界面

步骤4：创建虚拟桌面池。

（1）在 View Connection Server 中登录 View 控制台，进入“Inventory”→“Pools”项，如图4-55所示，在右侧单击“Add…”按钮。

（2）在图4-56所示界面中，选择虚拟桌面池的类型为“Automated Pool”（自动池）选项，单击“Next”按钮。

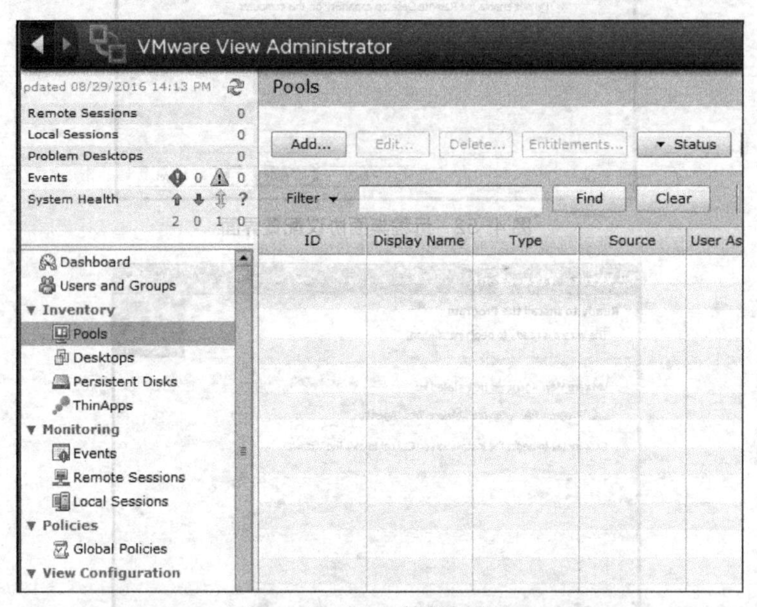

图4-55 View控制台界面

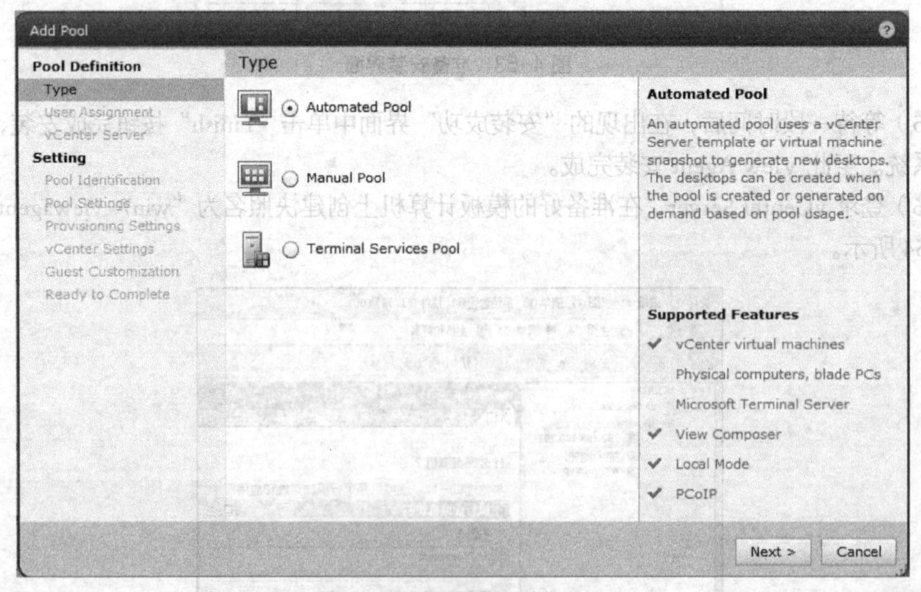

图4-56 桌面池类型选择界面

（3）在图4-57所示界面中，选择用户分配方式为“Dedicated”，并选择“Enable Automatic Assignment”选项，单击“Next”按钮。

（4）在图4-58所示界面中，设置虚拟桌面生成方式为“View Composer linked clones”，单击“Next”按钮。

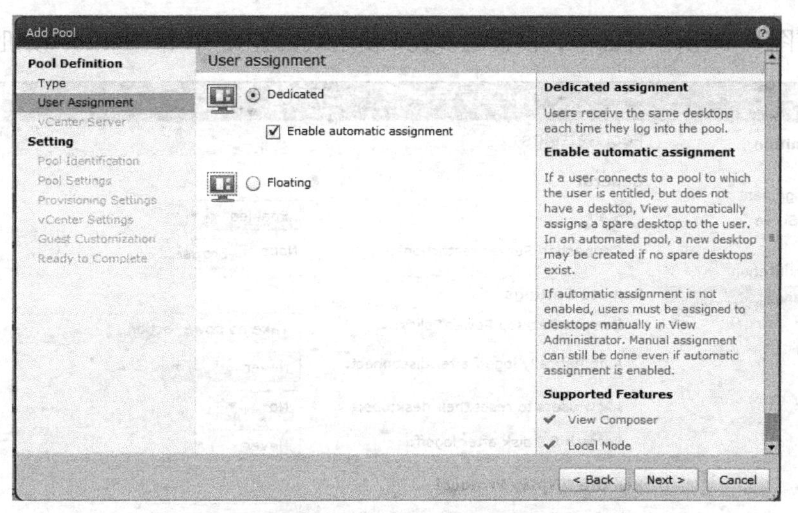

图 4-57 用户分配方式设置界面

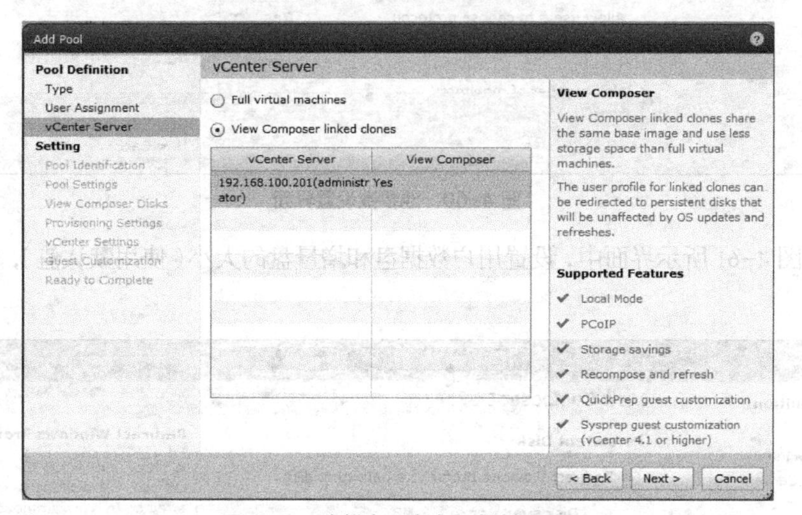

图 4-58 虚拟桌面生成方式选择界面

（5）在图 4-59 所示界面中，设置池识别信息，单击“Next”按钮。

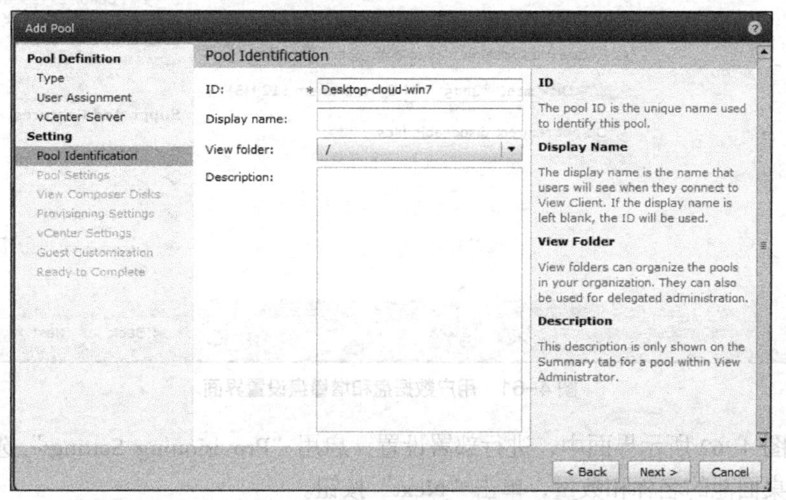

图 4-59 池识别信息设置界面

（6）在图 4-60 所示界面中，设置池参数（使用默认值），单击“Next”按钮。

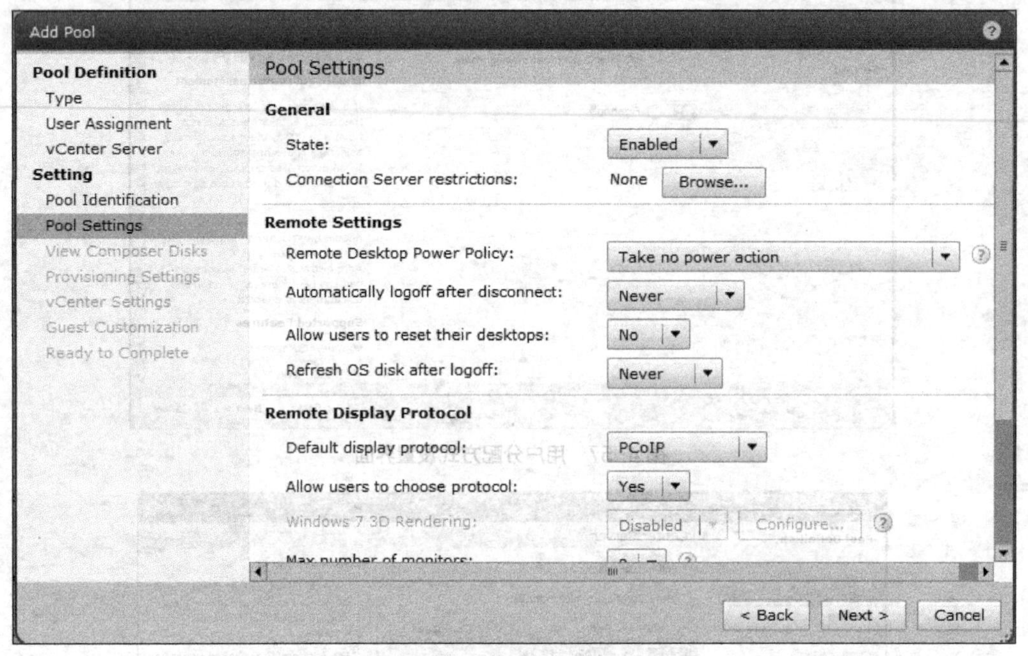

图 4-60 池参数设置界面

（7）在图 4-61 所示界面中，设置用户数据盘和增量盘的大小（使用默认值），单击“Next”按钮。

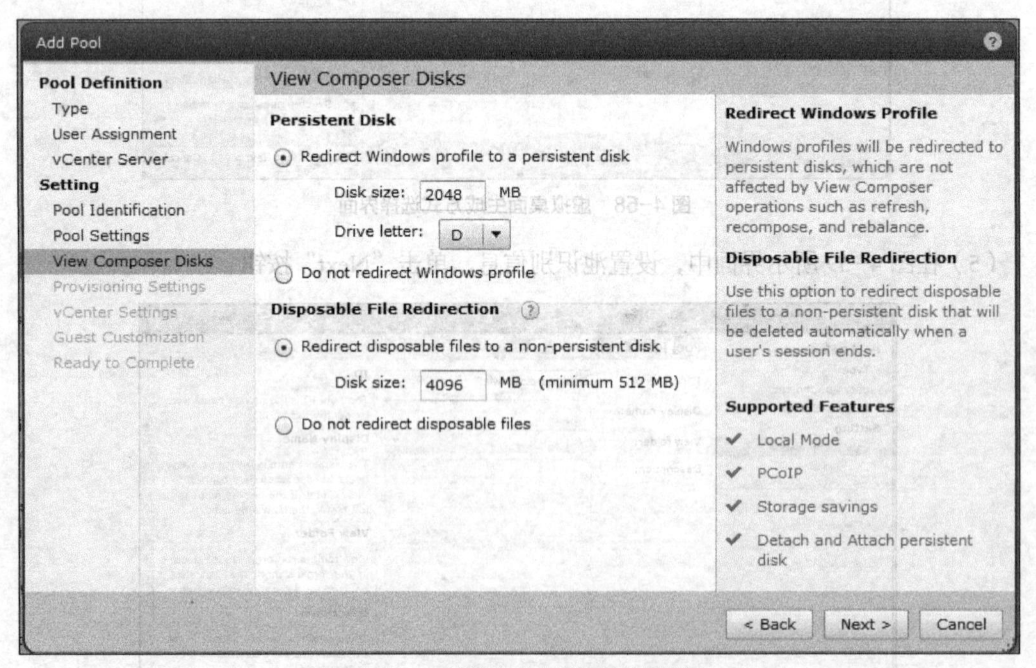

图 4-61 用户数据盘和增量盘设置界面

（8）在图 4-62 所示界面中，进行部署设置，启用“Provisioning Settings”选项，设置链接克隆生成桌面池的名称和数量，单击“Next”按钮。

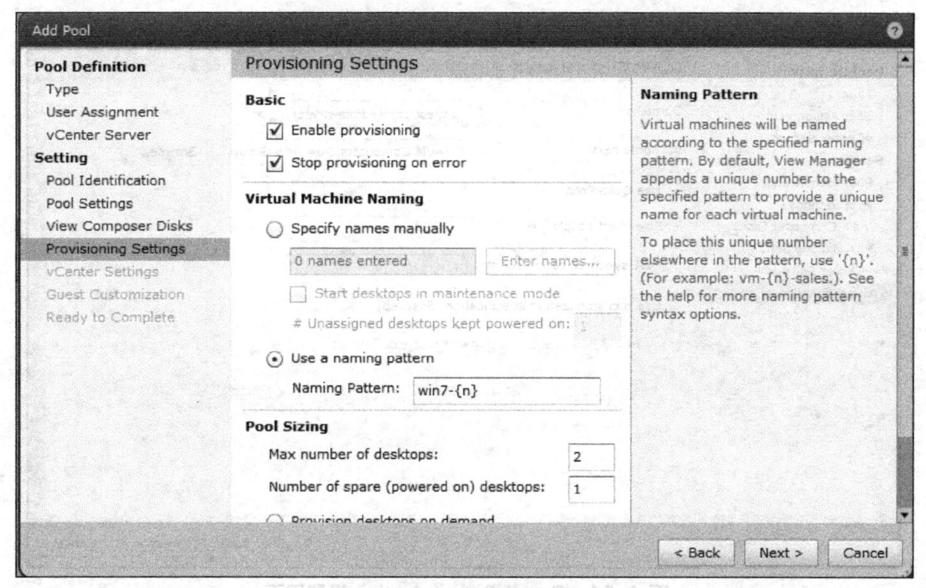

图 4-62 部署设置界面

（9）在图 4-63 所示界面中，进行池的 vCenter 设置，选择模板计算机、快照、VM 文件夹、vSphere 主机、资源池和存储位置，单击“Next”按钮。

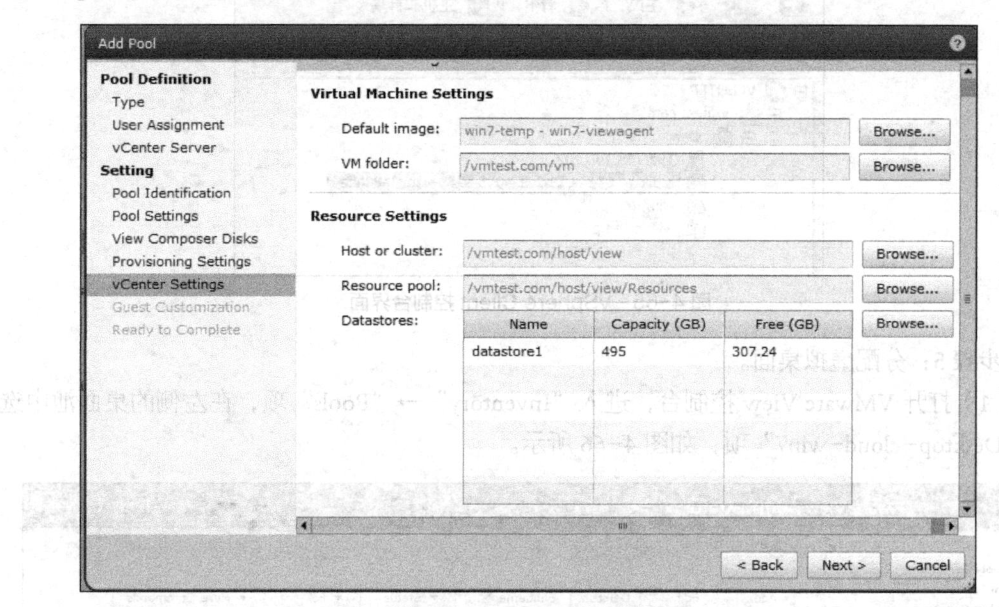

图 4-63 vCenter 设置界面

（10）在图 4-64 所示界面中，选择 AD Container 的 OU 为“VM Computers”，即生成的虚拟桌面将自动放入到 VM Computers 的 OU 中，单击“Next”按钮。

（11）在随后出现的界面中单击“Finish”按钮，系统将自动发送命令到 vCenter 中生成虚拟桌面。

（12）虚拟桌面池创建完成后，在 vCenter Server 中登录 vSphere Client 可以看到新创建的“replica……”镜像，如图 4-65 所示（Composer 在生成虚拟桌面时，首先将模板计算机复制成一份 replica 作为父镜像，再通过父镜像生成其他的虚拟桌面）。

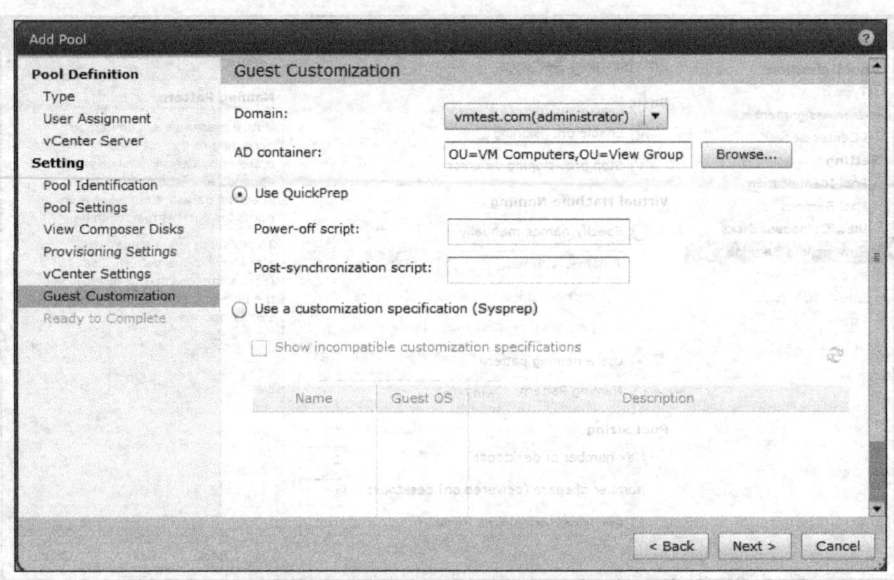

图 4-64　Guest Customization 设置界面

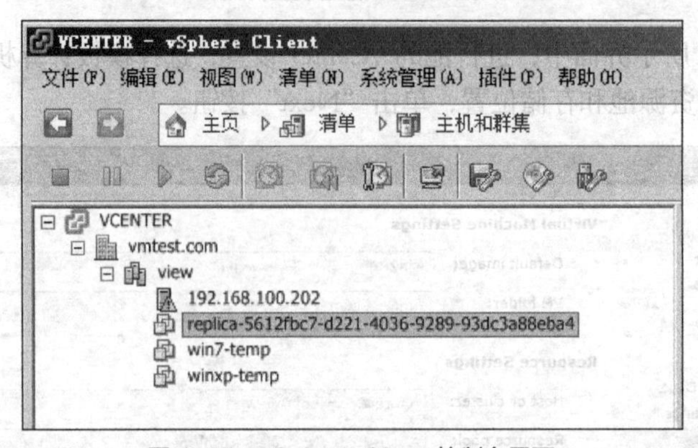

图 4-65　vSphere Client 控制台界面

步骤 5：分配虚拟桌面。

（1）打开 VMware View 控制台，进入“Inventory”→“Pools”项，在左侧的桌面池中选中“Desktop-cloud-win7”项，如图 4-66 所示。

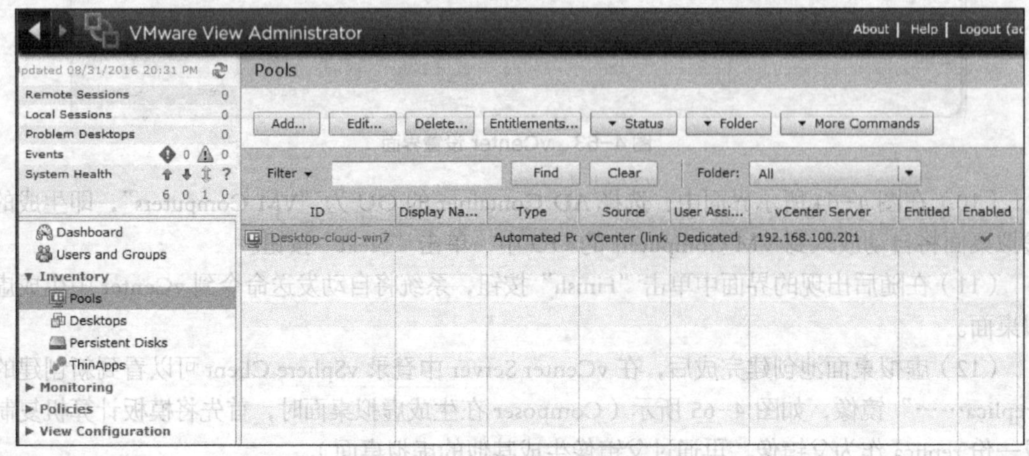

图 4-66　View 控制台中桌面池界面

（2）在图 4-66 中，单击“Entitlements”项，在图 4-67 所示界面中单击“Add...”按钮，将 MKT-Users 的 AD 组加入（该 AD 组在任务 1 中已在域控制器中创建），单击“OK”按钮。

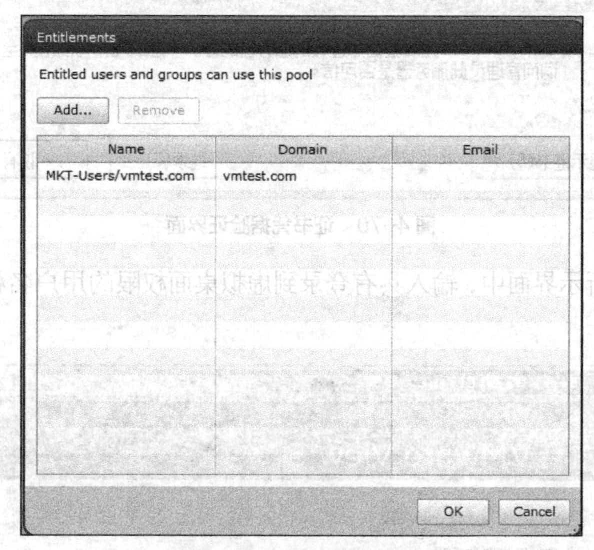

图 4-67　桌面池授权界面

（3）至此，虚拟桌面已分配完成，如图 4-68 所示。

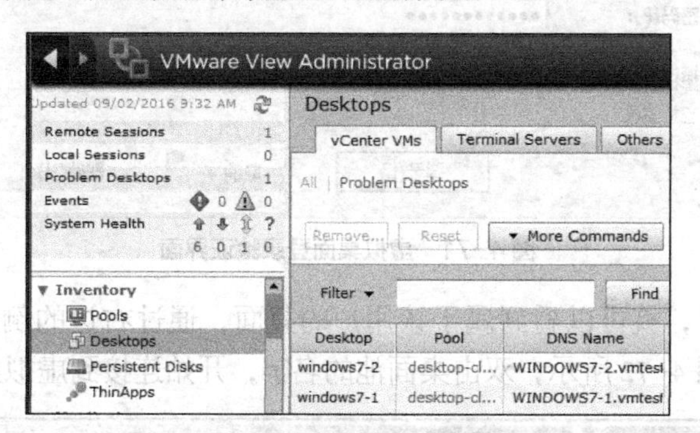

图 4-68　View 控制台中桌面信息界面

步骤 6：连接虚拟桌面。

（1）在 vCenter Server 中安装 VMware View Client（VMware View Client 也可以安装到局域网中需要连接此虚拟桌面的其他计算机上）。

（2）安装好 VMware View Client 后，打开 VMware View Client，输入 View Connection Server 的 IP 地址，如图 4-69 所示，单击“连接”按钮。

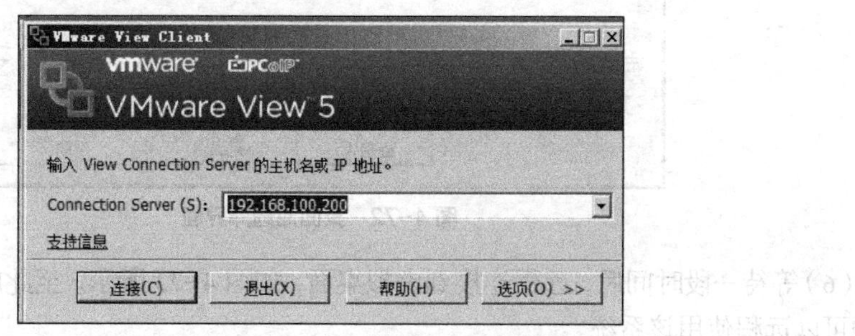

图 4-69　View Connection Server 连接界面

（3）在图 4-70 所示的“证书凭据验证”界面中，单击“继续”按钮。

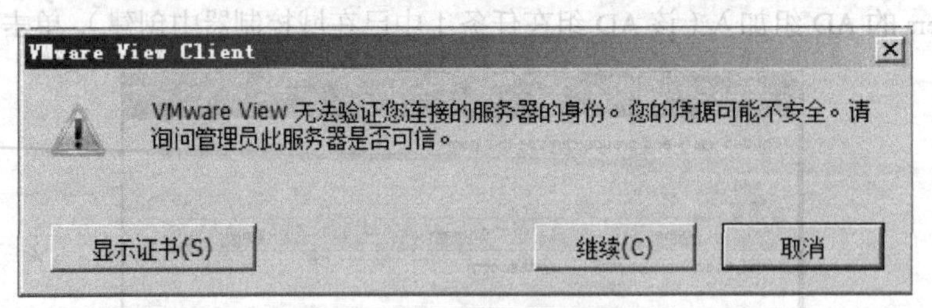

图 4-70 证书凭据验证界面

（4）在图 4-71 所示界面中，输入具有登录到虚拟桌面权限的用户名和密码，单击“登录”按钮。

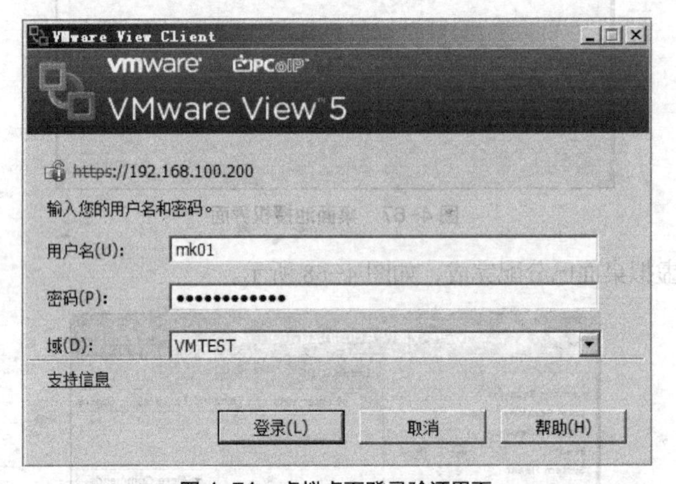

图 4-71 虚拟桌面登录验证界面

（5）登录成功后，就可以看到属于该用户的桌面，通过右边的倒三角选择连接的协议（RDP/PCoIP），如图 4-72 所示，双击桌面池的名字，开始连接到虚拟桌面。

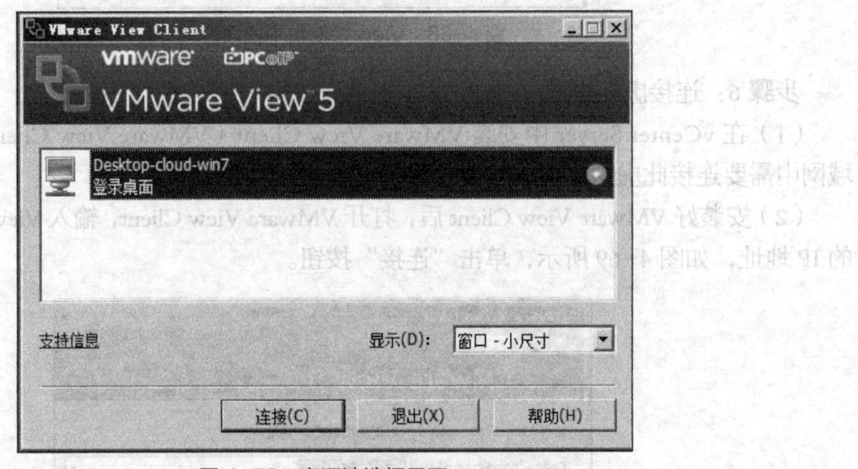

图 4-72 桌面池选择界面

（6）等待一段时间后，远程连接到虚拟桌面，如图 4-73 所示。至此虚拟桌面就连接成功，用户可以远程使用该系统。

图 4-73 虚拟桌面远程连接界面

4.6 拓展提高：桌面云中的安全问题以及解决方法

桌面云系统本质上也是一个分布式的网络系统，和其他分布式系统一样，需要考虑安全问题。我们必须从整体角度来考虑桌面云中的安全问题，因为桌面云涉及前端、网络、服务器、存储、软件架构等各个方面，所以我们必须把它的安全作为一个整体来考虑。“千里之堤，溃于蚁穴”，任何一个方面欠考虑都会导致整个系统的不安全。

下面就从整个系统的角度来端到端看桌面云系统的安全性，其中既有硬件，也有软件。

1．瘦客户端

现在任何一个瘦客户端都可以访问自已在云端的桌面，这在一般情况下是没有问题的，而且还获得了移动性的好处。但是在某些场景下，这却是一个安全弱点，例如在一些对安全要求极高的单位。以前在使用传统桌面的时候，由于物理上的隔离，其他人无法进入这个安全区域来窃取资料；而在使用桌面云时，窃密者却可以非法获取别人的用户名和密码，或者使用自已合法的用户名和密码在安全区域外通过任何一台瘦客户端来访问。为了防范这些情况的出现，我们除了使用用户名和密码登录外，还通过添加另外一种认证方式来确保没有非法访问。这种另外的认证方式可以是限制瘦客户端的 MAC 地址、限定某一范围内的 MAC 地址可以访问、配置智能卡认证等。

2．瘦客户端和服务器的网络

客户端和服务器之间的通信是通过网络传播，所以有可能被人窃听、破解，从而来破坏数据的完整性。为了防范这种情况的出现，其中一种方式是采用私有云方案，保护网络中的客户都是可信任客户；另一种方式是对通信的数据进行加密。在桌面云方案中，一般对于公司防火墙外的非信任用户提供安全连接点，外部用户通过这个安全连接点连接到防火墙内的服务器，这种安全连接点的原理类似于 SSL VPN。而对于公司防火墙内部的用户和服务器之间的连接，一般是通过 SSL 协议进行加密传输。通过这两种方式，桌面云方案有效地保证了数据传输的安全性。

3．服务器的安全

和数据中心的服务器一样，桌面云方案中的服务器也必须遵循企业一般的安全策略，例如关闭所有的不需要的端口、安装必须的防火墙以及升级到最新的安全补丁、每天进行备份、部署监控软件等。但是和一般服务器相比较，特殊的一点是，由于有些桌面云解决方案软件模块之间通信的要求，必须以 root 用户登录进行操作，这是非常危险的，目前除了加强安全教育和加强审计之外，没有其他办法对 root 用户操作造成的危险进行规避。希望不远的将来所有的云桌面解决方案杜绝使用 root 用户，对用户权限进行分层。

4．存储的安全

桌面云中对存储安全的要求和企业中的其他存储安全基本上是一样的。在桌面云系统中，从性能出发，一般使用 Fiber Channel（FC）存储，但是 FC 协议本身不是一个安全的协议，服务器可以看到后台 Storage Area Network（SAN）上面所有的设备。最常用的存储安全方式是在 FC 的路由器做分区（Zoning）和逻辑单元数掩码（LUN Masking）。考虑到高可用性，桌面云中的存储需要考虑备份方案，这样在发生灾难的时候就可以及时恢复用户的数据，保证服务的 SLA。

在传统桌面中，用户数据都是保存在本地的硬盘当中，非授权用户未经许可难以获取用户数据。但是在云桌面方案中，用户数据都是保存在服务器存储中，云桌面管理员可以比较容易地获取这些数据，这就要求我们对用户数据进行加密，防止未经授权获取用户数据，同时对管理员的密码和访问都需要做出严格的限制，防止用户数据的泄密。

5．桌面镜像的安全

桌面云中，如果桌面配置成非持久方式，而且用户又没有存储文件的话，要恢复一个受到病毒侵袭的桌面是非常容易的。只需要重启桌面，桌面就自动恢复到以前未受感染时的状态，而用户数据保存在云端，没有受到病毒的影响。但是如果用户有私有文件的话，由于这些文件是可写的，所以病毒就可能常驻在这些文件里面。我们需要运行反病毒软件来清理病毒，所以防病毒软件必不可少，我们必须给桌面云中的桌面安装防火墙和防病毒软件，就像传统桌面一样。和传统桌面相比，这种安装是非常快的，因为我们一般只需要在几个基础镜像上进行安装就可以了。

6．软件架构组件的安全

在桌面云的一个安全架构中，通常许多组件都有冗余配置，关键组件甚至可以有多个冗余配置，这样就保证了系统的高可用性以及在大量负载下的负载均衡。在有大量用户访问的情况下，一般在系统的最前端就有一个负载均衡器，把用户的连接请求发送给不同的服务器去处理。根据系统的大小，可能会有一个或者多个负载均衡器在前端处理客户的请求。根据需要，我们还可以在最前端的负载均衡器上加上安全访问控制组件，保证连接的用户都是经过认证和安全的，防止分布式拒绝服务（DDoS）攻击。例如，在系统前端的防火墙后可以设置一个安全网关，负责用户的鉴权、授权，并且加密所有客户端和服务器之间的通信。

7．管理权限的安全

桌面云系统中所有的管理都集中到云端进行，不小心的误操作或者黑客获得管理权限之后的有意操作都会造成很大的影响。影响的大小取决于操作的类型和总的用户的数量。因此，在桌面云系统中可采取以下措施来消除这种影响：

（1）定义不同的管理角色：例如分为维护用户、升级用户和管理用户。这里只是一个示例，可以根据实际需要来进行更细粒度的划分。

（2）审计：对每个涉及系统变更的操作都需要做好审计工作，这样在事故发生以后可以追溯系统中的变化，及时做出回退操作。审计也能有理由识别出恶意操作，及时发现系统的漏洞。

4.7 习题

一、选择题

1. 下列功能中，（　　）是VMware环境中共享存储的优势。

A. 允许部署HA集群

B. 能够更有效地查看磁盘

C. 能够更有效地备份数据

D. 允许通过一家供应商部署

2. 假设您正在与管理员和管理层开会讨论有关即将进行的虚拟化项目，会议上提到了vCenter，并讨论了是否需要虚拟化vCenter，以方便主机管理。下列选项中，虚拟化vCenter的优势是（　　）。

A. vCenter只能在使用本地存储时进行虚拟化

B. vCenter可以进行虚拟化，但必须在32位服务器上部署

C. vCenter可以轻松实现虚拟化，HA可在需要时用于重新启动虚拟机

D. vCenter与管理员密切相关，因而不能进行虚拟化

3. 假设您要说服上司开始实施数据中心虚拟化，可采用的理由是（　　）。

A. 您无法直接接触虚拟机

B. 您可以省电

C. 您的用户可以自行调配服务器

D. 服务器将产生更多热量

4. 虚拟化可以（　　）。

A. 使服务器耗电更少

B. 将硬件转换为软件

C. 将软件转换为硬件

D. 使您购买更多服务器

5. 链接克隆的特点是（　　）。

A. 链接克隆消耗的数据存储空间比完整克隆多

B. 链接克隆需要的创建时间比完整克隆长

C. 链接克隆用于减少虚拟桌面的补休和更新操作

D. 链接克隆可以从屋里桌面创建

6. 专用池桌面和浮动池桌面之间的差异是（　　）。

A. 专用池桌面不会从ESXi Server移动

B. 浮动池桌面在ESXi Server之间自动移动已均衡资源

C. 专用池桌面可由拥有权限的用户修改

D. 浮动池桌面未分配给特定用户

二、简答题

1. 桌面云与传统 PC 相比有哪些区别？

2. 目前有哪些主流的桌面云产品？

3. 简述使用 VMware View 的优势。

4. 简要叙述 View Connection Server 服务器的配置要求。

5. 列举出你身边桌面云应用的案例。

三、操作练习题

1. VMware View 手动池可以将物理计算机、不受 vCenter 管理的虚拟机建立成一个桌面池，请创建一个手动池并进行访问测试。

2. 迁移 VMware 虚拟机和 View 桌面到新的 SAN。

PART 5

项目5 私有云设计及部署

5.1 项目背景

传统的IDC（Internet Data Center，互联网数据中心）业务，随着应用企业规模增加、数据规模增加，费用成本也在不断增加。其资源利用率低下、负载难以预测、业务需求响应缓慢、运营管理日趋复杂，占用了企业大量的时间和精力。

云计算所带来的基础设施服务产品——云主机，通过按需付费模式，具有规模化和自动化的特点，为客户在降低成本的同时提供了按需弹性供应的资源、快速支配和部署等功能，通过屏蔽基础设施的复杂性，大大简化了运营管理成本。

当我们想到云中的计算机资源时，我们通常想到的是公共云，如Google、Amazon及国内的阿里云所提供的产品，其基础架构或应用程序通过Internet与世界各地的客户共享。但公共云的安全性和可用性仍然是需要解决的问题。

5.2 项目分析

私有云是用于实现企业专属的云解决方案，不论该方案是在企业的数据中心部署还是以托管的方式实现。通过私有云方案，企业不但可以获得近似公共云的优势，包括成本节约、良好的可扩展性（Scalability）和可伸缩性（Elasticity），还可对数据、安全性和服务质量提供最有效的控制。

另外，在价格上，虽说私有云在前期投入上要高于公有云，可能包含前期费用、使用费和维护/管理资源费，但是从长远来看，很多企业已经认识到，随着企业的规模扩大，在公有云上的常规投入也会增加，毕竟防火墙日志、数据库数据会越来越多，这些数据需要在不同的设备间流动，意味着要为此支付的流量使用费用也会有更大的增长。所以，企业投资一个私有云是非常值得的。

5.3 学习目标

1．知识目标

（1）了解私有云的定义、优点，熟悉私有云的逻辑架构和核心技术；

（2）了解CloudStack整体架构；

（3）了解CloudStack各组件功能。

2．能力目标

（1）能熟练使用VM虚拟机软件；

（2）能熟练安装CentOS、Linux、Windows操作系统；

（3）能使用 CloudStack 搭建私有云。

5.4 知识准备

5.4.1 私有云

1．私有云定义

私有云（Private Clouds）是将云基础设施与软硬件资源建立在防火墙内，以供机构或企业内各部门共享数据中心内的资源，因而对数据、安全性和服务质量能够提供最有效的控制。私有云是为特定组织而运作的云端基础设施，管理者可能是组织本身，也可能是第三方；位置可能在组织内部，也可能在组织外部。企业拥有基础设施，并可以控制在此基础设施上部署应用程序的方式。更重要的是，很多企业已经建立了较为完善的硬件设施，只要进行必要的升级和改造，这些硬件资源是可以在私有云的建设中被充分利用起来的。此外，在云计算环境下服务器利用率的提高将极大地改善数据中心的工作效能，更灵活的应用部署也带来了管理效能的提升。某机构内部私有云架构如图 5-1 所示。

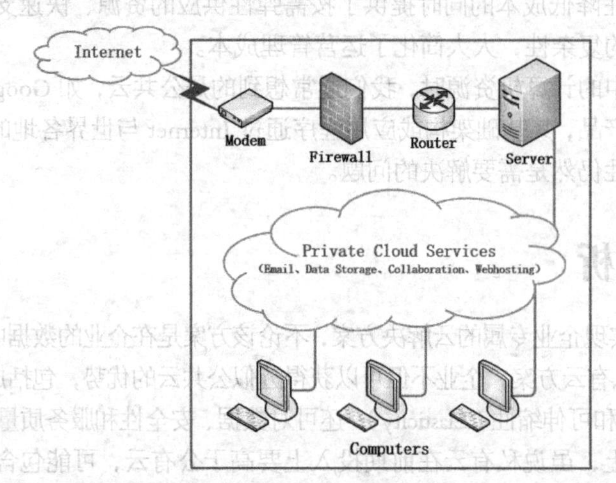

图 5-1 某机构内部私有云架构

2．私有云的优势

和公有云相比，私有云具有以下 5 个方面的优势：

（1）能对数据、安全性提供有效控制。

私有云是为一个客户单独使用而构建的，因而提供对数据、安全性和服务质量的最有效控制。对企业而言，尤其是大型企业而言，业务数据是其核心，是不能受到任何形式的威胁的，这也决定了大型企业是不会将其 Mission-Critical 的应用放到公有云上运行的。私有云可部署在企业数据中心的防火墙内，也可以部署在一个安全的主机托管场所，这正是私有云在安全方面的优势。

（2）提供更高的服务质量。

因为私有云一般在防火墙之后，而不是在某一个遥远的数据中心中，所以当公司员工访问那些基于私有云的应用时，它的服务质量应该会非常稳定，不会受到网络不稳定的影响。

（3）充分利用现有硬件资源和软件资源。

大公司都会有很多 legacy 的应用，而且 legacy 大多都是其核心应用。虽然公有云的技术很先进，但却对 legacy 的应用支持不好，因为很多都是用静态语言编写的，而现有的公有云对这些语言的支持很一般。但私有云在这方面就不错，比如微软推出的 Azure，通过 Azure 能非常方便地构建基于.Net、Java、PHP、Ruby 的私有云。而且一些私用云的工具能够利用企业现有的硬件资源来构建云，这样将极大地降低企业的成本。

（4）不影响现有 IT 管理的流程。

对大型企业而言，流程是其管理的核心，如果没有完善的流程，企业将会成为一盘散沙。不仅与业务有关的流程非常繁多，而且 IT 部门的流程也不少，比如那些和 Sarbanes-Oxley 相关的流程，并且这些流程对 IT 部门非常关键。在这方面，公有云很吃亏，因为假如使用公有云的话，将会对 IT 部门的流程造成很多的冲击，比如在数据管理方面和安全规定等方面。而对于私有云，因为它一般在防火墙内，所以对 IT 部门的流程冲击不大。

（5）部署方式灵活。

部署方式灵活可以从两个方面来体现：一是，公司拥有基础设施，并可以控制在此基础设施上部署应用程序的方式；二是，私有云可由公司自己的 IT 机构来进行构建，也可由云提供商进行构建。

3．私有云平台

私有云平台为开发、运行和访问云服务提供平台环境。私有云平台提供编程工具帮助开发人员快速开发云服务，提供可有效利用云硬件的运行环境来运行云服务，提供丰富多彩的云端来访问云服务。私有云平台分为以下 3 个部分：

（1）私有云平台。

私有云平台向用户提供各类私有云计算服务、资源和管理系统。

（2）私有云服务。

私有云服务提供了以资源和计算能力为主的云服务，包括硬件虚拟化、集中管理、弹性资源调度等。

（3）私有云管理平台。

私有云管理平台负责私有云计算各种服务的运营，并对各类资源进行集中管理。

4．私有云架构

私有云具有与公共云平台相似的功能，如已有的 Google App Engine、Amazon EC2、微软 Window Azure 等公共平台。微软云计算参考架构如图 5-2 所示。

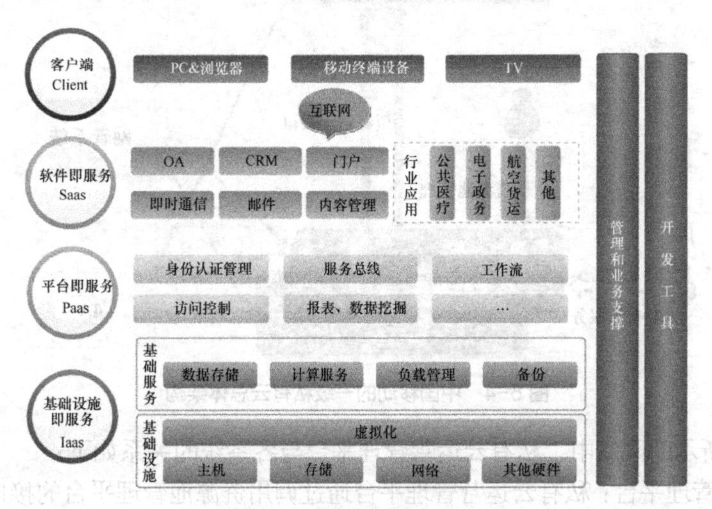

图 5-2　微软云计算参考架构

此外，还有一些力量比较雄厚的公司建立了供自己公司内部使用的私有云平台，如 Intel 公司和中国移动，Intel 公司 IT 部门私有云架构如图 5-3 所示，中国移动的一级私有云总体架构如图 5-4 所示。

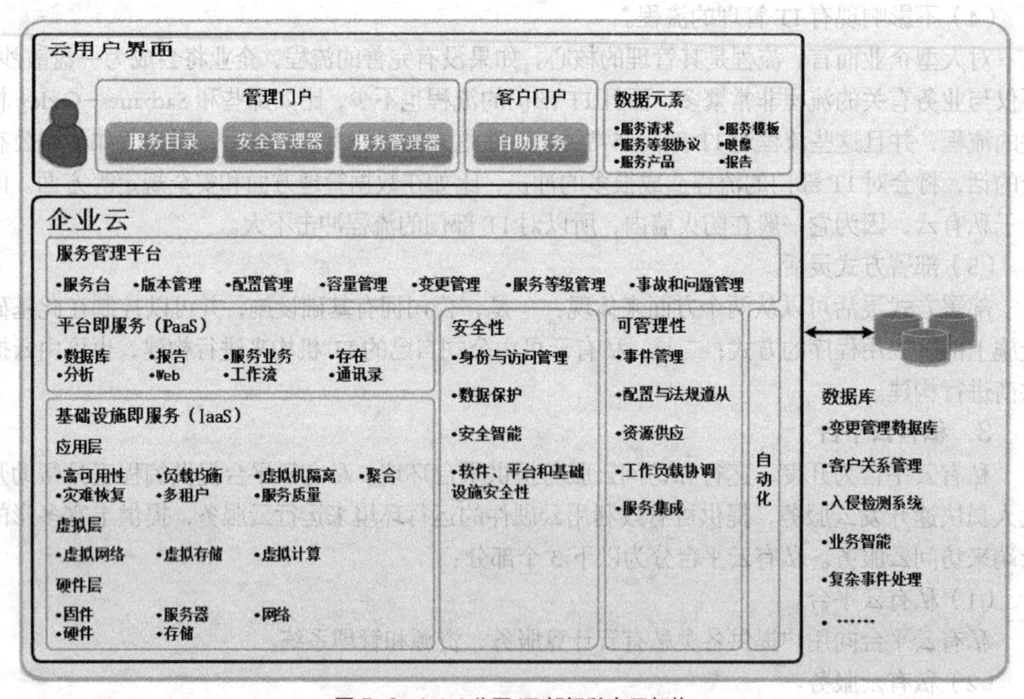

图 5-3　Intel 公司 IT 部门私有云架构

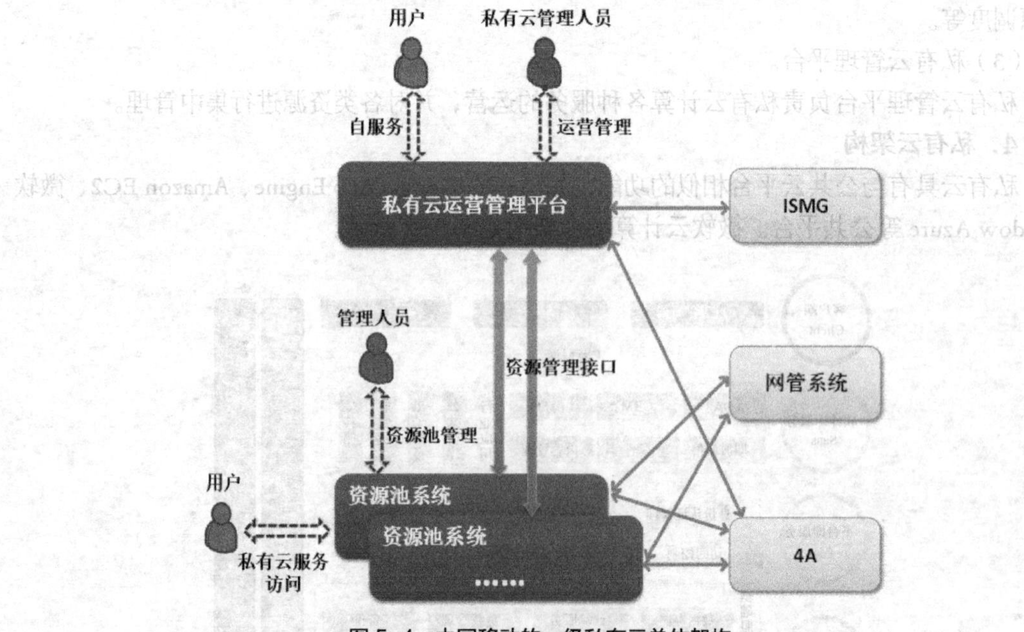

图 5-4　中国移动的一级私有云总体架构

在图 5-4 所示的网络中，私有云运营管理平台与各系统的关系如下：

- 资源池管理平台：私有云运营管理平台通过调用资源池管理平台的接口实现对计算资源、存储资源、网络资源的申请、操作（使用）、回收以及监控等功能。

- 网管系统：私有云运营管理平台将网管系统要求的网管信息，包括配置信息、性能信息和告警信息通过网管接口传送给网管系统。
- ISMG（短信网关）：私有云运营管理平台通过 ISMG（Internet Short Message Gateway）向用户或运营管理人员发送短信通知。
- 4A：私有云运营管理平台通过 4A 系统实现用户的统一认证和单点登录，所谓 4A 就是集中统一的账户（Account）管理、授权（Authorization）管理、认证（Authentication）管理和安全审计（Audit）。

在中国移动的一级私有云总体架构中，私有云运营管理平台的用户通过私有云运营管理平台的自服务门户申请和使用私有云计算平台的资源；运营管理人员通过私有云运营管理平台的运营管理门户完成对用户以及资源的运营管理操作。

参考现有技术和实现方案，私有云从逻辑架构上可以大致划分为 4 个层次，分别是：虚拟化 Hypervisor 层、虚拟化基础设施管控接口层、虚拟化基础设施管理层和云接口层。私有云的逻辑架构如图 5-5 所示。

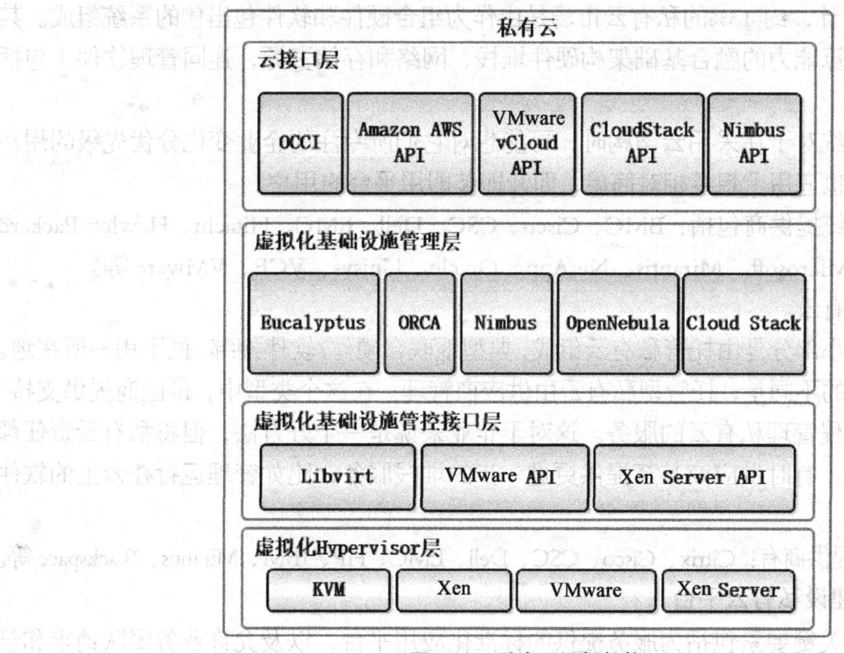

图 5-5 私有云逻辑架构

私有云平台需要关注的核心内容有：

- 利用虚拟化技术对 IT 基础设施提供的物理计算、存储资源进行整合、池化，实现资源随需调配和回收的应用模式。
- 提供一致的虚拟化资源访问入口，屏蔽虚拟化平台之间的异构性。
- 支持虚拟机的生命周期管理。
- 支持配置自定义资源调配策略控制脚本，以适应用户在高可用和节能等方面的需求。
- 适应企业业务系统在不同时期、不同环境下对资源的需求变化。

5．企业如何选择私有云

随着企业数量的增长，云计算现在成为了首选方案，但并非所有用户都愿意吃公有云这只“螃蟹”——亚马逊和微软 Azure 占主导地位，因此私有云市场应运而生。在众多私有云类型中，企业应如何选择适合自身的私有云呢？

目前市场上主要存在 3 种类型的私有云，企业了解了它们各自的优劣后，就能判断出哪种私有云适合自己。

（1）软件解决方案。

纯软件私有云管理平台位于客户现有硬件上，这类私有云根据变化能自动进行资源的调配，管理进入到基础设施的资源并跟踪使用情况。

这对于近期升级自身硬件和具有高比例基础设施虚拟化的企业而言是最佳方式。这些云很多建立在 VMware 基础设施上，采用 VMware 或第三方私有云管理工具。开源 OpenStack 是另一种流行软件管理堆栈。

纯软件私有云供应商有：CA Technologies、Cisco、Dell、Egenera、EMC、HotLink、Hewlett Packard Enterprise、IBM、Joyent、Microsoft、Mirantis、OpenStack、Oracle、Rackspace、Red Hat、RightScale、VMware 等。

（2）预集成融合系统。

据 Forrester 估计，约 13%的私有云市场是由作为组合硬件和软件包出售的系统组成。其中包括一个具备计算能力的融合基础架构硬件堆栈、网络和存储资源，连同管理软件（包括自动化功能）。

预集成融合系统对于在采用云架构时，可能想对它们所专注的企业变化分优先级的用户是理想选择。它们也适用于想要相对简单，即开即装即用平台的用户。

预集成融合系统提供商包括：BMC、Cisco、CSC、Dell、EMC、Hitachi、Hewlett Packard Enterprise、IBM、Microsoft、Mirantis、NetApp、Oracle、Unisys、VCE、VMware 等。

（3）托管型私有云。

私有云市场一小部分是由托管私有云组成，典型地联合硬件/软件捆绑，位于用户所在地。但与其他类型最大的不同是，托管型私有云由供应商管理。在这个类型中，供应商提供支持、维护、升级甚至远程管理私有云的服务。这对于企业来说是一个好方法，但将私有云责任都转向了服务提供商。有时供应商甚至提供更进一步的堆栈服务，比如管理运行在云上的软件应用程序。

托管型私有云提供商有：Citrix、Cisco、CSC、Dell、EMC、HP、IBM、Mirantis、Rackspace 等。

6．企业如何建设私有云平台

私有云建设的关键要素包括为服务提供的标准化应用平台，以及允许业务团队请求和管理其应用容量的自助式服务门户。正如 DELL 云解决方案某高级经理认为的，云基础架构可为企业解决两个关键问题：一个是计算力资源的整合；另一个是建立能让用户感知服务的入口，提高管理能力。

企业私有云的预期优势可以包括：提高灵活性，包括显著缩短供应时间；通过提高资源利用率来实现更高的效率，包括大幅节约能源；充分利用增强的工业标准硬件和软件，在提升可用性的同时，最大程度地控制成本增加；利用全新的业务智能工具来改进容量管理。

为此，构建私有云平台应该从数据中心整合、操作系统合理化、硬件和软件平台以及虚拟化软件在服务器、存储和网络上的应用开始着手。具体的，企业可以从以下 4 个方面来考虑：

（1）做好融合基础架构规划。

企业对于私有云的投资并非是一个全新的投资项目，可通过整合企业当前现有 IT 基础设施来达到最终目的，把现有的存储、服务器、网络等硬件捆绑在一起进行兼容性问题测试。

目前厂商提供的大多数私有云解决方案都能提供融合基础架构的解决方案。

（2）整合资源构建企业大数据。

当前，数据已经成为企业的核心资产，所以云数据中心的构建很大程度上就是基于对数据的整合。几乎任何与企业业务相关的都可以数据化。这些数据呈现了复杂的、异构的特点，怎样把这些数据集中地放在云平台上，就需要对其做数据挖掘、分析、归档、重复数据删除等各种处理，从而把有效的数据提取出来。

（3）对高度虚拟化、高度资源共享要求的考虑。

私有云另外一个关键因素是要实现高度的资源共享。但实现高度资源共享是一件很困难的事情，这不仅仅关系到技术方面的问题，还跟IT架构密切相关。一般来说，高度的虚拟化能够带来高度的资源共享。这时虚拟化不仅仅体现在服务器虚拟化上，还包括网络虚拟化、存储虚拟化和桌面虚拟化等。因此，企业用户在考虑部署私有云时，除了选择合理的技术与产品之外，更需要考虑企业是否具备了高度虚拟化、高度资源共享的IT架构、技术储备、人员条件和基础环境。

（4）对可弹性空间和可扩展性评估的考虑。

云计算最本质的特点之一是帮助企业用户实现即需即用、灵活高效地使用IT资源。因此对于部署云计算平台来说，就必须考虑对弹性空间和可扩展性的真实需求。因为目前无论在服务器还是存储方面，许多企业现有的产品架构都无法具备良好的扩展性，不能很好地满足私有云对扩展空间的弹性需求。因此，真实评估弹性化需求，是实现按需添加或减少IT资源的私有云部署前的一个重要考虑。

7．私有云安全性解决方案

虽然私有云的安全性高于公有云，但是由于云计算的复杂性、用户的动态性等特点，安全问题仍然是私有云发展所面临的巨大挑战。如何确保云计算环境下不同主体之间相互鉴别、信任和各个主体间通信机密性和完整性，计算的可用性和机密性，使云计算环境可以适用不同性质的安全要求，都是急需解决的问题。在私有云的安全性问题上，可以参考以下解决方案：

（1）登录安全保护。

用户名/密码（静态口令）登录基本上依靠用户本人的安全意识，是系统安全的主要隐患。对安全要求较高的用户登录方式，目前常用的有动态密码（动态口令）、USB Key（U盾、加密锁）等，操作简单，安全性强。随着此类硬件产品的完善和价格的降低，其已经得到广泛普及。

私有云IT平台需要提供对动态口令和USB Key的支持，满足重要岗位或应用的安全性高要求。特别是USB Key登录方式，其带来的操作便捷也会显著提升用户体验的满意度。

（2）接入安全验证。

作为企业内部的信息管理系统，仅仅依靠用户名/密码访问验证是不够的，多数情况下还需要更复杂的后台验证，同时对访问对象进行适当的限制。这类验证技术的实现，我们称之为“接入防火墙”。

接入防火墙设置访问规则，保障“云终端”访问的合法性。防火墙通过用户/用户组、IP地址/客户机指纹/客户机名/内外网限制等方式过滤客户端设备，从而保证了合法的客户端访问服务器。同时防火墙还可以控制客户端或注册用户访问不同应用的时间。因此接入防火墙可以简单描述为：什么人、从哪来、在什么时间、访问什么应用、被允许还是被拒绝。

接入防火墙还可以对系统运行的稳定性发挥作用。例如，可以限制外网访问某些网络流量较大的应用，保护其他的远程接入带宽。

（3）服务器安全策略。

虚拟应用采用基于服务器计算模式技术（Server-based Computing），服务器集群是应用虚拟化的基础平台，保证了这个平台的稳定和安全，就保证了私有云系统的稳定和安全。为了更好地对服务器系统进行安全策略设置，需要针对虚拟应用的特点预设各种级别安全策略，并支持自定义安全策略，为每个用户绑定。

在某些情况下，安全策略的限制会造成应用程序加载问题，所以需要能够设置应用程序的不同加载方式，避免此类问题。

（4）实时监控。

系统的实时监控包括：服务器资源和运行状态、接入会话的全面信息、被访问应用的情况等。可以查看整个平台的实时状态和访问细节，必要时可进行干预控制和应急处理。

（5）系统数据安全。

虚拟应用自身的系统数据安全必须得到有效保护。同时，备份与恢复的操作，卸载、升级以及迁移等情况下的处理，应该提供相应的维护工具和实用的处理方案。

（6）安全审计。

作为例行监督检查或事后核查，安全审计的基础，是系统运行和用户活动的相关记录。系统需要提供尽可能全面的数据和核查功能，包括上述安全管理的记录、会话和访问应用的记录、打印记录、系统运行报警事件记录、文件访问记录等。

5.4.2 CloudStack 介绍

1. CloudStack 的概念

CloudStack 是一个开源的具有高可用性及扩展性的云计算平台，其支持管理大部分主流的 Hypervisor，如 KVM 虚拟机、XenServer、VMware、OracleVM、Xen 等。同时 CloudStack 是一个开源云计算解决方案，其可以加速高伸缩性的公共和私有云（IaaS）的部署、管理、配置，使用 CloudStack 作为基础，数据中心操作者可以快速方便地通过现存基础架构创建云服务。

CloudStack 最初由 Cloud.com 公司开发，分为商业和开源两个版本。开源版本通过 GNU GPLv3（General Public License version 3，通用公共许可证 v3）许可协议进行授权，Citrix 公司在 2011 年收购 Cloud.com 后，将全部代码开源，并在 2012 年将 CloudStack 贡献给 Apache 软件基金会，成为 Apache 的孵化项目，同时将授权协议改为更加宽松开放和商业友好的 Apache 许可协议，CloudStack 在 2013 年 3 月升级为 Apache 的正式项目。CloudStack 的目标是提供高度可用的、高度可扩展的、能够进行大规模虚拟机部署和管理的开放云平台。CloudStack 的发布周期并不固定，目前最新的版本是 4.9。一些知名的信息驱动的公司，比如 Zynga、诺基亚研究中心、GoDaddy、英国电信、日本电报电话公司、塔塔集团、韩国电信等，都已经使用 CloudStack 部署了云。CloudStack 除了有其自己的 API，该平台还支持 Cloud Bridge Amazon EC2，它可以把亚马逊 API 转换成 CloudStack API。

因此，CloudStack 本身其实就是一个商业化过后的产品，然后在面对 OpenStack 等开源系统的巨大竞争压力的情况下选择了同样的开源。作为商业产品，其具有明显的优点：安装和配置相对比较简单，提供多种云平台的支持，基于浏览器管理比较方便，性能界面做得比较美观大方，对物理资源和逻辑资源的逻辑关系等做得比较清晰和明了。

2．CloudStack 系统架构

CloudStack 采用了典型的分层结构：客户端、核心引擎以及资源层。它面向各类型的客户提供了不同的访问方式：Web Console、Command Shell 和 Web Service API。通过它们，用户可以管理使用在其底层的计算资源（又分为主机、网络和存储），完成诸如在主机上分配虚拟机、配给虚拟磁盘等功能。CloudStack 系统架构如图 5-6 所示。

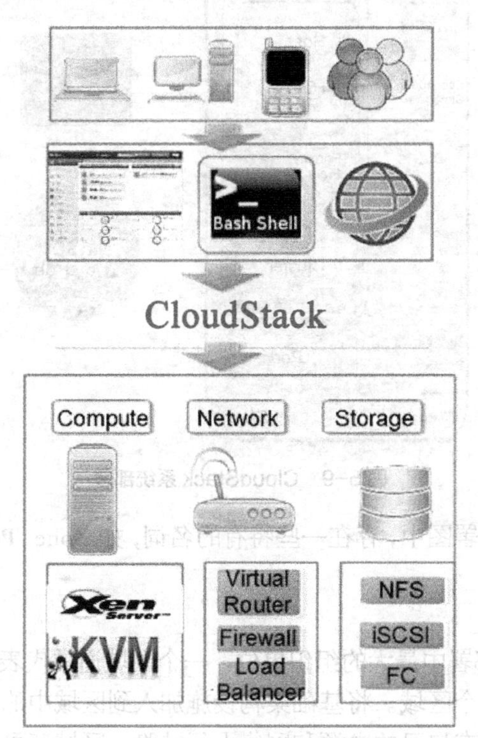

图 5-6　CloudStack 系统架构

虚拟机如果使用 Xen 和 KVM，需要安装 CloudStack Agent 来支持其与管理服务器的交互，而管理服务器与 Xen Server 的交互是靠 XAPI，与 vCenter、ESX 的交互则靠 HTTP。图 5-7 是 CloudStack 跟 kVM 一起部署的架构，在每个 kVM 的宿主机上都需要部署 Agent 程序；而图 5-8 则是 CloudStack 跟 vSphere 一起部署的架构，如果部署 VMware 的产品，就必须部署 vCenter Server。

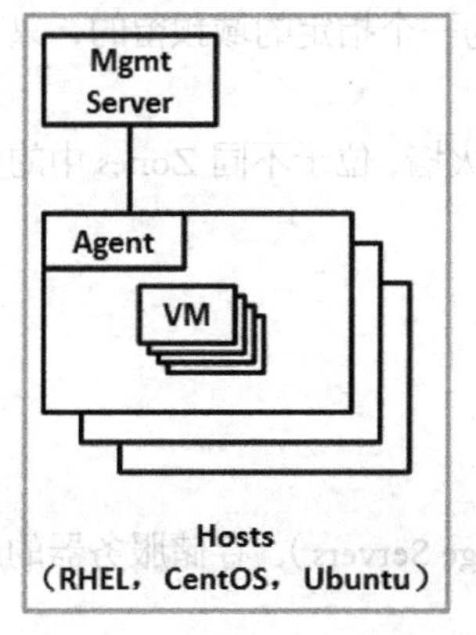

图 5-7　CloudStack 与 kVM 一起部署的架构

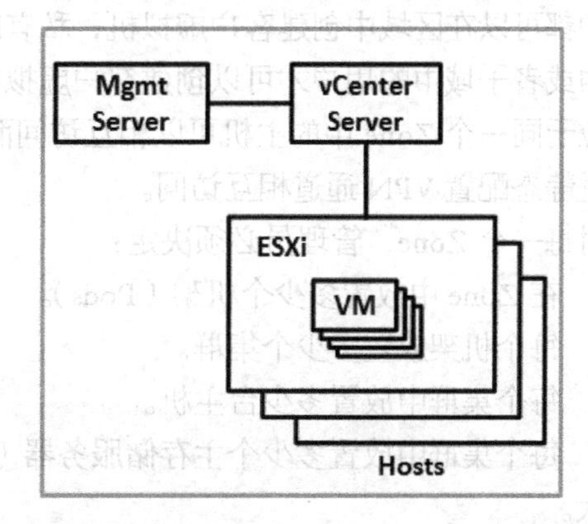

图 5-8　CloudStack 与 vSphere 一起部署的架构

3. CloudStack 层次结构

当部署 CloudStack 时，需要了解它的层次结构和存储管理。CloudStack 系统部署如图 5-9 所示。

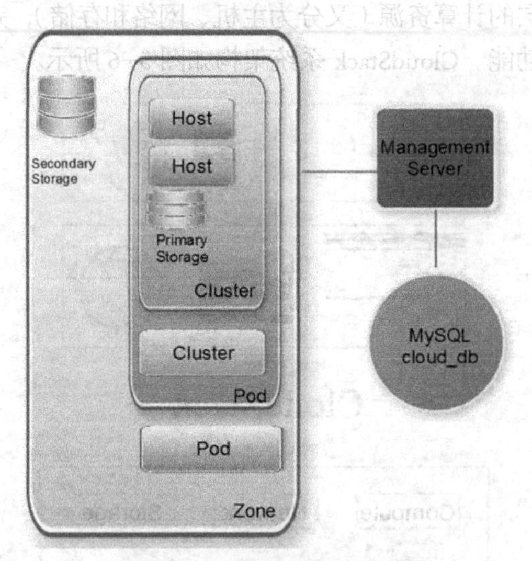

图 5-9 CloudStack 系统部署

在 CloudStack 系统部署图中，存在一些特有的名词，如 Zone、Pod、Cluster、Host、Primary Storage 等，说明如下：

（1）Zone（区域）。

区域是 CloudStack 部署中最大的组织单位。一个区域通常代表一个单独的数据中心，在一个数据中心也允许有多个区域。将基础架构设施加入到区域中的好处是提供物理隔离和冗余。例如，每个区域可以有自己的电源和网络上行链路，区域还可以分布在不同的物理位置上（虽然这不是必须的）。一个区域包含一个或多个机架，每个机架包括一个或多个集群主机或者一个或多个主存储服务器。

Zones 对终端用户是可见的。当用户启动一个客户虚拟机的时候，必须为它选择一个 Zone。用户必须复制他们私有的模板到追加的 Zones 中，以便在那些 Zones 中可以利用他们的模板创建客户虚拟机。

Zones 可以是私有的也可以是公共的。公共的 Zones 对所有用户都是可用的，这意味着任何用户都可以在区域中创建客户虚拟机；私有的 Zones 是为一个指定的域预留的，只有在那个域中或者子域中的用户才可以创建客户虚拟机。

位于同一个 Zone 中的主机可以相互访问而不用通过防火墙，位于不同 Zones 中的主机可以通过静态配置 VPN 通道相互访问。

对每一个 Zone，管理员必须决定：

- 在 Zone 中放置多少个机架（Pods）。
- 每个机架放置多少个集群。
- 每个集群中放置多少台主机。
- 每个集群中放置多少个主存储服务器（Primary Storage Servers），存储服务器的总容量是多大。
- 每个区域中配置多少个二级存储（Secondary Storage）。

（2）Pod（机架）。

机架是 CloudStack 部署中的第二大组织单元。一个 Pod 经常代表一个单独的机架，位于同一个 Pod 下的主机处于相同的子网。Zones 中的 Pod 是独立的，Pods 对终端用户是不可见的，每个 Zone 可以包含一个或多个 Pods。

一个 Pod 包含一个或多个集群主机，包含一个或多个主存储服务器（Primary Storage Servers）。

（3）Cluster（集群）。

集群是 CloudStack 配置中的第三大组织单元。集群被机架包括，机架被区域包括。集群的大小受潜在的虚拟机管理程序限制，虽然大部分情况下 CloudStack 建议数目要小一些。

集群提供一种方式来管理主机。一个集群就是一个 Xen Server 服务池、一组 KVM 服务器的集合或者是在 vCenter 中预先构造的一个 VMware 集群。集群中的所有主机拥有相同的硬件配置、运行相同的虚拟机管理程序、位于相同的子网、访问同一个共享的主存储。虚拟机实例可以动态地从一台主机迁移到集群中的另一台主机，不用中断对用户的服务。

一个集群包括一个或多个主机，一个或多个主存储服务器。

CloudStack 允许多个集群存在一个云部署下。即使当本地存储是私有的，集群仍然要是有组织的，虽然每个集群只有一台主机。

当使用 VMware 时，每个 VMware 集群被 vCenter 服务器管理，管理员必须向 CloudStack 注册 vCenter 服务器。每个 Zone 中可能会有多个 vCenter 服务器，每个 vCenter 服务器可以管理多个 VMware 集群。

（4）Host（主机）。

宿主机是 CloudStack 配置中最小的组织单元，就是运行虚拟机（VM）的主机。宿主机被集群包括，集群被机架包括，机架被区域包括。

宿主机是一台单独的计算机。宿主机提供计算资源运行客户虚拟机。每个宿主机配置有虚拟机管理软件来管理客户虚拟机。例如，一个 Linux KVM 服务器、一个 Citrix Xen Server 服务器和一个 ESXi 服务器都是宿主机。

CloudStack 环境中的宿主机具有如下功能与特点：

- 提供 CPU、内存、存储和虚拟机需要的网络资源。
- 用高带宽的 TCP/IP 网络互联同时连接到 Internet。
- 可能驻留在位于不同地理位置的多个数据中心。
- 可能拥有不同的容量（不同的 CPU 速度、不同数量的内存等），虽然位于一个集群中的主机必须是同质的。
- 添加的宿主机可以在任何时候被添加用来为客户虚拟机提供更高的能力。
- 宿主机对终端用户是不可见的，终端用户不能决定哪些主机可以分配给客户虚拟机。

要在 CloudStack 中运行一个宿主机，必须在宿主机上配置虚拟机管理软件、分配 IP 地址给宿主机、确保宿主机已经连接到 CloudStack 管理服务器。

（5）Primary Storage（主存储）。

主存储（一级存储）跟集群相关联，用于为集群中所有运行在主机（Hosts）上面的虚拟机存储硬盘卷文件。一般来说，一个集群可以添加多个主存储服务器，但至少需要一个主存储服务器。为提高性能，主存储尽量部署在接近主机（Hosts）的位置，可以通过 iSCSI 或者 NFS 技术实现。

（6）Secondary Storage（二级存储/辅助存储）。

二级存储跟 Zone 相关联，其存储了模板文件、ISO 镜像、硬盘卷快照：

- 模板文件：可以用来启动虚拟机和包括附加配置信息（比如已经安装的应用程序）的操作系统镜像。
- ISO 镜像：包含数据或可引导操作系统媒介的磁盘镜像。
- 硬盘卷快照：可用来进行数据恢复或创建新模板的虚拟机数据的副本。

二级存储可以使用 NFS 服务或者 OpenStack 对象存储技术（Swift），最小的容量为 100 GB，其需要部署在跟客户机同一区域（Zone）中，并且对于区域中的主机都是可用的。

（7）Management Server（管理服务器）。

运行 CloudStack 管理服务跟 MySQL 数据库的机器（也就是搭建 CloudStack 云系统的机器），管理服务器也可以安装在虚拟机上面。

（8）MySQL clouddb。

用于存放相关数据信息（诸如网络地址等），可以通过 MySQL 客户端登入查看相关表以及相关属性的数据库。

4．CloudStack 安装部署前准备工作

在开始着手准备安装部署 CloudStack 前，应先做好容量、网络、存储三个方面的规划。

（1）容量规划。

- 服务器是否托管在多地的 IDC 机房（多区域）。
- 现有的架构中有多少种 Hypervisor（多集群）。
- 准备让 CloudStack 容纳多少虚拟机实例（多 Host，多存储）等。

（2）网络规划。

- 现有的基础网络架构能否支持部署 CloudStack（IP 地址资源，根据计划容纳的虚拟机实例量规划）。
- 现有的基础网络架构是否支持高级网络模式（使用基础模式）。
- 业务并发请求量是否很大（决定自己的网络模式是否使用 V-Route 或是否使用物理网络设备代替 V-Route）。

（3）存储规划。

- 存储空间多大（根据每个虚拟机实例预分配的磁盘空间×虚拟机实例的个数+预留空间）。
- 存储的高可用性（硬件存储、分布式文件系统等）。

5.5 项目实施

任务 5-1：在 VMware 中安装 CentOS 6.8 操作系统

1．任务目标

（1）能熟练安装 VM 虚拟机软件；

（2）能熟练使用 VM 虚拟机软件；

（3）能熟练安装与使用 CentOS 操作系统。

2．任务内容

本任务要求管理员在 VMware 中安装 CentOS 6.8 操作系统，具体内容为：

（1）使用 VMware 创建虚拟机；

（2）对 VMware 中的虚拟机进行设置；

（3）安装 CentOS 6.8 操作系统；

（4）熟悉 CentOS 6.8 系统的基本操作。

3．完成任务所需设备和软件

（1）安装 VMware Workstation 10 以上软件的计算机 1 台；

（2）CentOS 6.8 安装光盘或 CentOS 6.8 安装盘 ISO 镜像文件。

4．任务实施步骤

步骤 1：打开 VMware Workstation 虚拟机软件，单击“文件”菜单中的“新建虚拟机”选项，如图 5-10 所示。

图 5-10 新建虚拟机界面

步骤 2：在图 5-11 所示界面中，选择“典型（推荐）（T）”选项，单击“下一步”按钮。

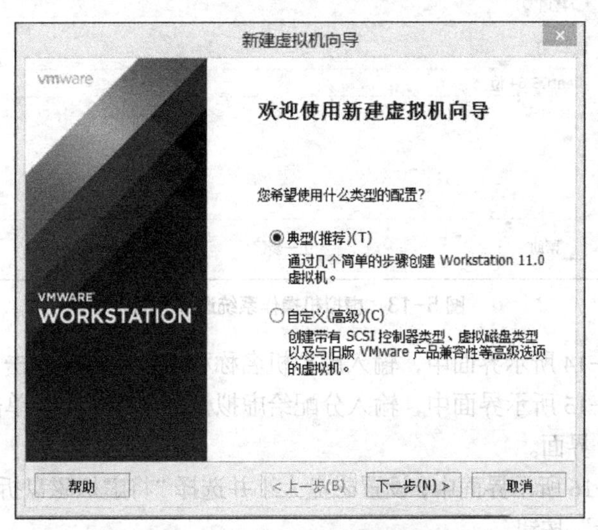

图 5-11 虚拟机类型配置界面

步骤3：在图5-12所示界面中，选择“稍后安装操作系统（S）”选项，单击“下一步”按钮。

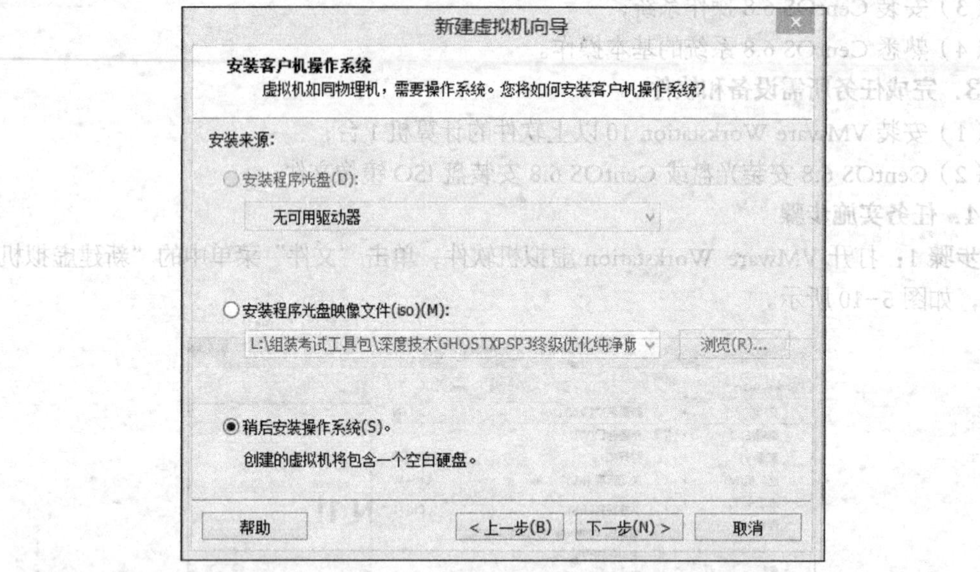

图5-12　虚拟机安装来源设置界面

步骤4：在图5-13所示界面中，选择操作系统和版本，此处选择“Linux（L）”与“CentOS 64位”选项，单击“下一步”按钮。

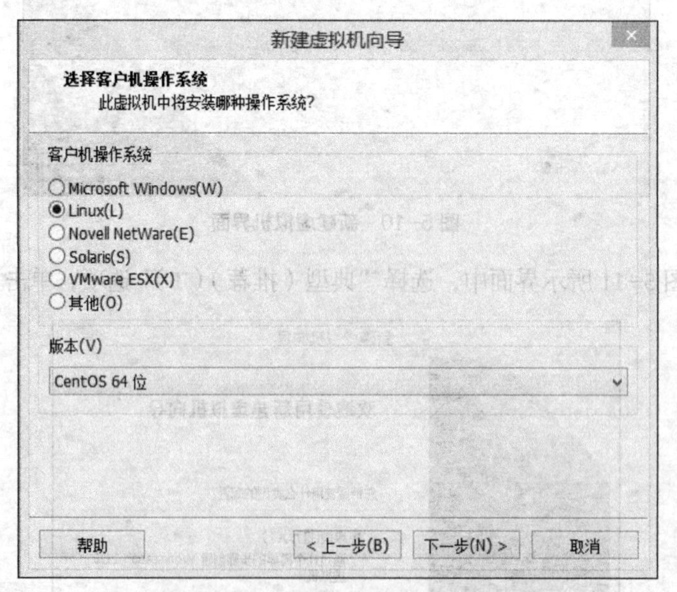

图5-13　虚拟机操作系统选择界面

步骤5：在图5-14所示界面中，输入虚拟机名称和安装路径，单击“下一步”按钮。

步骤6：在图5-15所示界面中，输入分配给虚拟机的内存大小，单击“下一步”按钮直到出现“磁盘容量”界面。

步骤7：在图5-16所示界面中，设置磁盘大小并选择“将虚拟磁盘拆分成多个文件（M）”选项，单击“下一步”按钮。

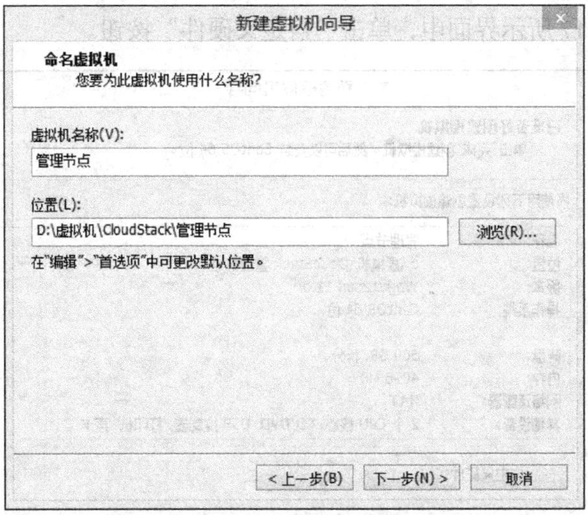

新建虚拟机向导
命名虚拟机
您要为此虚拟机使用什么名称?
虚拟机名称(V):
管理节点
位置(L):
D:\虚拟机\CloudStack\管理节点
浏览(R)...
在"编辑">"首选项"中可更改默认位置。
< 上一步(B)
下一步(N) >
取消

图 5-14　虚拟机名称与位置设置界面

新建虚拟机向导
此虚拟机的内存
您要为此虚拟机使用多少内存?
指定分配给此虚拟机的内存量。内存大小必须为 4 MB 的倍数。
64 GB
32 GB
16 GB
8 GB
4 GB
2 GB
1 GB
512 MB
256 MB
128 MB
64 MB
32 MB
16 MB
8 MB
4 MB
此虚拟机的内存(M):
4096
MB
最大推荐内存:
13788 MB
推荐内存:
1024 MB
客户机操作系统最低推荐内存:
512 MB
帮助
< 上一步(B)
下一步(N) >
取消

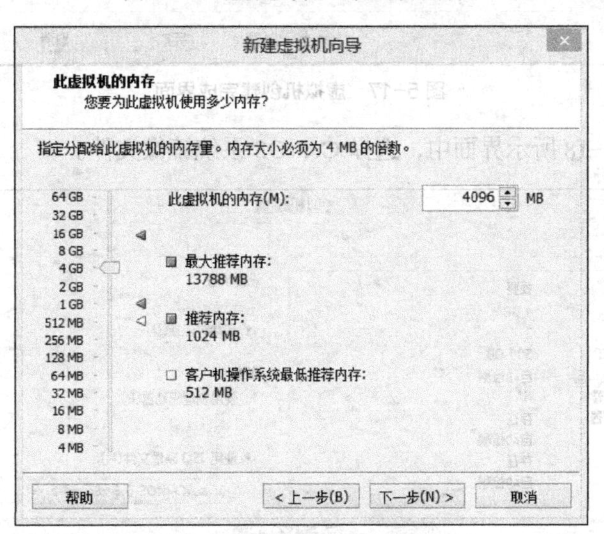

图 5-15　虚拟机内存设置界面

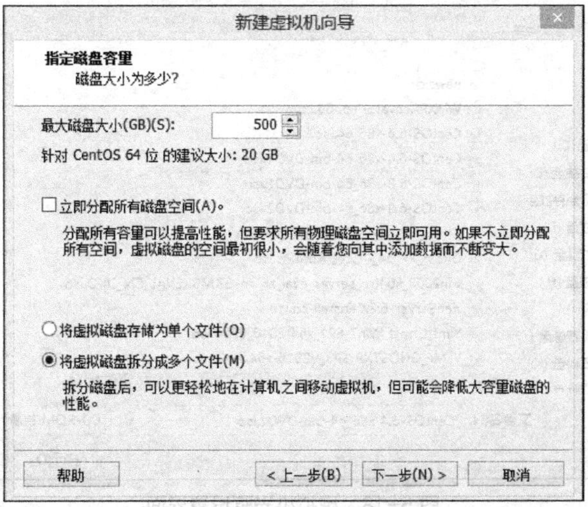

新建虚拟机向导
指定磁盘容量
磁盘大小为多少?
最大磁盘大小(GB)(S):
500
针对 CentOS 64 位 的建议大小: 20 GB
立即分配所有磁盘空间(A)。
分配所有容量可以提高性能，但要求所有物理磁盘空间立即可用。如果不立即分配所有空间，虚拟磁盘的空间最初很小，会随着您向其中添加数据而不断变大。
将虚拟磁盘存储为单个文件(O)
将虚拟磁盘拆分成多个文件(M)
拆分磁盘后，可以更轻松地在计算机之间移动虚拟机，但可能会降低大容量磁盘的性能。
帮助
< 上一步(B)
下一步(N) >
取消

图 5-16　虚拟机磁盘设置界面

步骤 8：在图 5-17 所示界面中，单击“自定义硬件”按钮。

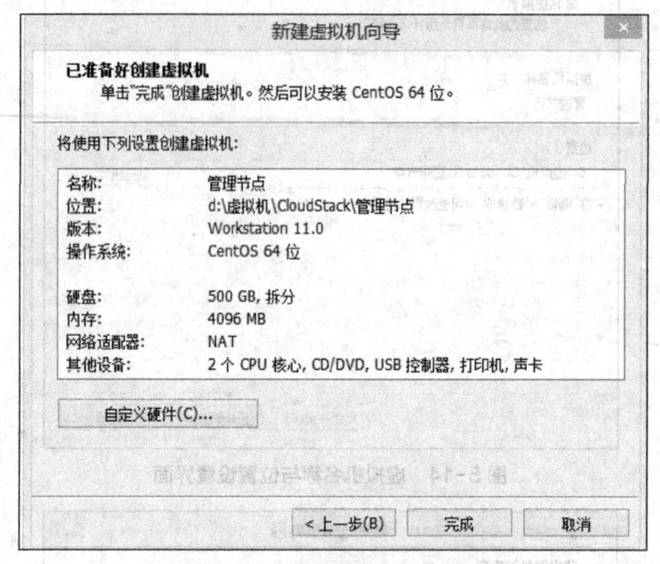

图 5-17　虚拟机创建完成界面

步骤 9：在图 5-18 所示界面中，选择 CentOS 系统镜像文件。

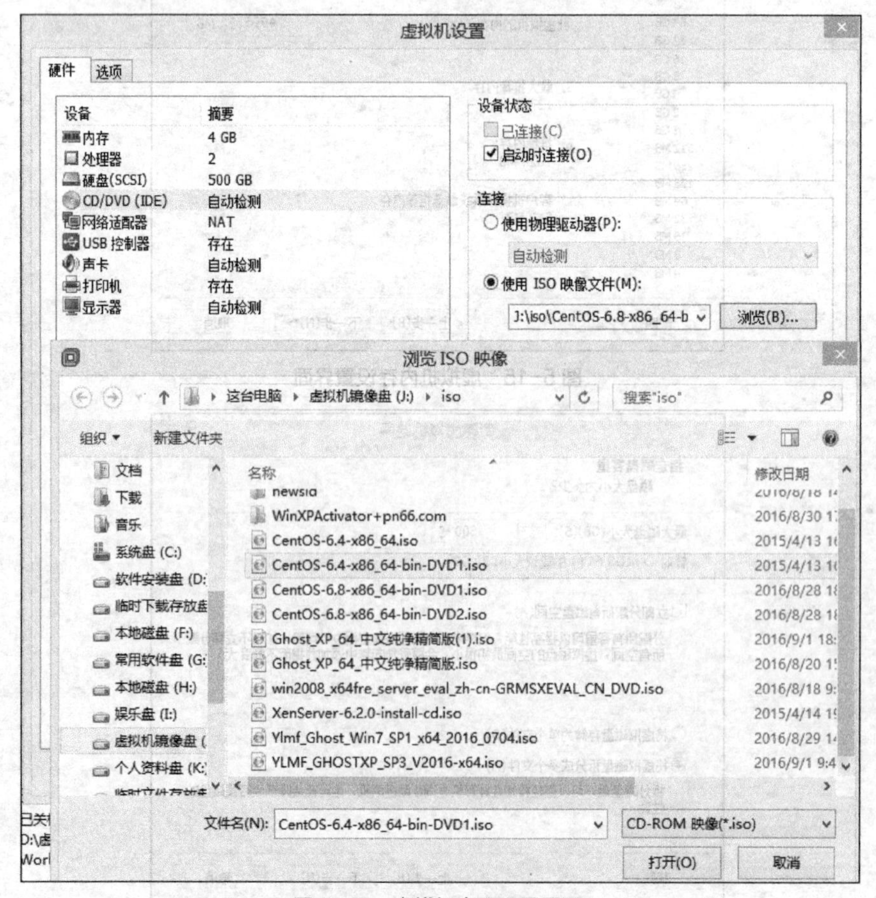

图 5-18　虚拟机光驱设置界面

步骤 10："CD/DVD"设置完成后，返回图 5-17，单击"完成"按钮，虚拟机创建完毕。

步骤 11：在图 5-19 所示界面中，选中刚创建好的虚拟机，单击"开启此虚拟机"按钮。

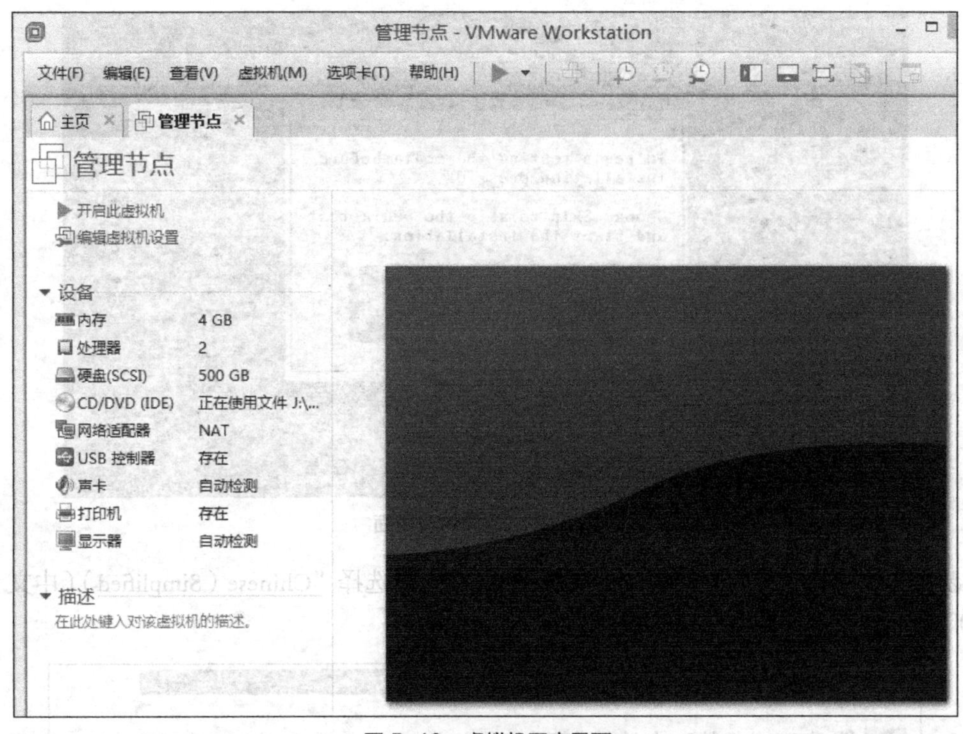

图 5-19　虚拟机开启界面

步骤 12：在图 5-20 所示界面中，选择第一项"Install or upgrade an existing system"（安装全新操作系统或升级现有操作系统），按【Enter】键继续。

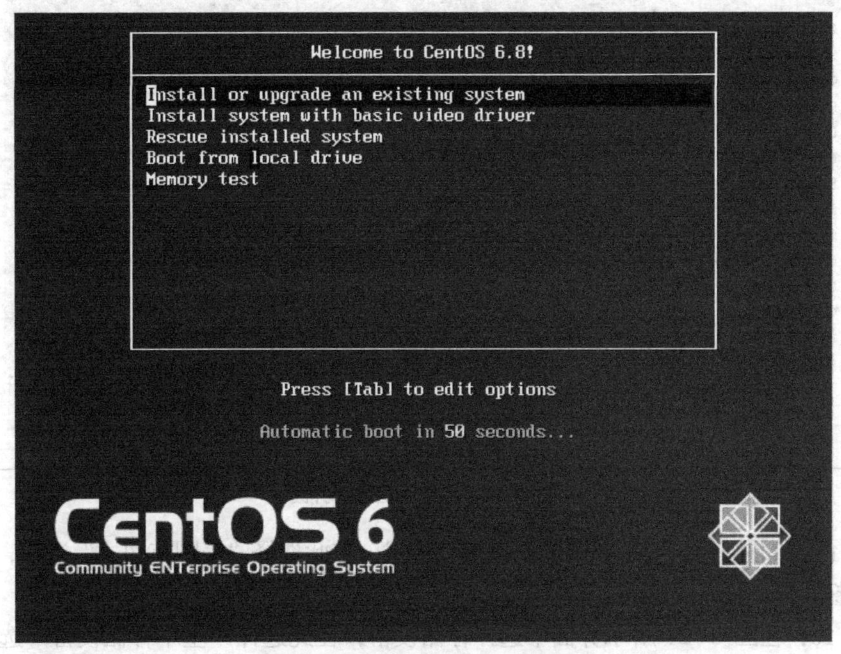

图 5-20　系统安装类型选项界面

步骤 13：在图 5-21 所示界面中，按【Tab】键进行选择，选择“Skip”（退出检测）选项并按【Enter】键，然后单击“Next”按钮。

图 5-21　系统检测界面

步骤 14：在图 5-22 所示界面中选择语言，在这里选择“Chinese（Simplified）(中文（简体）)”选项，单击“Next”按钮。

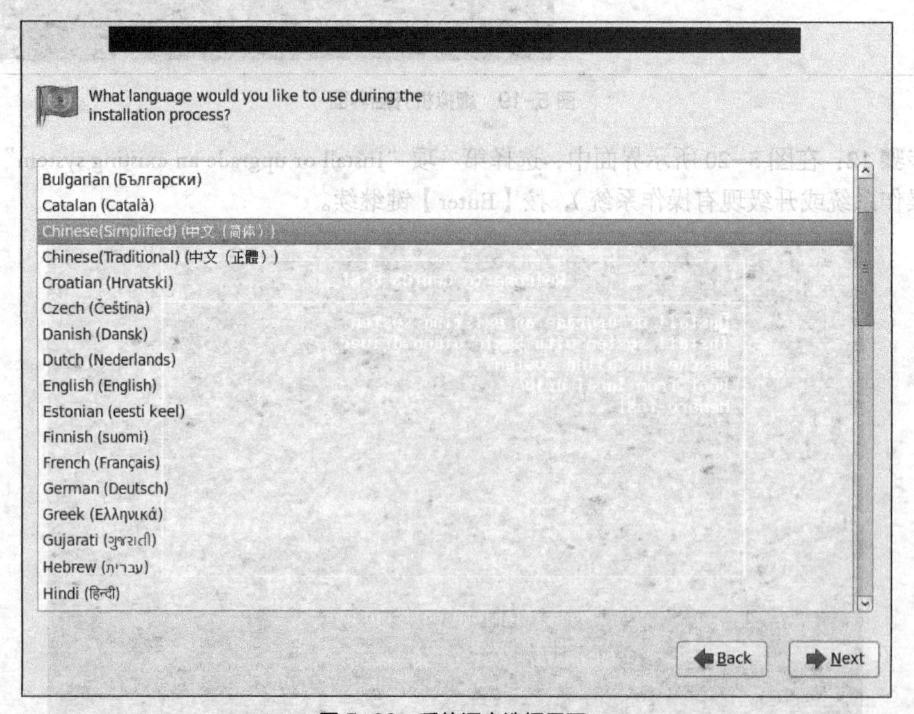

图 5-22　系统语言选择界面

步骤 15：在图 5-23 所示界面中选择键盘样式，在此选择“美国英语式”选项，单击“下一步”按钮。

步骤 16：在图 5-24 所示界面中选择存储设备，在此选择“基本存储设备”选项，单击“下一步”按钮。

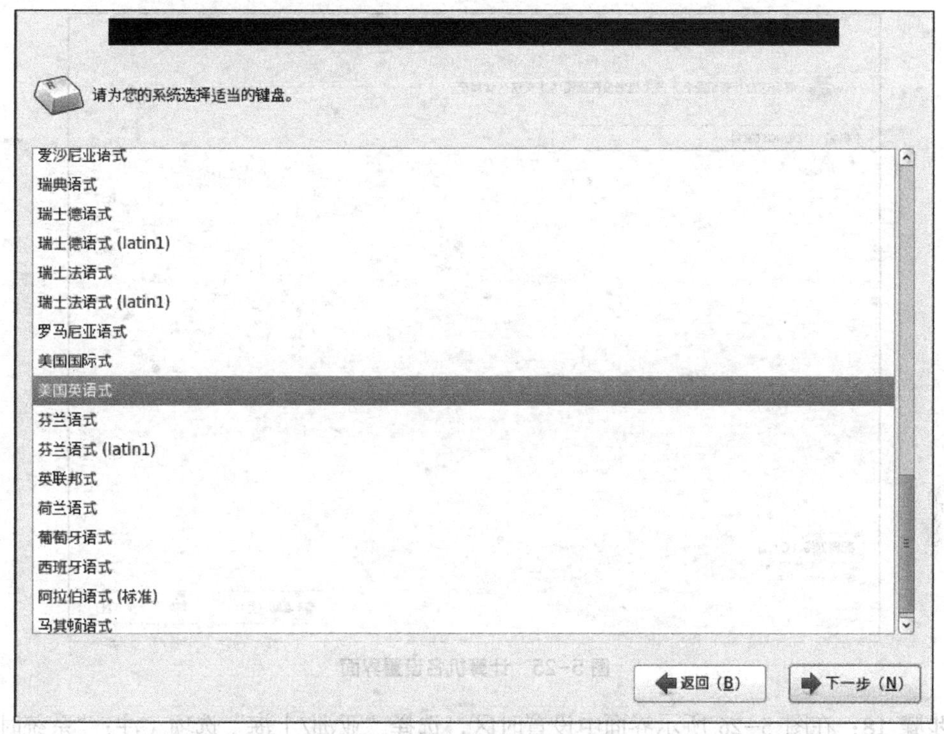

图 5-23 系统键盘样式选择界面

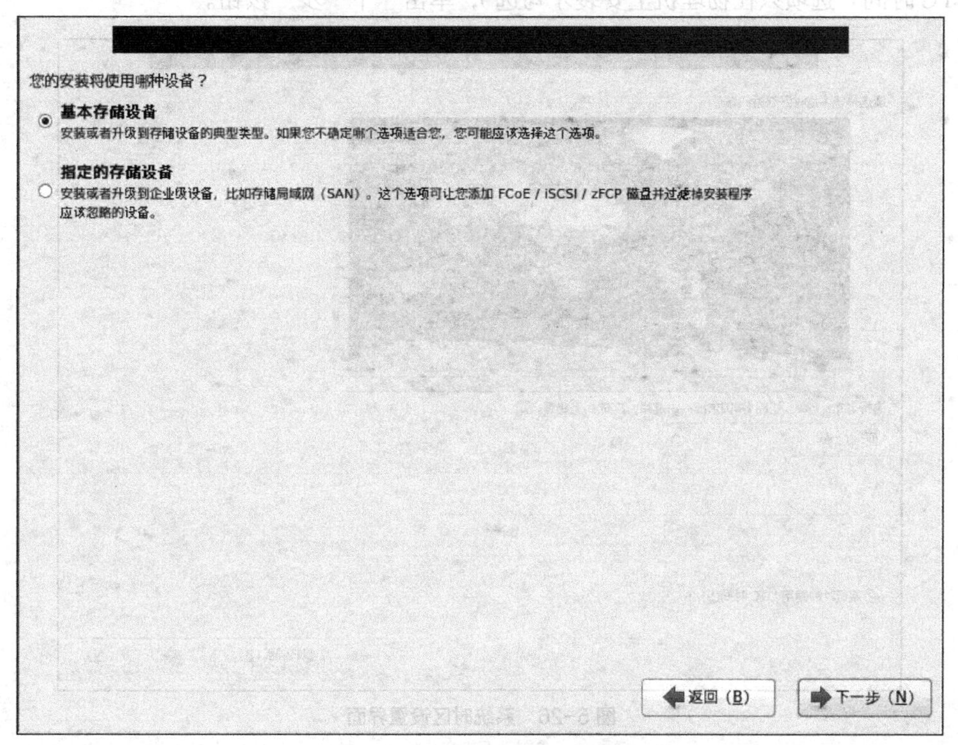

图 5-24 系统存储设备选择界面

步骤 17：在图 5-25 所示界面中输入主机名，在此输入“cloudstack”，单击“下一步”按钮。

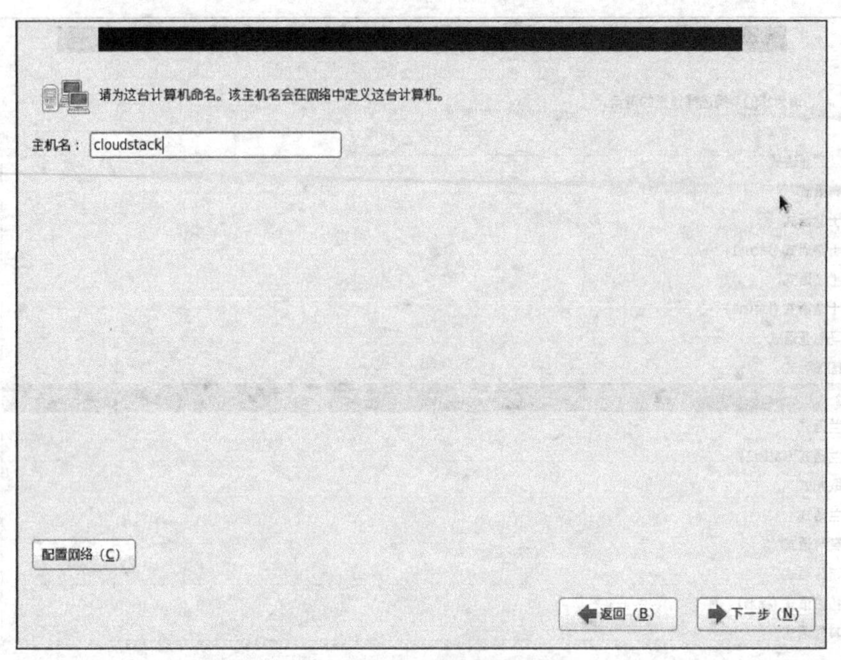

图 5-25　计算机名设置界面

步骤 18：在图 5-26 所示界面中设置时区，选择"亚洲/上海"选项（注："系统时钟使用 UTC 时间"选项只在物理机上安装才勾选），单击"下一步"按钮。

图 5-26　系统时区设置界面

步骤 19：在图 5-27 所示界面中输入根用户（Root）的密码，单击"下一步"按钮。

步骤 20：在图 5-28 所示界面中，根据此 Linux 具体功能，选择不同的方式，在此选择"Desktop"和"现在自定义"选项，单击"下一步"按钮。

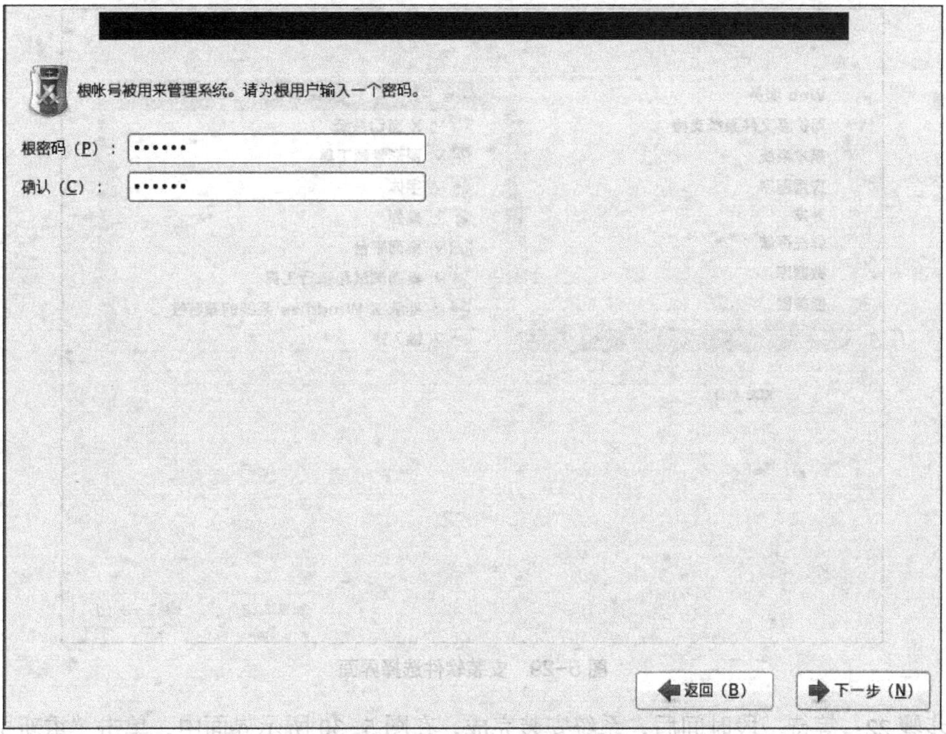

根帐号被用来管理系统。请为根用户输入一个密码。

根密码（P）：••••••

确认（C）：••••••

返回（B） 下一步（N）

图 5-27 系统根用户密码设置界面

CentOS 默认安装是最小安装。您现在可以选择一些另外的软件。

- Desktop
- Minimal Desktop
- Minimal
- Basic Server
- Database Server
- Web Server
- Virtual Host
- Software Development Workstation

请选择您的软件安装所需要的存储库。

☑ CentOS

（A）添加额外的存储库 修改库（M）

或者.

○ 以后自定义（I） ◉ 现在自定义（C）

返回（B） 下一步（N）

图 5-28 系统安装方式选择界面

步骤 21：在图 5-29 所示界面中，自定义安装需要的软件，如桌面配置，选完后单击“下一步”按钮，开始安装系统。

图 5-29　安装软件选择界面

步骤 22：等待一段时间后，系统安装完成，在图 5-30 所示界面中，单击“重新引导”按钮。

图 5-30　系统安装完成界面

步骤 23：重新启动后，在出现的欢迎界面单击“前进”按钮。

步骤 24：在图 5-31 所示界面中，选择“是，我同意许可证协议”选项，单击“前进”按钮。

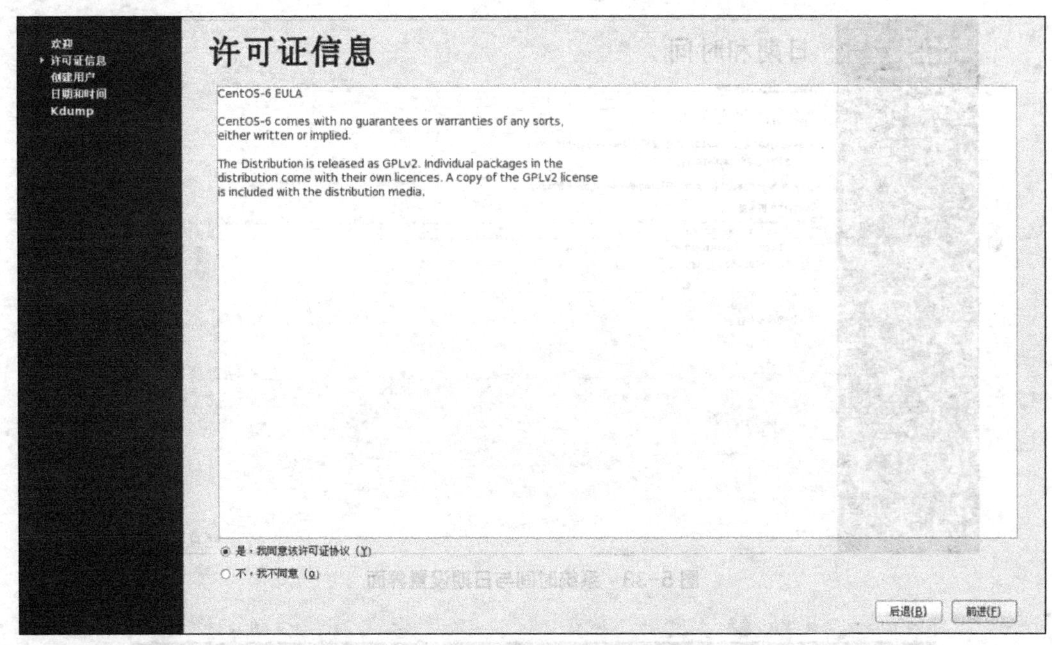

图 5-31　系统许可信息界面

步骤 25：在图 5-32 所示界面中创建用户，输入用户相关信息后，单击“前进”按钮（在此不创建用户，直接单击“前进”按钮）。

欢迎
许可证信息
创建用户
日期和时间
Kdump

创建用户

您必须为您的系统创建一个常规使用的（非管理）'用户名'。要创建系统'用户名'，请提供以下所需信息。

用户名（U）：hzy
全名（e）：hzy
密码（P）：••••••
确认密码（m）：••••••

如果您需要使用网络验证，比如 Kerberos 或者 NIS，请点击"使用网络登录"按钮。

使用网络登录（L）...

如果您需要在创建该用户时有更多控制［指定主目录和（/或者）UID］，请点击高级按钮。

高级......（A）

后退(B)　前进(F)

图 5-32　创建用户界面

步骤 26：在图 5-33 所示界面中设置日期和时间，如果可以上网，勾选“在网络上同步日期和时间”选项，设置完成后单击“前进”按钮，至此系统安装完成。

步骤 27：重启系统，进入登录界面，输入账户、密码登录桌面，如图 5-34 所示，此时就可以对系统进行相应的操作设置，至此系统就安装完成。

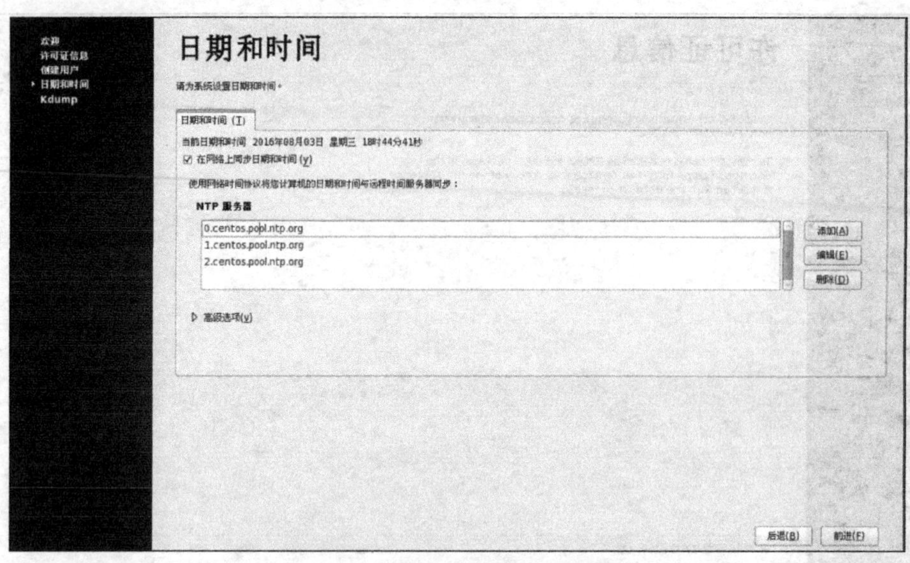

图 5-33　系统时间与日期设置界面

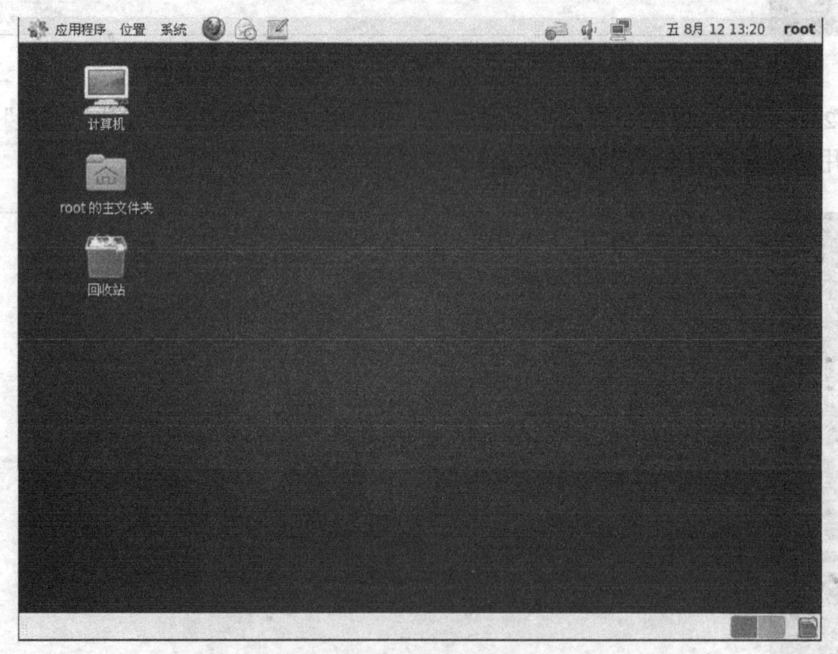

图 5-34　CentOS 系统桌面

任务 5-2：在服务器中安装 CloudStack 软件

1．任务目标

（1）掌握 CentOS 系统的基本操作，能熟练地配置系统服务；

（2）能熟练地安装 CloudStack 软件包并进行正确的配置；

（3）掌握 MySQL 数据库的基本操作；

（4）能熟练地搭建 NFS 服务器。

2．任务内容

本任务要求管理员在服务器中安装 CloudStack 软件，具体内容为：

（1）系统服务配置；

（2）CloudStack 软件包安装；
（3）MySQL 数据库安装；
（4）NFS 服务器搭建；
（5）云平台组件配置。

3．完成任务所需设备和软件

（1）安装了 CentOS 6.8 系统的服务器 3 台；
（2）联网交换机 1 台；
（3）直通网线 3 根；
（4）CentOS 6.8 安装光盘、CloudStack 4.9 软件安装包。

4．任务实施步骤

步骤 1：硬件连接。

用 3 根直通双绞线分别把服务器连接到交换机上，如图 5-35 所示。

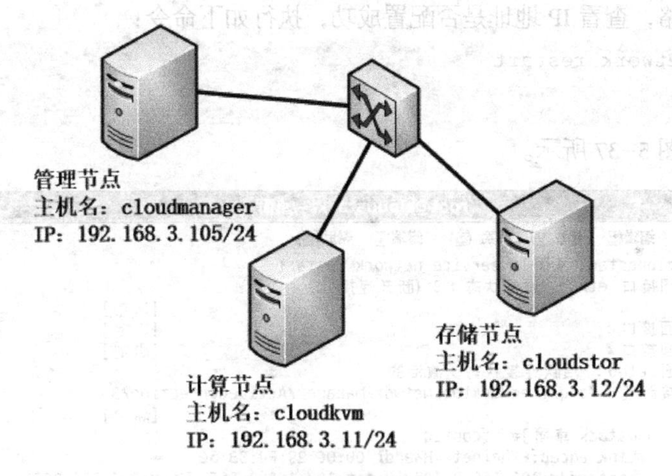

图 5-35 实训拓扑图

步骤 2：在管理节点上配置系统相关服务。

（1）启动管理节点，登录系统桌面，打开终端，如图 5-36 所示。

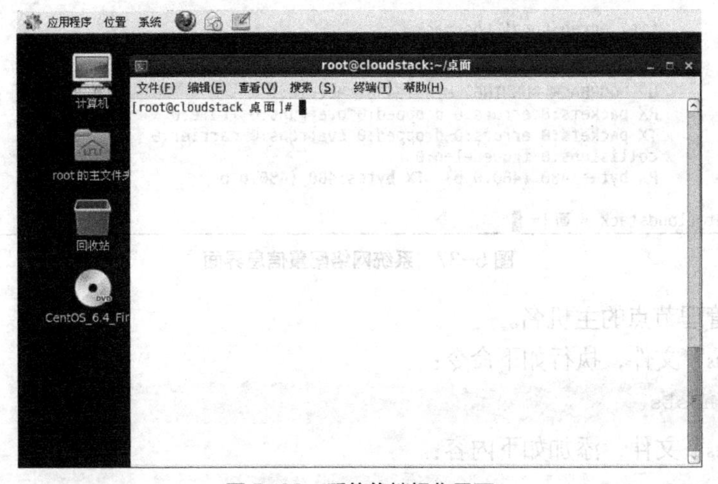

图 5-36 系统终端操作界面

（2）配置管理节点的 IP 地址。

打开网卡配置文件，执行如下命令：

```
#vi /etc/sysconfig/network-scripts/ifcfg-eth0
```

修改“ifcfg-eth0”文件，添加或修改如下内容：

```
DEVICE=eth0
TYPE=Ethernet
ONBOOT=yes
BOOTPROTO=static
IPADDR=192.168.3.105
GATEWAY=192.168.3.1
DNS1=192.168.3.1
NAME="Systemeth0"
```

接着重启网络，查看 IP 地址是否配置成功，执行如下命令：

```
#service network restart
#ifconfig
```

执行效果如图 5-37 所示。

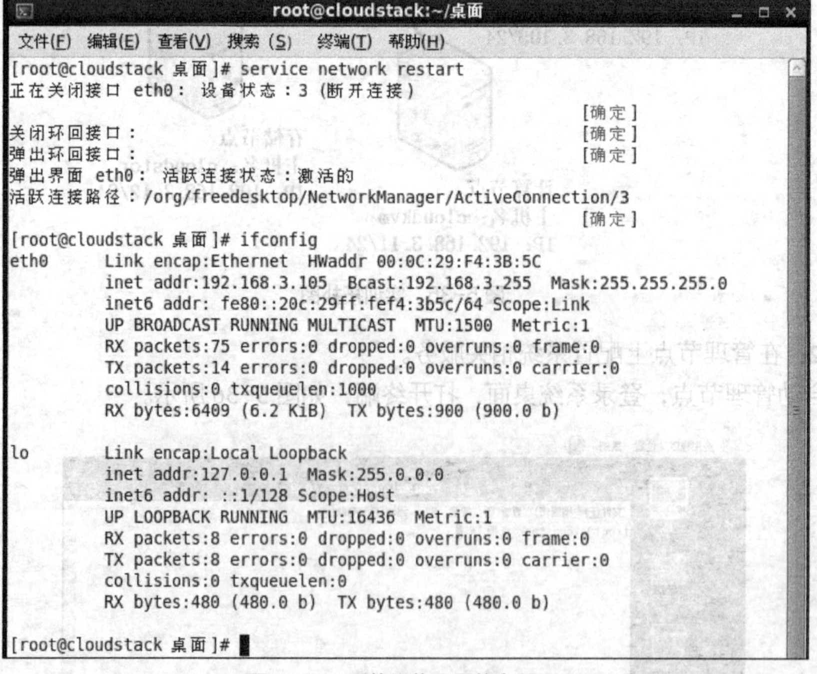

图 5-37 系统网络配置信息界面

（3）配置管理节点的主机名。

配置“hosts”文件，执行如下命令：

```
#vi /etc/hosts
```

修改“hosts”文件，添加如下内容：

```
192.168.3.105 cloudmanager.cloud.com cloudmanager
```

执行效果如图 5-38 所示。

图 5-38 “hosts”文件内容截图

配置“network”文件，执行如下命令：

```
#vi /etc/sysconfig/network
```

修改“network”文件，添加或修改如下内容：

```
HOSTNAME=cloudmanager.cloud.com
```

执行效果如图 5-39 所示。

图 5-39 “network”文件内容截图

（4）关闭管理节点的 selinux，执行如下命令：

```
#vi /etc/selinux/config
```

修改“config”文件的内容，添加或修改内容如下：

```
SELINUX=disabled
```

设置效果如图 5-40 所示。

```
root@cloudmanager:~/桌面
文件(F) 编辑(E) 查看(V) 搜索 (S) 终端(T) 帮助(H)

# This file controls the state of SELinux on the system.
# SELINUX= can take one of these three values:
#     enforcing - SELinux security policy is enforced.
#     permissive - SELinux prints warnings instead of enforcing.
#     disabled - No SELinux policy is loaded.
# SELINUXTYPE= can take one of these two values:
#     targeted - Targeted processes are protected,
#     mls - Multi Level Security protection.
SELINUXTYPE=targeted
SELINUX=disabled
```

图 5-40 “config”文件内容截图

（5）关闭管理节点的防火墙并设置开机自动关闭，执行如下命令：

```
#service iptables stop
#chkconfig iptables off
```

设置好后重启系统。

（6）在管理节点中配置系统的本地 yum 源。

① 首先创建文件夹“centos”，接着将系统光盘中的所有安装包和 CloudStack 4.9 软件安装包全部复制到“centos”文件夹中，执行如下命令：

```
#mkdir /media/centos
#cp /media/CentOS_6.8_Final/Packages/* /media/centos/
#cp /media/CloudStack4.9/* /media/centos/   //CloudStack 4.9软件安装包已上传至“/media/CloudStack4.9”文件夹中
```

② 使用 createrepo 指令创建本地 repo（CentOS 6.8 默认不安装 createrepo 软件包，需要手动安装），执行如下命令：

```
#rpm -ivh createrepo* python-deltarpm* deltarpm*   //安装createrepo包和相关的软件包
#createrepo /media/centos   //使用createrepo自定义yum源
```

执行效果如图 5-41 所示。

```
root@cloudmanager:/media/centos
文件(F) 编辑(E) 查看(V) 搜索(S) 终端(T) 帮助(H)
[root@cloudmanager centos]# rpm -ivh createrepo-0.9.9-17.el6.noarch.rpm python-deltarpm-3.5-0.5.20090913git.el6.x86_64.rpm deltarpm-3.5-0.5.20090913git.el6.x86_64.rpm
warning: createrepo-0.9.9-17.el6.noarch.rpm: Header V3 RSA/SHA1 Signature, key ID c105b9de: NOKEY
Preparing...                ########################################### [100%]
        package deltarpm-3.5-0.5.20090913git.el6.x86_64 is already installed
        package python-deltarpm-3.5-0.5.20090913git.el6.x86_64 is already installed
        package createrepo-0.9.9-17.el6.noarch is already installed
[root@cloudmanager centos]# createrepo /media/centos
Spawning worker 0 with 3962 pkgs
```

图 5-41　createrepo 包安装与指令执行效果图

③ 将/etc/yum.repos.d/下现存文件都删除或重命名为“.bak”，然后再在/etc/yum.repo.d/下创建一个“centos.repo”文件，执行如下命令：

```
#rm /etc/yum.repos.d/*
#vi /etc/yum.repos.d/centos.repo
```

在“centos.repo”文件中添加如下内容：

```
[server]
name=server
baseurl=file:///media/centos/
enabled=1
gpgcheck=0
```

设置效果如图 5-42 所示。

```
root@cloudmanager:/etc/yum.repos.d
文件(F) 编辑(E) 查看(V) 搜索(S) 终端(T) 帮助(H)
[server]
name=server
baseurl=file:///media/centos/
enabled=1
gpgcheck=0
~
~
```

图 5-42　“centos.repo”文件内容截图

④ 至此本地 yum 源就已经搭建完成了，接下来重新初始化 yum 缓存并列出所有的软件包，执行如下命令：

```
#yum clean all
#yum list
```

（7）在管理节点中配置 NTP 服务器。

① 安装 NTP 服务器，执行如下命令：

```
#yum -y install ntp
```

② 安装好后，使用实际的默认配置即可满足要求，接着设置 NTP 服务器开机自启动，并重启 NTP 服务器，执行如下命令：

```
#chkconfig ntpd on
#service ntpd restart
```

步骤 3：在管理节点上安装 MySQL 数据库。

（1）安装 MySQL 服务软件，执行如下命令：

```
#yum -y install mysql-server
```

（2）安装成功后修改“my.cnf”配置文件，执行如下命令打开配置文件：

```
#vi /etc/my.cnf
```

在“my.cnf”文件中“[mysqld]”标签下面，添加如下参数：

```
innodb_rollback_on_timeout=1
innodb_lock_wait_timeout=600
max_connections=350
log-bin=mysql-bin
binlog-format='ROW'
```

设置效果如图 5-43 所示。

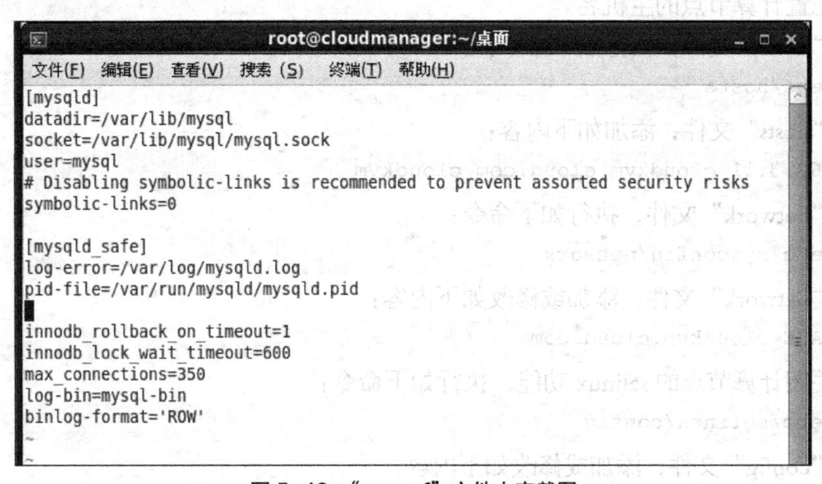

图 5-43 “my.cnf”文件内容截图

（3）MySQL 配置完成后，启动该服务并设置为开机自启动，执行如下命令：

```
#service mysqld restart
#chkconfig mysqld on
```

步骤 4：在管理节点上安装 CloudStack 管理端软件。

（1）安装 CloudStack 管理端软件，执行如下命令：

```
#yum -y install cloudstack-management
```

（2）CloudStack 管理端软件安装好后，需要安装 CloudStack 数据库，执行如下命令安装数据库：

```
# cloudstack-setup-databases cloud:123456@localhost --deploy-as=root
```

执行命令后，直至出现“CloudStack has successfully initialized database ……”时表明 CloudStack 数据库初始化成功。

步骤 5：在计算节点中安装和配置 KVM。

（1）配置计算节点的 IP 地址。

打开网卡配置文件，执行如下命令：

```
#vi /etc/sysconfig/network-scripts/ifcfg-eth0
```

修改“ifcfg-eth0”文件，添加或修改如下内容：

```
DEVICE=eth0
TYPE=Ethernet
ONBOOT=yes
BOOTPROTO=static
IPADDR=192.168.3.11
GATEWAY=192.168.3.1
DNS1=192.168.3.1
NAME="Systemeth0"
```

接着重启网络，查看 IP 地址是否配置成功，执行如下命令：

```
#service network restart
#ifconfig
```

（2）配置计算节点的主机名。

配置“hosts”文件，执行如下命令：

```
#vi /etc/hosts
```

修改“hosts”文件，添加如下内容：

```
192.168.3.11 cloudkvm.cloud.com cloudkvm
```

配置“network”文件，执行如下命令：

```
#vi /etc/sysconfig/network
```

修改“network”文件，添加或修改如下内容：

```
HOSTNAME=cloudkvm.cloud.com
```

（3）关闭计算节点的 selinux 功能，执行如下命令：

```
#vi /etc/selinux/config
```

修改“config”文件，添加或修改如下内容：

```
SELINUX=disabled
```

（4）关闭计算节点的防火墙并设置开机自动关闭，执行如下命令：

```
#service iptables stop
#chkconfig iptables off
```

设置好后重启系统。

（5）在计算节点中配置本地 yum 源（请参照管理节点本地 yum 源的配置方法）。

（6）在计算节点中配置 NTP 服务器。

① 安装NTP服务器，执行如下命令：

```
#yum -y install ntp
```

② 安装好后，使用实际的默认配置即可满足要求，接着设置NTP服务器开机自启动，并重启NTP服务器，执行如下命令：

```
#chkconfig ntpd on
#service ntpd restart
```

（7）在计算节点中安装“cloudstack agent”软件包，执行如下命令：

```
#yum -y install cloudstack-agent
```

安装成功后，接着配置agent，执行如下命令：

```
#vi /etc/cloudstack/agent/agent.properties
```

在“agent.properties”文件中，添加或修改如下内容：

```
host=192.168.3.105      //host 等于管理节点的 IP 地址
```

设置效果如图5-44所示。

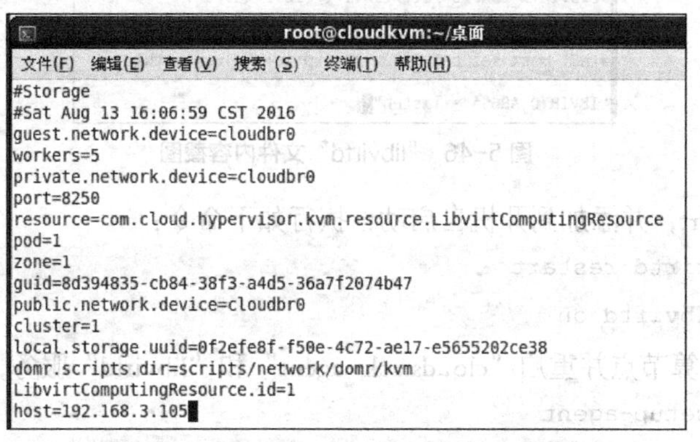

图5-44 “agent.properties”文件内容截图

（8）在计算节点中安装KVM相关软件包，执行如下命令：

```
#yum -y install kvm python-virtinst libvirt tunctl bridge-utils virt-manager qemu-kvm-tools virt-viewer virt-v2v libguestfs-tools
```

（9）安装成功后，配置“qemu.conf”文件，执行如下命令：

```
#vi /etc/libvirt/qemu.conf
```

确保“qemu.conf”文件中“vnc_listen=0.0.0.0”项存在并且没有被注释掉，如图5-45所示。

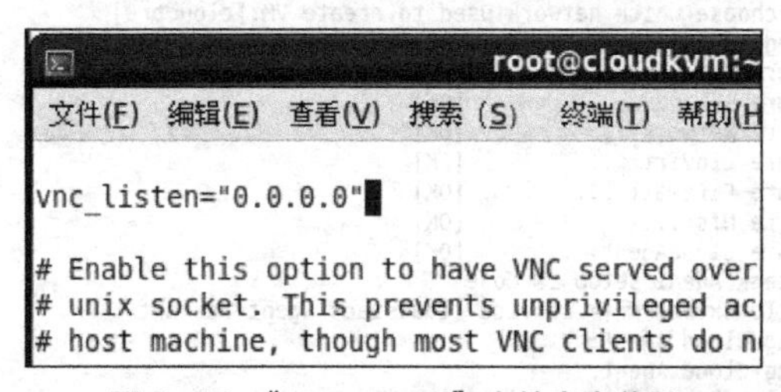

图5-45 “qemu.conf”文件内容截图

（10）配置“libvirtd.conf”文件，执行如下命令：

```
#vi /etc/libvirt/libvirtd.conf
```

修改“libvirtd.conf”文件中的如下参数：

```
listen_tls=0
listen_tcp=1
tcp_port="16509"
auth_tcp="none"
mdns_adv=0
```

（11）修改“libvirtd”文件中的参数，执行如下命令：

```
#vi /etc/sysconfig/libvirtd
```

确保“libvirtd”文件中“LIBVIRTD_ARGS="--listen"”所在行未被注释掉，如图 5-46 所示。

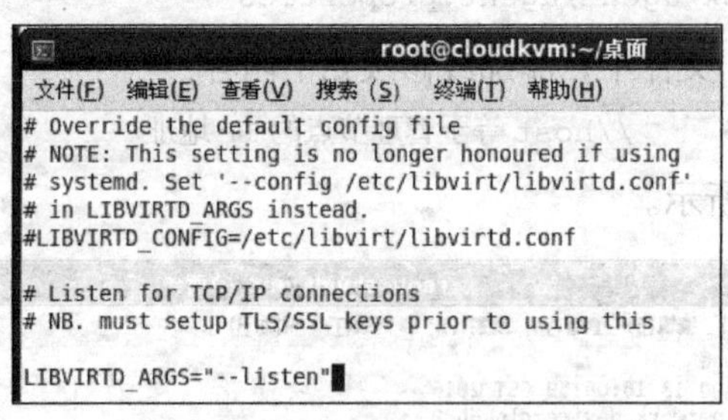

图 5-46 “libvirtd”文件内容截图

（12）重启 libvirt，并添加到开机自启动，执行如下命令：

```
#service libvirtd restart
#chkconifg libvirtd on
```

（13）初始化计算节点并重启“cloudstack-agent”和“libvirtd”服务，执行如下命令：

```
#cloudstack-setup-agent
#service cloudstack-agent restart
#service libvirtd restart
```

执行效果如图 5-47 所示，执行完后重启系统。至此，计算节点就安装完成。

```
root@cloudkvm:~/桌面
文件(F) 编辑(E) 查看(V) 搜索(S) 终端(T) 帮助(H)
[root@cloudkvm 桌面]# cloudstack-setup-agent
Welcome to the CloudStack Agent Setup:
Please input the Management Server Hostname/IP-Address:[192.168.3.105]
Please input the Zone Id:[default]
Please input the Pod Id:[default]
Please input the Cluster Id:[default]
Please choose which network used to create VM:[cloudbr0]
Starting to configure your system:
Configure Cgroup ...          [OK]
Configure SElinux ...         [OK]
Configure Network ...         [OK]
Configure Libvirt ...         [OK]
Configure Firewall ...        [OK]
Configure Nfs ...             [OK]
Configure cloudAgent ...      [OK]
CloudStack Agent setup is done!
[root@cloudkvm 桌面]# service cloudstack-agent restart
Stopping Cloud Agent:
Starting Cloud Agent:
[root@cloudkvm 桌面]# service libvirtd restart
正在关闭 libvirtd 守护进程：                              [确定]
启动 libvirtd 守护进程：                                  [确定]
[root@cloudkvm 桌面]#
```

图 5-47 计算节点初始化与相关服务重启执行效果图

步骤6：在管理节点上启动管理服务。

在管理节点上启动管理服务，执行如下命令：

```
#cloudstack-setup-management
```

执行命令后，出现“CloudStack Management Server setup is done!”表明启动成功，执行效果如图5-48所示。

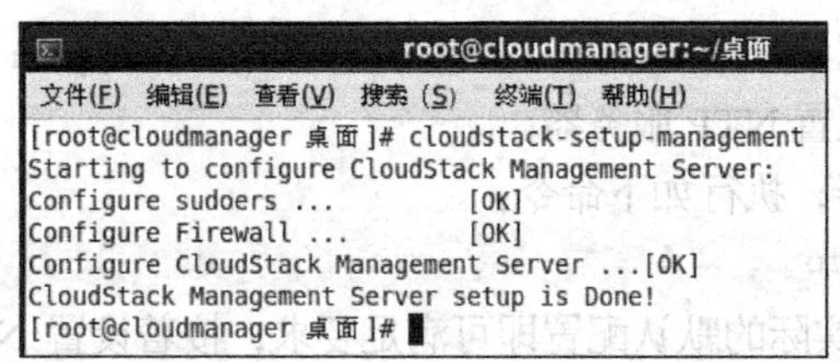

图5-48 启动CloudStack Management服务效果图

步骤7：在存储节点上搭建NFS服务器。

（1）配置存储节点的IP地址。

打开网卡配置文件，执行如下命令：

```
#vi /etc/sysconfig/network-scripts/ifcfg-eth0
```

修改“ifcfg-eth0”文件，添加或修改如下内容：

```
DEVICE=eth0
TYPE=Ethernet
ONBOOT=yes
BOOTPROTO=static
IPADDR=192.168.3.12
GATEWAY=192.168.3.1
DNS1=192.168.3.1
NAME="Systemeth0"
```

接着重启网络，查看IP地址是否配置成功，执行如下命令：

```
#service network restart
#ifconfig
```

（2）配置存储节点的主机名。

配置“hosts”文件，执行如下命令：

```
#vi /etc/hosts
```

修改“hosts”文件，添加如下内容：

```
192.168.3.12 cloudstor.cloud.com cloudstor
```

配置“network”文件，执行如下命令：

```
#vi /etc/sysconfig/network
```

修改“network”文件，添加如下内容：

```
192.168.3.12=cloudstor.cloud.com
```

（3）关闭存储节点的selinux功能，执行如下命令：

```
#vi /etc/selinux/config
```

修改“config”文件的内容，添加或修改如下内容：

```
SELINUX=disabled
```

（4）关闭存储节点的防火墙并设置开机自动关闭，执行如下命令：

```
#service iptables stop
#chkconfig iptables off
```

设置好后重启系统。

（5）在存储节点中配置本地 yum 源（请参照管理节点本地 yum 源的配置方法）。

（6）在存储节点中配置 NTP 服务器。

① 安装 NTP 服务器，执行如下命令：

```
#yum -y install ntp
```

② 安装好后，使用实际的默认配置即可满足要求，接着设置 NTP 服务器开机自启动，并重启 NTP 服务器，执行如下命令：

```
#chkconfig ntpd on
#service ntpd restart
```

（7）在存储节点中安装 NFS 服务。

① 执行如下命令安装 NFS 服务：

```
#yum -y install nfs* rpcbind*
```

② 为 NFS 指定固定端口，编辑“nfs”配置文件，执行命令如下：

```
#vi /etc/sysconfig/nfs
```

修改“nfs”文件，添加或修改如下内容：

```
LOCKD_TCPPORT=32803
LOCKD_UDPPORT=32769
RQUOTAD_PORT=875
MOUNTD_PORT=892
STATD_PORT=662
STATD_OUTGOING_PORT=2020
RPCNFSDARGS="-N4"
```

③ 在“/media”文件夹中创建两个共享文件夹，执行如下命令：

```
#mkdir /media/primary
#mkdir /media/secondary
```

④ 配置 NFS 服务器，配置文件“exports”，执行如下命令：

```
#vi /etc/exports
```

在“exports”文件中，添加如下内容：

```
/media/primary 192.168.3.0/24(rw,async,no_root_squash)
/media/secondary 192.168.3.0/24(rw,async,no_root_squash)
```

配置效果如图 5-49 所示。

```
root@cloudstor:~/桌面
文件(F) 编辑(E) 查看(V) 搜索(S) 终端(T) 帮助(H)
/media/primary 192.168.3.0/24(rw,async,no_root_squash)
/media/secondary 192.168.3.0/24(rw,async,no_root_squash)
```

图 5-49 “exports”文件内容截图

⑤ 启动 NFS 相关服务并设置开机自动运行，执行如下命令：

```
#service rpcbind start
#service nfs start
#chkconfig rpcbind on
#chkconfig nfs on
```

（8）在管理节点（192.168.3.105）中创建“/mnt/primary”、“/mnt/secondary”两个文件夹，挂载存储节点中共享的文件夹，执行如下命令：

```
#mkdir /mnt/primary
#mkdir /mnt/secondary
#mount -t nfs 192.168.3.12:/media/primary /mnt/primary/
#mount -t nfs 192.168.3.12:/media/secondary /mnt/secondary/
```

（9）准备系统虚拟机模板。

需要下载系统虚拟机模板，并把这些模板部署于刚创建的二级存储中，管理服务器包含一个脚本可以正确地操作系统虚拟机模板，执行如下命令：

```
#/usr/share/cloudstack-common/scripts/storage/secondary/cloud-install-sys-
tmplt -m /mnt/secondary -f /media/system vm.qcow2.bz2 -h kvm -F
```

执行命令后，当出现“Successfully installed system VM template to……”之类的信息后，说明部署成功。

步骤 8：登录云平台。

在完成以上操作后，就可以登录 CloudStack 云平台了。在管理节点中打开浏览器，在浏览器中输入地址“http://192.168.3.105:8080/client”，在出现的界面中输入用户名、密码登录云平台（默认用户名为“admin”，密码为“password”），如图 5-50 所示。

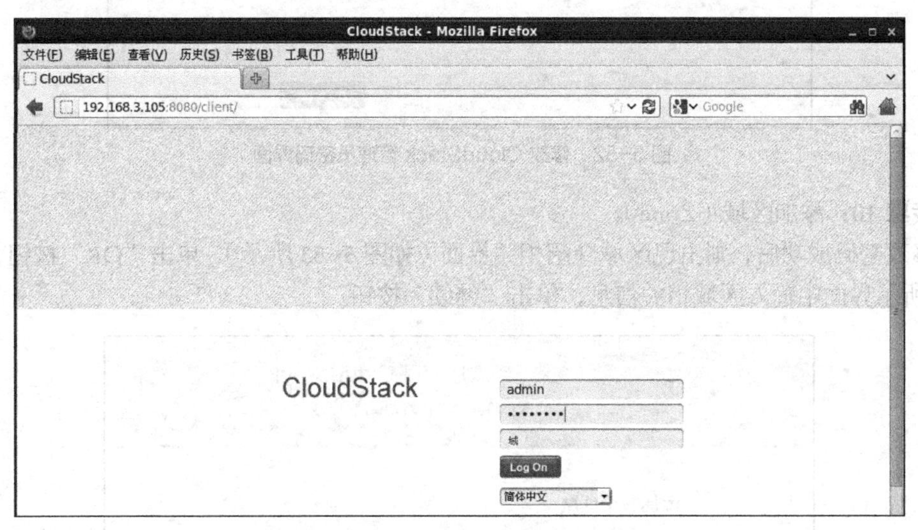

图 5-50　CloudStack 云平台登录界面

步骤 9：修改 CloudStack 管理员密码。

（1）登录云平台后，在欢迎界面中单击“继续执行基本安装”按钮，如图 5-51 所示。

（2）在图 5-52 所示界面中，输入新的管理员密码，单击“保存并继续”按钮，则密码修改完成。

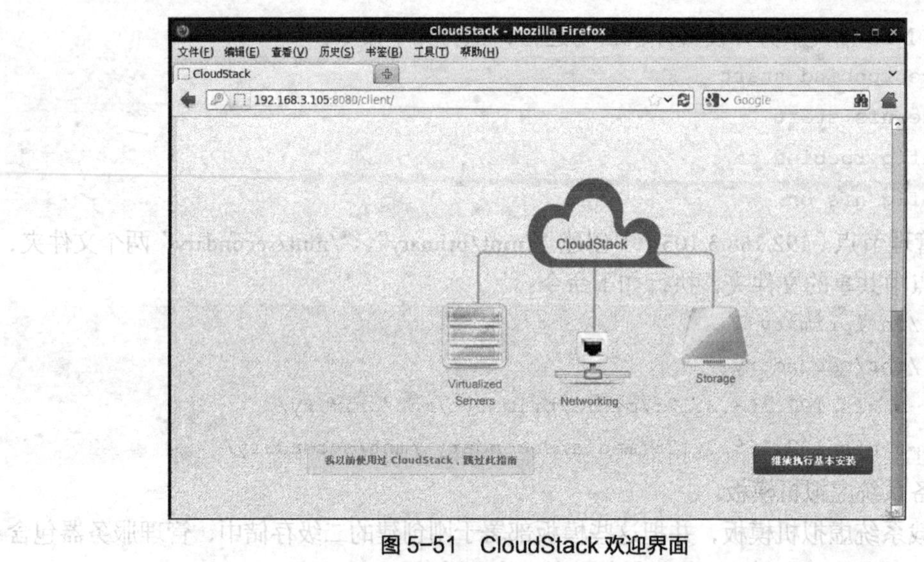

图 5-51　CloudStack 欢迎界面

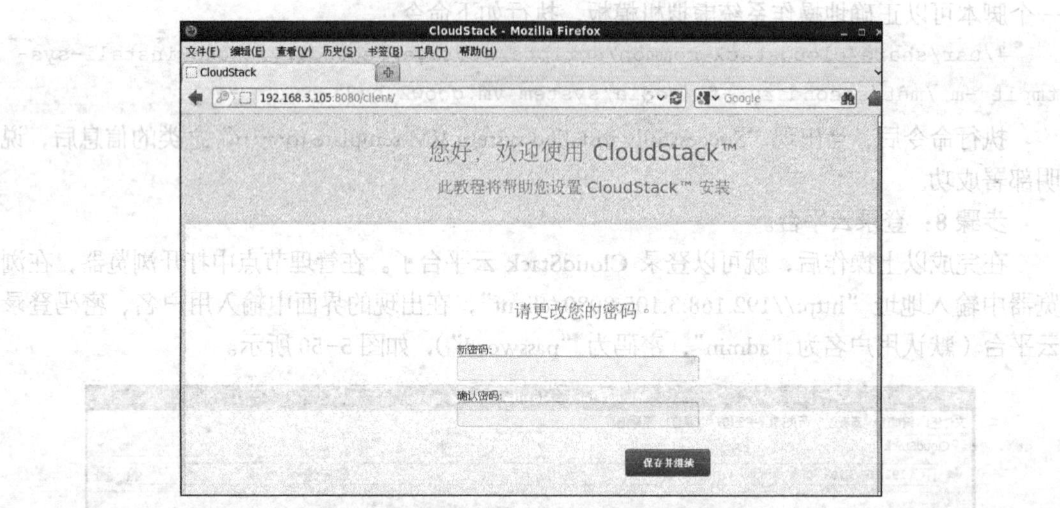

图 5-52　修改 CloudStack 管理员密码界面

步骤 10：添加区域（Zone）。

修改密码成功后，则出现区域介绍相关界面（如图 5-53 所示），单击“OK”按钮，在图 5-54 所示界面中输入区域相关信息，单击“继续”按钮。

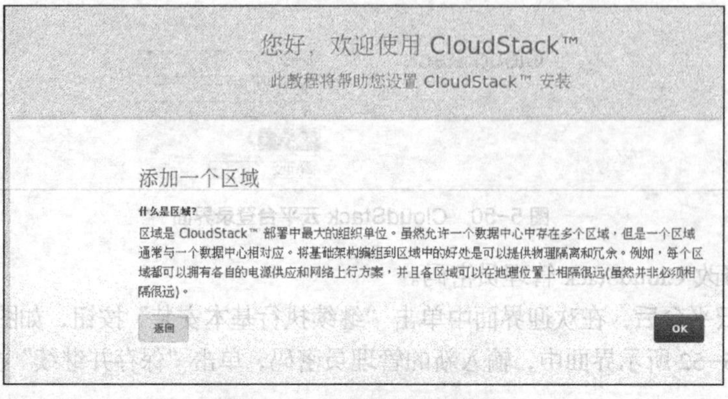

图 5-53　添加区域说明界面

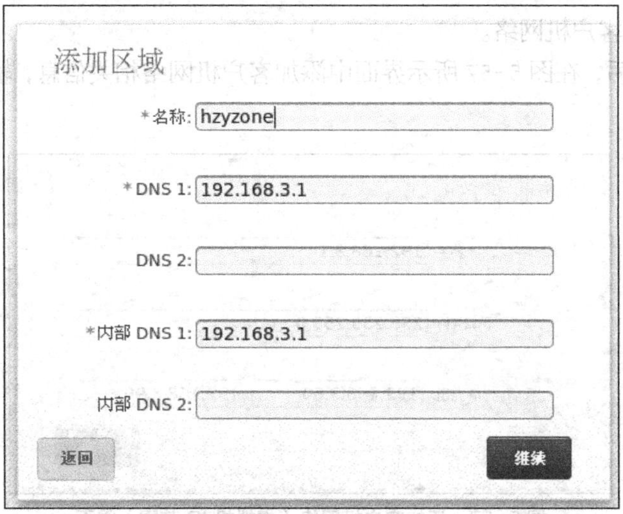

添加区域

*名称: hzyzone

*DNS 1: 192.168.3.1

DNS 2:

*内部 DNS 1: 192.168.3.1

内部 DNS 2:

返回 继续

图 5-54 添加区域界面

步骤 11：添加节点（Pod）。

添加区域成功后，则出现节点介绍相关界面（如图 5-55 所示），单击“OK”按钮，在图 5-56 所示界面中输入节点相关信息，单击“继续”按钮。

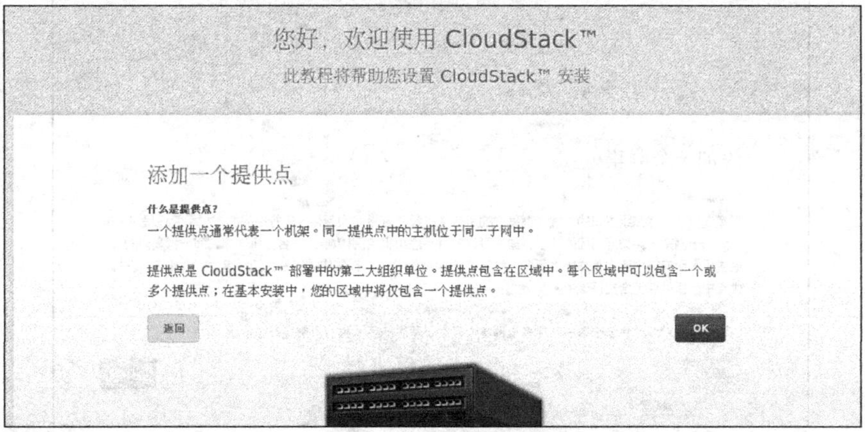

您好，欢迎使用 CloudStack™

此教程将帮助您设置 CloudStack™ 安装

添加一个提供点

什么是提供点?

一个提供点通常代表一个机架。同一提供点中的主机位于同一子网中。

提供点是 CloudStack™ 部署中的第二大组织单位。提供点包含在区域中。每个区域中可以包含一个或多个提供点；在基本安装中，您的区域中将仅包含一个提供点。

返回 OK

图 5-55 添加节点说明界面

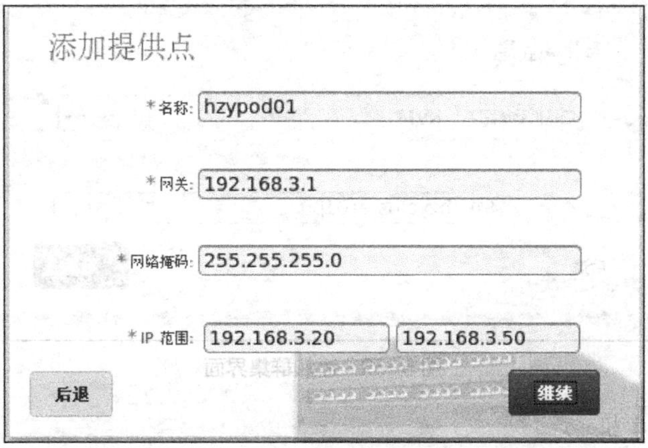

添加提供点

*名称: hzypod01

*网关: 192.168.3.1

*网络掩码: 255.255.255.0

*IP 范围: 192.168.3.20 192.168.3.50

后退 继续

图 5-56 添加节点界面

步骤 12：添加客户机网络。

添加节点成功后，在图 5-57 所示界面中添加客户机网络相关信息，输入相关信息，单击“继续”按钮。

添加来宾网络
* 网关: 192.168.3.1
* 网络掩码: 255.255.255.0
* IP 范围: 192.168.3.60 192.168.3.90
后退
继续

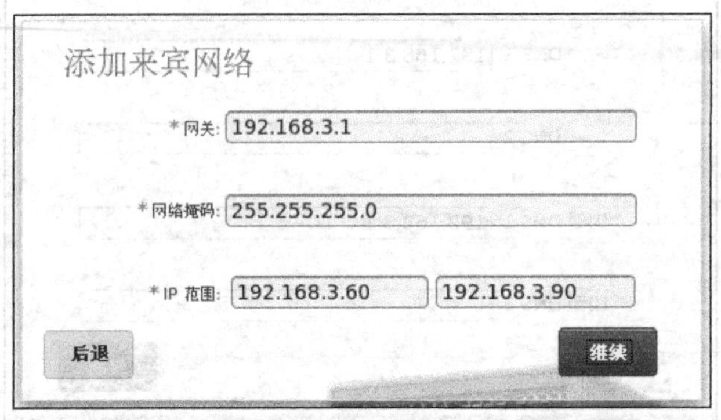

图 5-57 添加客户机网络（虚拟机 IP 范围）界面

步骤 13：添加群集。

添加客户机网络成功后，则出现群集介绍相关界面（如图 5-58 所示），单击“OK”按钮，在图 5-59 所示界面中输入群集相关信息，单击“继续”按钮。

您好，欢迎使用 CloudStack™
此教程将帮助您设置 CloudStack™ 安装
添加一个群集
什么是群集?
群集提供了一种编组主机的方法。群集中的所有主机都具有相同的硬件，运行相同的虚拟机管理程序，位于同一子网中，并访问相同的共享存储。可以实时将虚拟机实例(VM)从一台主机迁移到同一群集内的其他主机，而无需中断向用户提供服务。群集是 CloudStack™ 部署中的第三大组织单位。群集包含在提供点中，提供点包含在区域中。
CloudStack™ 允许云部署中存在多个群集，但对于基本安装，我们只需要一个群集。
返回
OK

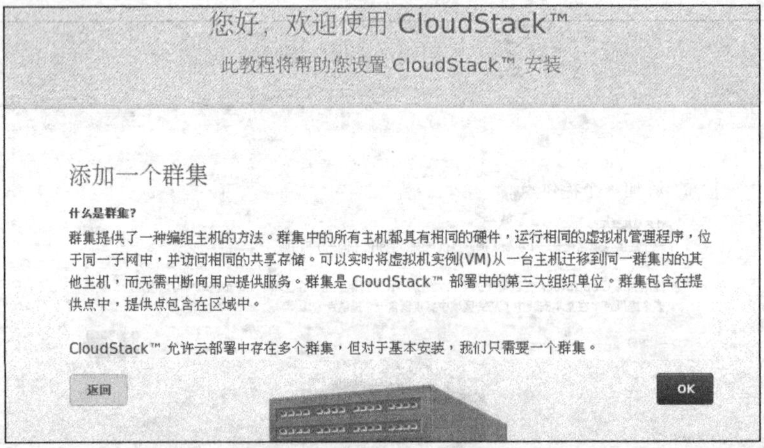

图 5-58 添加群集说明界面

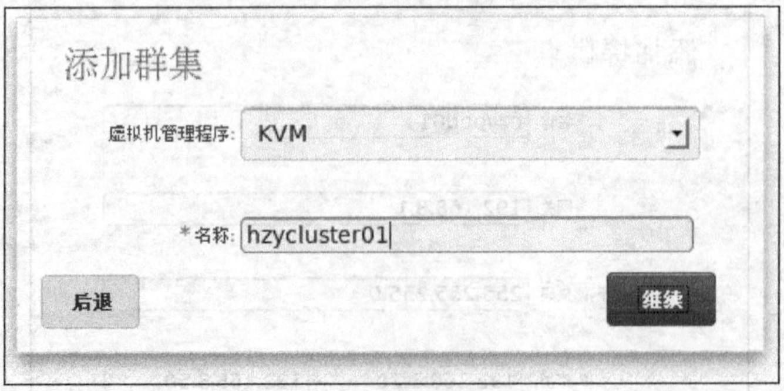

添加群集
虚拟机管理程序: KVM
* 名称: hzycluster01
后退
继续

图 5-59 添加群集界面

步骤 14：添加主机。

添加群集成功后，则出现主机介绍相关界面（如图 5-60 所示），单击“OK”按钮，在图

5-61 所示界面中输入主机（计算节点）相关信息（在此用户名为“root”，密码为“123456”），单击“继续”按钮。

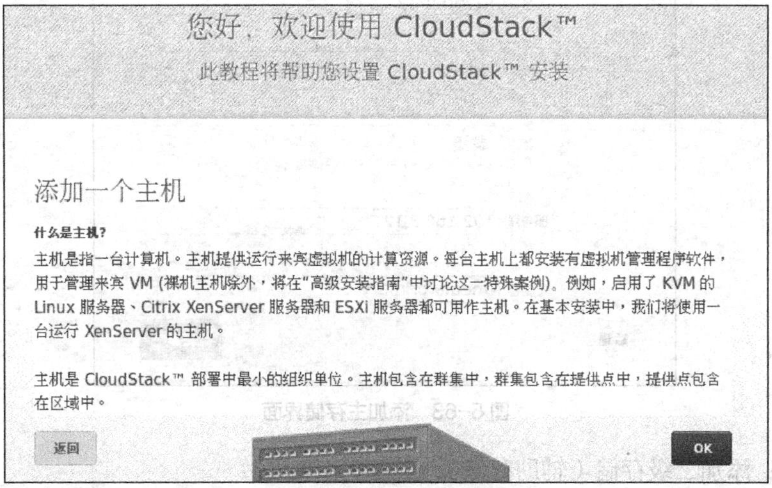

图 5-60　添加主机说明界面

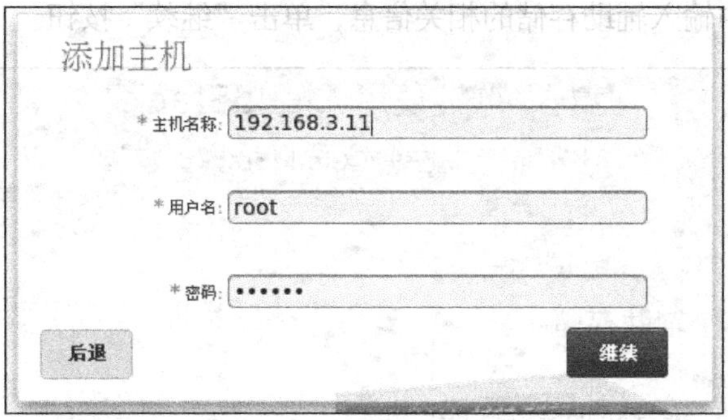

图 5-61　添加主机界面

步骤 15：添加一级存储（主存储）。

添加主机成功后，则出现主存储介绍相关界面（如图 5-62 所示），单击“OK”按钮，在图 5-63 所示界面中输入主存储的相关信息，单击“继续”按钮。

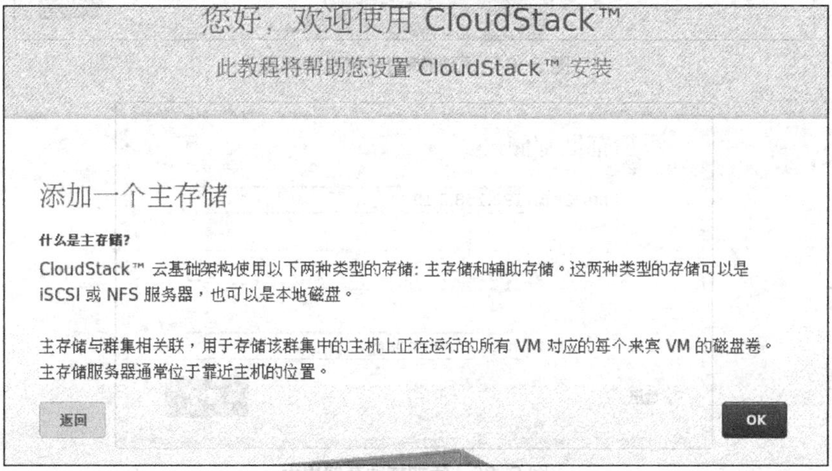

图 5-62　添加主存储说明界面

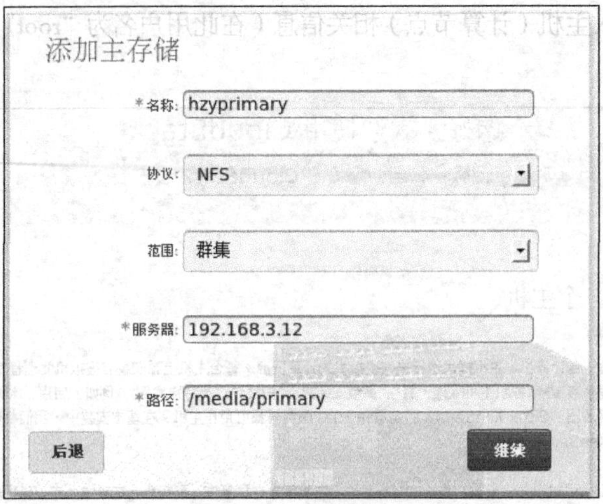

图 5-63 添加主存储界面

步骤 16：添加二级存储（辅助存储）。

添加主存储成功后，则出现辅助存储介绍相关界面（如图 5-64 所示），单击“OK”按钮，在图 5-65 所示界面中输入辅助存储的相关信息，单击“继续”按钮。

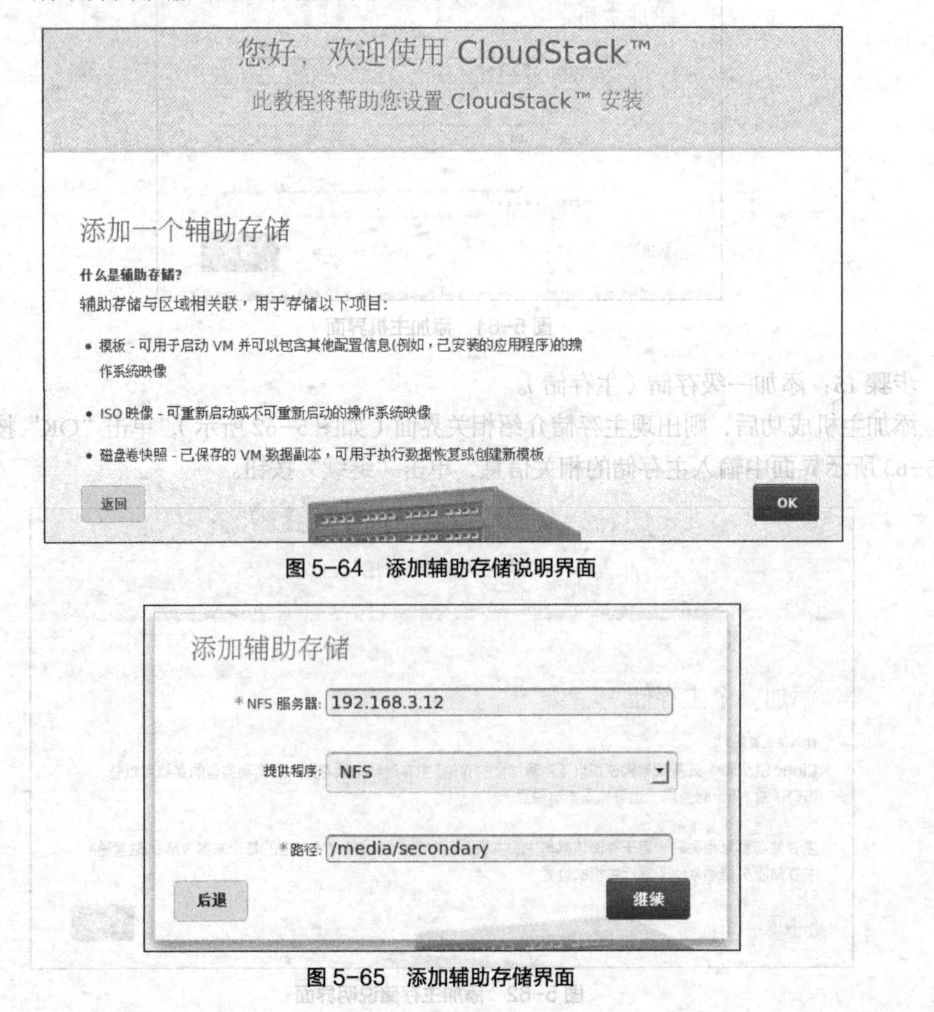

图 5-64 添加辅助存储说明界面

图 5-65 添加辅助存储界面

步骤17：添加完成，启动区域。

添加辅助存储成功后，则出现配置成功界面（如图5-66所示），单击“启动”按钮启用区域，等待一段时间后就添加完成（如图5-67所示），单击“启动”按钮进入云平台控制台界面，此时可查看基础架构，如图5-68所示。

图5-66 配置完成界面

图5-67 云设置成功界面

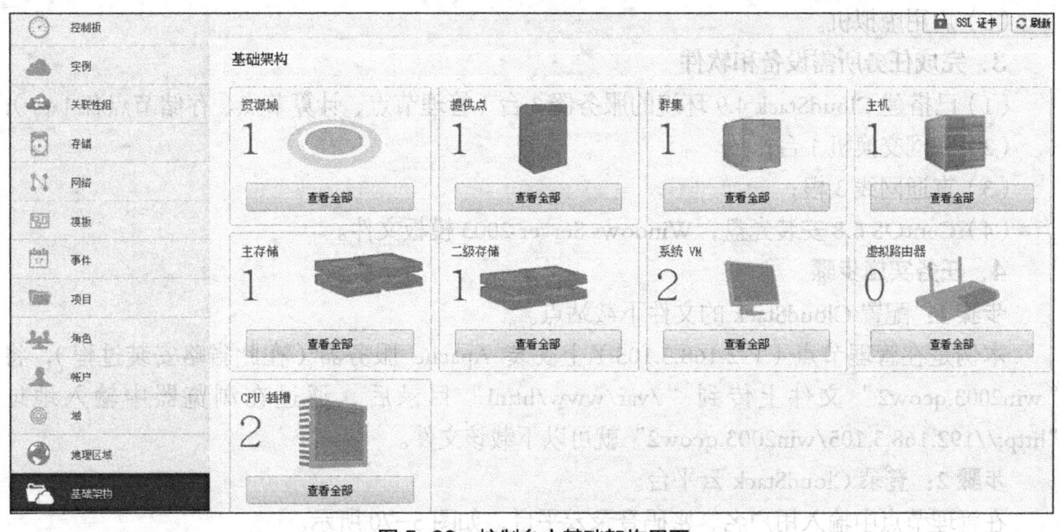

图5-68 控制台中基础架构界面

步骤 18：查看系统 VM。

在图 5-68 所示界面中，单击“系统 VM”下的“查看全部”按钮，查看系统 VM 是否正常启动，如正常启动则表示 CloudStack 安装成功，如图 5-69 所示，至此 CloudStack 软件就成功安装安成。

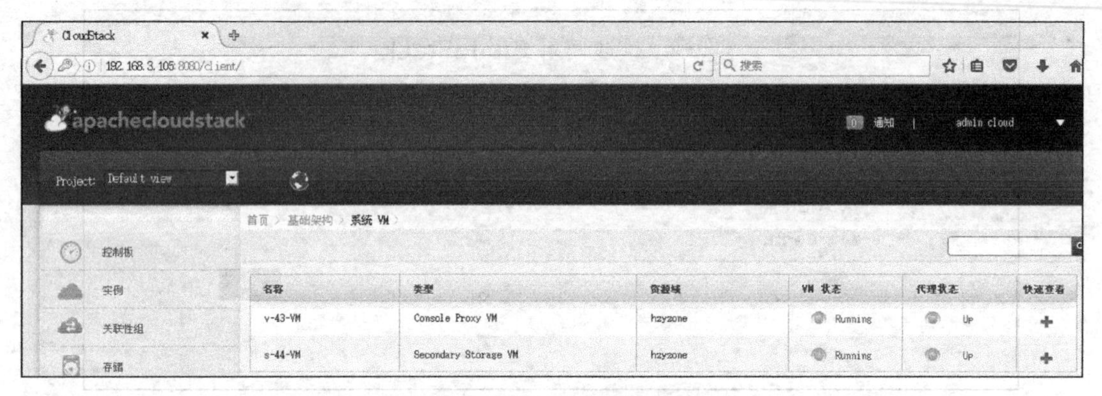

图 5-69　系统 VM 状态信息界面

任务 5-3：在 CloudStack 中通过虚拟机模板创建虚拟机

1．任务目标

（1）能安装与配置 Apache 服务器；

（2）能在 CloudStack 平台中创建并启用虚拟机。

2．任务内容

本任务要求管理员在 CloudStack 中通过虚拟机模板创建一个 Windows Server 2003 虚拟机并启用该虚拟机，具体内容为：

（1）安装与配置 Apache 服务器；

（2）云平台全局参数配置；

（3）在云平台中注册虚拟机模板；

（4）在云平台中通过模板创建虚拟机；

（5）启用虚拟机。

3．完成任务所需设备和软件

（1）已搭建 CloudStack 4.9 环境的服务器 3 台（管理节点、计算节点、存储节点各 1 台）；

（2）联网交换机 1 台；

（3）直通网线 3 根；

（4）CentOS 6.8 安装光盘，Windows Server 2003 模板文件。

4．任务实施步骤

步骤 1：配置 CloudStack 的文件下载站点。

本例是在管理节点（192.168.3.105）上安装 Apache 服务器（在此省略安装过程），将“win2003.qcow2”文件上传到“/var/www/html”目录后，通过在浏览器中输入地址“http://192.168.3.105/win2003.qcow2”就可以下载该文件。

步骤 2：登录 CloudStack 云平台。

在管理节点中输入用户名、密码登录云平台，如图 5-70 所示。

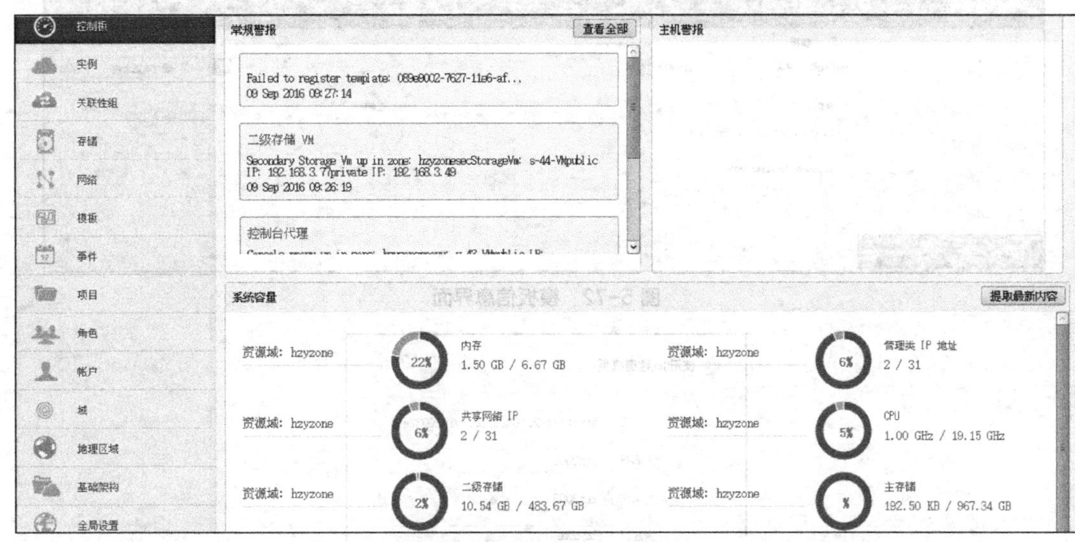

图 5-70　云平台控制台主界面

步骤 3：在 CloudStack 中配置全局参数。

单击图 5-70 中左下角的“全局配置”按钮，在搜索框输入“secstorage”后，单击“搜索”按钮找到名称为“secstorage.allowed.internal.sites”的项，单击该项右边的编辑选项，将这个参数的值设置为“192.168.3.0/24”，表示允许跟 192.168.3.0 网段内的计算机进行存储通信，如图 5-71 所示。

选择视图: 全局设置

名称	说明	值	操作
secstorage.allo···	Comma separated list of cidrs internal to the datacenter that can host template download servers, please note 0.0.0.0 is not a valid site	192.168.3.0/24	
secstorage.capa···	The minimal number of command execution sessions that system is able to serve immediately(standby capacity)	10	
secstorage.cmd.···	The max command execution time in minute	30	
secstorage.encr···	Use SSL method used to encrypt copy traffic between zones	false	
secstorage.proxy	http proxy used by ssvm, in http://username:password@proxyserver:port format		
secstorage.serv···	Uuid of the service offering used by secondary storage; if NULL - system offering will be used		
secstorage.sess···	The max number of command execution sessions that a SSVM can handle	50	
secstorage.ssl.···	SSL certificate used to encrypt copy traffic between zones		
secstorage.vm.m···	MTU size (in Byte) of storage network in secondary storage vms	1500	
zone.secstorage···	Percentage (as a value between 0 and 1) of secondary storage utilization above which alerts will be sent about low storage available.	0.75	

图 5-71　全局参数设置界面

步骤 4：注册模板。

（1）在图 5-70 所示界面中，单击左边的“模板”按钮，在出现的界面中单击“添加”按钮（如图 5-72 所示），在弹出的界面中输入模板相关信息（如图 5-73 所示），然后单击“确定”按钮。

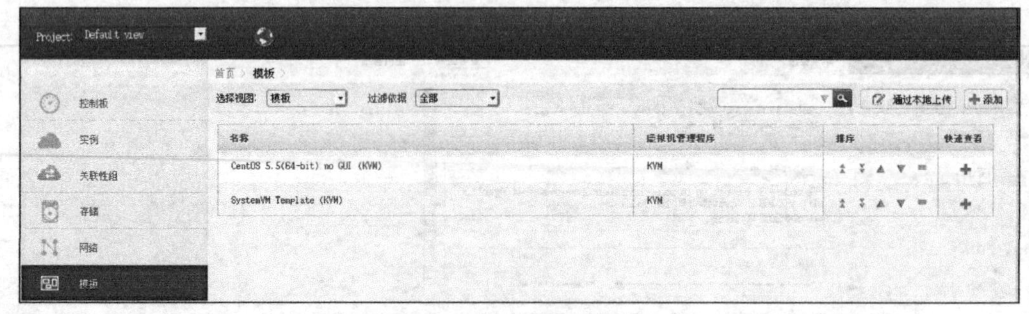

图 5-72　模板信息界面

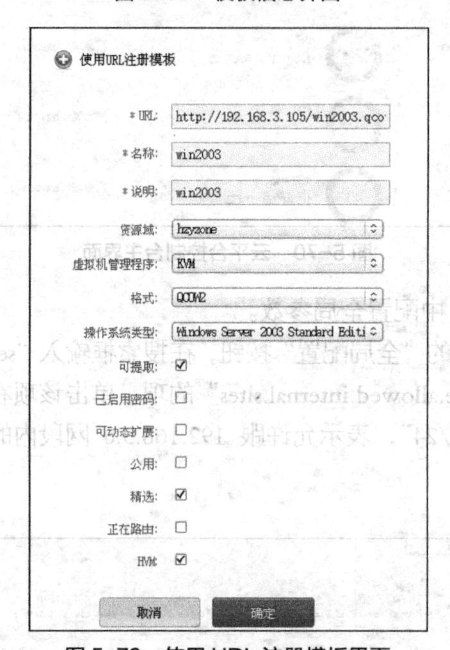

图 5-73　使用 URL 注册模板界面

（2）单击模板“win2003”所在项，查看其详细信息可以发现其正在进行文件的下载，然后会自行安装模板，等待一段时间后，如果模板“状态”为“Download Complete”，表示该模板已上传完成，如图 5-74 所示。

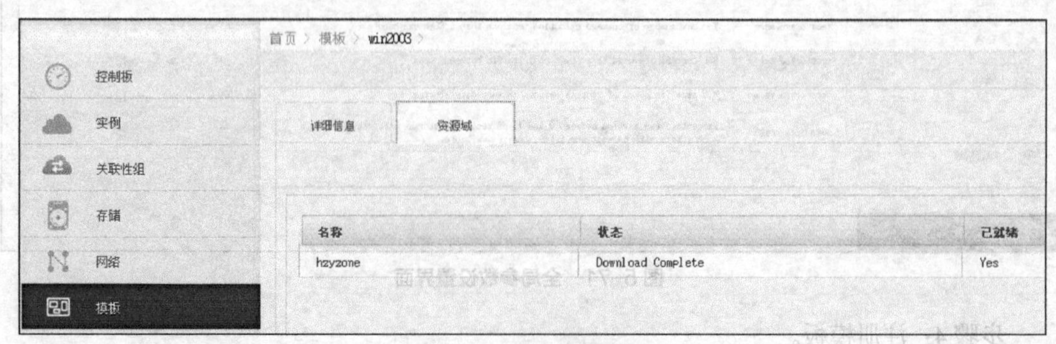

图 5-74　模板状态信息界面

步骤 5：通过模板生成实例。

（1）在图 5-74 所示界面中，单击左边的“实例”按钮，在出现的界面中单击右上角的“添加实例”按钮，如图 5-75 所示。

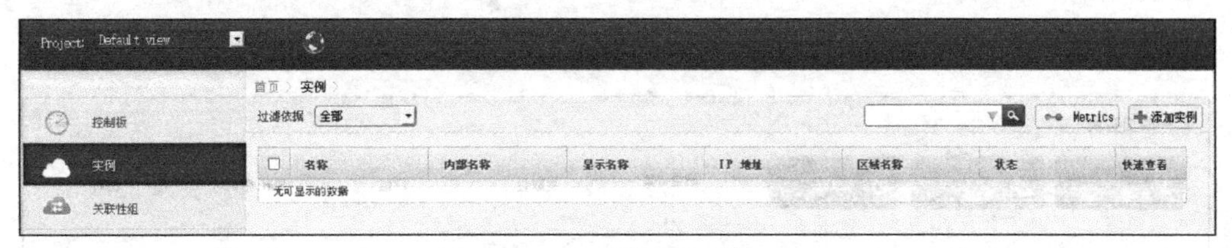

图 5-75　实例信息界面

（2）在图 5-76 所示界面中，选择创建的区域为“hzyzone”，模板的类型为“模板”，单击“下一步”按钮。

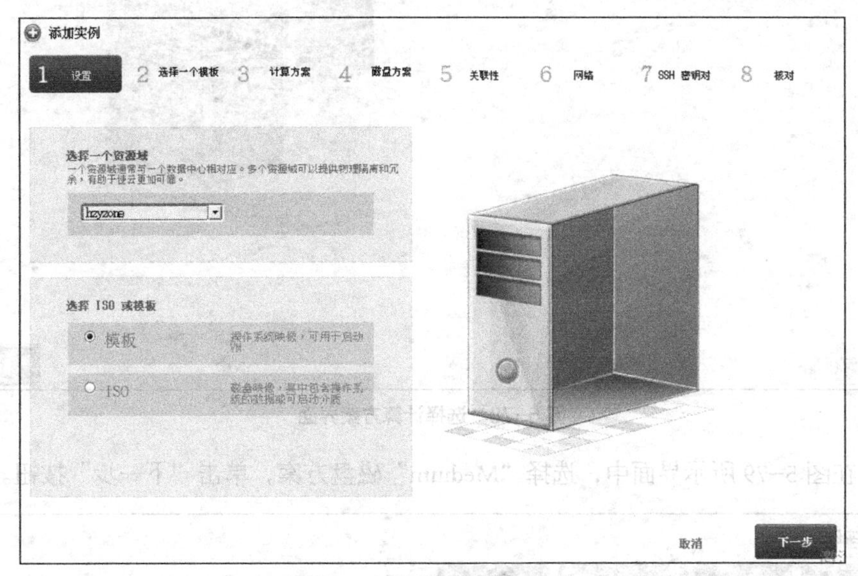

图 5-76　模板类型选择界面

（3）在图 5-77 所示界面中，选择“我的模板”栏目项，选择上传的“win2003”模板，单击“下一步”按钮。

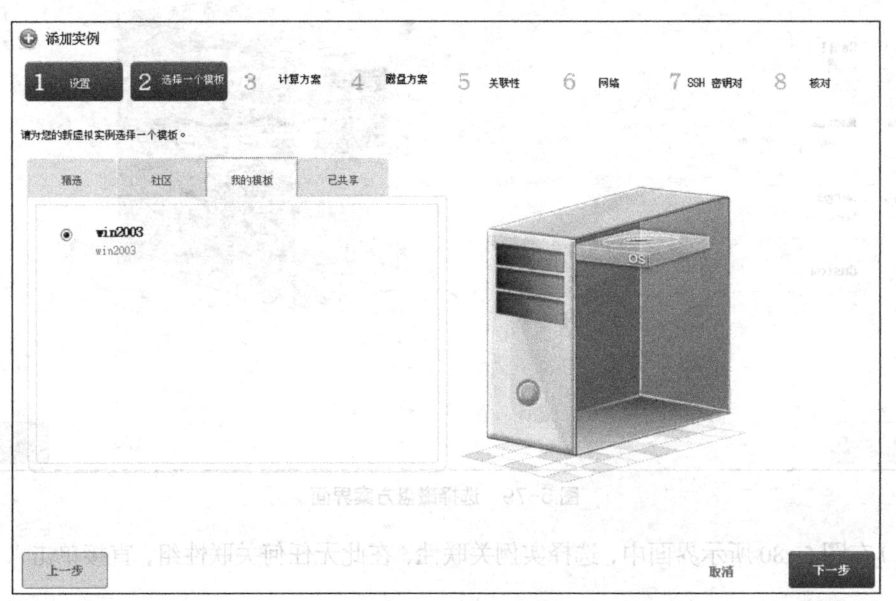

图 5-77　模板选择界面

（4）在图 5-78 所示界面中，选择“Small Instance”计算方案，单击“下一步”按钮。

图 5-78　选择计算方案界面

（5）在图 5-79 所示界面中，选择“Medium”磁盘方案，单击“下一步”按钮。

图 5-79　选择磁盘方案界面

（6）在图 5-80 所示界面中，选择实例关联性，在此无任何关联性组，直接单击“下一步”按钮。

图 5-80　实例关联性设置界面

（7）在图 5-81 所示界面中，选择“default”的安全组方案，单击“下一步”按钮。

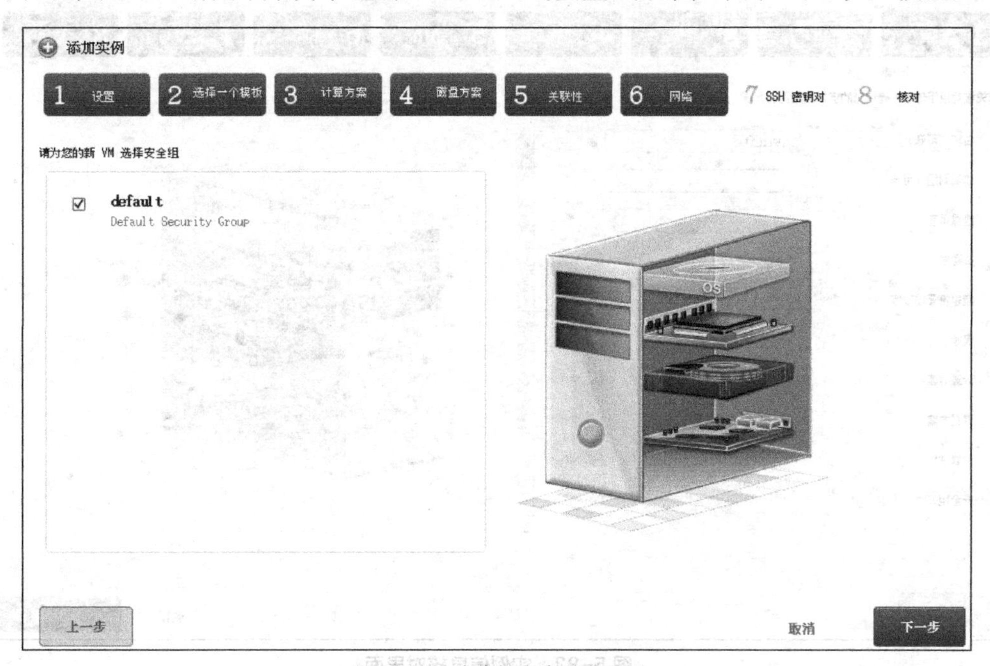

图 5-81　安全组方案设置界面

（8）在图 5-82 所示界面中，选择 SSH 密钥对，在此无任何密钥对，直接单击“下一步”按钮。

（9）在图 5-83 所示界面中，核对实例相关的信息，单击“启动 VM”按钮启动实例，提示创建完成。等待一段时间后，查看刚创建的实例，可以看到实例正常运行，处于“Running”状态，如图 5-84 所示。

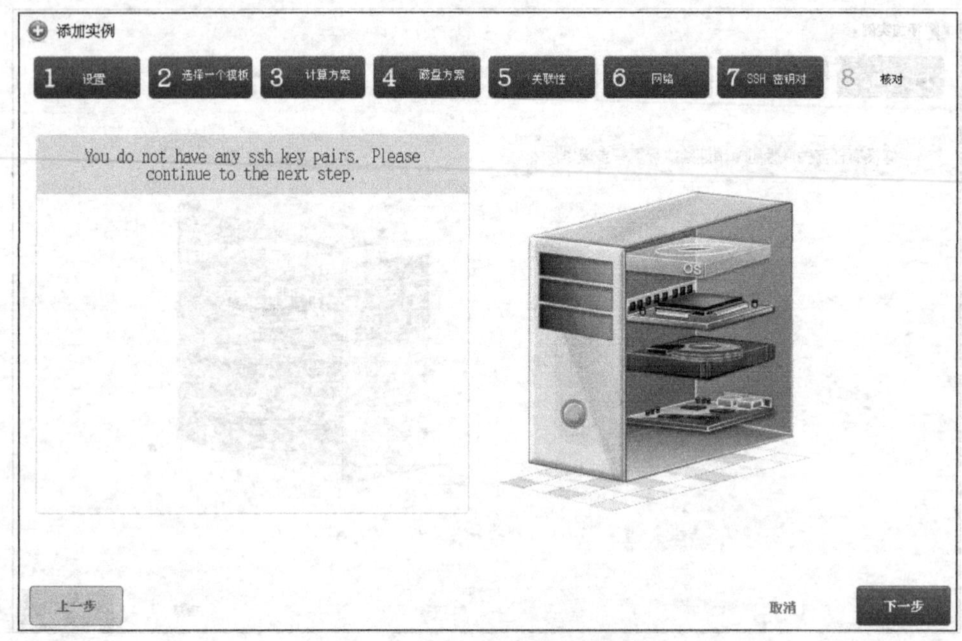

图 5-82 SSH 密钥对设置界面

图 5-83 实例信息核对界面

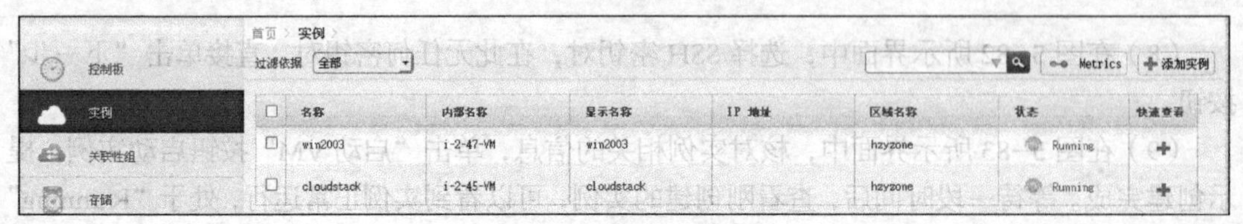

图 5-84 实例信息界面

（10）单击刚创建的“win2003”虚拟机，可以查看相关的信息。

（11）在图 5-84 所示界面中，单击“快速查看”下的“+”按钮，在展开的界面中单击“查看控制台”选项，可以看到 Windows Server 2003 已正常启动，如图 5-85 所示。至此，CloudStack 部署基本结束。

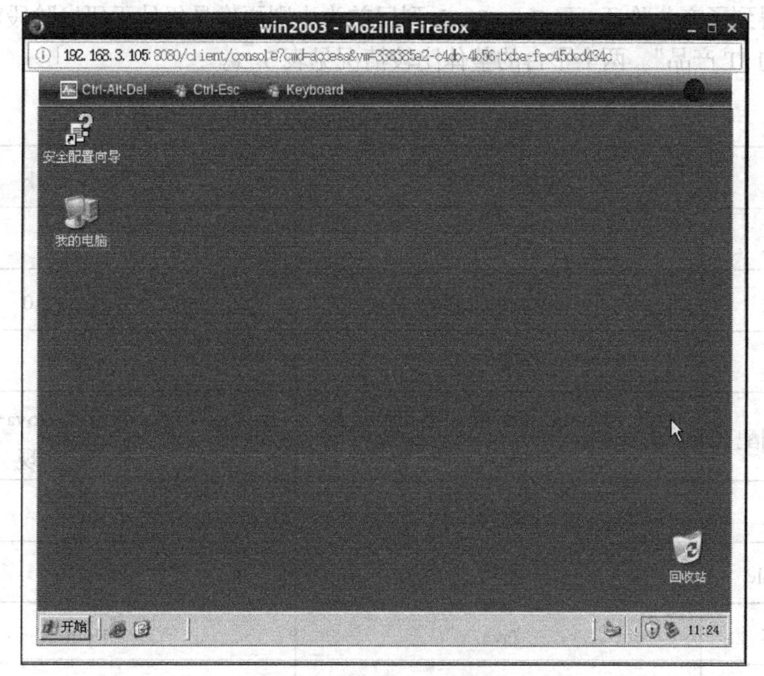

图 5-85　控制台查看界面

5.6　拓展提高：CloudStack 与 OpenStack 的比较

5.6.1　OpenStack 介绍

OpenStack 是一个由 NASA（美国国家航空航天局）和 Rackspace 合作研发并发起的，以 Apache 许可证授权的自由软件和开放源代码项目。

OpenStack 主要包括以下几个子项目：OpenStack Compute（Nova）、云对象存储 Cloud Object Storage（Swift）、镜像管理（Glance）、身份识别 Identity（Keystone）、网络连接管理 Network Connectivity（Quantum）、Web 管理界面 DashBoard 等。

目前有超过 150 家公司参与了 OpenStack 项目，包括 HP、Dell、AMD、Intel、Cisco、Citrix 等公司，国内如新浪、华胜天成、H3C 等公司也参与了 OpenStack 项目。此外微软在 2010 年 10 月表示支持 OpenStack 与 Windows Server 2008 R2 的整合，而 Ubuntu 在 11.04 版本中也已开始集成 OpenStack。OpenStack 是目前最受关注与支持的开源云计算平台之一。

OpenStack 以 Python 编写，这意味着相比其他以 C/C++或 Java 编写的开源云计算平台，OpenStack 更容易修改与调试。OpenStack 整合了 Tornado 网页服务器、Nebula 运算平台，使用 Twisted 框架，目前 OpenStack 支持的虚拟机宿主包括 KVM、Xen、VirtualBox、QEMU、LXC 等。

5.6.2　OpenStack 与 CloudStack 的比较

当 CloudStack 与 OpenStack 同成为 Apache 许可下的完全开源云计算平台时，其也成为

OpenStack 最有力的竞争对手。

截至目前，OpenStack 在市场宣传、影响力方面远胜过 CloudStack，支持伙伴、社区开发人数及讨论话题数、活跃程度等也高于 CloudStack，但 CloudStack 的平台成熟度要优于 OpenStack，CloudStack 的用户体验及安装容易度也都比 OpenStack 要好，并已在更具生产实际的环境中得到了充分验证，而 OpenStack 到目前为止则更像是仍处于研发阶段难以称为“成熟的产品化的 IT 产品”。两个平台的整体比较情况见表 5-1。

表 5-1　OpenStack 与 CloudStack 整体比较列表

比较项	CloudStack	OpenStack
服务层次	IaaS	IaaS
授权协议	Apache 2.0	Apache 2.0
许可证	不需要	不需要
动态资源调配	主机 Maintainance 模式下自动迁移 VM	无现成功能，需通过 Nova-scheduler 组件自己实现
VM 模板	支持	支持
VM Console	支持	支持
开发语言	Java	Python
用户界面	Web Console，功能较完善	DashBoard，较简单
负载均衡	软件负载均衡（Virtual Router）、硬件负载均衡	软件负载均衡（Nova-network 或 OpenStack Load Balance API）、硬件负载均衡
虚拟化技术	Xen Server、Oracle VM、vCenter、KVM、Bare Metal	Xen Server、Oracle VM、KVM、QEMU、ESX/ESXi、LXC（Liunx Container）等
最小化部署	支持 All in one（建议一管理节点、一主机节点）	支持 All in one（Nova、Keystone、Glance 组件必选）
支持数据库	MySQL	PostgreSQL、MySQL、SQLite
组件	Console Proxy VM、Second Storage VM、Virtual Router VM、Host Agent、Management Server	Nova、Glance、Keystone、Horizon、Swift
网络形式	Isolation（VLAN）、Share	VLAN、FLAT、FLATDhcp
版本问题	版本发布稳定，不存在兼容性问题	存在各版本兼容性问题
用户群	160 家左右，包括 NASA、RedHat、Rackspace、HP、网易、UnitedStack 等	不到 60 家，包括诺基亚、日本电话电报公司、Zynga、阿尔卡特、迪斯尼等

在进行 OpenStack 与 CloudStack 实际安装与运行测试时，两者之间也存在一定的差异，主要表现在以下 6 个方面：

（1）OpenStack 文档资料数相对于 CloudStack 较多，且安装过程等讲解较具体。但是因为不同版本间 OpenStack 可能差异较大，如果实际安装版本与文档中使用版本不一致可能会遇到问题。

（2）OpenStack 安装过程较复杂，尤其是网络配置部分比较麻烦，而这方面资料较少，讲解不够具体；CloudStack 安装过程较简单，但是后续运行中各种配置等问题相关文档少有提及。

（3）OpenStack 的 Web 管理界面 DashBoard 较简单，可能存在 bug 也较多，但中文翻译较好，并提供一些帮助信息；CloudStack 的 Web 管理界面功能较多，但中文翻译不彻底，缺少帮助提示等信息。两者使用 Web 界面管理均出现类似删除虚拟机一直删除不掉等问题。

（4）测试发现 OpenStack 可超载创建虚拟机，但所创建虚拟机经常出现无法启动的情况；而 CloudStack 对虚拟机的资源占用管理较严格，无法超载创建虚拟机，因此对主机节点的硬件配置要求较高。

（5）CloudStack 支持通过模板（Template）或 ISO 创建虚拟机，但上传模板、ISO 及创建虚拟机等过程均耗时较长；OpenStack 在实验过程中可以直接从网上下载 img 文件创建虚拟机，耗时很短即可创建成功。

（6）两者创建的虚拟机均可以通过 Web 管理界面进入管理，但测试中 OpenStack 创建的虚拟机虽然附加了局域网 IP，但网卡实际绑定 IP 为私有 IP，未找到如何通过 SSH 直接访问的办法；CloudStack 创建的虚拟机使用了分配的 Guest IP，可通过 SSH 连接访问。

5.6.3 总结

要确定企业的合适部署，就必须仔细对比每一个解决方案，然后再进行选择。思杰公司向大型服务供应商、大学以及其他机构展现了 CloudStack 的成熟和稳定，而要关注 OpenStack 的稳定性可以查看 IBM、戴尔和 Rackspace 等公司的解决方案。这两款产品一直在持续发展，提供了一系列的存储和网络的选项。企业必须确定他们的实际需求，再仔细检查每一个解决方案是如何满足他们的需求的。虽然两者都支持一些广泛使用的虚拟机管理程序，但是企业仍然需要评估哪一个提供了最需要的虚拟机管理程序支持，以及哪个方案对现有的网络设备、存储设备和服务器设备提供了较好的支持。另外，还可以向正在使用产品的集成商或 VAR 询问他们的具体经验与解决方案中的一个或两个。确保考虑了上述所有这些因素后，才可做出最终的正确选择。

5.7 习题

一、选择题

1. 云计算的部署模式不包括（　　）。

   A. 公有云　　B. 私有云　　C. 混合云　　D. 政务云

2. 将平台作为服务的云计算服务类型是（　　）。

   A. IaaS　　B. PaaS　　C. SaaS　　D. 三个选项都不是

3. 云主机提供的基础设施服务，下列类型正确的有（　　）。

A. 存储　　B. 计算　　C. 网络　　D. 数据

4. 在 CloudStack 中，用于存储“模板文件、ISO 镜像和磁盘卷快照”的是（　　）。

A. 一级存储　　B. 二级存储　　C. 三级存储　　D. 以上全是

二、简答题

1. 简述私有云的定义。
2. 私有云与公共云之间有哪些差异?
3. CloudStack 环境中的宿主机有哪些功能?
4. 简述 CloudStack 中一级存储的作用。

三、操作练习题

1. 在 CloudStack 云平台中通过 ISO 安装 Windows 7 虚拟机操作系统。
2. 在 CloudStack 云平台中通过虚拟机创建模板，并通过模板创建虚拟机。
3. 在 CloudStack 云平台中完成虚拟机在线动态迁移操作。